高等教育自学考试能源管理专业
能源管理师职业能力水平证书考试　指定教材

U0686896

节能技术（一）（二）

JIENENG JISHU

黄克玲　柳哲武　何　云　赖恒剑⊙编著

中国市场出版社
China Market Press

图书在版编目（CIP）数据

节能技术（一）（二）/ 黄克玲等编著 . —北京：中国市场出版社，2012.7
ISBN 978 – 7 – 5092 – 0902 – 8

I. ①节⋯　II. ①黄⋯　III. ①节能—基本知识　IV. ①TK01

中国版本图书馆 CIP 数据核字（2012）第 110547 号

书　　名	节能技术（一）（二）	
编　　者	黄克玲　柳哲武　何　云　赖恒剑	
出版发行	中国市场出版社	
地　　址	北京市西城区月坛北小街 2 号院 3 号楼（100837）	
电　　话	编辑部（010）68012468　读者服务部（010）68022950	
	发行部（010）68021338　68020340　68053489	
	68024335　68033577　68033539	
经　　销	新华书店	
印　　刷	河北省高碑店市鑫宏源印刷包装有限责任公司	
规　　格	787 × 1092 毫米　1/16　25.25 印张　550 千字	
版　　次	2012 年 7 月第 1 版	
印　　次	2012 年 7 月第 1 次印刷	
书　　号	ISBN 978 – 7 – 5092 – 0902 – 8	
定　　价	53.00 元	

高等教育自学考试能源管理专业
能源管理师职业能力水平证书考试
指导委员会

名誉主任

徐锭明　国务院参事　国家能源专家咨询委员会主任

主　任

王德荣　中国交通运输协会常务副会长

主任委员

丁志敏　国家能源局政策法规司副司长
汪春慧　人力资源和社会保障部教育培训中心副主任
周凤起　国家发展和改革委员会能源所原所长　研究员
孟昭利　清华大学教授
李金轩　中国人民大学教授　全国考委经济管理类专业委员会原秘书长
杨宏伟　国家发展和改革委员会能源所能效中心主任　研究员

高等教育自学考试能源管理专业
能源管理师职业能力水平证书考试
系列教材编委会

序　言

《中华人民共和国节约能源法》指出："节约资源是我国的基本国策。"国家高度重视节能减排工作，未来我国面临两大任务：一是 2020 年我国非化石能源占一次能源消费总量比重达到 15%；二是 2020 年我国单位国内生产总值二氧化碳排放比 2005 年下降 40% ~ 45%。

能源是保证国民经济平稳增长的基础，既是生产资料也是生活资料，在国民经济中占有极其重要的地位。从当前和长远的发展要求看，我国不仅应成为能源大国，也应成为能源科技水平先进的能源强国。通过多年努力，我国能源无论在数量上还是质量上都已跻身于世界先进行列。但是，要真正成为科技能源强国任重道远，还需要全社会长期的艰苦努力才能实现。加强能源管理，实施节能减排，是实现上述目标的重要途径。《"十二五"节能减排综合性工作方案》（国发〔2011〕26 号）指出："坚持降低能源消耗强度、减少主要污染物排放总量、合理控制能源消费总量相结合，形成加快转变经济发展方式的倒逼机制。""进一步形成政府为主导、企业为主体、市场有效驱动、全社会共同参与的推进节能减排工作格局，确保实现'十二五'节能减排约束性目标，加快建设资源节约型、环境友好型社会。"

落实资源节约基本国策，实现国家节能减排规划目标，关键在于要培养一大批能源管理方面的专业人才。中国交通运输协会组建了一支由多年从事能源管理方法研究，又具有节能减排工程技术实践经验的专家团队，在深入研究日本、欧美等国家和地区能源管理培训体系的基础上，结合中国国情设计了一套全面系统的培训体系，其特点是从国家能源政策法规、能源管理基础、能源工程技术、节能技术、节能评估、能源审计、能源与环境等七大方面涵盖了能源管理的核心要素。该系列教材注重从用能单位的实际出发，认真总结多年来企业在能源管理方面的经验和教训，提出了适合现代企业能源管理的新方法，而且在企业实际应用中证明是行之有效的。该系列教材既适合专业人士应用，也适合在校学生学习。

多途径、多渠道培养能源管理人才，符合《中华人民共和国节约能源法》关于动员全社会参与节能减排的要求，也是贯彻落实《"十二五"节能减排综合性工作方案》提出的"加强节能减排宣传教育，把节能减排纳入社会主义核心价值观宣传教育体系以及基础教育、高等教育、职业教育体系"的具体措施。

节能减排是一项长期的战略任务，关系到国计民生，关系到我国经济能否持续、稳定、健康的发展。我衷心祝愿高等教育自学考试能源管理专业和能源管理师职业能力水平证书考试项目取得圆满成功，并希望全社会各行各业共同努力，以节能减排实际行动践行科学发展观，为我国经济社会的可持续发展作出积极的贡献。

国务院参事　国家能源专家咨询委员会主任

徐锭明

2012 年 1 月于北京

前　言

　　为解决我国能源管理人才严重短缺的矛盾，多渠道、多层次加快复合型、实用型人才的培养，中国交通运输协会组织我国能源管理方面的理论、实践、培训的专家及有关人员，经过近三年的艰苦努力和大量深入细致的实际工作，经与北京教育考试院协商，并报全国高等教育自学考试指导委员会办公室批准（考委办函〔2011〕42号），决定在北京合作开考高等教育自学考试能源管理专业（专科、独立本科段）和能源管理师职业能力水平证书（简称CNEM）项目。

　　为确保高等教育自学考试能源管理专业和能源管理师职业能力水平证书项目学历和培训教材的质量，我们组织了由国家发展和改革委员会能源所和培训中心、清华大学、浙江大学、河南省南阳市节能监察中心以及节能评估一线工程技术人员构成的多领域的理论、培训、实践等方面的专家组成了教材编写组，根据全国高等教育自学考试指导委员会办公室批文的要求，统一规划课程考试大纲和教材章节目编写提纲，教材力求做到：一是立足点高，从我国经济发展水平和能源利用具体情况出发，体现能源管理的通用性，不突出地方色彩，同时合理吸收发达国家在能源管理方面的成功经验和方法。二是实用性突出，尽量压缩教材篇幅，突出应知、应会与学用结合的学习、培训内容。三是实践性强，编写组把节能评估和能源审计这两项被发达国家能源管理实践证明，同时也被国家发展和改革委员会培训中心的培训实践证明行之有效并深受我国能源管理相关人员欢迎的管理手段，单独列为两本独立教材，并在教材内容中配有多领域相关案例。本高等教育自学考试能源管理专业和能源管理师职业能力水平证书项目开设《能源法律法规》、《能源管理概论》、《能源工程技术概论》、《节能技术》、《节能评估方法》、《能源审计方法》、《能源与环境概论》七门课程，涵盖了能源管理的核心要素，是我国目前唯一比较系统、全面、实践性强的学习培训系列教材，既适用于高等教育自学考试能源管理专业人员学习，也适用于能源管理师职业能力水平证书项目的学习和培训。同时，也可供各级政府部门能源管理人员、企业能源管理人员、节能服务机构相关人员，以及大专院校相关专业师生和社会各领域人员学习使用。

　　《能源法律法规》系统介绍中国能源法律法规体系，着重解读《中华人民共和国节约能源法》，分类精选能源管理相关法律、法规、规章、政策和重点节能领域节能标准目录。

　　《能源管理概论》着重介绍能源管理的基本概念和基础知识，包括：能源形势与节能减排任务、能源统计方法、企业能量平衡（企业能量平衡表、能源网络图与能流图）、节能减排量计算方法、节能技术经济评价方法，同时对能源审计和节能评估等管理方法，作了简要介绍。

《能源工程技术概论》以一次能源的加工转换和利用为主线，全面系统地介绍煤炭、石油、天然气、水能、核能、电能以及太阳能、风能、生物质能和地热能等各类能源利用技术的基本理论、基础知识、通用技能和应用方法。

《节能技术》全面系统介绍节能基础知识、用热系统及设备的节能技术、余热利用技术、用电系统及设备的节能技术、过程能量优化技术、建筑节能技术、交通节能技术及民用节能技术等。

《节能评估方法》着重介绍固定资产投资项目节能评估报告编写的程序、内容和方法，阐述了能源管理者应掌握的节能评估基础知识，包括国家相关政策、能效标准、燃料与燃烧、电能及用电系统、工艺设备能耗分析等。同时附有我国重点领域固定资产投资项目节能评估报告典型案例介绍。

《能源审计方法》着重介绍企业能源审计程序、内容、方法和能源审计报告的编写，阐述了能源管理者应掌握的能源计量管理、能源统计管理、节能监测、企业通用节能技术及节约能源与环境保护等方面的能源管理知识和方法。同时附有我国重点领域能源审计报告典型案例。

《能源与环境概论》系统介绍与能源相关的主要环境问题，包括：能源与大气污染物排放问题，SO_2、NO_x、PM 排放量估算方法，节能减排政策进展；能源与全球气候变化问题，化石燃料燃烧的 CO_2、CH_4 和 N_2O 排放量估算方法，气候变化的国际谈判进程及其对能源发展的影响。

为便于学员学习，本教材将专科与独立本科段自学内容合并成一册，以（一）和（二）区分专科和独立本科段学历层次，用"＊"标出部分作为独立本科段增加的自学内容，其余部分作为专科和独立本科段共同自学的内容。

由于时间紧迫，这套系列教材难免存在疏漏之处，恳请读者批评指正。

高等教育自学考试能源管理专业
能源管理师职业能力水平证书考试 系列教材编委会
2012 年 1 月

《节能技术》编写说明

　　《节能技术》一书是高等教育自学考试能源管理专业和能源管理师职业能力水平证书考试的指定教材。这是一门为能源管理专业专科生与本科生开设的专业课，也是必修课程。本书主要介绍工业锅炉及窑炉节能、余热利用技术、供电系统节能、电动机节能、过程能量优化技术、照明系统节能、建筑节能及交通节能。目的在于培养学生掌握常见节能技术的基本知识，使学生能够正确理解各种节能技术的原理，并能综合运用。

　　本书编写的依据是《节能技术课程考试大纲》，其特点是：

　　1. 本书在编写过程中，以考试大纲为依据，注重基本概念、基本原理的讲解及基本技能的培训，尽量通过深化内容引导学员形成系统的知识体系，为更好地学习和掌握相关课程知识做好衔接。

　　2. 全书依据指定教材的结构，以章为单位。根据考试大纲对各知识点不同难易程度的要求，将知识点及知识点下的细目进行了讲解分析，便于学员掌握考核知识点。

　　3. 每章包含的"学习目标"部分给出了对学习内容的掌握程度要求和应达到的目标；"自学时数"部分是根据章节内容给出的自学所用时间的参考时数；"教师导学"是作者从教师角度出发，说明本章内容在本课程中的地位、作用，并阐述本章学习中的重点、难点、学习方法以及应注意的问题；在每章后的"自学指导"部分给出了学习重点与难点；"复习思考题"部分综合了考试大纲和教材对应试者的要求，可用于检验应试者的学习效果。

　　4. 本书覆盖全部考核内容，适当突出重点章节，并且加大了重点内容的覆盖密度，可供参加能源管理专业自考（专科、独立本科段）和能源管理师职业能力水平证书考试的人集体学习或个人自学使用，也可供相关专业人士作为能源管理工具书使用。

　　本书由浙江大学黄克玲、柳哲武、何云、赖恒剑编著，黄克玲统稿。本书由清华大学教授孟昭利主审，中国人民大学教授李金轩、国家发展和改革委员会能源所研究员杨宏伟副审，最后经过编委会审定。本书在编写过程中，参考和引用了书中所列参考文献中的内容，同时也参考和引用了部分网络媒体的相关资料，谨向这些文献的编著者以及在编写过程中给予帮助的所有专家学者致以诚挚的感谢。

由于编者水平有限，加之时间仓促，书中难免会有疏漏与不足之处，殷切希望广大学员给予指正，以利于日后改进。

编　者

2012 年 1 月于浙江大学

目　录

第1章　节能基础知识

▶ **学习目标**

1. 应知道、识记的内容
- 节能的定义
- 节能的有关概念
- 节能工作的四个层次的内容
- 技术节能工作四项基本原则
- 节能方法和措施的类型
- 能源效率的概念及内容
- 能源强度和能源消费弹性系数的概念及内容*

2. 应理解、领会的内容
- 节能的必要性及意义
- 从不同的角度理解节能的内容
- 不同节能方法的内容及区别
- 节能诊断的基本步骤*
- 节能监测的定义及内容
- 节能量和节能率的含义

3. 应掌握、应用的内容
- 能源消费弹性系数计算*
- 节能量及节能率的计算。
- 产品结构调整的节能量计算*

▶ **自学时数**

10~12 学时。

▶ **教师导学**

节能是指加强用能管理，采取技术上可行、经济上合理以及环境和社会可以承受的措施，减少从能源生产到消费各个环节中的损失和浪费，更加有效、合理地利用能源。本章介绍节能的基本知识，阐述节能的有关概念，节能的主要层次、方法和措施。对节能诊断和节能监测的内容进行了系统阐述。最后对节能量、节能率的计算进行了介绍。

本章的重点为：节能的定义、节能的基本原则、节能的方法和措施分类、能源效率。

本章的难点是：能源消费弹性系数*、节能量和节能率的计算。

1.1 节能的定义及必要性

1.1.1 节能的定义

简单地说，节能就是节约能源。就狭义而言，节能就是节约石油、天然气、电力、煤炭等能源；而更为广义的节能是节约一切需要消耗能量才能获得的物质，如自来水、粮食、布料等。但是节约能源并不是不用能源，而是善用能源，巧用能源，充分提高能源的使用效率，在维持目前的工作状态、生活状态、环境状态的前提下，减少能源的使用。1998 年开始实施的《中华人民共和国节约能源法》第三条对节能的定义如下："节能是指加强用能管理，采取技术上可行、经济上合理以及环境和社会可以承受的措施，减少从能源生产到消费各个环节中的损失和浪费，更加有效、合理地利用能源。"

分析《中华人民共和国节约能源法》中对节能的定义，我们可以发现该法从以下四个层面对节能工作给出了全面的定义。

（1）从管理的层面指出节能工作必须从管理抓起，加强用能管理，向管理要能源。国家通过制定节能法律、政策和标准体系，实施必要的管理行为和节能措施；用能单位注重提高节能管理水平，运用现代化的管理方法，减少能源利用过程中的各项损失和浪费；杜绝在各行各业中存在的能源管理无制度、能源使用无计量、能源消耗无定额、能源节约奖励制度不落实的现象，从管理开始抓好节能工作。

（2）从技术的层面指出节能工作必须是技术上可行，也就是说节能工作必须符合现代科学原理和先进工艺制造水平，它是实现节能的前提。任何节能措施，如果在技术上不可行，它不仅不具有节能效果，甚至还会造成能源的浪费、环境的污染、经济的损失，严重的还可能造成安全事故等。

（3）从经济的层面指出节能工作必须是经济上合理。任何一项节能工作必须经过技术经济论证，只有那些投入和产出比例合理，有明显经济效益项目才可以进行实施。否则，尽管有些节能项目具有明显的节能效果，但是没有经济效益，也就是节能不节钱，甚至是节能费钱就没有实施的必要。

（4）从环境保护和可持续发展的角度指出任何节能措施必须是符合环境保护的要求、安全实用、操作方便、价格合理、质量可靠并符合人们生活习惯的。如果某项节能措施不符合环保要求，在安全、质量等方面，或者不符合人们的生活习惯，即使经济上合理，也不能作为法律意义上的节能措施加以推广。夏时制是一项非常有效的节能措施，实行夏时制可以充分利用太阳光照，节约照明用电，现在好多国家特别是西方发达国家都在实行。而在我国实施一段时间后，就停了下来，没有推开。主要原因是我国横跨许多时区，如果全国统一，会对某些地区的人们生活带来不便；如果全国不统一，那对人们坐飞机、火车等出行带来十分的不便，夏时制所带来的节能效果将被这些无效的工作所抵消，综合的社会效果，很可能是不节能，甚至是浪费能源，这也是最后在我国停止实施夏时制的原因之一。

各行各业对节能的定义也有不同的阐述，如由化学工业出版社出版的《化工节能技术手册》中，对化工企业节约能源的定义是：在满足相同需求或达到相同生产条件下使能源消耗减少（即节能），能源消耗的减少量即为节能量。在这个定义中，必须注意到在化学工业节能中必须满足两项前提条件中的一项，否则就不是节能。比如在某工艺中每小时需要 1.0 兆帕的水蒸气 1 吨，如果你通过减少水蒸气的流量或减少压力从而使消耗的能量减少，就认为是节能了，这就错了，因为它没有满足相同的需求。

节能不仅体现在工业生产中，也体现在建筑业及日常生活中。就一般而言，建筑节能是指在建筑材料生产、房屋建筑施工及使用过程中，合理的使用、有效地利用能源，以便在满足同等需要及达到相同目的的条件下，尽可能降低能耗，以达到提高建筑舒适性和节省能源的目标。建筑物的节能是一项综合性的措施。

对日常生活而言，我们所说的节能并不是说少用能源或不用能源，而是在目前技术可行的前提下善用能源，巧用能源，充分发挥所用能源的一切价值，减少不必要的浪费，提高能源的使用效率。

总之，节能工作必须从能源生产、加工、转换、输送、储存、供应，一直到终端使用等所有的环节加以重视，对能源的使用做到综合评价、合理布局、按质用能、综合利用、梯级用能，在符合环保要求并具有经济效益的前提下高效利用好能源。

1.1.2　节能的必要性

人类目前正在大规模使用的石油、天然气、煤炭等矿石资源是非再生能源，它们在地球地质年代形成，在人类可预期的时间内不能再生。就目前已探明的储量而言，势必有枯竭之日。据《BP 世界能源统计》（2006 版）资料介绍，以目前探明储量计算，全世界石油还可以开采 40.6 年，天然气还可以开采 65.1 年，煤炭还可以开采 155 年。即使以最乐观的态度，再过 200 年，地球上可开采的矿石资源将消耗殆尽，到时人类如何面对，将是一个关乎全人类生存的严峻问题。可再生能源主要是自然界中一些周而复始的自然现象而获取的能源，如水能、风能、潮汐能、太阳能等能源，但获取这些能源有些需要较大的初始投资，有些则存在供给不稳定及能流密度不高的缺点。综上所述，人类如果无节制地滥用能源，不仅有限的不可再生能源将加速消耗，即使是可再生能源也无法满足人类对能源日益增长的需求，将给人类带来毁灭性灾难。正如美国科学家麦克科迈克所说："如果不及早采取'开源节流'的有效措施，总有一天，能量的消耗将大于各种来源的能源，而这一天或迟或早都要来到，谁也不能例外。"因此从现在开始，节约能源，善用能源，提高能源利用率及单位能源产生的综合经济效益是目前在能源消耗过程中必须解决的现实问题。世界各国把节能视为一独立能源，称为第五大能源，前面的四大常规能源分别为煤炭、石油、天然气和水力。

我国是一个能源比较丰富的国家，能源生产总量居世界第二位，仅次于美国，如果单纯从总量上来说确实如此。如我们的煤炭储量、水利资源等确实位居世界前列，但考虑到我们庞大的人口基数，我国的人均能源储量远远低于世界平均水平。我国整体的能源使用效率相对于发达国家是严重偏低，只相当于节能水平最高国家的50%左右，无论是我们的单位国内生产总值，还是钢铁、化肥等单位产量所消耗的能源，都大大高于发达国家的平均水平。面对人均能源储量偏低且单位产值能源消耗偏高的现实，节约能源不仅是一件十分迫切的任务，而且是一项大有作为的事业。据有关资料介绍，如果采取有效的节能措施，能源的有效利用率提高10%，则通过节能得到的能源数量将达到目前世界上使用的水能、核能之和，如果能源有效利用率提高20%左右，节能的能源数量将达到目前已知的世界上天然气储量。目前，我国的能源整体利用率为30%左右，节能的潜力非常巨大。如按中等发达国家的能源利用效率来计算，我国现在完全可以在能源消费零增长的条件下实现经济增长，逐步达到发达国家的经济发展水平，这是何等令人鼓舞的信息。

然而，现实情况是十分残酷的，要提高我国整体能源的利用率，达到或接近国际先进水平，仍需要我们付出艰巨的努力。能源危机迫近的信号正在我国时隐时现，华东、华南地区的电荒，全国局部范围内的油荒、气荒以及国际原油价格不断突破历史新高，给我们敲响了警钟。国际上因能源问题引发的各种冲突日益增多，能源问题已不是一个国家的经济问题这么简单，它已涉及国家安全的战略问题。更何况我国正处在由温饱型向小康型及富裕型社会转变的进程，人均的能源消耗量将不断增加，如果不节约能源，不采取节能措施，试想一下，如果我们仍保持目前较低的能源利用率，而人均能源消耗的水平达到发达国家的水平，到那时，我们的能源总需求量将是目前的十倍以上，这是一个较为可怕的数字。尽管我们可以开发新的能源以及通过进口来弥补能源缺口，这不仅需要消耗大量的外汇，也影响到国家的能源安全。因此，节约能源、提高能源利用率，不仅仅是经济问题，还是涉及国家战略安全的大问题。

节约能源、提高能源利用率，可在相同国内生产总值的情况下，降低能源消耗的总量，减少二氧化碳的排放量，对保护地球环境、建立和谐社会也具有积极的社会意义。综上所述，节能工作是解决能源供需矛盾的重要途径，是从源头治理环境污染的有力措施，也是经济可持续发展的重要保证。

我国目前的能源政策是"资源开发与节约并举，把节约放在首位"，依法保护和合理使用资源，保护环境，提高资源的利用效率，实现可持续发展。对于各种企业实施节能，不仅可以降低企业的能耗成本，提高企业的经济效益，而且有助于缓解政府能源供应和建设压力，减少废气污染，保护环境。如对我国新建和已建的非节能建筑实施节能措施，不仅有利于国民经济的发展，保护环境和节约社会资源，更重要的是还可以拉动建筑节能相关产业的发展，提高人们生活水平。

对于企业而言，减少能源消耗方面的费用支出可直接改善企业现金流，降低企业的整体运营成本，增加企业当期利润，提高企业的成本优势和市场竞争力，使企业获得持续健康发展。企业实施节能改进，减少电力消耗，可以间接减少因煤炭火力发电而产生的二氧化碳、二氧化硫和氮氧化物的废气排放量，减少空气污染，促进城市环境治理，为环保事业作贡献。总之，企业实施节能工作，不仅可以降低能耗成本，而且有助于缓解政府能源供应和建设压力，对减少废气污染保护环境也有巨大的现实意义。

1.2　节能的内容及有关概念

1.2.1　节能的内容

节能工作需要落实到具体，而节能的内容包罗万象。从节能的领域来看，节能的内容包括工业节能、交通节能、建筑节能、农业节能及日常生活节能，而每一项领域又可以细分为多项领域。如工业节能可分为燃料动力工业节能，冶金工业节能，金属加工、机械制造业节能，石油化工业节能，电机、电器工业节能及纺织轻工等其他工业领域的节能。从节约能源的形式来看，节能的内容包括节煤、节油、节气、节电，当然，节油也可以细分为节约柴油、节油汽油、节约煤油等。从广义节能的角度来看，节能的内容几乎包含任何所有的物质，因为几乎没有一种物质的获得不需要消耗能量，只要消耗了能量，那么我们节约这种物质，就等于节约了能源，如节约用水、节约粮食、重复利用资源等。

从节能的方法措施领域来看，节能的内容包括管理节能、技术节能、结构调整节能、合同能源管理（EMC）节能。而技术节能又可以细分为工艺节能、控制节能、设备节能；结构调整节能又可以分为产业结构调整节能、产品结构调整节能。从能源转换过程来看，节能的内容包括能源开采过程节能、能源加工、转换和储运过程节能及能源终端利用过程节能。从节能的时空位置来看，可以说是时时可节能、处处可节能，如室内无人时及时关灯，将纸张的两面都使用，从细节事务上注意节能。

总之，在任何地方、任何时间、任何事件上，只要我们注意到了节能这个问题，总可以找到需要节能的方面，正是时时、处处、事事可节能。

1.2.2 节能的有关概念

在节能工作中，会碰到各种各样与节能有关的概念或术语，为了更好地理解它们，有必要了解以下较为常见或重要的概念或术语。

1. 标准当量能源

在有关节能的文献中，经常可以看到用标准当量能源来表示能源的消耗量，如标准煤当量、标准油当量。利用标准当量作为能源消耗的单位，一方面可以将不同的能源折算成某一种能源，同时又将该种能源的不同品质折算成理论上的标准能源，这样大大方便了人们的节能工作。标准当量是以该物质的燃烧热值为基准，1 千克标准煤当量 = 7000 千卡，1 千克标准油当量 = 10000 千卡；而 1 千卡 = 1000 卡。由于卡不是能量的国际单位，需要将其换算成国际单位焦，一般情况下可以利用 1 卡 = 4.186 焦进行换算，但需要注意的是其换算系数在具体应用时需要根据实际情况加以选用。如在工程中使用时，一般使用 1 卡 = 4.1868 焦，而在热力学中则采用热化学卡，其含义是 1 克水在 1 标准大气压自 14.5℃ 变到 15.5℃ 所吸收的热量，其换算关系是 1 卡 = 4.184 焦，而在《化工节能技术手册》中，规定燃料的热值卡均为 20℃ 卡，其换算式是 1 卡 = 4.1816 焦，可简化为 1 卡 = 4.182 焦，1 千克标准油的发热量为 10000 千卡，合 41.82 兆焦。文献中有时直接用英文缩写表示能源单位，如 Mtce 表示百万吨煤当量，Mtoe 表示百万吨油当量，tce 表示吨煤当量，toe 表示吨油当量。

2. 发热量

发热量是指单位重量（固体、液体）或体积（气体）物质在完全燃烧，且燃烧产物冷却到燃烧前的温度时发出的热量，也称热值，单位为千焦/千克或千焦/立方米。在具体应用上，又将发热量分为高位发热量和低位发热量。高位发热量是指燃料完全燃烧，且燃烧产物中的水蒸气全部凝结成水时所放出的热量；低位发热量是燃料完全燃烧，而燃烧产物中的水蒸气仍以气态存在时所放出的热量。显然，低位发热量在数值上等于高位发热量减去水的汽化潜热。对于燃烧设备，如锅炉中燃料燃烧时，燃料中原有的水分及氢燃烧后生成的水均呈蒸汽状态随烟气排出，因此低位发热量接近实际可利用的燃料发热量，所以在热力计算中均以低位发热量作为计算依据。表 1 - 1 为常见燃料的低位发热量概略值。

表 1 - 1　　　　　　　　　　常见燃料的低位发热量概略值

固体燃料	热值 (10^3 千焦·千克$^{-1}$)	液体燃料	热值 (10^3 千焦·千克$^{-1}$)	气体燃料	热值 (10^3 千焦·千克$^{-1}$)
木材	13.80	原油	41.82	天然气	37.63
泥煤	15.89	汽油	45.99	焦炉煤气	18.82
褐煤	18.82	液化石油气	50.18	高炉煤气	3.76
烟煤	27.18	煤油	45.15	发生炉煤气	5.85
木炭	29.27	重油	43.91	水煤气	10.45
焦炭	28.43	焦油	37.22	油气	37.65
焦块	26.34	酒精	26.76	丁烷气	126.45

3. 能源效率

能源系统的总效率由开采效率、中间环节效率和终端利用效率三部分组成。其中能源开采效率是指能源储量的采收率，如原油的采收率、煤炭的采收率。一般而言这一环节的效率是最低的，如我国学者测算了我国 1992 年能源系统的总效率为 9.3%，其中开采效率仅为 32%，中间环节效率 70%，终端利用效率 41%。中间环节效率包括能源加工转换效率和储运效率，如原油加工成汽油、柴油的效率，将原煤加工成焦炭的效率，将煤矿的原煤运至发电厂发电的效率。终端利用效率是指终端用户得到的有用能与过程开始时输入的能量之比，如电力用户通过电力获得的所需要能量（热能、机械能）与输入电力之比。通常将中间环节效率和终端利用效率的乘积称为能源效率。如 1992 年我国能源效率为 29%，约比先进国际水平低 10 个百分点，终端利用效率也低 10 个百分点以上，目前我国的能源效率为 40% 左右，相当于发达国家 20 世纪 90 年代的水平。

4. 当量热值和等价热值

当量热值又称理论热值（或实际发热值）是指某种能源一个度量单位本身所含热量。等价热值是指加工转换产出的某种二次能源与相应投入的一次能源的当量，即获得一个度量单位的某种二次能源所消耗的，以热值表示的一次能源量，也就是消耗一个度量单位的某种二次能源，就等价于消耗了以热值表示的一次能源量。因此，等价热值是个变动值。某能源介质的等价热值等于生产该介质投入的能源与该介质的产量之比或该介质的当量热值与转化效率之比。如二次能源电力 1 千瓦时当量热值等于 3600 焦，而等价热值则在热量转化为电的效率不同时，是个变化的数值，当转化效率为 30.4% 时，二次能源电力 1 千瓦时等价热值为 11842 焦。

5. 能源折换系数

在节能统计工作中，为了方便，需将不同能源及物质的消耗折算到某一标准能源，如标准煤、标准油，表 1-2 是一些常用能源及物质消耗的折标准煤系数。

表 1-2　　　　　　　各种能源和物质消耗折标准煤参考系数

名　　称	折标准煤系数（千克标煤·千克$^{-1}$）	名　　称	折标准煤系数（千克标煤·千克$^{-1}$）
原煤	0.7143	热力	0.03412 千克标煤·兆焦$^{-1}$
洗精煤	0.9000	电力*	0.4040 千克标煤·千瓦时$^{-1}$
洗中煤	0.2857	外购水	0.0857 千克标煤·吨$^{-1}$
煤泥	0.2857~0.4286	软水	0.4857 千克标煤·吨$^{-1}$
焦炭	0.9714	除氧水	0.9714 千克标煤·吨$^{-1}$
原油	1.4286	压缩空气	0.0400
燃料油	1.4286	鼓风	0.0300
汽油	1.4714	氧气	0.4000
煤油	1.4714	氮气	0.6714
柴油	1.4571	二氧化碳气	0.2143
液化石油气	1.7143	氢气	0.3686
油田天然气	1.3300 千克标煤·米$^{-3}$	低压蒸汽	128.6 千克标煤·吨$^{-1}$
气田天然气	1.2143 千克标煤·米$^{-3}$		

注："*"为热—电转化效率为 30.4% 时，即 1 千瓦时电力的等价热值为 11842 焦时的折标准煤系数。按当年火电发电标准煤耗计算。

6. 单位国内生产总值能耗

单位国内生产总值能耗是指产出每单位国内生产总值所消耗的能源，一般用"吨标煤/万元"作单位，不同年份进行比较研究时，需将国内生产总值进行折算，一般以某一年的不变价进行折算，表1-3是我国2005—2010年有关我国单位国内生产总值能耗数据。

表1-3　　　　　　　　　2007—2010年产值能耗

年份	国内生产总值2005年可比价格（亿元）	一次能源消费量（万吨标煤）	万元国内生产总值能耗吨标煤（万元）
2007	265810	280508	1.06
2008	314045	291448	0.93
2009	340903	306647	0.90
2010	401202	324939	0.81

注：本表国内生产总值和一次能源消费量均摘自2006年《中国统计摘要》。

7. 单位工业增加值能耗

单位工业增加值能耗指一定时期内，一个国家或地区每生产一个单位的工业增加值所消耗的能源，是工业能源消费量与工业增加值之比。需要注意的是工业增加值和工业产值的区别。工业增加值是工业生产过程中增值的部分，是指工业企业在报告期内以货币形式表现的工业生产活动的最终成果，是企业全部生产活动的总成果扣除了在生产过程中消耗或转移的物质产品和劳务价值后的余额，是企业生产过程中新增加的价值。计算工业增加值通常采用两种方法。一是生产法，即从工业生产过程中产品和劳务价值形成的角度入手，剔除生产环节中间投入的价值，从而得到新增价值的方法，公式：工业增加值＝现价工业总产值－工业中间投入＋本期应交增值税。二是分配法，即从工业生产过程中制造的原始收入初次分配的角度，对工业生产活动最终成果进行核算的一种方法，其计算公式：工业增加值＝工资＋福利费＋折旧费＋劳动、待业保险费＋产品销售税金及附加＋应交增值税＋营业盈余，或＝劳动者报酬＋固定资产折旧＋生产税净额＋营业盈余。各地区生产总值能耗与工业增加值能耗数据是不同的概念。

8. 能源消费弹性系数

能源消费弹性系数是能源消费的年增长率与国民经济年增长率之比。世界各国经济发展的实践证明，在经济正常发展的情况下，能源消耗总量和能源消耗增长速度与国内生产总值和国内生产总值增长率成正比例关系。这个数值越大，说明国内生产总值每增加1%，能源消费的增长率越高；这个数值越小，则能源消费增长率越低。能源消费弹性系数的大小与国民经济结构、能源利用效率、生产产品的质量、原材料消耗、运输以及人民生活需要等因素有关。世界经济和能源发展的历史显示，处于工业化初期的国家，经济的增长主要依靠能源密集工业的发展，能源效率也较低，因此能源弹性系数通常多大于1。例如目前处于发达国家的英国、美国等在工业化初期，能源增长率比工业产值增长率高一倍以上，进入工业化后期，由于经济结构转换及技术进步促使能源消费结构日益合理，能源使用效率提高，单位能源增加量对国内生产总值的增加量变大，从而使能源弹性系数小于1。尽管各国的实际条件不同，但只要处于类似的经济发展阶段，它们就具有大致相近的能源消费弹性系数。发展中国家的能源消费弹性系数一般大于1，工业化国家能源弹性系数大多小于1；人均收入越高，弹性系数越低。表1-4是几个发达国家在工业化初期的能源消费弹性系数。

表 1-4   几个发达国家在工业化初期的能源弹性系数

国家	产业革命开始年份	初步实现工业化年份	工业化初期能源消费弹性系数	初步实现工业化时人均能耗（以标准煤计）（吨）	能源效率（%）	
					1860 年	1950 年
英国	1760	1860	1.96（1810—1860 年）	2.93	8	24
美国	1810	1900	2.76（1850—1900 年）	4.85	8	30
法国	1825	1900		1.37	12	20
德国	1840	1900	2.87（1860—1900 年）	2.65	10	20

9. 需求侧管理（DSM）

需求侧管理是英文 Demand Side Management 的翻译，简称 DSM，是指对用电用户用电负荷实施的管理。这一概念最早在 20 世纪 70 年代由美国环境保护基金会提出，并于 20 世纪 90 年代初传入我国。这种管理是国家通过政策措施引导用户高峰时少用电，低谷时多用电，提高供电效率、优化用电方式的办法。这样可以在完成同样用电功能的情况下减少电量消耗和电力需求，从而缓解缺电压力，降低供电成本和用电成本，使供电和用电双方得到实惠，达到节约能源和保护环境的长远目的。目前，美国、日本、加拿大、德国、法国、意大利等国家都有一支庞大的队伍从事需求侧管理工作，将需求侧管理近似当做一种电力能源来管理。

10. 能源效率标识

能源效率标识是指表示用能产品能源效率等级等性能指标的一种信息标识，属于产品符合性标志的范畴。我国的能源效率标识张贴是强制性的，采取由生产者或进口商自我声明、备案、使用后监督管理的实施模式。产品上粘贴能源效率标识表明标识使用人声明该产品符合相关的能源效率国家标准的要求，接受相关机构和社会的依法监督。我国现行的能效标识为背部有黏性的，顶部标有"中国能效标识"（CHINA ENERGY LABEL）字样的蓝白背景的彩色标签，一般粘贴在产品的正面面板上。电冰箱能效标识的信息内容包括产品的生产者、型号、能源效率等级、24 小时耗电量、各间室容积、依据的国家标准号。空调能效标识的信息包括产品的生产者、型号、能源效率等级、能效比、输入功率、制冷量、依据的国家标准号。能效标识直观地明示了家电产品的能源效率等级，而能源效率等级是判断家电产品是否节能的最重要指标，产品的能源效率越高，表示节能效果越好，越省电。能效标识按产品耗能的程度由低到高，依次分成5级：等级1表示产品达到国际先进水平，最节电，即耗能最低；等级2表示比较节电；等级3表示产品能源效率为我国市场的平均水平；等级 4 表示产品能源效率低于我国市场平均水平；低于 5 级的产品不允许上市销售。即使是进口商品，在能源标识上也应先"中国化"后才可在国内市场上销售。我国自 2005 年 3 月 1 日起率先从冰箱、空调这两种产品开始实施能源效率标识制度。该两种产品源效率标识制度采用的标准分别是 GB 12021.2—2003《家用电冰箱耗电量限定值及能源效率等级》，GB 12021.3—2004《房间空气调节器能效限定值及能源效率等级》。

11. 节能认证

节能产品认证是指依据国家相关的节能产品认证标准和技术要求，按照国际上通行的产品质量认证规定与程序，经中国节能产品认证机构确认并通过颁布认证证书和节能标志，证明某一产品符合相应标准和节能要求的活动。我国节能产品认证为自愿认证。我国的节能产品认证工作接受国家质检总局的监督和指导，认证的具体工作由通过国家认证认可监督管理委员会认可的独立机构，依据《中华人民共和国标准化法》、《中华人民共和国产品质量法》、《中华人民共和国产品质量认证管理条例》和有关规章的要求，按照第二方认证制度准则负责组织实施。

1.3 节能的层次及准则

1.3.1 节能的层次

通过前面对节能定义及内容的介绍，可以对节能工作有一个大致的了解，但在具体的工作中，为了更好地展开节能工作，可将节能工作分成不同的层次，在不同的层次，节能工作的着重点各有不同。

按照节能工作的难易程度，节能工作可分为以下四个层次。

（1）不使用能源。这是一项最简单易行的节能工作，如不开车外出，不用空调。目前世界上和我国有些大城市设立的无车日就属于不使用能源来达到节能减排目的的这个层次的工作，但这个层次节能工作的实际效果不一定十分理想，还不是真正意义上的节能，对节能工作的宣传教育意义大于实际的节能效果，其主要目的还是引起人们对节能工作的重视，使人们认识到，如果没有能源将会给人们工作和生活带来的不便，从而更加自觉地节约能源。

（2）降低能源的使用量。这是一种比较可行的节能方法，例如通过降低驾车的速度来减少汽油的消耗，当然这种速度的减少是相对于高速行驶而言，它通过行车时间的增加来换取能源消耗的减少，对于那些对时间要求不是十分紧迫的情况而言是可行的，但当时间价值大于所节约的能源价值时，该方法就显得不可行。另外像降低热水器温度、提高空调房间设定的温度，在不影响基本生活质量的前提下，适当降低一点生活的舒服程度就可以带来一定的节能效果，这在某些情况下是值得推广的一种节能方法。

（3）通过技术手段提高能源使用效率。这一层次的节能工作属于目前正在采用的真正意义上的节能工作，通过各种技术手段，在不改变生产、生活质量的前提下，减少能源的消耗。开发和推广应用先进高效的能源节约和替代技术、综合利用技术及新能源和可再生能源利用技术。加强管理，减少损失浪费，提高能源利用效率。例如前面提及的驾车问题，在所用时间不变甚至减小情况下，通过提高发动机的燃烧效率或改进汽车结构使能源的消耗量减少。

（4）通过调整经济和社会结构提高能源利用效率。这是一项最高层次的节能工作，主要通过调整产业结构、产品结构和社会的能源消费结构，淘汰落后技术和设备，加快发展以服务业为主要代表的第三产业和以信息技术为主要代表的高新技术产业，用高新技术和先进适用技术改造传统产业，促进产业结构优化和升级换代，提高产业的整体技术装备水平。但经济和社会结构的调整和转型必须结合各地的实际情况，选择合理的替换产业和社会能源消费模式，否则不顾各地的实际情况，全国都上马某一种认为是能源使用效率高、社会效益好的项目可能适得其反。对于这一层面的节能工作，目前已有许多文献阐述了它对节能工作的重要性及节能效果，但有一个问题需要引起注意，大家都调整了产业结构，原来的产业是否真的不需要了，如果还是需要，只不过将其从发达地区转移到了不发达地区，从城市转移到了乡村，那么从全社会的角度来看，能源使用效率不仅没有提高，甚至可能是降低了。所以，产业结构调整必须是全面系统地分析各地的实际情况，并结合技术手段的应用，在调整产业结构的同时，将原产业（如果全社会仍需要）转移到更加适合其发展的区域，并利用新的节能技术，提高该产业的能源使用效率。

节能的不同层次也可根据能源不同状态的转化关系划分为四个不同的层次，不同的层次涉及不同的设备及相应的节能方法和措施。以燃料能源的转换过程为例，它可以经历五种不同的状态到达终端使用，其间在四个不同的层次上可以展开节能工作，具体见表 1-5。

表 1-5　　　　　　　　　　　能源转换过程的不同状态

能源状态	质量（燃料）	热（蒸汽）	动　力	电	光或动力
转换过程	利用热量产生蒸汽	利用蒸汽产生动力	利用动力发电	利用电力发光或带动电机转动	
相关设备	锅炉	汽轮机	发电机	光源设备或电机	
主要节能手段			热电联产	节能灯及变频电机	

在能源的实际应用过程中，不一定要经历以上四个不同的转换阶段。有经历一个阶段就达到终端用户的，例如工业使用的窑炉及日常使用的燃气热水器，利用燃料燃烧产生的热量直接使目标物体升温，这个目标物体可以是砖坯、钢锭、自来水等。这时节能的关键就是最大限度地将燃料燃烧产生的能量转移到目标物体上，提高燃料的燃烧效率。当能源最终经历多个转换阶段到达终端用户时，就必须在每一个转换阶段注意节能工作，因为此时总的能源使用效率是每一个转换阶段能源使用效率的乘积，只要其中一道转换环节出了问题，就会影响整体的能源使用效率。

1.3.2 节能的准则

准则就是标准和原则，目前世界和我国均出台了不少节能的法规和标准，例如1997年全国人大常委会通过，1998年开始实施并于2007年修订的《中华人民共和国节约能源法》；2005年全国人大常委会通过，2006年开始实施的《中华人民共和国可再生能源法》；2007年国务院发布的《民用建筑节能条例》等。除了国家层面上的法律规定之外，还有各种层面的有关节能的标准，如 GB 50189—2005《公共建筑节能设计标准》、GB/T 13234—2009《企业节能量计算方法》、GB/T 15320—2001《节能产品评价导则》、JC/T 713—2007《烧结砖瓦能耗等级定额》等。

为减少能源消耗，欧盟在2006年重新制定并实施新的终端能源效率和能源服务准则。并要求各成员国根据新的准则，在2007年6月30日前制订出相应的行动计划，以实现欧盟到2016年，每年的能源消耗减少9%的目标，共有九个欧盟国家参与了新的节能准则的制定。日本是世界上最典型的"资源小国、经济大国"。不仅能源的80%需要进口，且煤炭、铁矿石及有色金属等多种原材料都需要进口。1973年第一次石油危机后，日本将重要的能源和工业资源的石油战略放到首位，制定了《节能法》，实施节能制度，推广节能设备，加快节能技术研发，并先后颁布了《企业节能准则》、《汽车燃料标准》、《建筑节能准则》以及《居民房屋节能准则》等，从工业、交通运输到商民两用设施，全面展开节约资源运动，将节约意识渗透到国民心中。

从技术层面来说，节能工作应该遵循下面四项基本原则：一是最大限度地回收和利用排放的能量；二是能源转换效率最大化；三是能源转换过程最小化；四是能源处理对象最小化。

以上四项基本原则对节能工作具有指导意义。例如最大限度地回收和利用排放的能量原则，提高梯级利用能源，尽可能减少排放到环境中去的能量。能源转换效率最大化原则提示每一次能源状态的转换尽可能采用目前最先进的技术，提高能源转换效率。能源转换过程最小化提示在利用能源的时候，如果可以直接利用，尽量减少能量的转换次数，例如需要利用热量加热物体时，尽量利用燃料直接燃烧获取热量，避免利用经过燃料二次转换得到的电力。能源处理对象最小化原则要求对处理的对象在进行能源处理前尽量减量，如目前建筑大楼的中央空调系统，应做到根据房间有无人员及人员的多少开启该房间的空调，而不是整栋大楼要么开启，要么关闭。目前中央空调或集中供暖系统采用智能控制自动对需要制冷或供暖的对象进行处理，以达到能源处理对象最小化从而达到节能的工作正在引起人们的广泛兴趣。

1.4 节能的方法及措施

在工业、交通、建筑、人民日常生活中，需要因地制宜地采用适合各自应用领域的节能措施。如在工业领域采用各种先进换热装置，回收利用各种余热；选择合适的燃烧装置提高燃烧效率；改变生产工艺及能源的综合梯级利用提高能源使用效率。在交通运输部门，调整运输计划、改进交通工具的燃料消耗。在日常民用领域建立节能意识，人走关灯。在建筑领域大量利用节能材料，合理安排照明系统及空调系统。

节能的方法和措施在不同的层面和不同角度有不同的划分方法。如果从能源转换及回收利用的角度来看，节能工作的方法可分为以下几方面：一是燃料燃烧的合理化；二是加热、冷却和传热的合理化；三是防止辐射、传热等因素的热损失；四是废热回收利用；五是热能向动力转换的合理化；六是防止电阻等造成的电力损失；七是电力向动力和热转换的合理化。

以上七方面涉及工业、建筑、交通等主要节能领域，比如燃料燃烧的合理化方法既涉及工业领域的锅炉燃料燃烧也涉及交通领域的汽车发动机燃料燃烧，而防止电阻等造成的电力损失是电力部门在大电力输送以及在建筑物内电力输送时均应该注意的节能方法。

如果从节能工作的深浅程度及广度，节能工作的方法和措施可以分为以下几种。

1. 管理节能

对于一般的管理而言，管理学者们作了大量的研究，并从不同的角度和侧重点，提出了关于管理的定义。就不同定义的基本点来看，主要有以下一些类型：一是强调管理的作业过程，认为管理就是计划、组织、领导、控制的过程；二是强调管理的核心环节，认为管理就是决策；三是强调对人的管理，认为管理就是通过其他人把事办妥；四是强调管理者个人的作用，认为管理就是领导；五是强调管理的本质，认为管理就是协调活动。

如果将以上观点用于节能管理，其实就是将管理对象从人替换为能源，做好工矿企业、机关部门的能源消耗的计划工作，并在具体的能源消耗过程组织采取一定的节能措施，并对具体的节能过程和工作实施领导和控制，比如建立各种能源消耗定额、节能工作规范、考核指标及奖惩办法。总之，管理节能，就是通过能源的管理工作，减少各种浪费现象，杜绝不必要的能源转换和输送，在能源管理调配环节进行节能工作。管理节能工作不仅可以在工矿企业开展，也可以在机关部门开展。管理的目的是有效实现目标。所有的管理行为，都是为实现目标服务的，管理节能就是为有效实现节能工作这项目标而开展的工作。管理工作的方法通常有经济方法、行政方法、法律方法、社会心理学方法等，在节能管理工作上也可以借鉴这些方法。经济方法是指依靠利益驱动，利用经济手段，通过调节和影响被管理者物质需要而促进管理目标实现的方法，该法的特点是利益驱动性、普遍性、持久性。对于节能工作而言，管理节能可采用的经济手段就是通过工资、奖金、罚款等方法对节能的部门或个人、车间采取经济手段，鼓励他们节能的积极性。行政方法是指依靠行政权威，借助行政手段，直接指挥和协调管理对象的方法。该法的特点是强制性、直接性、垂直性和无偿性，通过命令、计划、指挥、监督、检查等手段实现管理目标的实现。该法对于机关部门的节能管理工作具有指导意义，譬如在机关部门规定人走灯息、空调温度设定在国家规定的温度、一般情况下纸张两面用，否则实施惩罚措施。法律方法是指借助国家法规和组织制度，严格约束管理对象为实现组织目标而工作的一种方法。该法的特点是高度强制性及规范性。目前我国的节能工作也制定了一些法律，规定了某些产品能耗限额的要求，对于超过法律规定的均予以淘汰。社会心理方法指借助社会学和心理学原理，运用教育、激励、沟通等手段，通过满足管理对象社会心理需要的方式来调动其积极性的方法，该法的特点是自觉自愿性及持久性。该法对普通百姓的民用节能工作有积极意义，通过大力的宣传教育工作，让普通百姓认识到节能工作的重要性，从而使人们自觉地在日常生活中注意节能工作。

管理节能工作，对于一些工厂企业而言尤为重要。一些工厂企业，"浮财"遍地，跑、冒、滴、漏严重，余热资源大量流失，只要通过加强节能管理工作便会收到立竿见影的显著效果。近几年来，我国工业部门的许多企业，在能源管理和节能方面积累了很丰富的经验，认为工厂企业能源的管理必须做到"五有"：一有能源管理体系；二有产品耗能定额；三有计量仪表；四有管理制度；五有节能措施。

一般而言，管理节能工作投资不大，甚至可能是零投资，但可以达到3%~5%的节能效果。管理节能工作做得好坏还直接影响到工艺节能、控制节能和设备节能的成效。

2. 技术节能

所谓技术节能就是在生产中或能源设备使用过程中用各种技术手段进行节能工作。技术节能在各项领域均可以展开，但主要在工业领域。工业技术节能一般可以分为工艺节能、控制节能、设备节能，其困难程度从高到低。

工艺节能是工业节能过程中难度大、投资大但也是节能效果显著的节能措施。由于工艺节能需要改变工艺操作过程，一般很难单独进行，常常需要控制节能和设备节能配合起来。如原来采用煤为原料生产合成氨的工艺，改成用石脑油为原料生产合成氨的工艺，就需要进行控制方案及设备的改造，工作量较大。故工艺节能改造工作常常在新项目上马或旧项目进行技改或设备淘汰时进行，此时的工作阻力较小，企业容易接受。反之，如果旧项目使用不久，也不存在工艺操作上的问题，只是节能有点问题，对生产工艺进行改造的节能工作工厂就不容易接受，尽管这项节能改造工作从长远（比如5年）的发展来看是经济合理的，这也是目前节能改造工作中碰到的一个困难。

相对工艺节能措施，控制节能一般对整个工艺的影响不大，它不改变整个工艺过程，只改变某一个变量的控制方案。控制节能一般来说工厂容易接受，但必须注意以下几个问题，否则工厂可能出于安全、可靠性等各种因素的考虑而拒绝采用控制节能措施。一要考虑每一台耗能设备的正常可靠运行；二要考虑车间、工厂实现自动化的经济目的，特别是节约能耗、提高产品产量、质量等；三要考虑车间、工厂的能源（油、煤、气、水、风、电）进行集中监测、管理、调度和控制等问题；四要考虑各种耗能设备的性质和状态；五要考虑控制技术实现的可能性、可靠性及稳定性；六要考虑控制系统的总的发展趋势。

设备节能相对于工艺节能和控制节能而言是较为容易实施的节能措施。所谓设备节能就是耗能设备进行改造、替换、采用新材料新技术以及加强管理等各项措施使耗能设备的能源消耗降低下来，如果是能量回收设备（如烟道废热），则使其回收能量增加。工业生产过程中主要的耗能设备有工业炉窑（熔铸炉、加热炉、热处理炉、烘干炉）、工业锅炉、热交换设备，水泵、风机、空压机等，对于这些主要耗能设备目前已有不少成熟的的节能方法及措施。如建筑陶瓷行业淘汰倒焰窑、推板窑、多孔窑等落后窑型，推广辊道窑；石油化工中推广应用循环流化床锅炉技术；机械工业淘汰落后的高能耗机电产品，发展变频电机、稀土永磁电机等高效节能机电产品等。

3. 结构调整节能

所谓结构调整节能就是调整产业规模结构、产业配置结构、产品结构等进行节能工作。它涉及的范围较广，但带来的节能效果也是十分巨大的。如我国许多产业的规模结构不合理，生产规模偏小，需要在逐步淘汰小规模企业的前提下，建立符合能源最佳利用生产规模的企业。产业配置包括同一产业在全国地理位置上的配置，也包括不同产业所占比例的配置问题。如我国钢铁工业布局，由于历史原因，我国钢铁生产布局不够合理。全国70多家重点钢铁企业中，有20多家建在省会以上城市；不少钢铁企业建在人口密集地区、严重缺水地区以及风景名胜区，对人居环境造成很大影响。炼油工业也是如此，历史原因造成部分沿江、沿海石化企业加工进口油接卸条件不完善、运输成本高等。原油资源配置方面存在的这些不合理现象不但增加了操作难度和生产成本，而且增大了资源的浪费。为此，在优化原油资源配置方面应尽量做到结合市场需求和各企业的具体情况，充分利用已有加工能力和运输条件，保证宏观运输流向的顺畅合理，减少新建或改扩建工程量；对于不同特性的原油，要尽量合理加工，充分利用；要优先安排在有大型石油化工发展计划、市场状况良好的地区增加原油加工量等。此外，应综合考虑产品质量、能耗、环保等各方面因素，研究制订以效益为中心的、不同原油、不同区域的最佳加工方案，适度提高炼厂根据市场需求灵活组织生产的能力。

不同产业之间的配置结构也不尽合理，如2002年，一、二、三产业和生活用能分别占能源消费总量的4.4%、69.3%、14.9%和11.4%。其中，工业用能占68.3%，自1990年以来始终保持在70%左右的水平，虽然统计口径不完全可比，但与国外能源消费构成相比，我国工业用能比例明显偏高。在推进工业化的进程中，调整经济结构的任务十分艰巨。

产品结构调整也存在不少问题，如在钢铁总量中，低端产品所占的比例偏大，地条钢、热轧硅钢等国家早已明令禁止使用的产品，仍充斥于市场；棒线材、窄带钢等一般产品，在新增钢铁产量中占有较大比例；而轿车板、冷轧硅钢片、高档船板等高技术含量、高附加值产品，不能满足国内需求。加快关停和淘汰落后产能，可以优化钢铁工业布局，促使有条件的企业向运输便利、环境容量允许的地方调整，寻求更大的发展空间；也可以为高附加值产品腾出市场容量，促进钢铁行业改善品种、提高质量、增加效益。

总之结构调整节能工作具有全局性及超前性，它需要在企业生产前落实具体的节能工作，反之，一旦企业已经投入生产，再进行结构调整节能工作将碰到很大的困难和阻力。

1.5 能源及能源效率

1.5.1 能源及分类

能源是可以直接或通过转换提供人类有用能量的资源。能量就是做功的本领。广义而言，任何物质都可以转化为能量，但是转化的数量及难易程度是不同的。比较集中而又较易转化的含能物质才能称为能源。但由于科技的进步，人类对物质认识的深化，及掌握能量转化方法的发展，很难给能源一个确切的定义。但对于工程技术人员而言，在一定的工业发展阶段，能源的定义还是明确的。再考虑到另一类型的能源即物质在宏观运动过程中所转化的能量即所谓能量过程，例如水的势能落差运动产生的水能及空气运动所产生的风能等，因此，能源的定义可描述为：比较集中的含能体或能量过程称为能源，它是一种可以直接或经转换提供人类所需的光、热、动力等任何形式能量的载能体资源。能源在不同的领域和部门其分类方法各有不同，以适应科研、统计、开采、储运及使用的需要。在能源领域一般使用如下分类方法。

1. 一次能源与二次能源

在自然界中取得的未经任何改变或转换的能源，称为一次能源，如原煤、原油、天然气、水能、风能、地热等。

为了满足生产和生活的需要，有些能源通常需要经过加工转换以后再加以使用。由一次能源经过加工转换成另一种形态的能源产品叫做二次能源，如电力、煤气、焦炭、蒸汽及各种石油制品等。

改变能源物理形态的能源生产，一般都是指一次能源转变成二次能源。例如，矿物燃料中的化学能可以是：

（1）燃料产生热能，再驱动汽轮机产生机械能，最后产生电能。

（2）变成可燃气体，在内燃机中产生燃烧气体，燃烧气体中的热能产生发动机旋转部件的机械能。

（3）在燃料电池中直接转换成电能。

（4）转变成另一种形态的化学能，如煤炭气化和液化，油制气。

再如，通过水坝的水的机械能，经水轮机转变成电能等。

大部分一次能源都转换成容易储运、分配和使用的二次能源，以适应消费者的需要。一次能源转换成二次能源无论如何都会有转换损失，但二次能源比一次能源有更高的终端利用效率，也更清洁和便于使用。二次能源经过储运和分配，将在各种设备中使用，即为终端能源，终端能源最后变成有效能。

2. 可再生能源与非再生能源

在自然界中可以不断再生并有规律地得到补充的能源，称为可再生能源。如太阳能和由太阳能转换而成的水能、风能、生物质能等。它们都可以循环再生，不会因长期使用而减少。经过亿万年形成的、短期内无法恢复的能源，称之为非再生能源。如煤炭、石油、天然气、核燃料等。它们随着大规模地开采利用，其储量越来越少，总有枯竭之时。

3. 常规能源与新能源

在相当长的历史时期和一定的科学技术水平下，已经被人类长期广泛利用的能源，称之为常规能源，如煤炭、石油、天然气、水力、电力等。一些虽属古老的能源，但只有采用先进方法才能加以利用，或采用新近开发的科学技术才能开发利用的能源；还有些能源近一二十年来才被人们所重视，新近才开发利用，而且在目前使用的能源中所占的比例很小，但很有发展前途的能源，称为新能源，或称替代能源。如太阳能、地热能、潮汐能、氢能等。常规能源与新能源是相对而言的，现在的常规能源过去也曾是新能源，今天的新能源将来又会成为常规能源。

4. 燃料能源与非燃料能源

从能源性质来看，能源又可分为燃料能源和非燃料能源。属于燃料能源的有矿物燃料（煤炭、石油、天然气），生物质燃料（薪柴、沼气、有机废物等），化工燃料（甲醇、酒精、丙烷等），核燃料（铀、钍等）共四类。非燃料能源多数具有机械能，如水能、风能等；有的含有热能，如地热能、海洋热能等；有的含有光能，如太阳能、激光等。

5. 清洁能源与非清洁能源

从使用能源时对环境污染的大小，又把无污染或污染小的能源称为清洁能源，如太阳能、水能、氢能等；对环境污染较大的能源称为非清洁能源，如煤炭、油页岩等。石油的污染比煤炭小些，但也产生氧化氮、氧化硫等有害物质，所以，清洁与非清洁能源的划分也是相对比较而言的，不是绝对的。

能源在不同的领域还有很多分类，如商品能源和非商品能源。商品能源是作为商品经流通环节大量消耗的能源，如煤炭、天然气、电力等。非商品能源指薪柴、秸秆等农林废弃物和人畜粪便等就地利用的能源。非商品能源在发展中国家农村地区的能源供应中占有很大比重。能源的分类虽然繁多，但品种相对简单，只不过根据不同部门的需要叫法不同。例如煤炭是一次能源，是非再生能源，属常规能源，是燃料能源，又是非洁净能源，还是商品能源等，具有多种分类属性。

1.5.2　能源效率

按照世界能源委员会（Word Energy Council，WEC）1979 年提出的定义，节能是"采取技术上可行、经济上合理、环境和社会可接受的一切措施，来提高能源资源的利用效率"。这就是说，节能是旨在降低能源强度（单位产值能耗）的努力，应在能源系统的所有环节，包括开采、加工、转换、输送、分配到终端利用，从经济、技术、法律、行政、宣传、教育等方面采取有效措施，来消除能源的浪费。

世界能源委员会在 1995 年出版的"应用高技术提高能效"中，把"能源效率"定义为："减少提供同等能源服务的能源投入。"一个国家的综合能源效率指标是增加单位国内生产总值的能源需求，即单位产值能耗；部门能源效率指标分为经济指标和物理指标，前者为单位产值能耗，物理指标工业部门为单位产品能耗，服务业和建筑物为单位面积能耗和人均能耗。

根据上述定义，衡量能源效率的指标可分为经济能源效率和物理能源效率两类。经济能源效率指标又可分为单位产值能耗和能源成本效率（效益）；物理能源效率指标可分为物理能源效率（热效率）和单位产品或服务能耗，见图 1-1。

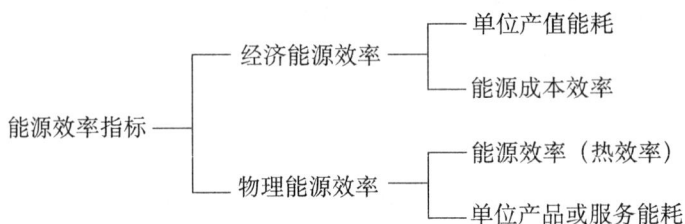

图1-1 能源效率分类

1. 经济能源效率

前面章节叙述的单位国内生产总值能耗、单位工业增加值能耗属于经济能源效率指标。使用能源还必须要考虑能源的费用成本、时间成本和环境成本，即能源成本效率。这对于节能规划、节能项目以及购置节能产品的决策都是十分重要的。如果不计成本，就可能出现物理能源效率高而成本效率低的结果。在计划经济年代，能源和节能规划，能源使用管理，只讲物理量，不计成本，导致决策误导，效益差，甚至得不偿失。

国际上能源成本效率的计算和评估广泛采用寿命周期成本分析（Life-Cycle Cost Analysis，LCC）方法。在美国和有关国际组织的节能项目评估、用能设备能效标准和标识的制订等方面，寿期成本分析已成为一种法定的标准方法和程序。

寿期成本分析是把一个项目在给定期内的所有费用按贴现率折算成现值。现值相当于投资者现在（即基期）以特定的币值计算的未来某一日期支付或收取的金额。贴现率是投资者在不同时间收取的现金的利率。例如，现在收取 1000 元，1 年后可取得 1100 元，贴现率即为 10%。贴现率可用来评估取决于机会成本的项目，投资者在考虑相对风险的条件下取得最大回报率，这种经济分析方法最适用于功能相同或十分接近，而购置费、运行费和预期寿命不同的设备的多方案选择。

以节电为例，总的寿期成本可分为发电、输电、配电的投资成本，用户购置节能设备的投资成本，设备运行成本三部分。根据设备使用寿命和贴现率算出年平均成本；再根据节能设备比普通设备每年节省的电量和电费，即可算出节省单位千瓦时的成本。寿期成本分析可以真实反映节能的经济效益，是使节能与开发平等竞争的重要依据。

2. 物理能源效率

物理能源效率通常用能源效率（热效率）和单位产品或服务能耗来表示。联合国欧洲经济委员会（ECE）的能源效率定义是：在使用能源（开采、加工、转换、储运和终端利用）的活动中所得到的起作用的能源量与实际消耗的能源量之比。

根据联合国欧洲经济委员会的能源效率评价和计算方法，能源系统的总效率由三部分组成：一是开采效率，即能源储量的采收率；二是中间环节效率，包括加工转换效率和储运效率；三是终端利用效率，即终端用户得到的有用能与过程开始时输入的能源量之比。

中间环节效率与终端利用效率的乘积称为"能源效率"。

开采效率、中间环节效率、终端利用效率三者的乘积称为"能源系统总效率"。

按照上述定义计算能源效率（热效率）相当复杂，需要大量的动态数据，而且终端能源利用效率难以精确计算，特别是没有考虑价格和环境因素的影响。

我国与联合国欧洲经济委员会地区的差距，主要是开采效率，其次是中间环节效率，最后才是终端利用效率。开采效率和中间环节效率的高低，与资源和开采技术有很大关系，因为煤炭的采收率最低，石油采收率居中，天然气的采收率最高，我国以煤炭为主，与以油气为主的发达国家没有可比性，虽然今后石油、天然气的产量会有所增长，但一次能源的开采效率仍将继续维持较低的水平。

中间环节效率是指能源加工、转换和储运的效率，我国一次能源以煤炭为主，燃煤电厂的效率低于以石油、天然气为燃料的电厂效率，而且随着电力工业用煤数量的增加，注定中间环节效率要比发达国家低，而且还要不断下降，虽然通过发展超临界，超超临界等高效燃煤机组，可以使中间环节效率下降速度放缓，但下降的趋势是不可改变的。

终端利用效率在过去 20 年中，上升比较明显，我国与联合国欧洲经济委员会地区先进水平差距为 5.8 个百分点。终端利用效率的提高受自然因素、体制因素、价格因素、技术因素、社会因素和政策因素的影响，但是由于一次能源以煤为主，我国终端利用效率要达到发达国家先进水平也是有困难的。在各类终端用能的效率中，交通用能的效率是最低的，但是我国在全面建设小康社会的过程中，交通运输用能的数量和比重会有较大提高，这是使终端利用效率降低的因素。随着城镇化人口的增加，民用和商业用能量增加，这是使终端利用效率升高的因素。总的说来今后十几年中，终端利用效率会有所上升。

单位产品或服务能耗是指生产单位产品或提供单位服务所消耗的能源量。包括一次能源、二次能源以及耗能工质（工业用水、压缩空气、氧气、电石、乙炔等）消耗的能源。二次能源和耗能工质一般按等价热值计算。提供服务的单位能耗指标，主要是服务业和建筑物单位面积能耗和人均能耗。

1.5.3 能源强度[*]

能源强度是指一个国家或地区、部门或行业，一定时间内单位产值消耗的能源量，通常以每万元吨（或千克）油当量（或煤当量）来表示。一个国家或地区的单位产值能耗，通常以单位国内生产总值（GDP）耗能量来表示。它反映经济对能源的依赖程度，以及能源利用的效益。

单位国内生产总值能耗的国际比较是一个复杂的问题。通常有汇率（exchange rate）和购买力平价（purchasing power panty，PPP）两种方法。众所周知，本币对美元的汇率由各国政府视经济情况而定，并非实际价值的体现，亚洲发生经济危机期间，中国政府曾以一个负责任的大国承诺人民币不贬值就说明了这个道理。按汇率计算的国内生产总值美元值不能反映各国的实际情况，尤其是价格低廉的发展中国家，按购买力平价计算可能比较接近实际。

购买力是指各个国家本国的一个货币单位在国内所能买到的货物和劳务的数量。购买力平价是指两个或两个以上的国家的货币在各自国家内购买力相等时的比率。2000 年，中国按汇率计算的单位产值能耗为日本的 9.7 倍，实际上不可能有这么大的差距；按购买力平价计算的单位产值能耗，则国内外的差距很小，按世界银行估计的购买力平价率（本币值与国际币值之比，中国 2000 年为 1.781）计算，只比日本高 20%，比发达国家（OECD）的平均值低 8%。总之，中国按汇率计算的单位产值能耗被明显高估，用它直接进行国际比较，特别是同发达国家比较是不恰当的。而按购买力平价计算的又可能偏低，可信度也不高。按购买力平价美元对人民币的比价一般取在 2.5~4.6 之间，按购买力平价取中间值 3.5（世行取 1.781）进行计算，2000 年我国国内生产总值折合 25544 亿美元，按照美国的能源强度创造中国 25544 亿美元的国内生产总值，只需要消耗 8.4 亿吨标准煤，有 4.6 亿吨标准煤的节能潜力。按世界平均能源强度每百万美元 391 吨标准煤计算，需要消耗 10 亿吨标准煤，有 3 亿吨标准煤的节能潜力，这与我国政府有关部门的估计是一致的，也比较符合实际。世界银行在进行中国单位产值能耗的国际比较时，是把中国与条件比较接近的其他发展中国家的平均值进行比较，而不是同日本等发达国家比较，这也是比较恰当的。

1.5.4 能源消费弹性系数[*]

1. 能源消费弹性系数及计算

能源消费弹性系数是反映能源消费增长速度与国民经济增长速度之间的比例关系指标。国家统计的计算公式为：

$$\text{能源消费弹性系数} = \frac{\text{能源消费量年平均增长速度}}{\text{国民经济年平均增长速度}}$$

它的数学表达式为能源消费量增长率与经济增长率的比。

$$e = \frac{dE/E}{dG/G} = \frac{G}{E} \times \frac{dE}{dG} \qquad (1-1)$$

式中　e ——能源消费弹性系数；

E ——前期能源消费量；

dE ——本期能源消费增量；

G ——前期经济产量；

dG ——本期经济产量的增量。

能源消费弹性系数经常表示为一个国家或地区某一年度一次能源消费增长率与经济增长率之比。经济增长率通常采用国民生产总值或国内生产总值的增长率，该式就可以具体表述为：

$$e = \frac{\Delta E/E}{\Delta G/G} \qquad\qquad (1-2)$$

式中　E ——上一年的能源消费量；

ΔE ——本年的能源消费增量；

G ——上一年的经济产量；

ΔG ——本年的经济产量的增量。

由式（1-2）可以看出，$\Delta E/E$ 和 $\Delta G/G$ 分别是能源消费增长率和经济增长率。

2. 指标选择及其意义

能源消费弹性系数分析方法是一种宏观的计量经济分析方法。其意义在于完整地表示能源消费增长与经济增长的关系，以考察二者关系的一般发展规律。由于产值和能耗都是综合性指标，涉及经济结构、管理体制、资源状况、技术水平、人口数量、气候条件以及国际关系等很多因素，因此在一个国家年度之间以及不同国家之间有很大差异。第一次石油危机以来，能源来源和品种趋于多样化，节能取得很大进展，各种能源之间的相互替代复杂多变，能源市场更加灵活，国际化更为突出，电气化进程加速，这些因素使得能源与经济的相互关系发生畸变，总的趋势是从紧密相关变得没有规律，甚至相互脱节。因此，能源消费弹性系数不宜作为预测能源需求的唯一依据。

能源消费弹性系数可以根据研究问题的需要选择适当指标，根据分子选标的不同，又可分为以下两种。

（1）一次能源消费弹性系数。一般又简称为能源消费弹性系数。换言之，能源消费弹性系数通常是指一次能源消费增长与经济增长的关系。一次能源的范围仅限于商品能源。目前，发达国家非商品能源在一次能源中所占的比重可以忽略不计，因为可以用能源总量来表示。但在发展中国家，非商品能源所占比重还是比较大的。因此，有人不赞成用商品能源作为反映发展中国家能源消费弹性系数的指标。事实上经济增长指的也是商品经济的增长，并不包括非商品经济，所以采用商品能源的指标还是具有科学性和可比性的。

（2）电力消费弹性系数。一般都采用发电量作为电力消费指标。显然，电力消费弹性系数表示电力消费增长率与经济增长率的比。弹性系数的概念应用很广，可根据研究问题的需要灵活选择。例如，电力与经济增长的关系应选择与能源消费弹性系数相同的指标，电力与工业生产的关系应选择工业总产值指标等。

能源消费弹性系数也适合于分析某一部门、行业或某一地区能源消费与经济增长的关系。这样，只需把弹性系数的分子和分母相应调整为该部门或该地区能源消费增长率和经济增长指标就可以了。

1.6 节能诊断

1.6.1 节能诊断*

1. 节能诊断的基本步骤

在节能工作中，从分析在某一部门如班组、车间、分厂、总厂实际耗能情况直至选出节能课题这一阶段是很重要的，常称为节能诊断。节能诊断的正确与否，对节能工作能否有成效起着关键作用，因此必须认真对待。图1-2表示这一阶段应采取的基本步骤。

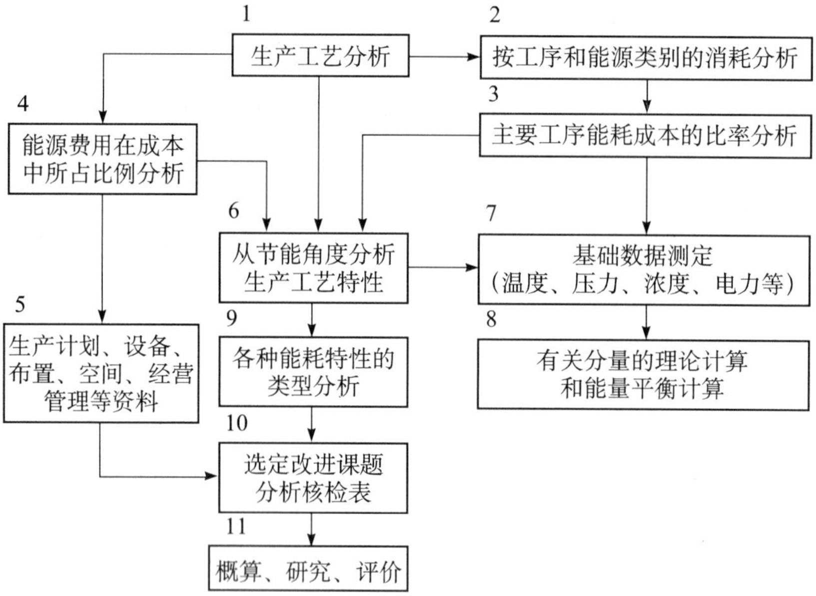

图1-2 节能诊断工作流程

上述11个步骤的目标、工作内容和主要问题的概况列于表1-6。

表1-6   节能诊断

步　骤		目　　标	工作内容	主要问题
准备	开展节能工作的条件准备	作好在物质上和精神上的准备	①明确节能工作的目的 ②建立节能工作组、安排组员的分工	①工厂和部门负责人不明确自己的任务和责任 ②无法开展节能工作的组织体制

续表

	步骤	目标	工作内容	主要问题
1	生产工艺分析	了解生产工艺的概况，为以后的工作准备必要的资料	①绘制生产工艺流程图和不同耗能形式的使用工艺图②收集工艺资料（物料衡算图，布置图，结构图，设备一览表等）③收集产品技术资料（制造方法、用途、质量规格等）	①没有设备的图纸，资料的保管制度②图表不齐备③对正常操作的检查规则不完善
2	各工序能耗的比较分析	按不同时间、不同工序和不同产品，弄清能源的使用情况	①以年、月、日为单位表示产量、能耗量和使用费用②影响单位能耗的因素分析	①建立定期测定各工序能耗的制度②测定数据的管理
3	各工序能耗费用的比率分析	从经济方面评价能耗情况，以决定节能对象的选择范围	①表示出能源费用和工序时间的关系②决定节能的主要对象设置③设备运行率分析	①将能源费用按工序分摊的方法②成本构成中能源费用所占位置的评价③确切掌握设备的能力和运行情况④对多品种小批量生产，计算不同产品能源费用时有困难
4	能源费用在成本中所占比率的分析		①从经营方面对能源费用进行分析②对各种指标进行计算和比较③经济性和影响效果的探讨	
5	汇总生产计划、设备维护、平面布置、厂地、经营管理等资料	了解企业全貌的概况，并调查能源管理情况	①了解企业概况、历史演变、经营趋势等②对平面布置、厂址等进行实况调查③生产计划调查（近期、中期、远期）④能源管理情况调查	①资料编写方法②企业保密事项③企业之间的问题
6	从节能角度分析生产工艺特性	从能量质量方面分析生产工艺，再进行工序分解	①绘制工艺温度时间分布图②能质分析③通过对工艺系统的分解对各工序的功能进行分析	①对工艺过程动态工况的了解②对系统进行分析的方法
7	基础数据的测定	掌握能量平衡所需的实际数据	①明确测试目的②选定测试设备和测定点③确定测定方法和测定精度④选定测定仪器⑤选定测定时间和人员	①建立现场人员的协作制度②对生产有无影响
8	能量平衡	定量生产过程的输入、输出能量，分析能量损耗情况	①建立能量平衡模型②设备能量平衡计算③能量的利用率	①计算方法②工质、物料的物性数据③与设备和操作有关的参数定量④测定工况与运行工况的差别

续表

步　骤	目　标	工作内容	主要问题
9	各类能源的等价转换分析	按能源形态分析使用情况的特性	①从能的产生和消耗进行系统分析 ②因种类和条件的改变而进行的不确定性分析	分析方法
10	选择节能改进课题	认识能量利用现状，与理想系统比较，选出节能课题	①通过分析选择课题 ②寻找减少能耗的方法 ③寻找能量回收利用的方法 ④分析检核表	统一意见分歧
11	概算、研究和评价	从技术上和经济上将课题具体化。对可行性进行研究	①选出有效课题 ②节能效果概算 ③制定技术、经济评价标准 ④排列实施课题的先后顺序	①选择方法 ②克服实施课题的障碍 ③评价不确切

通过以上基本步骤就可对某企业或某部门的工艺流程、工序能耗、费用分析、影响因素等有了比较确切的了解，基本可以得出节能的对策。

1.6.2　节能监测

节能监测的最终目的是要求企业改进自己的能源管理、改进用能状况，提高能源利用效率，减少能源环境污染。节能监测国家标准要求节能监测机构在作出"合格"或"不合格"判断的同时应当向企业提出改进的建议，指出改进的途径。

国家标准《节能监测技术通则》中对节能监测的定义、内容、方法等作了权威性的规定，目前仍被确定为强制性国家标准。节能监测的定义：节能监测是指依据国家有关节约能源的法规（或行业、地方规定）和能源标准，对用能单位的能源利用状况所进行的监督检查、测试和评价工作。"能源利用状况"是指用能单位在能源转换、输配和利用系统的设备及网络配置上的合理性与实际运行状况，工艺及设备技术性能的先进性及实际运行操作水平，能源购销、分配、使用管理的科学性等方面所反映的实际耗能情况及用能水平。节能监测分为综合节能监测与单项节能监测，国家标准要求重点用能单位应进行定期的综合节能监测，对一般企事业单位可进行单项监测。

关于节能监测的内容与技术要求，国家标准规定如下。

（1）用能设备应采用节能型产品或能效高、能耗低的产品，已经被明令禁止生产与使用的能耗高、效率低的设备应限期进行更新改造。用能设备的实际运行效率或运行参数应符合国家标准对设备的经济运行要求。

（2）能源系统，能源转换与供应系统（热、电、冷、气、汽、焦炭等）的设备与管网应配置合理，符合相应技术标准的要求和实现经济运行的要求。

（3）工艺与操作技术，节能监测应对生产工艺的先进性与合理性进行评价，分析工艺或工序能耗值；对运行操作制度与运行操作水平进行考察，包括：一是能源管理状况的考察与评价。二是能源利用效果的考察与评价。三是能源供应品种、质量、数量、及时性等进行考察评价。

关于节能监测的技术条件，主要是为了保证检测结果的公正性与技术上的可靠性，所以要求节能监测要在生产正常与工况稳定的条件下进行。

节能监测是政府进行节能监督管理的形式，政府进行节能监督管理的基本出发点是：能源不仅是一种可以进行自由交换的商品，而且是一种紧缺的社会资源，一部分人的过度使用和浪费使用将会侵害社会其他人使用能源的潜在利益，侵害整个社会的能源经济安全利益。因此政府必须对能源使用行为实施监管，许多省市所制定的节能监测管理办法地方法规中都把利用公共财政支持节能监测作为重要条款。在我国目前的状况下，节能监测是政府进行节能监管、获取能源使用信息的最有效途径。

1.7 节能量与节能率

1.7.1 节能量的计算

节能量是统计报告期内能源实际消耗量与按比较基准值计算的总量之差。这个比较基准根据不同的目标和要求，可选择单位产品能耗、单位产值能耗等作为比较的基准。节能量就是节约能源消费的数量，这是在生产的一定可比条件之下，采取了相应的节能措施之后，所获得的节约能源消费的数量指标，而不是某家企业或某个地区能源消费总量的简单增加或减少。

计算节能量可以引出两个概念：一个叫当年节能量，即当年与上年相比，节约能源的数量。另一个叫累计节能量，即以某个年份为基数，在它达到的节能水平基础上，逐年的节能量之和。

当年节能量的计算方法如下。

1. 按单位产品能耗计算节能量

一般应以上年同期的实际单位产品能耗为基数计算节约量，低于上年同期实际消耗的为节约，高于上年同期实际消耗的为浪费。定义：

节约量 =（当年单位产品能耗 – 上年同期单位产品能耗）× 报告期实际产量

某些部门和企业一般都是生产多种产品，各种产品的单位能耗不同，而且产量又是变化的，所以当年节能量应是各种产品的节能量之和，总节能量的计算公式是：

$$\Delta E_C = \sum_{i=1}^{n} (E_{Dbi} - E_{Dji}) M_i = \sum_{i=1}^{n} (\Delta E_{Di} \times M_i) \qquad (1-3)$$

式中　ΔE_C ——企业或部门按产量计算的当年总节能量，吨（标准煤）；

　　　E_{Dbi} ——第 i 种产品当年的单位产品能耗，吨（标准煤）/产品单位；

E_{Dji}——第 i 种产品上一年的单位产品能耗；

M_i——第 i 种产品当年的产量，吨（件、箱等）；

n——当年生产的产品种数；

ΔE_{D_i}——第 i 种产品的单位产品能量，吨（标准煤）。

如果企业是生产单一产品，则当年节能量的计算公式可简化为：

$$\Delta E_c = (E_b - E_j)M = \Delta E_b M \qquad (1-4)$$

式中　E_b——当年的单位产品能耗，吨（标准煤）/单位产品；

　　　E_j——上一年的单位产品能耗，吨（标准煤）/单位产品；

　　　M——当年的产量，吨（件、箱等）。

如果上式计算所得的是负数，就说明能源是节约了；如果是正数，就说明是多消耗了能源。

2. 按单位产值能耗计算节能量

有些生产部门由于产品的规格较多，难以按每项产品来计算能源消耗，因而采用部门产值计算节能量，企业产值总节能量的计算公式为：

$$\Delta E_g = (E_{gb} - E_{gj})G = \Delta E_{gb} G \qquad (1-5)$$

式中　ΔE_g——企业或部门当年的当年总节能量，吨（标准煤）；

　　　E_{gb}——企业或部门当年的单位产值能耗，吨（标准煤）/万元；

　　　E_{gj}——企业或部门上一年的单位产值能耗，吨（标准煤）/万元；

　　　ΔE_{gb}——企业或部门单位产值能耗节能量，吨（标准煤）/万元；

　　　G——企业或部门当年产值，万元。

鉴别各部门、各地区工业产值构成涉及的因素很多，计算节能量应以产品单耗考核为主，力求避免以产值推算全部能源节约量。

累计节能量是指企业或部门、地区或全国，在某个统计期（如 3 年、5 年、10 年等）内的节能量之和（总节能量），其计算公式为：

$$\sum \Delta E = \sum_{i=1}^{n} \Delta E_i \qquad (1-6)$$

式中　$\sum \Delta E$——累计节能量；

　　　ΔE_i——历年的当年节能量；

　　　n——统计期的年份。

3. 企业产品结构节能量*

企业产品结构节能量是指企业生产的各种产品比重发生变化所形成的能源消耗减少量，该指标是分析企业节能因素，改善经营管理，提高能效的指标，计算公式为：

$$\Delta E_{cj} = G \times \sum_{i=1}^{n} (K_{bi} - K_{ji}) \times E_{jgi} \qquad (2-7)$$

式中　ΔE_{cj}——企业产品结构节能量，吨（标准煤）；

　　　　K_{bi}——第 i 种产品产值在统计报告期内占企业产值的比重；

　　　　K_{ji}——第 i 种产品产值在基期内占企业产值的比重；

　　　　E_{jgi}——基期内第 i 种产品的单位产值综合能耗量，吨（标准煤）/万元；

　　　　G——第 i 种产品在统计报告期内的产值，万元。

1.7.2　节能率的计算

节能率是在一定的生产条件下，采取节能措施之后节约能源的数量，与未采取节能措施之前能源消费量的比值，它表示所采取的节能措施对能源消费的节约程度，也可以理解为能源利用水平提高的幅度。节能率的计算也和节能量的计算一样，可以求出当年节能率和累计节能率两项指标。

1. 当年节能率

当年节能率是当年节能量（ΔE_g）与上年度可比能源消耗量（ΔE_{gi}）的比值，计算公式为：

$$\xi_g = \frac{\Delta E_g}{E_{gi}} \times 100\% \qquad (1-8)$$

或　　　　　　　　　　$$\xi_g = \left(1 - \frac{E_{gb}}{E_{gi}}\right) \times 100\% \qquad (1-9)$$

式中　ξ_g——产值节能率，%；

　　　　ΔE_g——统计报告期内的单位产值能源节能量，吨（标准煤）/万元；

　　　　E_{gb}——统计报告期内（或当年）的单位产值能耗，吨（标准煤）/万元；

　　　　E_{gi}——基期内（或上一年）的单位产值能耗，吨（标准煤）/万元。

一般节能率计算多以一年为计算的年度，所以统计报告期指当年，基期指上一年。

2. 累计节能率

累计节能率是以某个年份为基数 1，减去逐年的单位产品（或产值）能耗比值之积，其计算公式为：

$$\sum \xi_g = -\left[1 - \left(\frac{E_{gb_1}}{E_{gi}} \times \frac{E_{gb_2}}{E_{gb_1}} \times L \times \frac{E_{gb_a}}{E_{gb_{n-1}}}\right)\right] \times 100\% = -\left(1 - \frac{E_{gb_n}}{E_{gi}}\right) \times 100\% \quad (1-10)$$

式中　E_{gb_1}，$E_{gb_2} L E_{gb_n}$——统计报告期内逐年的单位产值能耗，吨（标准煤）/万元。

从式（1-10）可以明显看出，累计节能率的概念并不准确，例如计算 5 年来的累计节能率就是把当年的能耗数据与 5 年前的能耗数据按节能率的方法直接进行计算，只取头尾而与这 5 年期间的能耗数据无关，更没有考虑 5 年期间历年能耗的消耗是增加还是减少的情况，如此只得出统计值而不利于具体能源诊断和分析，所以有关节能量计算的国家标准没有收录这部分。

如果逐年的节能率是取某个平均值 ξ，则累计节能率的计算公式可简化为：

$$\sum \xi_g = -\left[1 - \left(\frac{E_{gb_n}}{E_{gj}}\right)^n\right] \times 100\% \qquad (1-11)$$

例如，以 2005 年为基数，此后 5 年平均每年节能率为 2%，到 2010 年 5 年的累计节能率按式（1-11）得：

$$\sum \xi_g = -\left[1 - \left(\frac{98}{100}\right)^5\right] \times 100\% = -(1 - 0.904) \times 100\% = -9.6\%$$

特别指出：

（1）节能量和节能率的计算方法适用于企业能源节约量的计算，也适用于行业（部门）、地区、国家宏观节能量的计算。其他如企业技术措施节能量，企业单项技术措施节能量，企业单项能源节能量，按工作量或原材料加工量的节能量等都应按上述方法计算。

（2）节能量和节能率的计算结果是负值（-），说明是节约了，如果是正值（+），说明能耗增加了。长期以来，一些文献和说法习惯全用正值，这种概念有必要修正。很简单，经济正增长（+），说明经济增加；经济负增长，说明经济下降。能源节约了，能耗下降，节能量和节能率计算的结果必然是负值，这也符合国家标准的有关规定。

▶ 自学指导

学习重点

本章的学习重点是：节能的定义、节能的基本原则、节能的方法和措施分类、能源效率。

（1）节能的定义：节能是指加强用能管理，采取技术上可行、经济上合理以及环境和社会可以承受的措施，减少从能源生产到消费各道环节中的损失和浪费，更加有效、合理地利用能源。

（2）技术节能工作的四项基本原则：一是最大限度地回收和利用排放的能量；二是能源转换效率最大化；三是能源转换过程最小化；四是能源处理对象最小化。

（3）节能工作的方法和措施可以分为：一是管理节能方法；二是技术节能方法；三是产业结构调整节能方法。

（4）能源效率：减少提供同等能源服务的能源投入。能源效率指标分为经济指标和物理指标，前者为单位产值能耗，物理指标工业部门为单位产品能耗，服务业和建筑物为单位面积能耗和人均能耗。

学习难点

本章的学习难点是：能源消费弹性系数*、节能量和节能率的计算。

（1）能源消费弹性系数计算。

已知本期能源消费增量 dE、前期能源消费量 E、前期经济产量 G 和本期经济产量的增量 dG，计算能源消费弹性系数 e，计算根据公式如下：

$$e = \frac{dE/E}{dG/G} = \frac{G}{E} \times \frac{dE}{dG}$$

（2）节能量的计算。

单位产品能耗计算节能量，已知当年的单位产品能耗 E_b、上一年的单位产品能耗 E_j 和当年的产量 M，计算当年节能量 ΔE_c，计算根据公式如下：

$$\Delta E_c = (E_b - E_j)M = \Delta E_b M$$

（3）节能率的计算。

已知统计报告期内的单位产值能源节能量为 ΔE_g、统计报告期内（或当年）的单位产值能耗 E_{gb} 及基期内（或上一年）的单位产值能耗 E_{gj}，计算 ξ_g 的公式如下：

$$\xi_g = \frac{\Delta E_g}{E_{gj}} \times 100\% \quad 或 \quad \xi_g = \left(1 - \frac{E_{gb}}{E_{gj}}\right) \times 100\%$$

复习思考题

一、单项选择题（在备选答案中选择 1 个最佳答案，并把它的标号写在括号内）

1. 下面哪种方法不属于节能措施（　　）。

A. 管理节能 　　　　　　　　　　　B. 技术节能

C. 新能源开发 　　　　　　　　　　D. 结构调整节能

2. 下面哪项不属于技术节能（　　）。

A. 制定产品能耗定额 　　　　　　　B. 自动化控制

C. 调整工艺参数 　　　　　　　　　D. 变频器改造

3. 衡量能源效率的指标是（　　）。

A. 经济能源效率和物理能源效率 　　B. 能源消耗量

C. 产品得率 　　　　　　　　　　　D. 生产效率

4. 表示一个国家或地区能源强度的指标是（　　）。

A. 物理能源效率 　　　　　　　　　B. 单位国内生产总值耗能量

C. 能源消耗总量 　　　　　　　　　D. 能源消费弹性系数

5. 政府对企业进行节能监管、获取能源使用信息的最有效途径是（　　）。

A. 监测诊断 　　　　　　　　　　　B. 节能检测

C. 节能核查 D. 节能监测

二、多项选择题（在备选答案中有 2～5 个是正确的，将其全部选出并将它们的标号写在括号内，错选或漏选均不给分）

1. 节能措施应该遵循的条件是(　　)。

A. 技术上可行 B. 经济上合理 C. 领导认可

D. 环境和社会可以承受 E. 以上都是

2. 下面属于物理能源效率的是(　　)。

A. 单位产品能耗 B. 单位工业增加能耗 C. 单位面积能耗

D. 单位工业总产值能耗 E. 单位国内生产总值能耗

3. 下面属于结构调整节能措施的是(　　)。

A. 产业规模调整 B. 生产设备调整 C. 产业配置调整

D. 产品结构调整 E. 单位国内生产总值能耗

三、简答题

1. 简述节能量的定义。

2. 从节能工作的深浅程度及广度，简述节能工作的方法和措施。

四、论述题

论述节能的必要性及意义。

五、计算题

已知一家化纤企业当年的单位化纤用电量为 620 千瓦时/吨，上一年的单位化纤用电量为 654 千瓦时/吨和当年的产量 8 万吨，计算当年节能量和节电率。

第2章　工业锅炉及窑炉节能

▶ 学习目标

1. 应知道、识记的内容
- 链条锅炉燃烧系统改造技术类型
- 锅炉运行自动控制技术类型
- 锅炉辅机改造节能技术类型
- 锅炉机组节能改造方案选择的基本原则和程序
- 工业窑炉的热平衡测试概念
- 工业窑炉节能技术的类型

2. 应理解、领会的内容
- 工业锅炉节能诊断流程步骤
- 分层燃烧节能技术原理及效果
- 炉拱和配风节能技术改造*
- 锅炉运行自动控制技术
- 锅炉辅机改造节能技术
- 锅炉烟气余热回收
- 不同工业窑炉节能技术
- 流化床热处理炉技术特点*

3. 应掌握、应用的内容
- 分层燃烧技术的常见故障及解决方法*
- 锅炉燃烧系统方案的选择
- 锅炉机组控制方式的选择
- 锅炉辅机系统匹配和辅机选型*
- 高温空气燃烧技术和富氧燃烧技术的应用
- 加热炉强化辐射黑体技术*

▶ **自学时数**

12～16 学时。

▶ **教师导学**

工业锅炉是重要的热能动力设备，而且目前国内工业锅炉大都为链条式锅炉，工业窑炉是也是陶瓷、冶金、建材、石化等工业过程中至关重要的热工设备，也是能源消耗和环境污染的主要源头。本章主要介绍工业锅炉和窑炉常用的节能技术的原理和应用，对链条锅炉分层燃烧、炉拱与配风、锅炉自动化控制等节能技术原理及内容进行了深入介绍，同时本章介绍工业窑炉的相关节能技术原理和应用。最后对工业锅炉、工业窑炉等典型节能技术案例进行了效果分析。

本章的重点为：工业锅炉的节能诊断、工业窑炉的热平衡测试、工业锅炉和窑炉典型节能技术原理、特点和应用。

本章的难点是：锅炉机组节能改造方案的选择和工业窑炉典型节能技术分析和应用；高温空气燃烧技术和富氧燃烧技术的应用。

2.1 概述

工业锅炉是重要的热能动力设备，它广泛应用于工厂动力、采暖通风、热电联产和生活热水供应，需求量很大。由于机组容量小，生产厂家混杂，产品质量参差不齐，加上燃煤供应以未经洗选加工的原煤为主，细颗粒煤比例过大，燃烧设备与燃料特性不适应，辅机不匹配和运行操作水平低等原因，锅炉效率普遍较低。目前平均效率仅为 60%～65%，比锅炉产品的鉴定效率低 10%～15%，比国际水平低 20% 左右。

由于产品技术水平和运行水平不高，锅炉效率较低，加上量大面广，全国工业锅炉年排放温室气体二氧化碳约 1.6 亿吨碳，烟尘 380 万吨，二氧化硫 530 万吨和大量的氮氧化物，是我国大气环境污染的主要排放源之一。

因此用节能技术对工业锅炉机组进行必要的改造，以消除锅炉缺陷及改进燃烧设备和辅机系统，使其与燃料特性和工作条件匹配，使锅炉性能和效率达到设计值或国际先进水平，从而实现大量节约能源和达到环境保护指标。例如，北京鲁谷供热厂投资 20 万元，用分层燃烧技术对两台 40 吨/小时热水锅炉进行改造，改造后锅炉效率达到 83%，锅炉出力增加，供暖能力由 80 万平方米提高到 131 万平方米，而且排尘量下降，整个投资一个采暖期便全部回收。如以单机容量 10 吨/小时为计算基数，锅炉效率由 62% 提高到 80%，以年运行 5000 小时计，则年节省原煤（ 2.093×10^4 千焦/千克） 218 吨，折合标煤 156 吨，节能率 22.5%，减排二氧化碳 109 吨碳。如全国工业锅炉有 30% 进行节能改造，按效率提高 15% 计，全国可年节省标煤 1290 万吨，减排二氧化碳 903 万吨碳。因此市场潜力巨大，经济效益和社会效益均好。

2.2　工业锅炉的节能诊断

在用工业锅炉运行状况是否良好，需不需要进行节能技术改造，是要经过一定的评价工作即节能诊断才能确定。锅炉的节能诊断是一个复杂的工作过程，它包括对锅炉的历史状况进行必要的调查，查阅锅炉机组的设计资料，对锅炉的性能测试，然后进行数据对照分析，寻找问题和判断造成问题的原因，制定改造或改进措施，措施实施后进行复验性测试，以确定改造效果和证明初期评价的正确性。工业锅炉的具体节能诊断流程如图 2-1 所示。

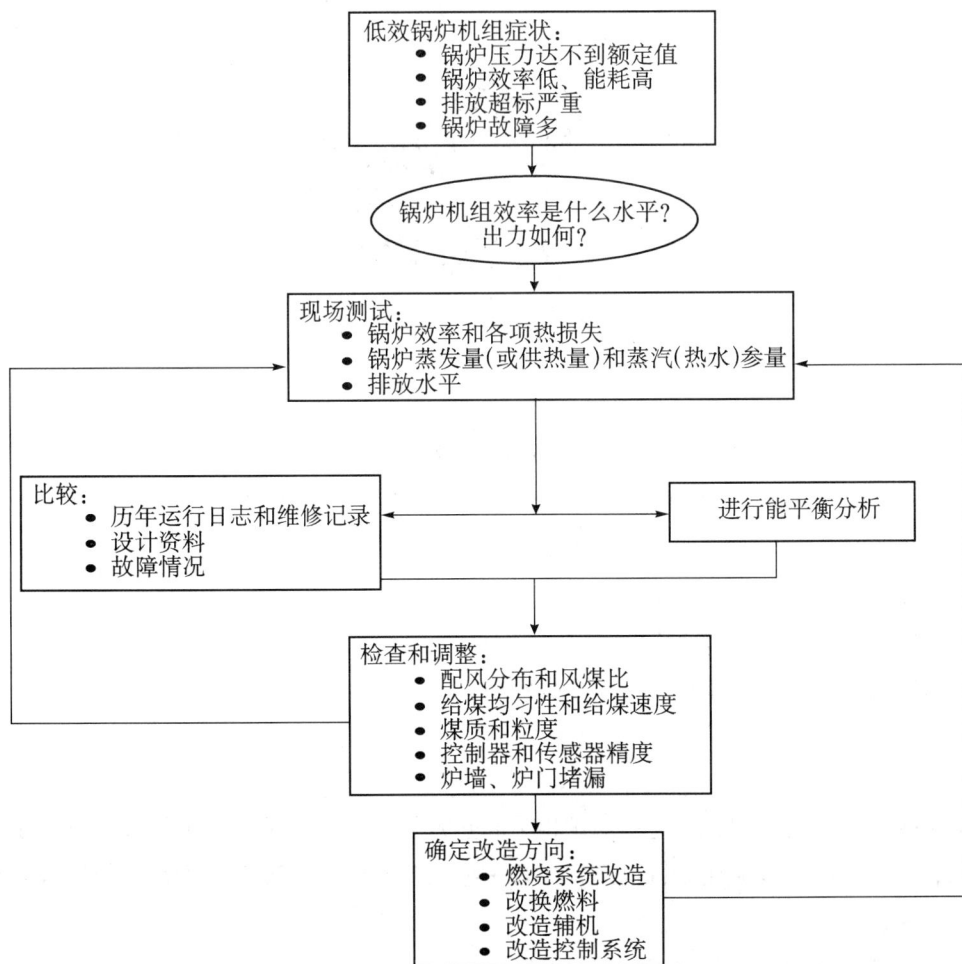

图 2-1　工业锅炉节能诊断步骤

2.3　燃烧系统改造技术

我国煤炭供应近年来煤质逐年提高，适合于烧劣质煤的往复炉排逐渐淘汰，链条炉排锅炉比例日渐增加，加上环境保护的需要，因此以介绍链条炉燃烧改造技术为主。

2.3.1　链条锅炉分层燃烧

1. 分层燃烧原理

分层给煤燃烧（图2-2），是将煤仓中溜下来的原煤经过转动的辊筒疏松后，落到筛板上。粒度大的颗粒从筛板上落到炉排上，粒度小的漏到筛下的炉排上，随着炉排的转动，形成了下大上小的给煤层次，使煤层通风均匀，提高了炉膛温度，利于燃尽。

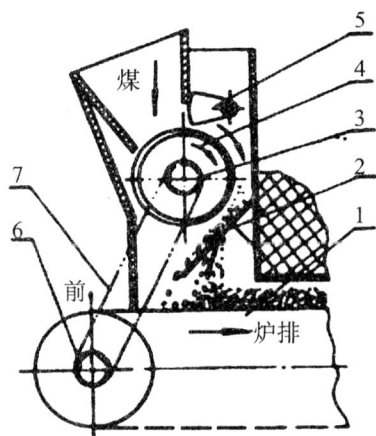

图2-2　分层给煤燃烧原理示意图

1—炉排；2—筛板；3—链轮；4—滚筒；5—煤闸板；6—炉排轴；7—链条

链条锅炉采用分层给煤燃烧可达到如下效果：

- 增加锅炉对煤种的适应性，出力提高；
- 降低各项热损失，锅炉热效率可提高5% ~8%；
- 提高锅炉运行的可靠性，减少维修费用；
- 改造工期短、投资回收快，一般为3~6个月。

2. 常见故障及解决方法*

分层燃烧技术的应用，对提高锅炉出力和热效率、节约能源、减少污染都起到了积极的作用，而分层给煤装置在运行也经常出现一些故障和问题，现将一些常见故障及解决方法作一介绍。

（1）由湿煤和冻煤引起的断煤故障。

燃煤从煤斗下部经下煤筒传输到炉排，基本上呈直线状，沿程阻力较小，即便如此，在煤斗前部倾斜箱体的内侧，经常发生黏积煤现象，时间久了造成棚煤，而分层给煤装置的煤斗，在燃煤进入炉排前，首先要在转辊上做一停留，然后再由拨煤辊拨入炉内，沿程传输阻力及自然堆积死角均增大，如不采取相应的措施，其黏积和棚煤的现象会更加严重，一旦棚煤，会形成断煤故障，司炉人员锤砸钎捅也无济于事，因此许多分层给煤装置都惧怕使用潮湿的燃煤。而北方地区冬天还存在冻煤问题，冻煤块不仅容易造成棚煤现象，还会在拨煤辊处打滑，同样造成炉排上落煤不均。目前分层给煤装置中最常见问题便是由湿煤和冻煤引起的断煤现象（图 2-3）。

曾有人认为，湿煤不下是由于拨煤辊上的拨煤条被潮湿的煤弥漫了，这种现象虽也存在，但它不是断煤的主要原因，根据多年的观察和总结，棚煤才是最关键的，因此想采用安装刮除转辊上积煤设施的办法是不奏效的。

就此项技术难题，沈阳市建功能源技术研究所曾先后试验过搅笼、增大拨煤辊及拨煤条直径、开设检查处置窗口、加装振捣器等多项措施，均未从根本上解决问题，而且还增加了新的麻烦，最后借助于马丁除渣机狼牙辊的工作原理，尝试着增加了一根转辊，即湿煤搅动辊，得以彻底解决（图 2-4 中的 2）。湿煤搅动辊布置在倾斜箱体内最容易产生积煤的位置处，由于它的设置，改变了燃煤靠自重下落的传输形式，而是由机械外力迫使其按设计的路线传输，不给湿煤黏积的机会，即使是停炉期间有所黏积，只要炉排再行转动，积煤也会瞬间被搅松散。湿煤搅动辊不仅避免了湿煤的沉积，它上面的搅动齿牙还可将冬季的冻煤块予以有效破碎，使分层给煤装置惧怕使用湿煤和冻煤的顽症迎刃而解。

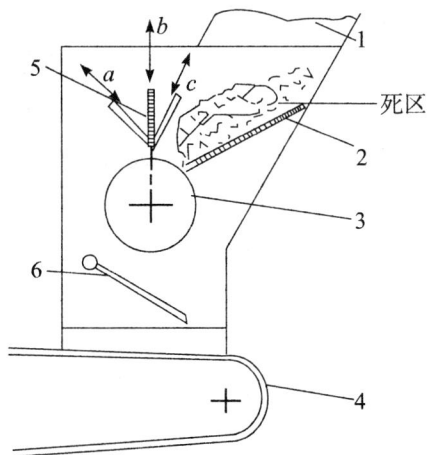

图 2-3　单辊式分层燃料装置工作示意图

1—下煤筒；2—防漏煤板；3—拨煤辊；4—炉排；
5—煤层厚度控制板；6—筛分器

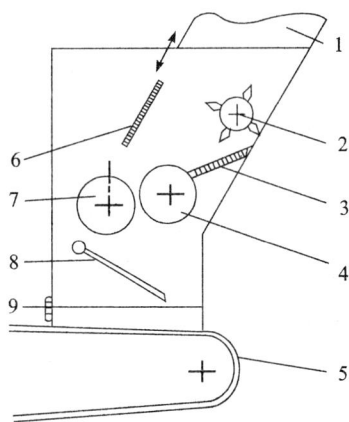

图 2-4　三（双）辊式分层燃烧装置工作示意图

1—下煤筒；2—湿煤搅动辊；3—防漏煤板；4—移煤辊；
5—炉排；6—倾斜式煤层厚度控制板；7—拨煤辊；
8—筛分器防；9—漏风活动翻板

（2）表面不平整、有煤块。

分层燃烧的目的，就在于使燃煤有效分层，表面平整，粒度分布均匀，这样才可使煤风之间混合得均匀合理。而许多分层给煤装置做不到这点，表现出表面不平整，煤层上部有煤块，甚至出现垄沟现象，失去分层燃烧的实际意义。

其原因首先是单辊式的结构，无法合理安排煤层厚度控制板的位置，无论采用立式煤闸，还是倾斜式，如果其延长线在转辊的最高点及偏右侧，虽然可避免燃煤自流，可此举却使拨煤辊与燃煤的接触面积减少，影响正常拨煤，并促使棚煤现象加剧；如果其延长线在转辊最高点的左侧，虽增大了接触面积，却使下煤量难以控制，即部分燃煤是靠拨煤辊上的拨煤条拨转下去的，而许多燃煤却是靠自重在失控状态下自动溜滑下去的，于是造成煤层表面的凹凸不平。其次，设计水平或制造精度也决定着煤层表面的平整程度。

解决的办法是增加 1 根重力移位转辊（图 2 - 4 中的 4），用以承接下煤筒内的来煤并将其平行移位到拨煤辊上（图 2 - 4 中的 7），避免燃煤由下煤筒直达落煤口，此举不仅增大了拨煤辊与燃煤的接触面积，还彻底消除了燃煤自流。

另外，许多用户分层后煤层的上表面，有许多煤块，没有实现自下而上按大、中、小颗粒的顺序排列，其原因是采用了比较落后的钢筋条式筛分器，钢筋条式筛分器在布局上仅有 2 层筛体（甚至还有单层），疏密层度为 2 个档次，筛分后仅能出现 3 层断面，筛分效果粗糙，适应煤种变化的能力较弱，节能效果不突出，而新型筛分器是由钢板经特殊工艺制成的渐缩形结构，筛分出的段面结构呈无数层，表面平整而精细，断面错落有致，使燃烧效率达到最佳。

（3）正压燃烧造成的设备被烧损故障。

许多小马拉大车或锅炉存在故障的用户，经常出现正压燃烧现象，而使得分层燃烧的下部筛体及箱板因过热而导致变形。特别指出，有许多厂家在给用户做分层给煤装置改造时，要求用户将前拱同时改造，降低下拱面高度至 200 毫米左右，此举的目的是想保护分层设备不被烧损，殊不知由于炉拱的降低，其蓄热与辐射的能力大大增强，促使拱下燃煤的升温，由于分层后的煤层结构疏松透风，反而加剧了燃煤的前烧；再者改造炉拱要花费许多的物力及时间，得不偿失。

解决的办法要根据其形成的原因而定，如果是小马拉大车或锅炉局部故障所致，应从锅炉装机容量及锅炉故障点着手解决，消除正压燃烧现象；如果无法解决正压燃烧问题，也可在分层设备自身上做文章，设置一块挡风板，阻隔炉内高温气流向前部的侵袭。此挡风板的设置，当锅炉正常燃烧炉内呈负压时，同时可起到防止外部冷空气被吸入炉内，提高燃烧效率的良好作用。

三（双）辊式分层给煤装置结构见图 2 - 4。在该结构基础上，可根据用户的具体情况做相应选择，对 10t/h 以下锅炉（敞开式供煤系统），可取消湿煤搅动辊，演变成双辊式的结构，对 10 吨/小时及 10 吨/小时以上锅炉（封闭式供煤系统），则一定要选择三辊式，因为它融会了分层燃烧技术的全部精华，具有其他形式分层给煤装置无可比拟的优势。分层燃烧技术虽不高深，可其中也有许多奥妙，关键是用户要找到本单位所发生故障的原因，对症下药，方可奏效。

3. 实例

目前国内已有许多厂家可生产分层给煤装置，其分层原理都基本相同，具体结构则各有特点。改造效果一般均较好，下举一例：

石景山鲁谷供热厂供 131 万平方米居民冬季采暖，装有三台 DHL 2500 - 16/150/90 - A Ⅱ 链条锅炉，采用传统的给煤调节方式，自 1995 年投入运行以来，煤着火困难，燃烧效率低，还保证不了负荷的需要。北京节能中心于 1996 年、1997 年分别在 1 号、2 号炉上拆除原锅炉上的加煤斗，在原位置上安装新的分层给煤装置。

改造效果：

（1）锅炉负荷提高，1997 年冬季最冷期运行两台炉达到了改造前三台炉的供暖水平（131 万平方米）；

（2）灰渣含碳量由原来的 28% 降到 5% ~7%；

（3）锅炉热效率提高到 83%；

（4）投资回收快，一个供暖期收回了投资。

2.3.2 炉拱与配风 *

1. 炉拱

炉拱是指突出于链条炉炉膛内部且墙面向下的那部分倾斜式或水平—倾斜式的炉墙。炉拱总的作用有两个：一是加强炉内气流的混合；二是合理组织炉内的热辐射和热烟气流动。这两个作用可以通过不同拱形的良好配合达到。炉拱设置得当可使炉前燃料着火快速、炉后灰渣燃烬良好，从而降低物理未燃尽热损失，提高热效率。

炉拱按其所处位置的不同可分为前拱、后拱和中拱三类。

前拱位于火床前部的上方，有水平式、倾斜式及反倾斜式（图 2 - 5）。它的主要作用是创造燃料引燃所需的高温环境，因而又称引燃辐射拱。

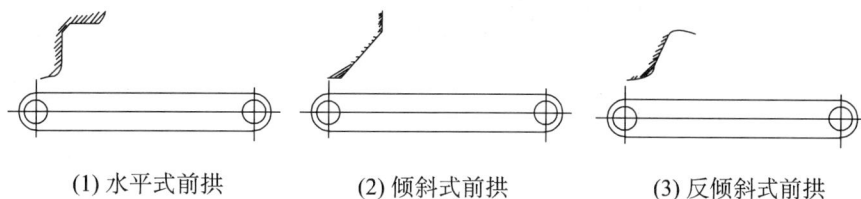

| (1) 水平式前拱 | (2) 倾斜式前拱 | (3) 反倾斜式前拱 |

图 2 - 5　前拱示意图

后拱位于火床后部的上方，有单倾斜式、水平—倾斜式及双倾斜式（俗称人字式）（图 2 - 6）。后拱的主要作用是提高燃烧区的温度，强化燃烧；并提高燃烬区的温度，促进燃料燃尽。

炉拱布置是否合理对锅炉的燃烧工况影响极大，对应于不同的燃料特性，应该有不同的拱形及尺寸。链条炉炉拱都是针对某特定煤种而设计的，使用煤种改变，往往会造成锅炉燃烧效率低，出现冒黑烟等现象，这时就有必要进行炉拱改造。

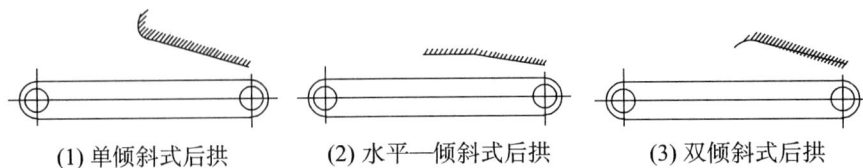

(1) 单倾斜式后拱　　　　(2) 水平—倾斜式后拱　　　　(3) 双倾斜式后拱

图 2-6　后拱示意图

炉拱改造时，对劣质和中质烟煤、贫煤和无烟煤，应着重于煤的着火；对挥发分高的烟煤，应着重于气体良好混合。不同煤种的炉拱推荐尺寸见表 2-1 和图 2-7。

表 2-1　　　　　　　　　　　　链条炉炉拱的基本尺寸

名　　称	符号	褐煤[3]	无烟煤 I 类烟煤	II 类烟煤[3] III 类烟煤
前拱出口高度（米）	h1[4]	1.4～2.3[1]	1.6～2.1[1]	1.6～2.6[1]
前拱覆盖长度（米）	a1	(0.15～0.35)[1]	(0.15～0.25)[1]	(0.1～0.2)[1]
后拱出口高度（米）	h2	0.8～1.2[1]	0.9～1.3	0.9～1.3[1]
后拱覆盖长度（米）	a2	(0.25～0.5)[1]	(0.6～0.7)[1]	(0.25～0.55)[1]
后拱倾角	a	12°～18°	8°～10°	12°～18°
后拱末端最小高度（米）	h3	0.4～0.55[2]	0.4～0.55[2]	0.4～0.55[2]

注：[1] l 值大者，h1、h2 取大值；

　　[2] 对于多灰及灰熔点低的燃料偏大取，v^t 小的燃料偏小取；

　　[3] 水分高的褐煤，难着火的 II 类烟煤，h1、a1 偏大取，a2、a 偏小取；

　　[4] h1 值主要取决于后拱的配合。

说明：II 类烟煤包括 v^r 偏高的贫煤，而 v^r 偏低的贫煤，按无烟煤设计。

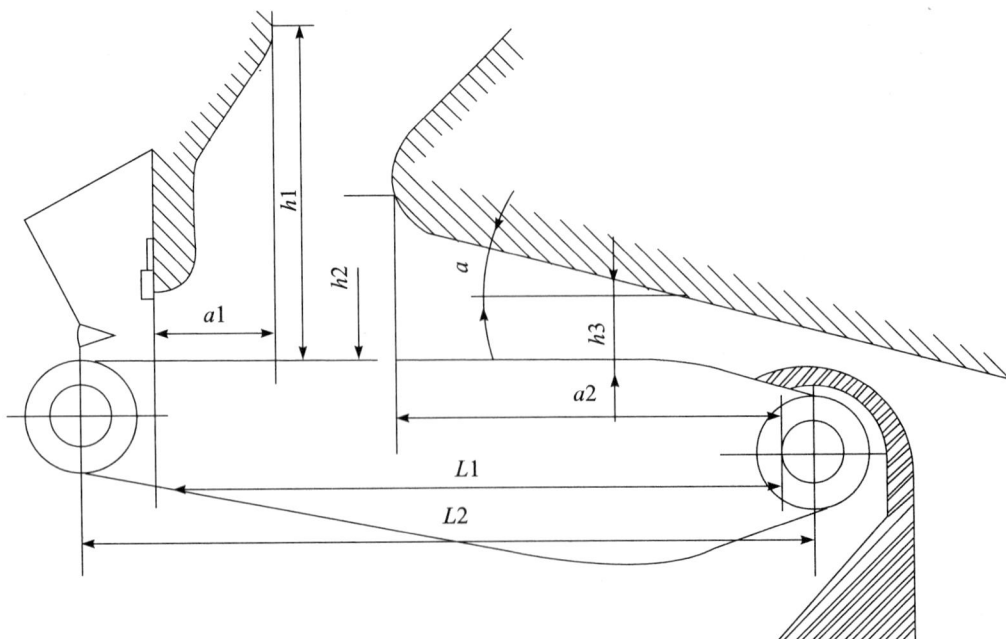

图 2-7　链条炉前后拱尺寸图

炉拱改造只要与煤种匹配得当，一般效果都是明显的。例如，北京市沥青混凝土厂的 KZL 4 – 13 型蒸汽锅炉，自投入运行以来，出力达不到额定值，炉灰含碳量 20% ~ 30%，排烟温度 200℃左右，锅炉热效率仅 55% ~ 60%。

该厂对该炉进行了改造，改造内容为：压低前拱，延长和压低后拱；省煤器入口前加装管式空气预热器；对炉墙、炉顶烟风道进行密封及保温处理。

改造前后由中国计量科学院热工处等单位联合进行了热工测试，表明改造后达到如下效果：锅炉出力达到了铭牌出力；点火性能改善，能掺烧劣质煤；排烟温度低于 170 ℃；效率由改造前的 66.4% 提高到 76.7%。

2. 配风

配风是保证锅炉正常燃烧的重要环节，火床下配风方法有以下三种：

（1）尽早配风法。尽早配风法适用于燃用高挥发分煤。在燃烧前期（指前、后拱间的火床区段）送入大量空气以满足大量挥发分的燃烧。

（2）强风后吹法。强风后吹法适用于低挥发分煤。即给最后 1 ~ 2 个风室大量送风形成强燃区，以满足大量焦炭燃烬。

（3）推迟配风法。推迟配风法适用于多种煤种。即对后拱下燃烧中期的床层区加强送风，使在火床中段形成一个强燃区，从而改善炉前着火及炉后燃烬的条件。

火床上配风称为二次风。二次风从火床上方高速喷入炉膛，通过扰动炉内气流、增强相互间的混合来达到燃烧完全的目的。二次风的工质可用空气或蒸汽。空气作二次风时，需配备高压风机使设备投资增加。蒸汽作二次风时，设备简单、投资省，且锅炉低负荷时的过量空气系数也不致过大，还容易保持炉温，但蒸汽成本高，耗汽量大时会造成经济效益下降，不适用于大容量的锅炉。由于二次风起到帮助引燃、加强混合及消除黑烟的作用，广泛应用于锅炉燃烧设备改造中，尤其是对抛煤机炉效果十分明显。

3. 双重燃烧

双重燃烧技术是指链条锅炉加煤粉复合燃烧技术，它综合了链条炉和煤粉炉的双重优点，将炉排层状燃烧和煤粉悬浮燃烧优化组合并使其在燃烧过程中互为辅助，具有对负荷变化和煤种变化的双重适应性以及提高燃烧效率和保证锅炉出力的特点。

双重燃烧的改造方法为将链条炉排上方修改炉拱，取消喉口，同时在燃烧室下半部两侧墙或前墙布置煤粉燃烧器（一般为炉排面上方 1.5 ~ 2 米），其炉排与炉膛的上部空间与普通链条锅炉相同。

此外需增加磨煤机、给煤机、风道、热烟（风）道、落煤管及输粉管道等制粉系统。制粉用煤和炉排用煤可共用一个煤斗，磨制好的煤粉和干燥剂一起送出磨煤机后形成一次风煤粉气流，与二次风同时进入煤粉燃烧器。燃烧器中的一次煤粉气流同二次风合理混合后在火床上方形成高温煤粉火焰。

煤粉燃烧器一般采用旋流式燃烧器，如 PW 型高效预混燃烧器等。

双重燃烧改造在国内已有相当规模，一般效果均好，例如江西第三制糖厂甘蔗糖分厂

一台 Д 20 – 25 – 400 型双锅筒横置式链条炉排锅炉，燃料改为高灰分 Ⅱ 类烟煤，造成燃烧效率低，出力只能维持 10 吨/小时左右，严重影响正常生产。

该厂将该链条炉改为双重燃烧锅炉，改造内容包括：在原链条炉排排面上方左右两墙各安装一台普华 PWI 型煤粉燃烧器；取消原锅炉前后拱凸出部分；制粉系统采用了风扇磨煤机直吹方式；增设二次风增压机，对煤粉燃烧器所需的二次风进行增压。改造方案如图 2 – 8 所示。

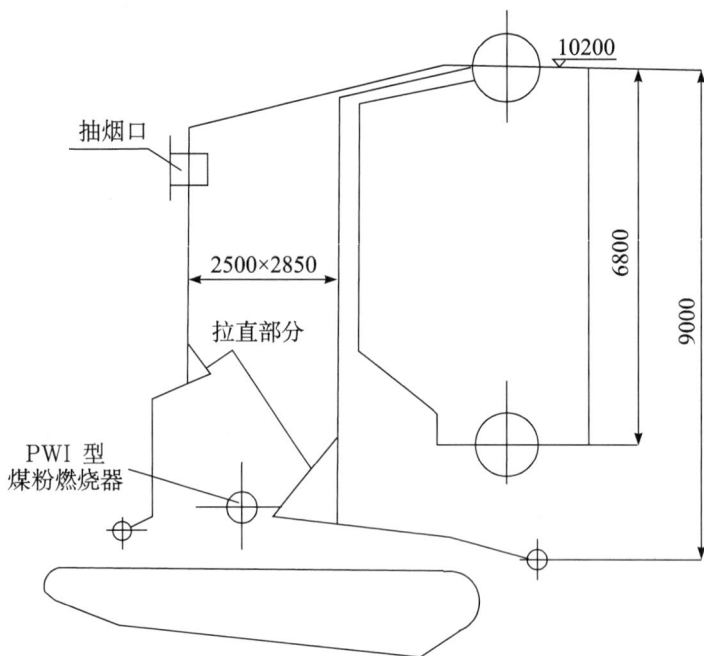

注：尺寸单位为毫米。

图 2 – 8 20 吨/小时双重燃烧改造图

改造完成投运后：锅炉能燃用高挥发分 Ⅱ 类烟煤（低位发热量 17787 千焦/千克），锅炉出力可保持 20 吨/小时；经测试，锅炉燃烧效率为 94.7%；投资回收期为 4 个月。

2.4 锅炉运行自动控制技术

自动控制用来跟随负荷的变化，保持锅炉的水位、温度、压力、炉膛负压、烟气含氧量等参数在合理的范围内，保证锅炉安全、高效和稳定地运行。实践证明，通过自动调节和控制，可使锅炉运行效率提高 5% 以上。

自动控制系统是由被控制对象、控制器、输入设备（如传感器）和输出设备（如执行机构）组成的。由输入设备检测被控参数和辅助参数送入控制器，再由控制器按所控对象的特点运算后通过输出设备去控制对象按要求运行。工业锅炉自动控制一般需控制汽包水位、蒸汽压力、炉膛负压和烟气含氧量。

2.4.1 负荷控制系统

如图2-9所示为链条锅炉负荷控制系统，它以蒸汽压力为主信号，以蒸汽流量为前馈信号，在蒸汽流量已变化，蒸汽压力尚未变化之前，控制器就提前改变送风量。当蒸汽压力发生变化时，由控制器按比例积分调节控制送风机转速或其挡板开度，调节送风量，以消除蒸汽压力偏差。

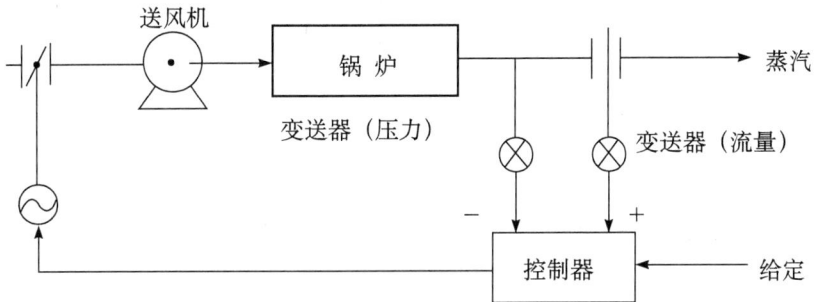

图2-9 层燃炉热负荷控制系统

2.4.2 空燃比控制系统

锅炉合理燃烧的关键是保持最佳的空燃比（空气燃料之比），既保证煤能完全燃烧，又不因过多的不能参与燃烧的空气带走大量热量。对工业锅炉中大量的层燃炉来说，其最佳的空燃比不但与燃烧方式有关，还与负荷大小、燃料品质、炉墙密封状态等有关。因此应根据上述各因素的变化来设定空燃比。空燃比控制系统如图2-10所示。以送风量信号为主信号，以炉排电机转速所代表的给煤量信号为反馈信号，将其偏差或将其比值与设定的风煤比的偏差作为调节信号，通过控制器调节炉排电机转速，以维持合理的风煤比，保证合理和节约地燃烧。

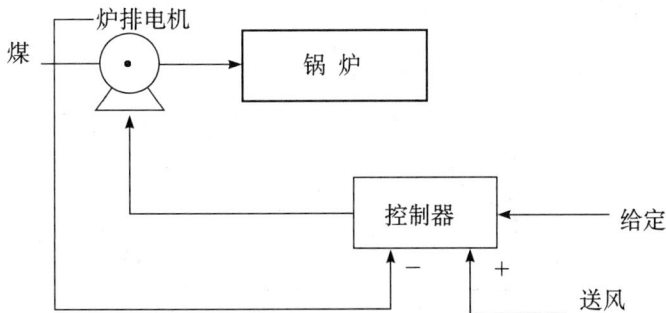

图2-10 合理燃烧控制系统

2.4.3 炉膛负压控制系统

保持炉膛负压稳定是平衡通风锅炉燃烧稳定的前提，图 2 - 11 为典型的负压控制系统，它以炉膛负压为主信号，以送风量为前馈信号。当送风量变化时，控制器马上相应改变引风量。当炉膛负压变化时，由控制器按比例积分调节引风机转速或其挡板开度，调节引风量，以保持炉膛负压的稳定。

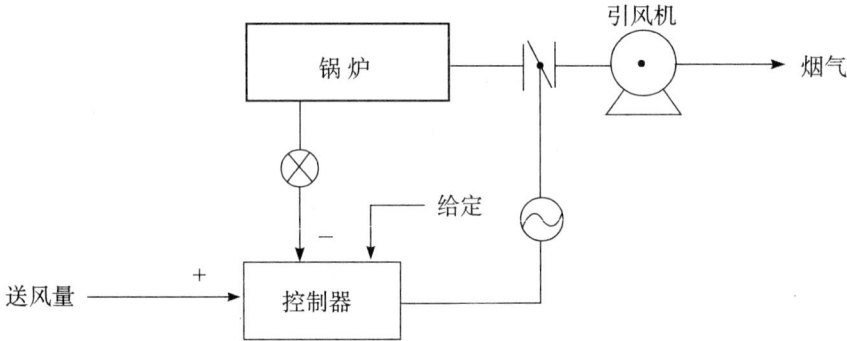

图 2 - 11 炉膛负压控制系统

2.4.4 给水控制系统

蒸汽锅炉在运行中必须保持汽包水位稳定在规定范围内。由于锅炉产生蒸汽是一个连续过程，为了保持汽包水位稳定就必须按照蒸汽产生量相应的不断补充给水量。给水自动控制系统有单冲量水位控制系统、双冲量水位控制系统和三冲量水位控制系统三种。

单冲量水位控制系统直接以水位信号与设定值进行比较，控制器则根据其偏差的大小与方向输出控制信号调节给水调节阀的开度。控制给水流量以维持水位的稳定。如图 2 - 12 所示。该系统比较简单，但不能克服"假水位"现象，因此仅适用于负荷变化小，用户对蒸汽品质要求不高的地方。

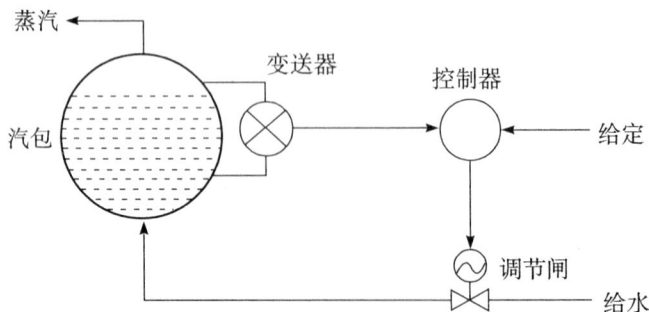

图 2 - 12 单冲量水位控制系统

双冲量水位控制系统在以水位信号作为主控制信号外，增加了蒸汽流量信号作为前馈信号。当出现"假水位"现象时，由于蒸汽流量调节信号抵消了根据水位信号而产生的与实际需求不符的调节信号。从而避免了"假水位"现象，保证了水位的稳定。该系统如图2-13所示。

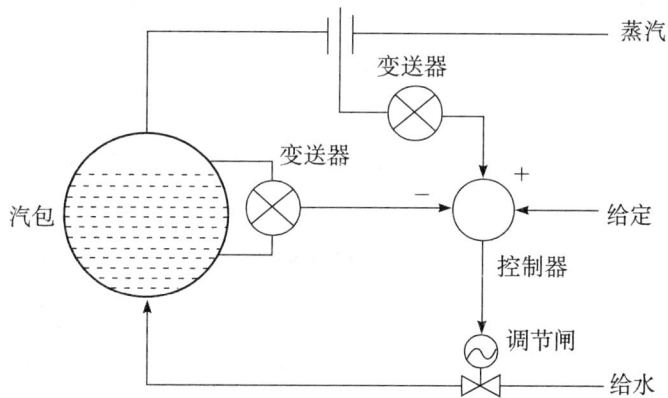

图 2-13　双冲水位控制系统

三冲量水位控制系统则以汽包水位为主控信号、蒸汽流量为前馈信号、给水流量为反馈信号来控制给水流量。它不仅能克服"假水位"的影响，同时也能克服给水压力变化等因素引起的给水流量变化的影响，使整个系统保持良好的动态响应和静态特性。是较理想的水位控制系统。该系统如图2-14所示。

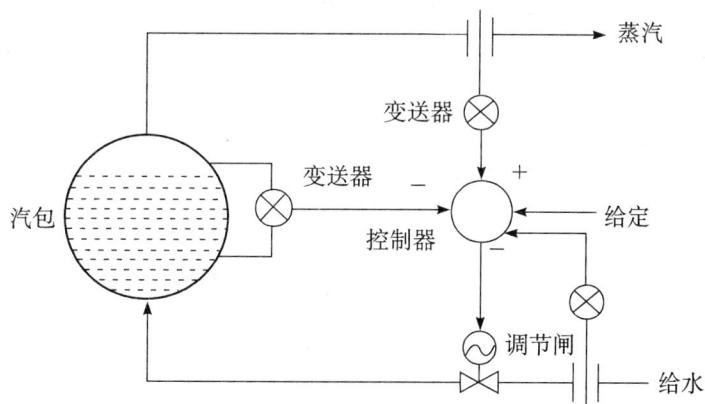

图 2-14　三冲水位控制系统

2.5　辅机改造节能技术

2.5.1　泵和风机改造

工业锅炉用泵和鼓、引风机均为离心式，当其容量和扬程（压头）不够时一般均应更换，当其容量和扬程偏大或锅炉负荷变动大或经常在低负荷运行时，最好采用调速技术改造来替代节流调节，可大幅节约电能，这是由于离心式风机（水泵）流量与转速的一次方成正比，而轴功率与转速的三次方成正比，因此降低转速调节流量的同时可大幅度减少电耗。泵和风机的几种调速方法及其特性将在变频调速相关章节详细介绍。

2.5.2 给水处理

锅炉的给水品质是根据锅炉蒸汽参数和结构形式确定的，但同样的给水品质水平由于锅炉供热系统运行方式或原水品质的不同就必须选用不同的水处理系统和设备，例如蒸汽供热冷凝水可回收的系统，其水处理设备就较无冷凝水回收系统的档次低，此外有时为了减少锅炉连续排污率，以省煤耗，水处理设备也需提高等级。因此当锅炉改造以后或发现水质不能满足要求或为了减少排污量均应认真改造水处理系统。改造时系统选择的有关因素见表 2 - 2。

表 2 - 2　　　　　　　　　工业锅炉常用给水处理系统特性

名　称	出水水质		主要特点	适用范围
	硬度（毫克/升）	碱度		
单级钠离子交换	1 ~ 1.5	与进水相同	1. 流程简单 2. 不能降低碱度	进水碱度较低 进水硬度一般 ≤325 毫克/升低压锅炉
双级钠离子交换	0 ~ 1.0	与进水相同	1. 残余硬度低 2. 可降低盐耗	进水碱度较低 进水硬度 ≤500 毫克/升中、低压锅炉
石灰—钠离子交换	1 ~ 1.5	40 ~ 60	1. 同时降低碱度和硬度 2. 可去除浑浊度 3. 劳动条件差	进水碳酸盐硬度较大，与总硬度之比 > 0.5，悬浮物较多
弱酸树脂氢—钠串联	1 ~ 1.5	25 ~ 35	1. 同时降低碱度和硬度 2. 酸耗低 3. 工作交换容量大	进水总硬度 ≤400 毫克/升碳酸盐硬度与总硬度之比 < 0.5
不足量酸再生（磺化煤）氢钠串联	1 ~ 1.5	25 ~ 35	1. 酸耗低 2. 运行周期中碱度有变化 3. 工作交换容量低，设备较大	进水碳酸盐硬度 > 50 毫克/升，进水非碳酸盐硬度较小或有负硬度

续表

名　　称	出水水质		主要特点	适用范围
	硬度 （毫克/升）	碱度		
并联铵钠离子交换	1～1.5	10～15	1. 设备较多，系统复杂 2. 不用酸再生，不用防腐 3. 锅内产生氨气，混入蒸汽	进水总硬度≤325毫克/升的非碱性水 进水钠离子含量与总硬度的比值＞0.35，与阳离子总量比值＞0.25 压力＜1.27兆帕低压锅炉
阴、阳离子交换 （一级脱盐）	0～0.5	＜10	1. 较彻底去除水中的无机盐 2. 同时去除硬度和碱度 3. 需一套再生系统	进水总含盐量＜500毫克/升 出水水质要求高

2.6　选择锅炉机组节能改造方案

2.6.1　方案选择的基本原则和程序

在进行锅炉节能改造时，常常要根据锅炉节能诊断的结果，进行节能方案的评价与选择。方案评价与方案选择的不同之处在于前者是对某一方案作技术可行性和经济合理性评价；而后者是为了达到所选方案为最优方案，在抉择前进行可供选择的多种方案比较，从技术和经济两方面综合考虑，确定取舍。因此方案选择的基础是方案评价，只有对各种可供选择的方案作了评价，各项评价指标都有量化数据以后，方案选择才能达到最佳效果。实际上方案选择是十分复杂的，不同方案往往各有利弊，在决策时应结合实际，按有所得必有所失的思想，抓住主要矛盾解决关键问题而又不致损失得过多的原则，完成方案选择。

如前所述，方案选择之前必须对运行锅炉设备进行评价，在评价确定的改造方向内研究具体改造项目或内容（其工作流程如图2-15所示）。只有按此过程确定了项目，才能按每个项目设计出多种技术方案，进行比较后选择出适用的最佳方案。

2.6.2　燃烧系统方案选择

锅炉设计的最大特点是每种锅炉都对应着一个设计煤种。锅炉的各种燃烧技术都有其一定的适用范围，即每种燃烧技术只能适用于与之对应的燃料。对于不同的燃料应选用不同的炉型结构和燃烧技术。

现将几种成熟的燃烧技术应用范围与特性列于表2-3，以备选择时参考。

现场测试：效率、各项热损失、出力、参数、电耗、排放水平及煤质数据

改造后复测各项性能指标

查阅锅炉和锅炉机组设计资料及各项性能指标 → 比较实测数据与设计保证值之差距

合格 → 各项指标无明显差距，锅炉机组不需改造

不合格 → 形成差距的原因分析

燃烧效率低：炉渣和飞灰含碳量高
- 改造燃烧设备与煤质适应
- 改造风系统
- 提高操作水平
- 燃烧自动控制
- 改换煤种

排烟损失大：排烟温度高；排烟含氧量高
- 完善配风
- 锅炉堵漏
- 锅炉清洗和吹灰
- 增加受热面

出力、参数不足：燃烧设备能力不足；受热面小；水质差
- 改造燃烧设备
- 增加受热面
- 改造水处理设备
- 锅炉清洗
- 吹灰

运行不稳定：自控程度差；运行水平低
- 自控系统改造
- 操作工培训
- 制定科学的操作规程

电耗大：辅机不匹配
- 风机改造
- 风道改造
- 水泵改造
- 除尘设备改造

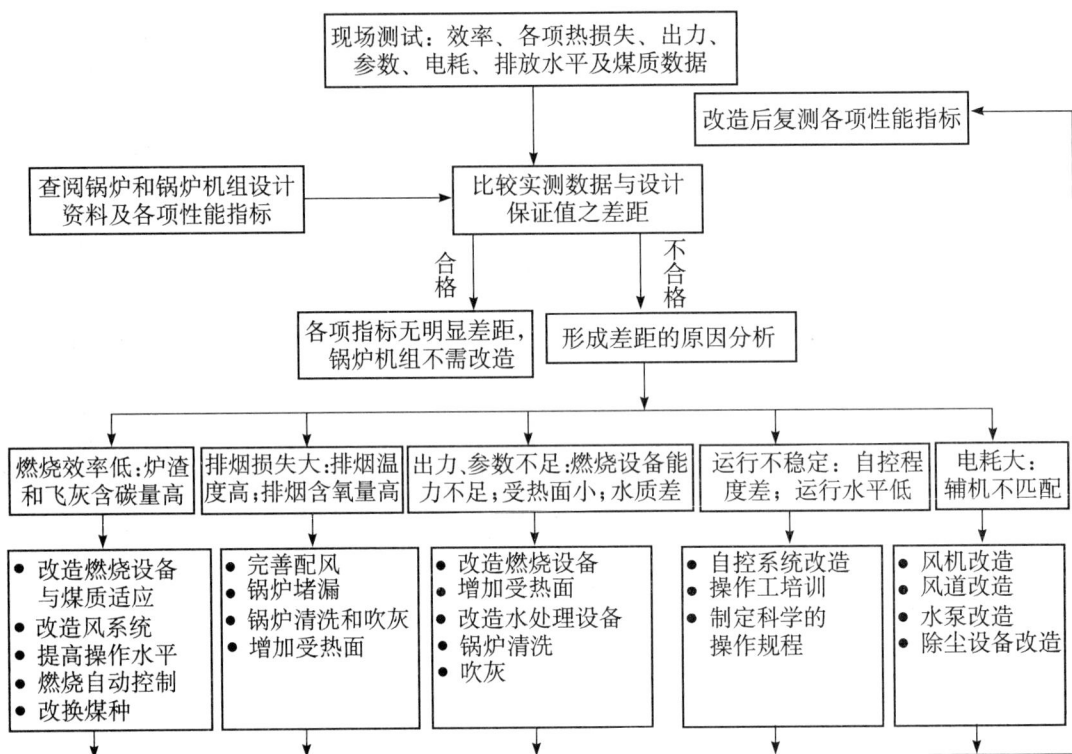

图2-15 在用锅炉的改造项目选择流程

表2-3   各种燃烧技术特性表

技术名称	特 性	适用范围	节能效果	改造费用	备 注
链条炉排	可燃用烟煤、贫煤。煤层在链条上随链条边前行边燃烧，风从煤层下穿过煤层助燃	煤粒度3毫米以下含量应≤30%，且最大颗粒≤40毫米。不宜烧结焦性强的煤	好	低	煤质变化需改造炉拱，其他燃烧设备改为链条炉排装置
链条炉排分层燃烧	炉前给煤斗通过机械装置使给煤在炉排面上分层，改善煤层透气性	用于细煤比例>30%及<60%的烟煤、贫煤及煤含水率≤15%	提高热效率5%~8%	中	对燃用细粒煤多的燃料有节能效果，但飞灰量增加
二次风装置	在炉排上部空间布置二次风，促使氧气与不完全燃烧产物混合，促进燃烧，减少不完全燃烧损失和消除冒黑烟	用于细煤多、挥发分高的煤	好	低	
双重燃烧	在链条炉排上方，增加一台煤粉燃烧器，实现火床和火球复合燃烧，提高煤种适应性和负荷适应性	适用于劣质煤燃烧，可提高锅炉出力和效率	提高热效率15%	较高	

2.6.3　控制方式的选择

目前，工业锅炉自动化水平还较低，甚至有的尚缺乏必要的检测仪表，燃烧工况普遍没有自动调节，全靠司炉凭经验观察并进行人工操作，这是工业锅炉效率低下的重要原因。工业锅炉的电气控制装置应该装备哪些检测、调节、报警和保护装置，在国家专业标准中均有规定。所以，为保证锅炉运行安全和节能，应参照国家标准完善在用锅炉控制装置。表 2 - 4 为各种控制装备比较，可供选择。

表 2 - 4　　　　　　　　　　　　　控制装备比较

名　　称		特　　点	效果	投资	备　注
仪表显示远方操作		只装备显示仪表和远方手动操作的电动执行机	差	低	
单元电动组合仪表控制		以单一的 PID 调节器和执行常规仪表控制系统。适用于负荷稳定的定点控制	中	较低	
多个单回路控制器组合控制系统		单回路控制器内有一计算机芯片，各种信号均函数处理，因此本控制系统能实现全程控制	较高	中	
微机控制系统	工控机为核心的控制系统	控制系统包括微机控制台，强电后备柜和现场仪表，本系统可实现单台炉的优化控制	高	较高	
	可编程序控制器为核心的控制系统	抗干扰性强、可靠性高，下位机为可编程控制器，实现对锅炉控制；上位机为微机实现管理，同时可对多台锅炉负荷实现分配优化运行	高	高	适宜有多台锅炉的大型锅炉房

2.6.4　辅机系统匹配和辅机选型*

锅炉故障多、热效率低、能耗高、排放超标，除锅炉本体原因外，由于辅机系统选型不当，与主机不匹配等造成的原因比例往往占到一半以上。因此做好辅机系统匹配工作是节能改造的重要方面。

1. 烟风系统

烟风系统的主要设备是鼓风机和引风机，另外还有烟、风道和各种挡板阀。鼓、引风机容量和压头选择不当会引起锅炉一系列问题：当鼓风机容量或压头不够，锅炉燃烧恶化，达不到锅炉额定蒸发量；引风机容量或压头不够，锅炉出力也会下降，且因炉膛压力波动，火焰从门孔外喷，影响安全。相反，鼓、引风机容量过大，排烟损失增加，锅炉效率下降，且增加电耗。

因此当锅炉燃烧系统作重大改造，煤质大范围变化，烟、风道修改及除尘器改型等都应重新校核鼓、引风机的能力是否适应，如不适应则需相应改造，例如整机更换、改造叶片、更换电机或调速改造等。

一般说，煤质越好，热值越高，则单位热值需空气量和排烟量下降，鼓、引风机功率下降，反之煤质变差，鼓、引风机容量需增加。

2. 给水系统

锅炉给水品质必须与锅炉用途配合适当，水质过差，水在炉管侧壁发生结垢，不仅使锅炉出力下降，效率低下，而且会发生爆管等安全事故。为了除垢，有的单位不得不频繁采用酸洗，这种工艺易发生钢材损坏事故，影响锅炉寿命。因此在用锅炉如果发现结垢或锅炉用途发生变化，均应改造水处理设备。

锅炉用途与水处理方式选用关系如表 2 - 5 所示。

表 2 - 5 锅炉用途与水处理方式

锅炉用途	优选水处理方式	备　注
热水采暖锅炉	钠离子交换系统	
低压蒸汽锅炉（蒸汽间接使用）	钠离子交换系统	冷凝水回收
蒸汽锅炉（蒸汽直接使用）	氢钠离子交换系统	冷凝水不回收
中压蒸汽锅炉	氢钠离子交换系统	
中压蒸汽锅炉（用于热电厂）	阴阳离子交换系统	

2.6.5 锅炉烟气余热回收

锅炉烟气余热一般由省煤器和空气预热器进行回收，减少排烟热损失，但是通常通过省煤器和空气预热器的排烟温度还高达 150℃ 以上，余热回收效率低。新型烟气余热回收装置替代传统的省煤器，该换热器分为三级换热：第一级换热将低温烟气吸收，加热温度在 87～95℃ 之间，用于热力除氧及对水预热。第二级换热将较高温的烟气加热一级换热的热水然后进入锅炉。锅炉进水，换热系统配备了全自动控制系统设备。第三级换热将高温的烟气加热第一级换热的热水，所产生的蒸汽经过汽水分离器将冷凝水分离后，蒸汽直接进入低压分气缸，供用热设备使用。

这种锅炉烟气余热回收装置换热具有以下特点：

（1）使用翅片管换热，有效换热面积大（相同占地面积情况下换热面积为普通型省煤器的 6 倍以上）、换热效率高。

（2）采用逆流换热的方式，系统最终排烟温度逼近常态空气温度。

（3）涂装具有高强度、高耐磨性、不粘性及耐腐蚀性于一身的特种涂料。相较原有系统，改造后的系统可将烟气温度回收至常态空气温度 +10℃ 以内。由于烟气温度降至40～50℃ 时其潜热完全释放，余热回收效果比原系统提升 15% 以上。

（4）热水加热器室为直通式，且烟气流通截面积较大，烟气阻力小，烟温下降幅度大，较低烟温进入水膜除尘器时，产生的水汽小，总体上降低了引风机的负荷，改善了风机的工况条件。

2.7　工业窑炉节能技术

工业窑炉的能耗受许多方面因素的影响，但是节能的主要措施一般都离不开优化设计、改进设备、回收余热利用、加强检测控制和生产管理等几方面。

工业窑炉节能改造的内容很多，主要有热源改造、燃烧系统改造、窑炉结构改造、窑炉保温改造、烟气余热回收利用以及控制系统节能改造等项内容。

2.7.1　热平衡测试

节能必须有科学的计量与对比测试方法。目前公认的测试方法是热平衡测试。通过对窑炉的现场热工测定，全面地了解窑炉的热工过程，计算窑炉收入和支出的能量、供给能量、有效能量及损失能量的平衡关系，从而了解窑炉的热工状况，判断其能量有效利用程度，查明各项损失的分布情况，分析窑炉运行工况，及时调整运行工艺参数，使其达到运行的最佳状态，同时找出节约能源的有效途径，明确节能方向，为提高窑炉的能源利用效率提供科学依据，达到节能的目的。

热平衡有正平衡和反平衡两种不同测试方法，针对不同行业对热平衡测试有不同的行业标准及规定，相比之下，通过反平衡测试，能够了解窑炉的主要能量损失，为节能改造提供科学依据。热平衡测试一般在稳定工况条件下进行。如图 2-16 所示为某水泥窑炉的热平衡测试分析示意图，从图中可以清楚地看到热量的转换和转移路线以及能量主要耗散情况。

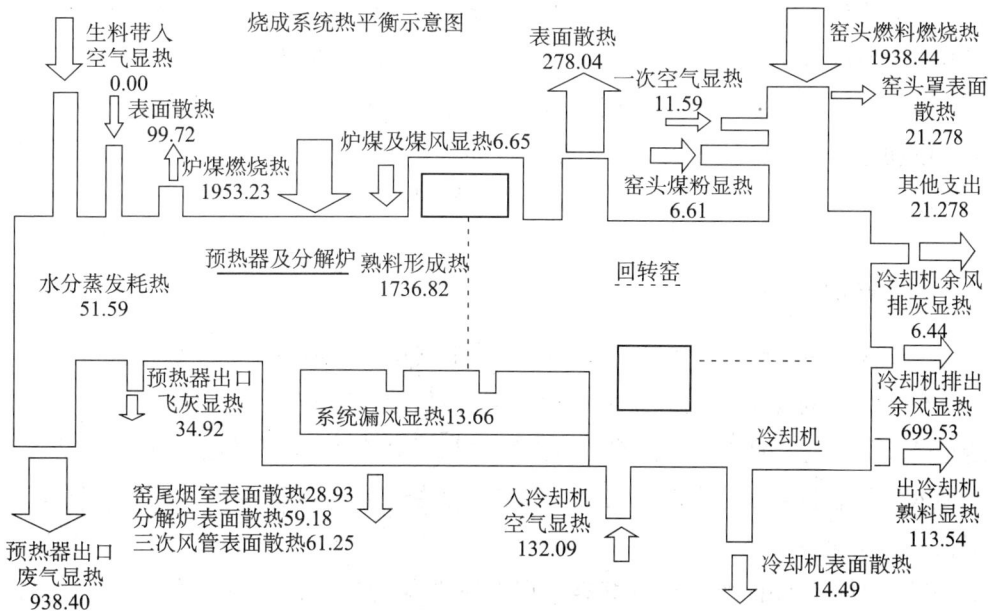

图 2-16　水泥窑炉的热平衡测试分析示意图（单位：千瓦）

2.7.2　热源改造

热源改造的内容视窑炉种类而定，以电为热源的窑炉，按其产品工艺要求，有的是将工频电源改为低频电源，有的是将交流电源改成直流电源，对送电短网进行节电改造，对电极进行自控改造等；有的窑炉由燃油改为燃用各种回收的可燃气，有的由燃油、燃气改为电加热，总之，都是为了减少能源消耗。

2.7.3　工艺节能

在窑炉工艺过程认定后，关键是外部热交换过程及内部热交换的紧密配合。因而与炉窑结构，产品码放方式密切相关。对窑炉热工过程进行分析，针对窑炉结构、所用燃料和工艺要求与特点，不断改进窑炉结构和提高窑炉热工性能，合理改变工艺流程、安排热利用子过程或与外界热利用系统合理配置和引入到新工艺流程中去，这样不仅可以合理用能、节能，还可改进产品质量。

2.7.4　先进炉型结构

工业窑炉的结构根据不同行业、不同工艺而异，种类很多，如钢铁、有色业的熔炼、熔化、烧结、热处理、加热等窑炉，建材、轻工、化工、机械制造、食品等行业的焙烧、煅烧、熔融、热处理、反应干燥、烘烤等窑炉。随着科学技术的进步，节能与环保政策的推行与市场竞争的发展，工业窑炉的结构在不断改进与优化，其主要目的是改善燃烧状况、缩小散热面积、增大窑炉的有效容积，炉型结构改造的效果既可减少能源消耗，又可以提高产品的质量和增加产量。窑炉结构的改造，尤其是以大压小的项目，要分清一个界限，即改造项目的节能效益大于增产等其他效益，方能确认为节能改造项目。

对炉体进行设计或改进时，应根据生产工艺要求和热工测量数据寻求窑炉热工性能的规律性，以便定量给出各种参数对窑炉热工性能的影响，为改进窑炉结构设计提出依据。尽量选用新型节能炉型结构，提高机械化程度和能源利用率。

2.7.5　燃烧装置与燃烧技术

合理组织燃烧改善炉窑内的燃烧过程可以降低气体和固体的不完全燃烧损失。对于燃煤炉窑充分考虑煤的燃烧特性，针对煤燃烧不同过程对空气、温度和燃烧时间的不同要求，合理的组织燃烧。在燃料的加热干燥阶段，利用对流、辐射等传热手段，提供足够的热量，使入炉的燃料被充分烘干；在着火和焦炭燃烧阶段应提高温度，加大氧气供应量，从而加快燃烧反应速度。

对于燃油炉窑，保证燃油的良好雾化以及油蒸气与空气的良好混合是完全燃烧的关键。油通过油枪喷进炉内并被雾化成油滴。油喷嘴在油枪的头部，它决定着喷油量的大小和雾化的质量。为了获得良好的雾化质量，要求选择合适的油喷嘴，使得在一定的出力范围内，获得尽可能细的油雾，并使油雾的分布适合配风的要求，便于操作和检修。决定油燃烧好坏的另一关键设备是调风器。调风器将燃烧所需的空气送入炉内，调风器的合理设计可以获得一定的空气动力场，既能保证稳定而迅速地着火，又能使空气能及时与相应数量的油相混合，达到经济而稳定的燃烧。在烧成品的要求特点基础上，选用高效燃烧器，改善燃烧状况，会大大减少燃料的不完全燃烧热损失，同时也会提高制成品的质量。采用新型燃烧器，如高速烧嘴、平焰烧嘴和自身预热式烧嘴等，可以改善炉窑内的燃烧过程，降低气体和固体的不完全燃烧热损失。

燃烧器是工业窑炉的核心部件，其工作的好坏直接影响到能源消耗量的多少。目前，国内成功地应用在工业窑炉的燃烧器有调焰烧嘴、平焰烧嘴、高速喷嘴、自身预热烧嘴、低氧化氮烧嘴等，近年来又研制成蓄热式烧嘴，为适应煤气和柴油的使用提供了多种先进的燃烧器。正确地使用高效先进燃烧器一般可以节能 5% 以上。其中应用较广的有平焰烧嘴、高速烧嘴和自身预热烧嘴。平焰烧嘴最适合在加热炉上使用，高速烧嘴适用于各类热处理炉和加热炉，自身预热烧嘴是一种把燃烧器、换热器、排烟装置组合为一体的燃烧装置，适用于加热熔化、热处理等各类工业炉。

另外根据燃料种类，选择性能良好的节能型燃烧器和与之相配套的风机、油泵、阀件以及热工检测与自动控制系统，保证良好的燃烧条件和控制调节功能也是行之有效的节能措施。

常见的节能燃烧技术有高温空气燃烧技术、富氧燃烧技术、重油掺水乳化技术、高炉富氧喷粉煤技术、普通炉窑燃料入炉前的磁化处理技术等。这些技术在工业炉上的应用，已取得一定的节能效果。其中应用广泛的有高温空气燃烧技术和富氧燃烧技术。

1. 高温空气燃烧技术

高温空气燃烧技术是 20 世纪 90 年代发展起来的一项燃烧技术，该技术的基本思想是让燃料在高温低氧体积浓度气氛中燃烧。它包含两项基本技术措施：一是采用温度效率高、热回收率高的蓄热式换热装置，极大限度地回收燃烧产物中的显热，用于预热助燃空气，获得温度为 800 ~ 1000℃，甚至更高的高温助燃空气；二是采取燃料分级燃烧和高速气流卷吸炉内燃烧产物，稀释反应区的含氧体积浓度，获得浓度为 1.5% ~ 2% 的低氧气氛。燃料在这种高温低氧气氛中，首先进行诸如裂解等重组过程，造成与传统燃烧过程完全不同的热力学条件，在与贫氧气体作延缓状燃烧下释出热能，不再存在传统燃烧过程中出现的局部高温高氧区。这种燃烧方式一方面使燃烧室内的温度整体升高且分布更趋均匀，使燃料消耗显著降低，降低燃料消耗也就意味着减少了二氧化碳等温室气体的排放；另一方面抑制了热力型氮氧化物（NOx）的生成。图 2 - 17 为蓄热式高温空气燃烧技术的原理图。因该技术具有高效节能、环保、低污染、燃烧稳定性好、燃烧区域大、燃料适应性广、便于燃烧控制、设备投资降低、炉子寿命延长、操作方便等诸多优点。但高温空气燃烧还存在诸如各热工参数间和设计结构间的定量关系，控制系统和调节系统的最优化，燃气质量和蓄热体之间的关系，蓄热体的寿命和蓄热式加热炉的寿命的提高等一些问题，有待进一步去探索。

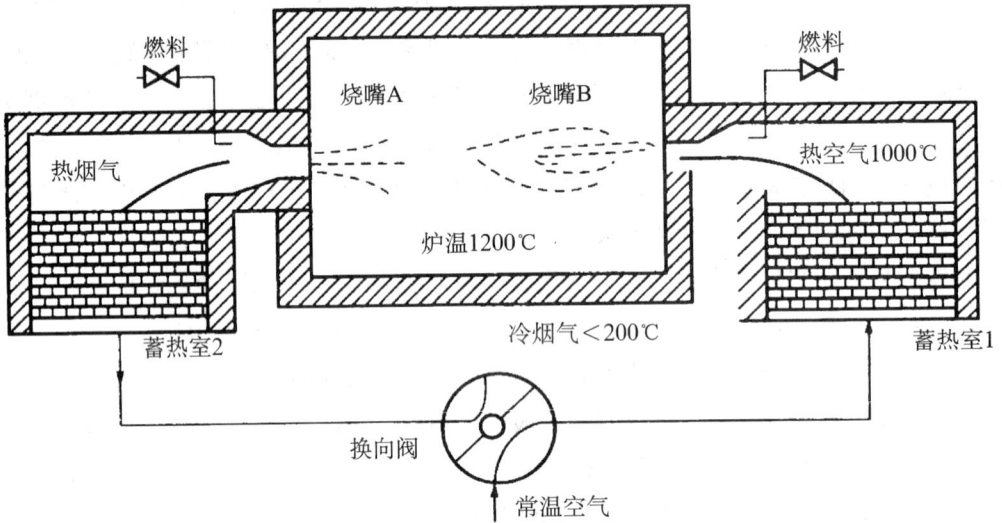

图 2-17　蓄热式高温空气燃烧技术的原理图

2. 富氧燃烧技术

一般认为，助燃空气中的氧气含量大于21%所采取的燃烧技术，简称为富氧燃烧技术。富氧燃烧技术分为整体增氧和局部增氧两大类，前者特点是整个助燃风均用富氧替代，因而相对而言其投资大、成本高；而后者是局部增氧技术和助燃技术两者的有机结合，其特点是用于各种窑炉的节能与环保。富氧燃烧的技术主要是研制适合工业炉窑实用的燃烧器。

富氧助燃技术具有减少炉子排烟的热损失、提高火焰温度、延长窑炉寿命、提高炉子产量、缩小设备尺寸、清洁生产、利于二氧化碳和二氧化硫的回收综合利用和封存等优点。但富氧燃烧含氧量的增加导致温度的急剧升高，使氮氧化物增加，这是严重制约富氧燃烧技术进入更多领域的因素之一。另外在工业炉窑上设计采用富氧空气助燃时，应该避免炉内温度场不均匀。富氧燃烧技术的具体技术特点如下。

（1）富氧燃烧可以提高燃烧区的火焰温度。研究表明，火焰温度随着燃烧空气中氧气比例增加而显著提高。富氧燃烧可明显提高火焰温度，提高火焰对配合料和加热对象的加热效果。燃烧过程是空气中的氧参与燃料氧化，并同时发出光和热的过程。热的传递一般通过辐射、传导和对流三种形式进行。这三种形式何种作用最大主要取决于火焰类型和形状、加入空气中的含氧量及燃烧设备周围的情况等。由于热传递速率与温度的四次方成正比，所以提高燃烧温度将会大大增加热辐射。由火焰温度与氧浓度的关系（图 2-18）可知：火焰温度随富氧空气氧浓度的提高而增高；随氧浓度的继续提高，火焰温度的增加幅度逐渐下降。为有效利用富氧空气，氧浓度不宜选得过高，一般按空气过剩系数 m = 1 ~ 1.5 组织火焰时，富氧空气浓度取 23% ~ 27% 为宜，其中空气含氧量从 21% 增加到 23%

时，效果最明显；空气过剩系数不宜过大，否则，同样浓度的富氧空气助燃，火焰温度较低。通常在组织燃烧时，m 控制在 1.05 ~ 1.1，以达到既能获得较高火焰温度又能燃烧完全的效果。

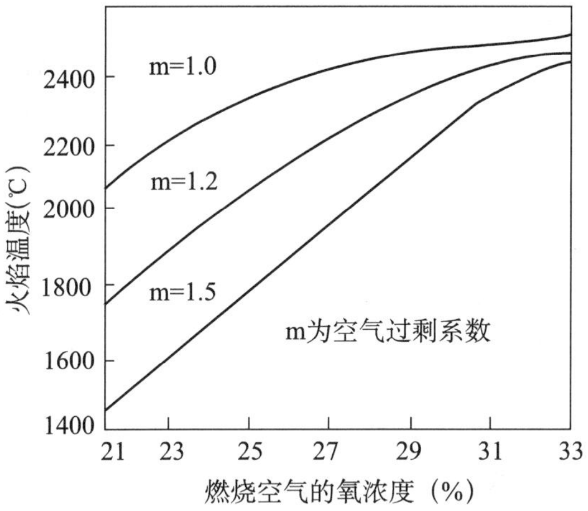

图 2 - 18　火焰温度与氧浓度的关系图

火焰温度与氧浓度的关系图 2 - 18 所示的是理论火焰温度值，实际值要低得多。因为普通燃料燃烧后的最终产物都是二氧化碳和水，它们加热到 1500℃ 时会分解为一氧化碳、氧气和氢气。也就是说，任何碳氢化合物燃料的高温火焰混合物都将出现二氧化碳、一氧化碳、氢气、水、氧气和 CH。由于二氧化碳和水高温分解反应是吸热反应，所以实际火焰温度比理论火焰温度要低得多。

（2）富氧燃烧改变了燃料与助燃气体的接触方式，降低了燃料的燃点温度，可明显缩短火焰根部的黑区，增大有效传热面积。当用重油作燃料时，它先蒸发成气体，主要是氢气和一氧化碳，其燃点温度为 500 ~ 600℃，当富氧空气参与助燃时，其燃烧条件得到改善，从而降低重油的燃点温度，使火焰变短，火焰强度提高，释放热量增加。尤其是玻璃熔窑燃料燃烧时，通常将燃料喷枪置于助燃空气的下方，由于不能及时混合，在火焰根部常有低温区存在，形成所谓的黑区。黑区的存在减小了火焰在熔窑内的覆盖区域，降低了传热效果。

（3）富氧燃烧可以加快燃烧速度，改善燃料的燃烧条件，使得燃烧在窑内充分完成，减少了在蓄热室内的残余燃烧，因而能充分地利用燃料。表 2 - 6 给出了各种燃料应用空气和氧气助燃的燃烧速度比较情况，由表 2 - 6 可见，各种气体燃料在纯氧中的燃烧速度大大加快。由于加入氧气后提高了火焰温度，因此增加了燃烧速度。燃烧速度实际上是一种定性的说法。如乙炔是一种燃烧速度快的燃料，其火焰短而密实；天然气是一种比乙炔燃烧速度相对慢的燃料，其火焰较长，但只要燃烧完全，都可放出很大热量。因此，要使燃料达到完全燃烧，必须使燃料和空气混合均匀或充分接触。富氧空气参与助燃后，能加快燃烧速度，提高燃烧强度、使火焰变短，获得较好的热传导，同时由于提高了燃烧温度，所以有利于燃烧反应完全。另外，因为 1 摩尔的碳在不完全燃烧的情况下比完全燃烧时少释放出 70% 左右的热量。排出尾气中的一氧化碳含量增加，热损失呈直线增加。一氧化碳热损失增加，单位蒸汽的热耗也近似直线增加。所以说富氧燃烧促进燃料燃烧完全，是节约热能的重要原因。

表 2 - 6　　　　　　　　各种气体燃料在空气中和氧气中燃烧速度对比情况表

燃料	在空气中/（厘米/秒）		在纯氧中/（厘米/秒）	
氢气	250 ~ 360	280	890 ~ 1190	1175
天然气	33 ~ 44	37	325 ~ 480	395
丙烷	40 ~ 47	42	360 ~ 400	375
丁烷	37 ~ 46	41	335 ~ 390	355
乙炔	110 ~ 180	160	950 ~ 1280	1130

（4）富氧燃烧使燃烧所需空气量减少，废气带走的热量下降。排出废气的容积比与燃烧空气中氧浓度（%）的关系如图 2 - 19 所示。通常的燃烧只有占空气总量 1/5 的氧气参与燃烧，其余约占 4/5 的氮气非但不助燃，反而要带走燃烧产生的大量热量，从烟气中排出。使用富氧空气的情况下，燃料燃烧完全，自然排出废气减少，排烟热损失也相应减少从而节能。由图 2 - 19 可知，随空气中的含氧量增加，排气量逐渐减少，以含氧量 27% 的富氧空气与含氧 21% 的普通空气燃烧比较，在空气过剩系数 m = 1 时的排气体积减小 20%。

（5）富氧燃烧可以增加热量利用率。实验表明，富氧助燃可提高热量的利用率。图 2 - 20 示出加热温度与热量利用率的关系。由图 2 - 20 可知，用含氧量 21% 的空气燃烧，加热温度为 1300℃ 时，其可利用的热量为 42%，而用氧 26% 的富氧空气燃烧时，可利用热量为 56%，增加 14%。而且随加热温度升高，所增加比例增大，节能效果更明显。

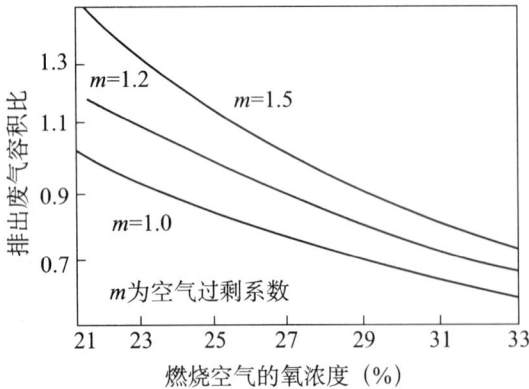

图 2 - 19　相对含氧 21% 空气 m = 1.0 时废气的容积比与燃烧空气中氧浓度关系图

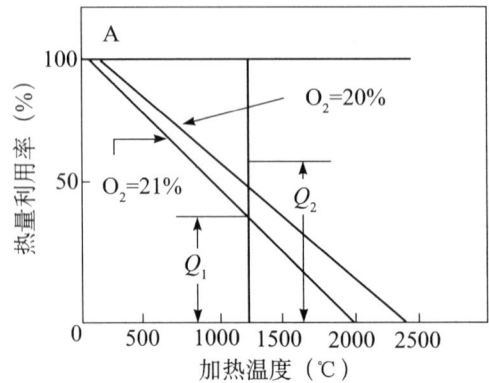

图 2 - 20　加热温度与热量利用率的关系图

（6）合理的富氧供给方式提高了传热效率。通常在燃烧喷嘴下方和加热对象之间通入富氧气体，这样可产生不对称的火焰温度，使它有一个垂直的温度梯度，形成可保护碹顶、胸墙的上层火焰层；几乎完全燃烧高辐射的中间火焰层；富氧多并已达完全燃烧的下层火焰层。下层火焰与上层火焰相结合，增加了总的辐射热，同时由于火焰扫过配合料，增加了配合料的对流交换，从而达到加速熔化的目的。

2.7.6 炉体保温

炉体采用轻质的耐火材料，可以降低炉墙的容积比热容，减小墙体的蓄热损失。在炉墙内壁设置反射系统，减少炉墙吸收的辐射热，从而减小墙体的散热与蓄热损失。使用耐火纤维等绝热材料降低炉墙的当量导热系数，减少炉体导热所至散热损失，实现炉墙与受热物之间辐射与吸收的良好匹配。耐火纤维的导热系数小，可使炉体散热损失减少50%左右，而且热容量小，因此炉温的升降快，炉体的热损失小，炉体使用耐火纤维不仅节能，而且可以提高窑炉的作业率，即提高窑炉的产量。对于使用温度为1000℃以下的窑炉，如热处理炉，可以在窑炉内壁贴一层耐火纤维，也可以全部用耐火纤维作炉衬。对于炉温1300℃以上使用的耐火纤维尽管国内外已开发出来，但由于价格昂贵，限制了它的使用和推广。如果炉子全部用耐火纤维作炉衬，炉体重量显著减轻，则炉体钢架等结构都可以轻型化，窑炉设计将有很大变化。对于高温窑炉，还可以把耐火纤维贴在炉壁外层当作绝热材料使用。另外，窑炉内壁涂刷辐射率（黑度）大的涂料或黑体材料，可以强化炉内的辐射传热，有助于热能的充分利用，其节能效果依据黑体技术的不同可达3%~25%。

扩大和推广使用不定型耐火材料是筑炉技术的发展方向，近年来广泛应用的耐火可塑料、耐火浇注料等均属于不定型耐火材料范畴，与耐火砖相比，节省了制砖烧成等工序，节省了能耗。用不定型耐火材料筑炉，炉窑的整体性能好，严密、结实、寿命长，从而提高了炉窑的作业率，因此可以全面改善窑炉的技术经济指标。近年来不定型耐火材料在品种、质量方面均取得了长足的进步，开发推广的钢纤维增强耐火浇注料以及各种复合耐火浇注料在很大程度上满足了工业窑炉耐高温、耐急冷急热、耐冲刷等特殊要求。一般而言，可使炉窑节能4%左右。由于延长炉体寿命提高了炉子作业率，所带来的窑炉高产的效益尤为显著。

2.7.7 余热回收与利用

余热是工业窑炉回收利用潜力最大的一部分热损失。在能源耗费中占相当大的比重。据统计，目前中国的工业余热占总工业能源耗费的15%。实践证明，在中、高温炉窑中，热损失的绝大部分都由烟气所带走，主要指烟气的显热损失（潜热损失和化学热损失是少量的），而少量的热能则由炉体、燃烧系统等通过辐射、气体泄漏（物理热）的方式给损失掉。有资料表明，当烟气排烟温度为1000~1300℃时，烟气余热将占窑炉总能耗的50%~70%。一般情况下，工业窑炉烟气带走的热量占燃料总供热量的30%~70%，因此，将烟气余热回收利用，降低排烟温度是实现炉窑节能的有力措施和重要途径。通常烟气余热利用途径有：

（1）装设预热器，利用烟气预热助燃空气和燃料；

（2）装设余热锅炉，产生热水或蒸汽，以供生产或生活用；

（3）利用烟气作为低温炉的热源或用来预热冷的工件或炉料。

回收烟气余热的最有效和应用最广的是换热器。我国近年来开发和推广应用的高效换热器有片状换热器、各种喷流换热器、各种插入件管式换热器、旋流管式换热器、麻花管式换热器，以及各种组合式换热器和煤气管状换热器和蓄热式换热器等。蓄热式换热器是今后技术发展趋势，其余热利用后的废气排放温度在200℃以下，节能效益可达30%以上。

2.7.8 热处理炉节能技术

热处理是改善和提高金属材料与工件质量的有效手段，但同时也是耗能较多的一道生产工序。节能问题不仅是目前热处理生产需要解决的问题，而且亦是今后热处理发展所必须涉及的问题之一。热处理炉的工作温度、炉型及能耗主要取决于热处理工艺要求、产量及作业率。不同炉型的热处理炉的单位能耗波动范围较大，其原因是由于不同炉型的热负荷及热处理工艺的差异所致。对于任何热处理炉的热效率在很大程度上取决于其工作温度。热处理炉的工作温度是由热处理的目的及工件的材质所决定。例如：淬火、渗碳、正火等热处理工艺通常在816～982℃范围内进行，对于927℃的操作炉，烟气带走的热损失约与留在炉内可供利用的热量各占50%，该部分热量用于加热工件、加热保护气氛、加热炉壁及其构件、炉墙散热损失及孔洞辐射换热损失等，其中仅有对工件进行加热才是有效利用的热量。

热处理炉节能可以通过下列的一种或几种途径来实现：采用合适的炉型、改进炉子结构、合理控制燃料燃烧过程、废热、余热的利用和采用节能热处理工艺及管理措施等，对于热处理炉型的选择，主要根据工艺要求、工件几何尺寸和形状及生产产量为依据。考虑到热处理炉节能，炉型的选择需要考虑炉型结构、炉子的热效率和炉体密封等因素。对于大批量生产时采用连续式，相对于周期性炉节能。

不同炉型的热处理炉的热效率有明显差别。在新建、扩建的热处理车间或更新热处理设备时，应特别注意的是选用合适的炉型，对于节能具有重要意义。炉型的选择需要考虑诸多因素，如热处理工件的特点、工艺要求、生产规模、能耗、热处理成本、操作条件等。若从节能方面考虑，则需要考虑炉子的热效率、热量损失、燃料消耗等指标。但在实际生产过程中，影响炉子燃料燃烧指标的因素较多，因此，应结合实际情况、理论和现场生产综合设计燃料的消耗指标。据资料介绍，周期作业比连续作业的热处理炉效率低。当加热温度为900～950℃时，连续式加热炉的单位能耗为1.58×10^{6}千焦/吨，热效率为40%；而周期式炉的单位能耗为2.09×10^{6}千焦/吨，热效率只有30%。对于操作规程相同的炉子，同样是周期作业炉或连续作业炉，有的炉型效率较高，有的偏低。表 2-7 列出了各种类型电炉在连续运转时的热效率，对于箱式、井式、输送带式和震底式炉连续运转时进行对比。由表列数据可知，在箱式、井式、输送带式和震底式四种电炉中，井式和震底式炉具有较高的热效率。其中，井式炉的热效率高是因为密封性好，散热面积小；而震底式炉效率较高则是由于没有夹具、料盘等的加热损失。所以，从节能角度考虑，应尽可能选用震底炉和井式炉。

表 2-7　　　　　　　　　　各种类型电炉连续运转时的热效率

炉型规格和参数	箱式周期炉	井式周期炉	输送带式炉	震底式炉
正常处理量（千克/小时）	160（装炉量 400 千克）	220（装炉量 100 千克）	220	200
装机容量（千瓦/小时）	63	90	110	80
实际用电（千瓦/小时）	56	62	78	50
热效率（%）	39	43	35	54
炉墙散热（%）	31	23	37	36
夹具等的吸热（%）	19	29	18	0
被处理件吸热（%）	39	43	35	54
可控气氛带走的热（%）	6	4	4	10
其他热损失（%）	5	1	4	—
加热温度（℃）	850	850	850	850
全加热时间（分钟）	90	90	40	40

不同外形对加热炉的能耗也有影响。对于不同外形的加热炉，主要是通过外壁面向周围环境进行热量交换的，因而外壁的表面积越大，散热面和散热损失就越大。考虑到影响散热的因素，散热面面积仅是一个因素，另外一个重要因素为外壁面温度。因此，只有尽可能地减少外壁面面积，降低外壁面温度才能达到明显的节能效果。研究结果表明，在相同的炉膛容积、炉衬材料、墙体厚度以及内壁温度条件下，圆形炉与箱形炉进行比较，圆形炉外表面积减小将近 14%，外壁温度降低约 10℃，因而使炉体壁面散热减少约 20%，处理工件的单位能源消耗降低 7%。因此，从形状考虑，在相同条件下，同容积的圆柱形炉体较方型炉体节能，圆形炉对节能最为有利。所以，在可能的条件下应尽量利用圆形炉的这个特点，为节能创造更为有利的条件。

1. **热处理火焰炉的节能技术**

火焰炉的炉型结构都基本相似，主要由炉膛（砌体）、构架、燃烧系统和排烟系统四部分组成。炉膛由耐火材料及绝热材料砌筑而成。炉膛的作用是装料、进行热交换、将释放热量后的烟气排出。炉膛按热交换方式和温度的不同可分为高温炉膛、中温炉膛和低温炉膛三种类型。高温炉膛的炉温在 900℃ 以上，熔炼炉及加热炉均属此类型，炉膛内的传热方式以辐射为主。在炉膛内进行强烈燃烧的同时，火焰直接向炉膛周围壁面及被加热工件辐射换热，炉温与加热工件表面的温差极大。中温炉膛其炉温介于 600~900℃ 之间。绝大部分热处理炉均属此类型，传热方式主要依靠热辐射与对流换热。其特点是火焰不与加热工件接触，同时要求炉内气氛能循环，保持炉温均匀。低温炉膛的炉温不超过600℃，所有干燥炉及部分低温热处理炉属此类型，热量传递方式以对流换热为主。低温炉膛的结构特点是燃烧室置于炉膛外侧，燃烧室内生成的烟气掺入炉膛循环废气或冷空气经混合后供入炉膛内烘干物料。炉膛内的气流循环有自循环与强制循环两种方式。自然循环主要借助于燃烧道与炉膛之间的温差引导出几何力，将热风喷入炉膛内进行循环。强制循环主要采用引风机将炉膛内循环废气抽出，并与燃烧烟气混合后喷入炉膛内。大部分干燥炉和炉温低于600℃的热处理炉均采用强制循环这种方式。

热处理火焰炉的节能途径：根据热处理火焰炉的特点及能耗分析，其节能应考虑加强管理和采用新技术，可以从以下三方面入手。

（1）采用集中生产方式，减少热损失。

热处理火焰炉的单位燃料消耗与炉子生产率（特别是对于周期性生产的炉子）有很大关系，因此，应合理调度，尽量安排工件集中热处理，扩大每一周期装炉量，缩短各周期之间的时间，减少炉体蓄热损失。

1）减少辅件及运输装置的热损失。热处理炉体设计时应尽量考虑减少料盘、输送带等辅件和运输装置不随炉内处理的零件同时加热。如坯料直接在炉床上送进的推杆炉、震底炉；有时也可采用炉底运动以传送工件，如环形炉、转底炉及步进炉；其他如辊底炉、螺旋输送器式炉、旋转罐式炉等，都只加热工件而不加热料盘。工件在热处理炉内须按一定方位排列，通常要使用料盘依次通过淬火槽、清洗槽。应尽量使用轻便、尺寸适当的料盘、夹具和料筐，可保证其适当的寿命和强度。料盘应尽量不同工件一起淬火并将热料盘及时返回加料口。贯通式炉还可使用输送带传送工件，输送带有链条、链带、金属织物网带等多种。工件在输送带上进行加热和冷却，每通过炉内一次就要更新加热一次。对于中、高温炉应采用输送带在炉内返回的炉型，使输送带只进行补充加热，也减少输送带的热冲击。

2）减少炉体热损失。炉衬结构的改进是热处理节能的一项非常重要的措施。炉衬的热损失包括炉衬的散热损失和炉衬的蓄热损失，主要是指炉子从室温加热至工作温度并达到稳定状态时炉衬本身所吸收的热量。炉衬的蓄热能力是衡量周期作业炉运行性能的一项重要指标。减少炉体热损失，能有效提高热处理炉的热利用率，并可节约能源。炉衬材料及其厚度选择适当，可使炉体热损失减到最低。对于间歇作业的周期炉应选用热惰性小的炉衬结构，因为这类炉子的炉墙蓄热损失很大，常占整座炉子耗热量的30%～70%，作业时间越短其蓄热损失所占比例越大。对连续作业炉，主要是加强绝热保温，减少炉体的散热损失。为了尽可能减少炉衬的热损失，对于热处理炉设计时应注意炉衬具有良好的隔热性能，炉壁外表面温度不超过规定值；在满足机械强度要求的前提下，炉衬材料的体积密度要尽量小；在满足隔热性能条件下，炉衬厚度要尽可能薄；同时炉膛尺寸和炉体外形尺寸应尽量紧凑，缩小散热面积以减少散热损失。

（2）改进燃烧与控制技术。

改进燃烧与控制技术，在保证完全燃烧的条件下具有最小的过量空气系数，保证在较低空燃比情况下完全燃烧。通常可采取以下措施得以实现。

1）采用高效燃烧装置。采用平焰烧嘴、高速烧嘴等高效燃烧装置。采用平焰烧嘴可节约燃料 15% ~30%。采用高速烧嘴可增大对流传热系数、提高传热效率、缩短加热时间，节约燃料 20% ~30%。

2）采用空燃比自动控制系统。常用的方法有烧嘴本身带有的空气燃料比例调节，方法简单、实用；具有流量控制装置的空燃比控制系统，适用各种烧嘴；空气预热情况下的空燃比控制系统是比较完善的控制系统。

3）控制炉压。若炉压过低会引起冷风吸入，则会造成燃料浪费，同时还会使炉内温度不均，影响加热质量；若炉压过高，则会使热气体逸出，损失热量，恶化操作条件。因此，炉压应控制在微正压状态。

（3）回收排烟余热。

采用预热器回收排烟余热，用来预热空气和预热工件。

1）预热空气。热处理炉多采用金属空气预热器，空气的余热在 427℃ 以下，若预热温度超过该温度将会使预热系统及燃烧器成本显著增加。由于空气预热可补充带入炉内的热量，利用该热量可达到节约燃料的目的。当空气预热温度为 427℃ 时，不仅能获得 15% 左右的回收热量补充至炉内，而且可使排烟损失由 50% 降低至 35%，炉内可利用的热量则从 50% 提高到 65%，燃料节约率为 23% 左右。

2）预热工件。经过预热器的烟气温度应维持在 500 ~650℃ 之间，可利用烟气的这部分热量预热工件，达到节约能源的目的。但应考虑通向预热区的烟气管道和收集区的费用、预热区自身的费用及额外增加的空间等因素，对利用烟气余热预热工件是否经济合理应结合实际因地制宜地进行分析。

2. 流化床热处理炉技术*

流化床燃烧技术是一种利用化工生产中的流态化原理来组织燃烧的技术。可实现金属加热、冷却和化学热处理的新型热处理电炉，与传统热处理炉相比具有升温快、能耗小、工件处理后的质量好等优点，是传统热处理电炉的理想替代设备。在热处理加工中，使用带有气体回收的流化床炉是由日本 Komatsu 公司发明，并成功应用于中性硬化、回火、退火和渗氮等操作。

在流化床热处理炉中，采用氧化铝用作流化介质。它具有中性、无毒、耐高温、抗磨抗腐蚀等优点。流化床炉内设有特殊的过滤器来阻止氧化铝离开流化床，气体分布问题已得到圆满解决。炉子结构其关键部件是喷射泵，它由镍铬钢制造，无运动部件、无磨损、维修少，可回收烟气 50% ~60%。

这类炉子的优点是：

1）可广泛应用于中性硬化、热化学、碳化、氮化或其结合过程。

2）具有良好的负荷调节性能。由于炉内有大量惰性高温床料的存在，可使流化床热处理炉具有良好的负荷调节性能。在25%额定负荷下能够稳定燃烧，同时负荷调节速度快，每分钟可达5%～8%的最大连续负荷。

3）良好的环保性能，基本无环境污染。流化床燃烧技术具有低温燃烧的特点，其燃烧温度一般控制在850～900℃之间，可有效地抑制热致型氮氧化物的生成，且通过分级燃烧又可方便地控制燃料型氮氧化物的排放，从而降低氮氧化物的排放。对于燃煤流化床炉通常情况下其氮氧化物排放水平只有煤粉炉的1/4～1/3。此外，燃烧过程中可向炉膛内加入石灰石或白云石，可有效地控制硫氧化物，其脱硫效率可达90%以上。因此，流化床热处理炉环保性能良好，是一种经济高效的清洁燃烧技术。

4）升温速率快、升温时间短，具有良好的温度均匀性，可自由选取淬火介质。这也是最重要的优点，原因是它的传热速度特快，如图2-21所示。

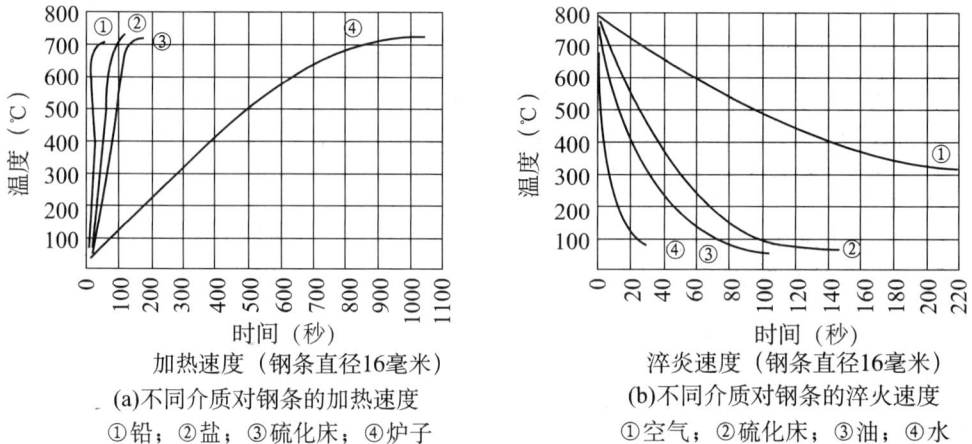

图2-21　不同介质对钢条的加热和淬火速度的影响

(a)不同介质对钢条的加热速度
①铅；②盐；③硫化床；④炉子

(b)不同介质对钢条的淬火速度
①空气；②硫化床；③油；④水

美国在利用流化床炉热处理中发展很快，该炉型最早开始于20世纪70年代，到了80年代已在许多工业领域取得较快进展。今天已不仅在线材处理行业，而且已扩展到金属涂刷前预热、塑料粉末涂覆、热电偶仪表读数标定和固体有机废弃物的焚烧发电等场合广泛使用。

3. 综合改造节能

热处理的控制改造似乎比其他工业窑炉更为重要。首先温度是热处理炉最重要的控制参数。热处理过程的热稳定，工件本身的热稳定是保证热处理产品质量的重要条件。因此，炉内温度需要认真加以控制及监测。热处理炉的另一项重要控制因素是炉内气氛。热处理中常用气氛为氮气，有的用复合气氛，气氛对热处理件性能有重大影响，这就涉及精密的流量与控制。此外，物料的移动和位置控制也很重要。这些参数虽可单独控制，但微机的普及化使热处理的快速、集中和综合控制得以实现。

某公司对其热处理炉进行的综合节能改造从以下几方面采取了措施：

（1）炉体部分。

1）炉衬全部采用高纯硅酸铝耐火纤维，经特殊粘贴成大板块，避免了热桥现象，减少炉体蓄热损失，大大提高炉子的热效率。数据表明纤维炉衬的质量仅为砖砌炉墙的1/10，但可节能约25%，且施工维修方便，使用寿命长。炉墙、炉顶、炉门纤维厚度均为250毫米，实测炉表温度为38～42℃。

2）炉门采用全硅酸铝耐火纤维结构，轻型防变形钢结构门框，可调纤维裙边密封等多项技术，变频调速，运行平稳，定位准确，解决了公司长期以来大型炉门的热变形问题。

3）密封是保证炉压稳定和炉温均匀性的关键所在。在炉两侧采用汽缸摆臂结构，取代原有的砂封刀，在炉后采用弹簧压紧结构，炉口采用汽缸自压紧方式，整台炉子处于全封闭下运行，隔绝了炉子内外冷热交流，扩大了有效加热区，温度均匀，热处理质量有很大提高。

（2）燃烧控制系统。

1）燃烧器及自控系统。燃烧器及自控系统是炉子的技术核心，采用了新技术产品GSQ－100－Ⅲ型大容量脉冲高速调温烧嘴。运用大、小火脉冲控制机理，出口气流达100米/秒，强化炉内气流循环，缩短加热时间，提高加热质量，保证炉温均匀。每只烧嘴配有以进口PLC为核心的专用烧嘴控制器，实现燃烧自动调节，并和温控系统接口相连，形成闭环，从而达到高精度控温，精确燃烧。

2）热工检测装置。采用K分度热电偶和智能数显温控表，按设定周期自动记录炉温，分区控制，保持炉内温度均匀，炉顶加装两只同型号热电偶，信号接入自动报警系统，以防炉子超温。

3）管路和烟道。排烟系统采用大烟道上排出方式，位置远离密封区，避免热流短路和冷风吸入，解决了下排烟自然抽力不足造成炉压不稳、排烟不畅的问题。采用空气预热技术，增设空气预热器，预热冷风到200℃，利用余热，节约煤气。加设煤气主管道除焦、除尘装置，净化煤气，确保燃烧稳定和控制精确，减少故障。

2.8　工业锅炉及窑炉节能改造实例

2.8.1　复合燃烧技术

复合燃烧技术链条锅炉是一种常用的燃烧设备，在我国工业中广泛使用，目前75吨/小时以下蒸汽锅炉及29兆瓦以下热水锅炉多数采用此种燃烧方式。链条锅炉虽然是一种较好的燃烧设备，但在使用中存在一定缺点，主要是当煤种多变、煤质不好时，造成出力不足，热效率偏低，运行较好时实际出力一般为额定出力的60%～70%，少数运行不好的仅在50%左右，实际热效率仅在60%左右。

链条锅炉加煤粉复合燃烧技术的主要目的是为了强化炉内燃烧过程，提高锅炉燃烧效率及煤种适应性。从锅炉燃烧理论可知，保持炉膛足够高的温度是保证锅炉良好燃烧的首要条件，炉温高则煤在炉内干燥、干馏顺利，达到着火温度的时间短，着火容易。炉温越高，对煤的着火越有利，煤种适应性也就越好。在现有燃煤锅炉的燃烧方式中，煤粉炉的炉温最高，煤种适应性最好，而且燃烧得比较完全，热效率高。链条锅炉加煤粉复合燃烧方式的机理是将链条炉排和煤粉这两种不同的燃烧方式有机结合，共用在一台炉上，互为辅助、互为利用、扬长避短。在燃烧过程中，煤粉靠炉排火床点燃，煤粉燃烧形成的高温火焰提高了炉膛温度，为链条炉排上的煤层着火提供了丰富的热源，改变了过去链条炉单纯依靠炉拱热辐射引燃的状况，大大改善了链条炉排上新煤的着火条件；同时，稳定燃烧的火床又是煤粉气流着火的可靠热源，可以保证煤粉及时稳定地着火。复合燃烧方式不仅保留了链条炉负荷适应性好，负荷调节方便的优点，而且还具有煤粉炉煤种适应性好、燃烧效率高的优点。从而使锅炉在负荷多变特别是改烧一般劣质煤情况下均能达到稳定高效燃烧。

齐齐哈尔啤酒厂生产工艺中的加热、杀菌等所需蒸汽由动力车间提供。动力车间锅炉房内原有一台 10 吨/小时和两台 6.5 吨/小时链条锅炉，三台锅炉总出力仅有 12 吨/小时，热效率为50% ~ 65%，其中型号为 SHL10 - 12 - AⅡ 的 10 吨/小时锅炉的出力仅为 6 吨/小时，热效率为 65%，运行状况差，已不能满足生产的要求。因此，该厂采用复合燃烧技术对 10 吨/小时链条锅炉进行了改造。改造后，仅这一台锅炉的出力就能达到 14 ~ 15 吨/小时，热效率达 75%，并停运了两台 6.5 吨/小时锅炉，不仅满足企业用汽量的需求，而且可根据生产需求迅速调节负荷，并能适应不同的煤种，大大降低了生产成本。

图 2 - 22 为链条锅炉加煤粉复合燃烧流程图，整个锅炉燃烧过程分为炉排燃烧过程和煤粉燃烧过程（虚线为改造部分）。

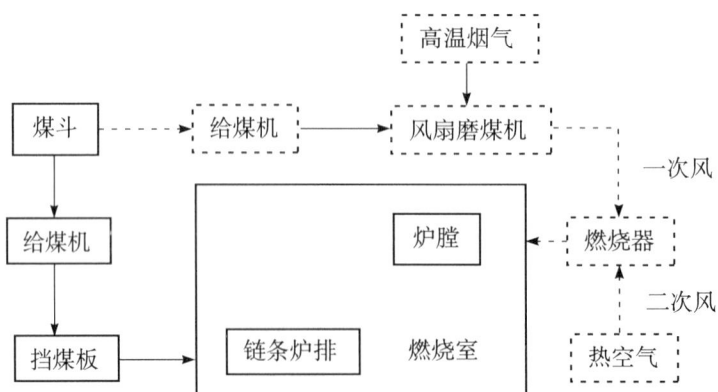

图 2 - 22　复合燃烧流程图

该项目改造总投资为 45.2 万元。改造情况如下：

增设一套 1 吨/小时风扇磨煤机直吹式制粉系统，煤粉采用炉烟干燥；锅炉本体炉墙设煤粉燃烧器、抽烟口及防爆门，炉膛增加辐射受热面；给水系统改造；更换引风机，基础重新捣制；电气系统改造；煤斗增设振动器。该厂的能源管理比较完善，经黑龙江省节能监测中心检测，并校验了一些统计数据，得出如下结论：

（1）改造前平均每吨蒸汽的煤耗量为 200 千克，改造后平均每吨蒸汽的煤耗量降低到 184 千克，每吨蒸汽的煤耗量降低了 8%。

（2）出力提高了一倍多，达 13～14 吨/小时，热效率提高了 10%，达 75%。

（3）年节煤量和节电量分别为 1758t 和 15 万千瓦时，年综合效益为 39.1 万元。

（4）投资回收期为 1.2 年。若改造后常在负荷率较高情况下运行，或将优质煤改烧劣质煤，投资回收期会更短。一般情况下回收期在 0.5～2 年。

（5）可调性强，在煤质好或负荷小时，可单用炉排燃烧；煤质差或负荷大时，随时可加上煤粉复合燃烧。

（6）适应煤种广，不仅能燃用 Ⅱ、Ⅲ 类煤，还可改烧贫煤、无烟煤、褐煤和烟煤。

链条锅炉是一种常见的燃烧设备，在我国工业、小型电厂及集中供热锅炉房中广泛使用。据不完全统计，目前 75 吨/小时以下蒸汽锅炉及 29 兆瓦以下热水锅炉大约有 30 万台，其中链条锅炉占绝大多数。由于我国地域广阔，煤种变化大，链条锅炉普遍效率较低且出力不足，因此，复合燃烧技术市场潜力非常大，尤其适用于以下场合：

（1）锅炉房亟待增容而资金或场地比较紧张时，采用此技术可节约近一半投资（与新建锅炉相比）；

（2）锅炉实际出力严重不足，灰渣可燃物超标的锅炉；

（3）当地缺少优质煤致使锅炉运行费高，需改烧低劣质煤的锅炉。

复合燃烧技术对于使用链条锅炉、抛煤机链条炉、快装锅炉、往复推动炉排锅炉的企业，若锅炉实际出力不足或需要增容均有借鉴意义。

2.8.2 循环流化床燃烧技术

某热能有限公司承担了当地区域所有用汽企业的供热职能。公司原拥有蒸汽锅炉 3 台，型号分别为 SZL10-1.57-AII、SZL15-1.57-AII、SZL20-1.57-AII 的链条式锅炉，供热管网近 3000 米，热用户 46 家。3 台蒸汽锅炉存在热效率低（65%），能源浪费大，产汽成本高，产汽能力不能满足现有用汽企业生产需要，制约了产能的发挥。

企业于 2010 年投资 1800 万元对现有的供汽锅炉进行改造。采用 1 台 35 吨/小时次高压循环流化床锅炉取代 3 台小型快装锅炉供热，并配套长袋低压脉冲布袋式除尘器和炉外脱硫塔的燃煤锅炉节能改造工程方案。次高压循环流化床锅炉比小型快装锅炉的燃煤效率高，而且对煤种的要求相对低，有效地提高了吨煤产汽量；实现集中供热，高效除尘脱硫处理，有效降低了环境污染，提高供热效率，减少热损失。整体提高了蒸汽质量，降低了能源消耗。

新建的锅炉选用循环流化床燃烧方式，代替了原有的层燃烧方式，主要有以下优点：

一是效率由原来的 65% 提高到 86.1%，热效率大幅度提高。二是在控制系统方面采用国内先进的 DCS 控制系统，控制精度和自动化程度高，系统安全可靠。

节能量计算：

（1）改造前蒸汽节能量计算的基准能耗。

根据 2010 年蒸汽产量、原煤消耗量，计算出链条炉吨煤产汽量 5.4 吨/吨（原煤）。

（2）改造后循环流化床锅炉的燃煤量计算。

循环流化床锅炉热效率为 86.1%，可计算出：

$$蒸汽焓值\ i_g = 658.4\ 千焦/千克$$

$$锅炉给水焓\ i_{gs} = 30\ 千卡/千克（给水温度 30℃ 计算）$$

根据锅炉热效率正平衡计算，原煤热值为 5262 千卡/千克，吨煤产汽量为 7.2 吨/吨。

（3）节煤量计算。

年供汽量按 252000 吨/年计，年可节能量：

$$252000/5.4 - 252000/7.2 = 11667（吨）$$

原煤按热值为 5262 千卡/千克，折标系数为 0.7517，每年可节煤折标煤 8770 吨标煤。

2.8.3 锅炉全自动燃烧节能控制系统

某印染公司对锅炉房常用的两台有机热载体锅炉（一台 400 万大卡和一台 500 万大卡）安装燃煤锅炉全自动燃烧节能控制系统。该控制系统利用全新的燃烧控制技术，智能型的操作程序，弥补司炉工操作水平的差异，减少人为因素对燃烧效率的影响，使锅炉运行在最佳状态。燃煤锅炉全自动燃烧节能控制系统的节能原理为：

1. 风煤比燃烧控制曲线

采集鼓风配风和给煤速度信号，计算风煤比，合理控制鼓风和给煤速度。一般司炉工调节配风只要求将炉排上的煤烧干净就好，这样经常会出现鼓风偏大，炉排上着火区很短，大量的过剩空气进入炉膛不参与燃烧，中和炉膛温度，使锅炉的热效率大大降低。本系统正是针对这种弊病，根据不同批次煤的质量，输入鼓风和炉排的速度参数，计算出合理的风煤比，使鼓风的风量一直跟随炉排的给煤量变化而变化，及时调整鼓风的速度，使煤烧得干净，同时又没有过量的鼓风量来中和炉膛温度，达到锅炉的最优燃烧工况。

2. 炉膛恒负压燃烧方式

引风量的调节是依据炉膛负压来控制，而在手动调节时，炉膛负压很难控制，因为炉膛负压与引风和鼓风的风量有关，当引风负压过大时，会加大排烟速度，炽热的烟气与导热油管热交换时间偏短，温度后移，使热量移向烟道，排炉温度升高，使炉膛热量的热利用率降低，造成热损；同时引风出力过剩，而过剩的出力需要增大电动机输出功率来弥补，浪费的将是大量的电能。当引风量过小时，会造成炉膛负压过小，甚至正压燃烧，这样容易烧坏炉门、炉墙，造成停炉停产。采用传感器，实时检测炉膛内的实际负压，并转变成电信号送入控制器，当鼓风因外界负荷度化时，传感器将检测出炉膛负压的变化，控制器根据实际负压测量值与设定负压相比较，输出一控制信号给引风变频器，调节引风机的转速，使负压回复到设定值，从而始终保持炉膛负压的恒定。

3．连续燃烧控制模式

锅炉厂配套的控制柜一般是接触器控制的工频工作方式，燃烧时引风鼓风都处于最快速度，烟道内烟气流速很快，灼热的烟气与锅炉导热油管的热交换时间相对就短，排烟温度相对偏高，热利用率较低。而且每次停炉后，炉膛温度和煤层温度下降很快，当锅炉再运行时，由于鼓风的进入和再燃烧有一个过程，炉膛温度会持续下降，需要较长时间才能把炉膛温度升上去，同时锅炉的频繁起停影响了电机的使用寿命，增加了启动能量损耗。针对这种弊病，采用先进的变频技术，采用微电脑和 PID 技术，使锅炉的燃烧力度根据锅炉的负荷变化而变化，在保证工艺温度的前提下，降低鼓、引风和进煤的速度，使锅炉的燃烧力度放慢，使煤炭燃烧时间变长，烧尽烧透，同时由于引风鼓风速度变慢，烟道内烟气流速变慢，炽热的烟气与导热油管的热交换时间相对变长，排烟温度相对偏低，热利用率变高。

该公司设备投资与安装费用共 10 万元，根据工程实例反馈信息，燃煤有机热载体锅炉安装了该系统后，性能稳定可靠，并且投资少，回报期不到 1 年。具有以下综合效益：

（1）与未改造前相比较，平均节省用电量约 20%；

（2）提高燃烧效率，与未改造前相比较，平均节省用煤量 10%；

（3）锅炉燃烧充分，降低排烟浓度，避免烟囱冒黑烟的环境污染；

（4）自动运行方式和原系统工作方式任意选择，保证锅炉正常连续运行；

（5）驱动电机软启动，没有启动的冲击电流；延长电机和设备的使用寿命，减少维护费用；

（6）工艺温度平稳，产品质量得到保证；

（7）性能稳定可靠、控制精度高、节能效果好、系统运行更协调。

2.8.4　加热炉强化辐射黑体技术*

1．技术原理

根据红外物理的黑体理论及燃料炉炉膛传热数学模型，制成集"增大炉膛面积、提高炉膛发射率和增加辐照度"三项功能于一体的工业标准黑体——黑体元件，将众多的黑体元件安装于炉膛内壁适当部位，与炉膛共同构成红外加热系统，既可增大传热面积，又可提高炉膛的发射率到 0.95（1002℃），同时能对炉膛内的热射线进行有效调控，使之从漫射的无序状态调控到有序，直接射向钢坯，从而提高炉膛对钢坯辐射换热效率，取得较好的节能效果。

2．关键技术

（1）高辐射系数黑体元件；

（2）黑体元件烧结安装固定技术。

3. 工艺流程

通过设计将一定数量高辐射系数（0.95 以上）的黑体元件，安装在轧钢加热炉内炉顶和侧墙，增加辐射面积，增加有效辐射，提高加热质量，降低燃料消耗。其工艺流程为：施工准备→炉衬清理及局部修补→黑体元件布图划线→炉衬工艺小孔加工→黑体元件安装→对炉壁做保护性处理和红外涂装→施工现场清理→正常烘炉→调试→测试及验收。

4. 主要技术指标

（1）黑体元件辐射系数大于 0.95；

（2）寿命大于 3 年；

（3）节能率 10%～20%。

5. 技术应用情况

该技术已于 2011 年 8 月通过中国资源综合利用协会组织的技术鉴定。黑体技术已被成功应用改造上百台各种类型的加热炉、热处理炉，均取得了较好的节能效果，并受到国内多家大型钢铁企业的高度评价。目前已在首秦、沙钢、淮钢、莱钢等企业应用。

6. 典型用户及投资效益

典型用户：莱钢大型型钢有限公司，秦皇岛首秦金属材料有限公司

（1）建设规模：120 万吨 H 型钢加热炉。主要技改内容：在加热炉内壁炉顶的预热段、加热段、均热段等部位安装 17000 个黑体元件及红外加热系统，主要技术设备包括黑体元件和红外加热系统。节能技改投资额 300 万元，建设期 15 天。每年可节能 7962 吨标煤，年节能经济效益 700 万元，投资回收期约 5 个月。

（2）建设规模：150 万吨中厚板轧钢加热炉。主要技改内容：在炉膛内增加 17000 个黑体元件及红外加热系统，主要技术设备包括黑体元件和红外加热系统。节能技改投资额 350 万元，建设期 18 天。每年可节能 9817 吨标煤，年节能经济效益 825.8 万元，投资回收期约 5 个月。

▶ 自学指导

学习重点

本章的学习重点是：工业锅炉和窑炉典型节能技术原理和应用。

（1）链条锅炉分层燃烧节能技术原理和应用：分层给煤燃烧是将煤仓中溜下来的原煤经过转动的辊筒疏松后，落到筛板上。粒度大的颗粒从筛板上落到炉排上，粒度小的漏到筛下的炉排上，随着炉排的转动，形成了下大上小的给煤层次，使煤层通风均匀，提高了炉膛温度，利于燃烬。链条锅炉采用分层给煤燃烧可增加锅炉对煤种的适应性，提过锅炉的出力、降低各项热损失，锅炉热效率可提高 5%～8%、提高锅炉运行的可靠性，减少维

修费用。

（2）炉拱与配风节能技术原理和应用：炉拱布置是否合理对锅炉的燃烧工况影响极大，对应于不同的燃料特性，应该有不同的拱形及尺寸。链条炉炉拱都是针对某特定煤种而设计的，使用煤种改变，往往会造成锅炉燃烧效率低，出现冒黑烟等现象，这时就有必要进行炉拱改造。炉拱改造时，对劣质和中质烟煤、贫煤和无烟煤，应着重于煤的着火；对挥发分高的烟煤，应着重于气体良好混合。

配风是保证锅炉正常燃烧的重要环节，火床下配风方法有尽早配风法、强风后吹法、推迟配风法三种。尽早配风法适用于燃用高挥发分煤。强风后吹法适用于低挥发分煤。推迟配风法适用于多种煤种。火床上配风称为二次风。二次风从火床上方高速喷入炉膛，通过扰动炉内气流、增强相互间的混合来达到燃烧完全的目的。二次风的工质可用空气或蒸汽。空气作二次风时，需配备高压风机使设备投资增加。蒸汽作二次风时，设备简单、投资省，且锅炉低负荷时的过量空气系数也不致过大，还容易保持炉温，但蒸汽成本高，耗汽量大时会造成经济效益下降，不适用于大容量的锅炉。由于二次风起到帮助引燃、加强混合及消除黑烟的作用，广泛应用于锅炉燃烧设备改造中，尤其是对抛煤机炉效果十分明显。

（3）锅炉运行自动控制技术：自动控制用来跟随负荷的变化，保持锅炉的水位、温度、压力、炉膛负压、烟气含氧量等参数在合理的范围内，保证锅炉安全、高效和稳定地运行。通过自动调节和控制，可使锅炉运行效率提高 5% 以上。锅炉运行自动控制技术主要包括负荷控制系统、空燃比控制系统、炉膛负压控制系统、给水控制系统。

（4）工业窑炉节能技术：工业窑炉节能改造的内容很多，主要有热源改造、燃烧系统改造、窑炉结构改造、窑炉保温改造、烟气余热回收利用以及控制系统节能改造等。

学习难点

本章的难点是：锅炉机组节能改造方案的选择和高温空气燃烧技术、富氧燃烧技术的机理及作用和热处理炉节能的各种途径及节能技术的应用。

（1）在进行锅炉节能改造时，常常要根据锅炉节能诊断的结果，进行节能方案的评价与选择。方案评价与方案选择的不同之处在于前者是对某一方案作技术可行性和经济合理性评价；而后者是为了达到所选方案为最优方案，在抉择前进行可供选择的多种方案比较，从技术和经济两方面综合考虑，确定取舍。在方案选择之前必须对运行锅炉设备进行评价，在评价确定的改造方向内研究具体改造项目或内容。只有按图 2 - 15 的过程确定了项目，才能按每个项目设计出多种技术方案，进行比较后选择出适合的最佳方案。

（2）高温空气燃烧技术是让燃料在高温低氧体积浓度气氛中燃烧。它包含两项基本技术措施：一是采用温度效率高、热回收率高的蓄热式换热装置，极大限度地回收燃烧产物中的显热，用于预热助燃空气，获得温度为 800 ~ 1000℃，甚至更高的高温助燃空气；二是采取燃料分级燃烧和高速气流卷吸炉内燃烧产物，稀释反应区的含氧体积浓度，获得浓度为 1.5% ~ 2% 的低氧气氛。燃料在这种高温低氧气氛中，首先进行诸如裂解等重组过程，造成与传统燃烧过程完全不同的热力学条件，在与贫氧气体作延缓状燃烧下释出热能，不再存在传统燃烧过程中出现的局部高温高氧区。这种燃烧方式一方面使燃烧室内的温度整体升高且分布更趋均匀，使燃料消耗显著降低。

（3）富氧燃烧技术。助燃空气中的氧气含量大于 21% 所采取的燃烧技术，简称为富氧燃烧技术。富氧助燃技术具有减少炉子排烟的热损失、提高火焰温度、延长窑炉寿命、提高炉子产量、缩小设备尺寸、清洁生产、利于二氧化碳和二氧化硫的回收综合利用和封存等优点。但富氧燃烧含氧量的增加导致温度的急剧升高，使氮氧化物增加，这是严重制约富氧燃烧技术进入更多领域的因素之一。另外在工业炉窑上设计采用富氧空气助燃时，应该避免炉内温度场不均匀。富氧燃烧技术的具体技术特点如下：一是富氧燃烧可以提高燃烧区的火焰温度；二是富氧燃烧改变了燃料与助燃气体的接触方式，降低了燃料的燃点温度，可明显缩短火焰根部的黑区，增大有效传热面积；三是富氧燃烧可以加快燃烧速度，改善燃料的燃烧条件，使得燃烧在窑内充分完成，减少了在蓄热室内的残余燃烧，因而能充分地利用燃料；四是富氧燃烧使燃烧所需空气量减少，废气带走的热量下降；五是合理的富氧供给方式提高了传热效率。

（4）热处理炉节能途径：一是采用集中生产方式，减少热损失；二是改进燃烧与控制技术；三是回收排烟余热。

（5）流化床热处理炉技术的优点*：一是可广泛应用于中性硬化、热化学、碳化、氮化或其结合过程。二是具有良好的负荷调节性能。三是良好的环保性能，基本无环境污染。四是升温速率快、升温时间短，具有良好的温度均匀性，可自由选取淬火介质。

复习思考题

一、单项选择题（在备选答案中选择 1 个最佳答案，并把它的标号写在括号内）

1. 以下不属于链条炉炉拱的作用是（   ）。

A. 加强炉内气流的混合   B. 合理组织炉内的热辐射

C. 热烟气流动   D. 换热

2. 链条锅炉分层燃烧，可以降低锅炉各项热损失，锅炉热效率可提高（   ）。

A. 1% ~ 2%   B. 3% ~ 4%

C. 5% ~ 8%   D. 20% ~ 25%

3. 链条炉炉拱设计的根据是（   ）。

A. 蒸汽压力   B. 煤种

C. 风量   D. 燃烧温度

4. 以下适用尽早配风技术的燃料是（   ）。

A. 高挥发分煤   B. 低挥发分煤

C. 都适合 　　　　　　　　　　D. 柴油

5. 蓄热式燃烧技术属于工业窑炉的(　　　)。

A. 富氧燃烧技术 　　　　　　　B. 低氮氧化物燃烧技术

C. 高温空气燃烧技术 　　　　　D. 流化床燃烧技术

二、多项选择题（在备选答案中有 2～5 个是正确的，将其全部选出并将它们的标号写在括号内，错选或漏选均不给分）

1. 炉拱按其所处位置的不同可分为前拱、后拱和中拱三类。其中后拱的主要作用是(　　　)。

A. 创造燃料引燃所需的高温环境 　　B. 提高燃烧区的温度 　　C. 强化燃烧

D. 提高燃烬区的温度 　　　　　　　E. 促进燃料燃烬

2. 锅炉运行自动控制系统主要包括(　　　)。

A. 负荷控制系统 　　　　　　B. 空燃比控制系统 　　　　C. 空气预热系统

D. 炉膛负压控制系统 　　　　E. 给水控制系统

3. 以下属于工业窑炉余热利用措施的是(　　　)。

A. 利用烟气预热助燃空气 　　B. 装设余热锅炉 　　　　　C. 预热冷的工件

D. 炉体保温 　　　　　　　　E. 富氧燃烧

4. 工业窑炉节能改造的措施包括(　　　)。

A. 热源改造 　　　　　　　　　　B. 燃烧系统改造 　　　　C. 窑炉结构改造

D. 窑炉保温改造、烟气余热回收利用 　E . 控制系统节能改造

三、简答题

1. 简述链条锅炉分层燃烧的节能原理。

2. 简述富氧燃烧技术特点。

四、论述题

1. 工业锅炉节能诊断有哪几个步骤？

2. 工业窑炉余热回收与利用有哪几种途径？

第3章 余热利用技术

1. 应知道、识记的内容
- 余热资源的概念
- 余热资源的分类
- 余热利用的原则
- 蒸汽回收利用的方式
- 蒸汽疏水器必需具有的能力和性质
- 蒸汽疏水器的分类
- 冷凝水回收系统类型及最佳回收利用方式
- 常压二次蒸汽主要汽源类型*
- 热泵的概念及技术特点
- 热管的概念及组成
- 板式换热器的概念及特点*

2. 应理解、领会的内容
- 余热利用应注意的问题
- 蒸汽回收利用的原理
- 按防汽蚀原理分类的凝结水回收装置类型
- 压缩式热泵、吸收式热泵的原理及构成
- 热管原理
- 板式换热器选型时应注意的问题*

3. 应掌握、应用的内容
- 凝结水回收技术的选择
- 热泵 COP 值的计算
- 热泵技术在节能领域的应用*
- 热管在工业领域的应用

▶ **自学时数**

14～18 学时。

▶ **教师导学**

我国工业企业的余热利用潜力很大，余热利用在当前节约能源中占重要地位。余热资源的回收利用，要求工艺上需要，技术上可行，经济上合理和保护环境。如何应用当代最新科学技术，充分利用余热资源是本章的主要内容。

本章介绍余热资源回收利用的常用节能技术的原理和应用，对蒸汽回收利用、凝结水回收利用、二次蒸汽回收利用热泵技术、热管技术、板式换热器技术等余热利用技术原理及应用进行了深入介绍。最后对余热利用典型节能技术实例进行了介绍。

本章的重点为：余热资源的分类，各种余热资源利用的主要方法，余热利用的典型节能技术原理和应用。

本章的难点是：蒸汽凝结水回收利用技术、热泵技术。

3.1 概述

余热资源是指在目前条件下有可能回收和重复利用而尚未回收利用的那部分能量。余热资源大量而普遍存在，特别在钢铁、石油、化工、建材、轻工和食品等行业的生产过程中都存在着丰富的余热资源，被认为是继煤、石油、天然气和水力、电力之后的第六大常规能源，因此充分利用余热资源是企业节能的主要内容之一。

在各种生产过程中，往往会生成具有热能、压力能或具有可燃成分的废气、废汽、废液等产物，在不少化学工艺过程中，还会有大量化学反应热释放出来。有些产品还可能会有大量的物理显热。这些带有能量的载能体都称为余能，俗称余热。这些余热资源可用于发电、驱动机械、加热或制冷等，因而能减少一次能源的消耗，并减轻对环境的热污染。

能量有品位的高低，而热能是属低品位的能，它也可用从它转换为高品位能和直接利用时的难易程度或作用大小来区分其品位的高低。通常用温度高低来评价热能品位是一种比较简单和直观的方法。获得热量的温度越高，则利用越方便；温度低的热量利用就困难。当温度低到环境温度时，它就无法利用了。

我国工业企业的余热利用潜力很大，余热利用在当前节约能源中占重要地位。余热资源的回收利用，要求工艺上需要，技术上可行，经济上合理和保护环境，因此不是件轻而易举的事。如何应用当代最新科学技术，充分利用余热资源是摆在人们面前的重要任务和研究课题。

余热资源的利用不仅决定于能量本身的品位，还决定于生产发展情况和科学技术水平，也就是说，利用这些能量在技术上应是可行的，在经济上也必须是合理的。例如欲回收100℃以下的低温余热，就要有解决相应技术难题的能力；要从高温高腐蚀性介质中回收余热，首先必须有耐热耐蚀性很强的材料等。因此，余热资源的数量是随着生产和科学技术的发展水平而不断变化的。

必须指出，余热回收固然很重要，但最根本的问题还在于尽量减少余热的排出，这方面的主要措施是降低排烟温度，减少冷却介质带走的热量，减少散热损失，提高热工设备本身的效率等。

3.1.1 余热资源分类

1. 按来源划分

按余热资源的来源不同可划分为如下六类。

（1）高温烟气的余热。

这种余热数量大，分布广。高温烟气余热分布在冶金、化工、建材、机械、电力等行业，如各种冶炼炉、加热炉、石油化工装置、燃气轮机、内燃机和锅炉的排汽排烟，某些工业窑炉的高温烟气余热甚至高达炉窑本身燃料消耗量的30%～60%。它们的温度高，数量多，回收容易，约占余热资源总量的50%。

（2）高温产品和炉渣的余热。

工业上许多生产要经过高温加热过程，经高温加热过程生产出来的产品如金属的冶炼、熔化和加工，煤的汽化和炼焦，石油炼制以及烧制水泥、砖瓦、陶瓷、耐火材料和熔化玻璃等，它们最后出来的产品及其炉渣废料都具有很高的温度，达几百至1000℃以上，通常产品又都要冷却后才能使用，在冷却时散发的显热就是余热。这部分余热往往占设备燃料消耗量的比重较大，如炼钢炉渣显热占冶炼燃料热的2%～6%，有色金属冶炼炉渣占10%～14%。我国每年由冶金炉渣带走的热量相当于2兆吨标准煤。从每吨热焦炭中可回收的热量相当于40千克标准煤，每吨热钢坯可回收显热67兆焦（22.9千克标准煤），相当于加热量的1/4。现在炼钢工业中采用的干法熄焦、连铸、热装连轧等新工艺，就是回收这部分余热。高温产品和炉渣的余热占余热资源总量的4%～6%。

（3）冷却介质的余热。

为保护高温生产设备，或生产工艺的需要，都需要大量的冷却介质。常用的介质是水、空气和油。它们的温度受设备要求的限制，通常较低，如电厂汽轮机冷凝器的冷却水，为25～30℃，内燃动力机械的冷却水为50～60℃；温度最高的是冶金炉和窑炉冷却水，为80～90℃。因此，对这部分低温余热的利用比较困难，需要较大的设备投资，如利用热泵或低沸点工质动力设备等。不过这部分余热量还是相当多的，占余热资源总量的15%～23%。如冶金炉的冷却介质余热占燃料消耗量的10%～25%，高炉占2%～3%，凝汽式发电厂各种冷却介质带走的热量约占其燃料消耗量的50%。

（4）可燃废气、废液和废料的余热。

生产过程的排气、排液和排渣中，往往含有可燃成分。这种余热约占余热资源总量的8%。如转炉废气、炼油厂催化裂化再生废气，炭黑反应炉尾气、造纸生产中的纸浆黑液，以及煤焦油蒸馏残渣等。表3-1表示它们的发热量。

表 3 - 1　　　　　　　　　可燃废气、液、料的发热量

废气、废液、废料	可燃成分/%			低位发热量/ [千焦/立方米（标）]
	一氧化碳	氢气	甲烷	
炼焦煤气	5 ~ 8	55 ~ 60	23 ~ 27	16300 ~ 17600
高炉煤气	27 ~ 30	1 ~ 2	0.3 ~ 0.8	3770 ~ 4600
转炉煤气	56 ~ 61	1.5		6280 ~ 7540
铁合金冶炼炉气	70	6		＞8400
合成氨甲烷排气			15	14600
化肥厂焦结煤球干馏气	6.5	19.3	5	4200 ~ 4600
电石炉排气	80	14	1	10900 ~ 11700
造纸黑液				6000 ~ 12000 千焦/千克
甘蔗渣				6300 ~ 10000 千焦/千克

（5）废汽、废水余热。

这是一种低品位蒸汽及凝结水余热，凡是使用蒸汽和热水的企业都有这种余热，这部分包括蒸汽动力机械的排汽（其余热占用汽热量的70% ~ 80%）和各种用汽设备的排汽，在化工、食品等工业中由蒸发，浓缩等过程产生的二次蒸汽，还有蒸汽的凝结水、锅炉的排污水以及各种生产和生活的废热水。废水的余热占余热资源的10% ~ 16%。

（6）化学反应余热。

这种余热主要存在于化工行业，是一种不用燃料而产生的热能，它占余热总量的10%以下。例如硫酸制造过程中利用焚硫炉或硫铁矿石沸腾炉产生的化学反应热，使炉内温度为850 ~ 1000℃，可用于余热锅炉产生蒸汽，约可回收60%。

由上述可知，余热的来源各异，不同工业行业的余热性质和数量相差很大。据估计，冶金部门总余热资源占其燃料消耗量的50%以上，机械、化工、玻璃搪瓷、造纸等企业占25%以上。

2. 按温度划分

（1）高温余热。

指温度高于500℃的余热资源。属于高温范围的余热大部分来自工业窑炉。其中有的是直接燃烧燃料产生的，如熔炼炉、加热炉、水泥窑等。有的主要靠炉料自身燃烧产生的。如沸腾焙烧炉，炭黑反应炉等，国外城市垃圾热值为3349 ~ 10465 千焦/千克，离开焚烧炉的烟温达到840 ~ 1100℃，可以回收利用。

（2）中温余热。

温度在200 ~ 500℃之间的余热资源。各种热能动力装置及某些炉窑设备中的高温气体

在燃烧室或炉膛中做功或传热后排出的气体一般在中温范围内。这档温度比较适中，有些可继续做功，有些可产生蒸汽或预热空气等，利用前景良好。

（3）低温余热。

温度低于200℃烟气及低于100℃的液体属于低温余热资源。

低温余热的来源有两方面：一是有些余热在排放时本身的温度就是低的；二是在高温、中温余热回收中仍然会有剩余的低温余热排放出，由于低温余热回收时温差小，换热设备庞大，经济效益不太明显，回用技术也较复杂，因此过去对此不予重视。但其面广量大时，回收总量也十分可观。随着能源的短缺和科技的进步，近年来对低温余热的回收利用日益重视并取得了进展。表3-2列出了高温、中温及低温余热的来源及其温度状况。

表3-2　　　　　　　　　　　　　按温度范围划分的余热资源情况

单位：℃

高温余热		中温余热		低温余热	
来　源	温度	来　源	温度	来　源	温度
熔炼用反射炉	1000～1300	工业锅炉排烟	230～480	生产过程中的蒸汽凝结水	55～90
精炼用反射炉	650～1650	燃气轮机排气	370～540	轴承冷却水	30～90
沸腾焙烧炉	850～1000	往复式发动机排气	320～600	成型模冷却水	25～90
钢锭加热炉	930～1035	热处理炉排烟	420～650	内燃机冷却水	66～120
水泥窑（干法）	620～735	干燥、烘干炉排烟	230～600	泵冷却水	25～90
玻璃熔窑	980～1540	催化裂化装置	430～650	空调和制冷用冷凝器	32～45
垃圾焚烧炉	845～110	退火炉冷却系统	430～650	生产过程中热流体或热固体	30～230

3.1.2　可利用的余热资源

我国的可利用余热资源非常丰富。据不完全统计，主要行业工业余热约占工业总能耗的15%。

1. 冶金工业

钢铁企业的余热种类及其温度状况见表3-3。总的看来，钢铁工业可回收的余热资源约为总能耗的50%。一座现代化的钢铁厂所排放出来的能量，有40%存在于各介质的高温气体中，15%是低温蒸汽和热水，还有10%为辐射损失，可见其节能潜力很大。

表3-3　　　　　　　　　　　　钢铁企业余热的种类、温度及来源

单位：℃

余热种类	成品放热	废　气	蒸汽或热水	熔融物（熔渣）
烧结	600～700	100～450	—	—
炼焦	1000～1200	100～800	—	—
炼铁	1200～1400	150～400	40～60	1300～1500
炼钢	1200～1500	1000～1400	40～60	1300～1500
连续铸造	600～800	—	40～60	—
分块压延	1100～1200	500～800	40～60	—
压延线材	1100～1200	500～800	40～60	—

2. 石油工业

石油加工过程中需消耗燃料、蒸汽、电力等各种能源。据石油工业部门统计，每加工1吨原油平均消耗燃料（油及气）42.42千克，蒸汽570千克，电力34.5千瓦时。将它们统一折算相当于 358×10^4 千焦，其中50%以上的能源消耗是通过各种油加热炉和蒸汽锅炉的烟气热、空气冷却器和水冷却器被排放而损失掉的，其中相当一部分还比较集中，可以利用。例如一座年产250万吨的炼油厂，通过空冷、水冷和烟道三方面排走的热量高达 480×10^6 千焦/小时，其温度都在 $100 \sim 550℃$ 范围内。

3. 化工工业

化工企业所消耗的能量约占总能耗的20%，但其能量利用率不高。主要由于工序车间操作条件的改变，部分能量由于工艺物流的降温、降压而释放出来，成为废热和废功散失于周围环境中。以轻柴油和石脑油为原料的大型乙烯装置中，裂解气温度高达800℃左右。可以用来产生高压蒸汽。以重油为原料的合成氨厂中，汽化炉里进行强化放热反应，裂解气温度高达1350℃，也可以用来产生高压蒸汽。一套年处理量为240万吨的大型催化裂化装置，可供回收的能量达2万千瓦，除了可满足本装置主风机需要的巨大动力（1.5万千瓦）以外，尚有余力发电，供全厂使用。

由于世界性能源危机的冲击以及化工生产向大型化发展，促使将动力系统引入化工生产并和工艺系统密切结合。例如大型合成氨厂中由于采用了高压余热锅炉、蒸汽轮机及离心压缩机，可以达到基本上不需外供电，能量利用率从20世纪50年代的大约30%一下子提高到60%以上。

4. 机械工业

机械行业中有各种加热设备及炉窑。余热资源也相当丰富，例如锻件加热炉的烟气温度高达1000℃以上。可利用余热锅炉产生蒸汽。蒸汽锻锤的排汽压力在大气压以上，而且数量也大。如某汽车制造厂的锻造分厂锻锤排汽就达13吨/小时以上。每年损失热量折合标煤5000多吨，又如各种热处理炉的排气温度达 $425 \sim 650℃$ ，干燥炉和烘炉的排气温度达 $230 \sim 600℃$ ，这些都是很好的余热资源。

5. 其他工业

造纸、玻璃、建材、丝绸、纺织、食品等工业部门均有丰富的余热资源，例如各类工厂供热系统产生的凝结水，以往多数不予回收，造成的燃料浪费达5%～8%。又如一些设备和部件的工业冷却水，水温为 $35 \sim 90℃$ ，是极为广泛而大量的低温余热资源。

据初步调查，我国主要行业的余热资源情况见表3－4。

表3－4　　　　　　　　　　　我国主要行业的余热资源情况

行业	余热资源	占燃料消耗量的比例
冶金	轧钢加热炉、均热炉、平炉、转炉高炉、焙烧窑等	33%以上
化工	化学反应热，如造气、变换气、合成气等的物理显现。 可燃化学热，如炭黑尾气、电石气等的燃料热	15%以上

行业	余热资源	占燃料消耗量的比例
建材	高温烟气、窑顶冷却、高温产品等	约40%
玻搪	玻璃熔窑、搪瓷窑、坩埚窑等	约20%
造纸	烘缸、蒸锅、废气、黑液等	约15%
纺织	烘干机、浆纱机、蒸煮锅等	约15%
机械	锻造加热炉、冲天炉、热处理炉及汽锤乏汽等	约15%

3.1.3 余热利用的原则及需考虑的问题

余热的回收利用方法，随余热源的形态（固体、液体、气体、蒸汽、反应热）和温度水平（高温、中温、低温）等的不同而各不相同。

1. 余热利用的原则

尽管余热回收方式各种各样，但总体可分为热回收（直接利用热能）和动力回收（转变为动力或电力后再用）两大类。从回收技术难易程度看，利用余热锅炉回收气、液的高温余热比较容易，回收低温余热则比较困难。在回收余热时，首先应考虑到所回收余热要有用处和在经济上必须合算。如果为了回收余热所耗费的设备投资甚多，而回收后的收益又不大时，就得不偿失了。通常进行回收余热的原则如下。

（1）对于排出高温烟气的各种热设备，其余热应优先由本设备或本系统加以利用。如预热助燃空气、预热燃料或被加热物体（工质、工件），以提高本设备的热效率，降低燃料消耗。"评价企业合理用热技术导则"为此规定了工业锅炉的最低热效率标准（见表3-5）和排烟温度标准（见表3-6）；同时，也规定了工业炉窑烟气余热回收率、排烟温度和预热空气温度的标准（见表3-7）。

表3-5 　　　　　　　　　　　工业锅炉最低热效率标准表

锅炉容量（兆瓦）	热效率（%）
<0.35	≥58
≥0.35~0.7	≥60
>0.7~2.8	≥65
≥2.8~7	≥70
>7	≥74

表3-6 　　　　　　　　　　　工业锅炉排烟温度标准

锅炉容量（兆瓦）	排烟温度（℃）
<0.35	≤300
≥0.35~0.7	≤250
>0.7~2.8	≤220
≥2.8~7	≤200
>7	≤180

表 3-7   工业炉窑烟气余热资源回收率标准

烟气出炉温度（℃）	使用低发热量燃料时			使用高发热量燃料时		
	余热回收率（%）	排气温度（℃）	预热空气温度（℃）	余热回收率（%）	排气温度（℃）	预热空气温度（℃）
500	20	350	250	22	340	220
600	23	400	250	27	380	220
700	24	460	300	27	440	260
800	24	530	350	28	510	300
900	26	580	350	28	560	300
1000	26	670	400	28	650	350
>1000	26~48	710~470	≥450	30~55	670~400	≥400

表 3-7 中的低发热量燃料指高炉煤气、发生炉煤气及发热量 <8360 千焦/标准立方米（2000 千卡/标准立方米）的混合煤气等，高发热量燃料指焦炉煤气、煤、重油等。表中的余热回收率即预热空气所获热量与进入换热器烟气的载热量之比，所列预热空气温度是选定的经济温度。

（2）在余热余能无法回收用于加热设备本身，或用后仍有部分可回收时（如表 3-2 所示的工业炉高温排气），应用来生产蒸汽或热水，以及产生动力等。

（3）要根据余热的种类，排出的情况，介质温度，数量及利用的可能性，进行企业综合热效率及经济可行性分析，决定设置余热回收利用设备的类型及规模。

（4）应对必须回收余热的冷凝水，高、低温液体，固态高温物体，可燃物和具有余压的气体、液体等的温度、数量和范围制定利用的具体管理标准。

2. 余热利用应注意的问题

在余热回收利用中，需特别考虑下述几方面的问题。

（1）为了利用余热，不但要添加相应的回收装置，需要支出一笔投资，而且还要加大占地面积，增加运行管理环节。因此，在能源管理中，企业的注意力首先要放在提高现有设备的效率上，尽量减少能量损失，决不要把回收余热建立在大量浪费能源的基础之上。如果一家企业不去充分发挥现有设备的运用效率，提高现有设备的能源利用率，而主要靠回收损失能量来减少能源消耗，是不合适的。

（2）余热资源很多，不是全部都可以回收利用，余热回收本身也还有个损失问题。在目前的技术和经济条件下，一部分余热资源是应该而且可以利用的，另一部分目前还难以利用，或利用起来不合算。究竟哪些余热可以回收利用，回收利用到什么程度，各行各业还没有制定一项可供遵循的标准，尚待研究。一般地说，可连续利用的高温烟道气，有燃烧价值的可燃气体等可优先考虑回收的可能性。

（3）余热的用途从工艺角度来看基本上有两类：一类是用于工艺设备本身；另一类是用于其他工艺设备。通常把余热用于生产工艺本身比较合适。这一方面回收措施往往比较简单，投资较少；另一方面在余热供需之间便于协调和平衡，容易稳定运行。例如，锅炉的高温烟道气要加热锅炉本身使用的燃料（煤、油、气），预热燃烧用的空气。或者加热锅炉给水时，只要锅炉正常运行，余热回收就不会停止，余热利用就连续进行，锅炉回收装置都可稳定地工作；当锅炉停止运行时，余热的回收与利用也随之停止了。现代电站大型锅炉都是这样的，我国一些企业的工业锅炉也部分地采用了这种余能回收利用的办法。

若把余热回收后利用到其他工艺设备上，而它又是不易或不能储存的，余热的回收与利用一定要很好配合，否则相互牵扯难以发挥效果。这是因为，余热的多少随余能发生设备的运行条件而变化，余热供应一般不太稳定；发生能量需求变化时，余热发生设备不能随之变化，即余热回收与利用无法保持同步。例如，余热锅炉就是这样，为了提高回收效果常采取两种方法：一种是把余热锅炉作为辅助锅炉来使用，用主锅炉来进行调节，从国外引进大型化肥成套设备就是这样；另一种是余热发电，利用电网起调节作用；我国不少企业就是这样做的。

3.2 蒸汽回收利用

3.2.1 蒸汽回收原理

蒸汽是由锅炉生产的，由水到蒸汽的过程可以近似地看成一个连续的定压加热过程。对于过热蒸汽可分为三个阶段：一是水的定压预热过程，不饱和水加热到饱和水；二是水的定压汽化过程，从饱和水加热到完全变成饱和蒸汽；三是饱和蒸汽的定压加热过程，从饱和蒸汽加热到更高温度的过热蒸汽。

在一个标准大气压下，水被加热到100℃时汽化，继续加热，水温不再变化，此时加入的热量全部转化到蒸汽当中。在热力学中把这两部分热量分别称为显热和汽化潜热。1千克水每升高1℃，需要加入的热量大约是4.2千焦，这部分热量叫显热。水从常温20℃加热到100℃，吸热量大约是340千焦。水在100℃时沸腾，此时获得的热量使水转变为蒸汽，1千克水转化为蒸汽需要输入的热量是2257千焦。这部分热量称为汽化潜热（或相变潜热）。可见一个大气压条件下汽化潜热是水显热的6倍。蒸汽所携带的总热量远大于同温度下的饱和水包含的热量。若再继续加热，蒸汽温度又会上升，饱和蒸汽变成了过热蒸汽。

从水蒸气的生成过程可以看到：压力越高，饱和蒸汽温度也越高；过热度越大，过热蒸汽的温度也越高。压力和温度是表征蒸汽特性的主要参数，参数越高，蒸汽的品位越高，做功能力越大。例如，压力为9.8兆帕（100千克/平方厘米）、温度为550℃的100千克蒸汽，与压力为0.098兆帕（1千克/平方厘米）、温度为99℃的1310千克蒸汽所包含的热量相同，可是前者使用范围广，做功能力强，甚至可推动汽轮机发电；而后者只能用于加热干燥等过程，用途有限。

蒸汽有一个特性，就是用过以后还可继续使用，用的次数越多，能量的利用就越充分。因此，使用蒸汽的热力设备，要根据蒸汽的压力和温度合理使用。品位较高的蒸汽，尽量多次利用,以发挥蒸汽的效能。例如,把参数较高的蒸汽,先用来背压发电,再去带动工业汽轮机做功,然后再加热产品或物料,最后用于蒸煮或供暖、供热水等。高温蒸汽只用于一般加热过程,就大材小用了。所以,为了有效利用蒸汽,要根据不同的需要选择合适的蒸汽参数,用过的蒸汽不要轻易排掉,应想方设法继续使用,最好直到无法利用为止,尽量做到一汽多用的目的。有的企业改革了动力工艺,分级使用蒸汽,使高压蒸汽两次通过背压式汽轮机,再去用它加热,最后用于蒸煮,一汽四用。我国引进的大化肥能源利用率很高,除了设备先进、自动化管理水平高之外,还有一个重要原因,就是充分利用化学反应热和蒸汽能量。利用化学反应热生产的蒸汽先进入高压工业汽轮机,接着带动中压工业汽轮机与背压汽轮发电机,然后再用于各种加热工艺。

3.2.2 蒸汽回收技术

蒸汽余热的利用方式有两种:一种是热利用,即把余热当做热源来使用;另一种是动力利用,即把余热通过动力机械转换为机械能输出对外做功。余热与能量具有相同特性,可以相互转换,取得机械能、电能、热能、光能等,以满足各种不同的用途。

在动力利用方面,主要是通过蒸汽透平等设备带动水泵、风机、压缩机等直接对外做功,或带动发电机转换为电力。

在热利用方面,可通过换热器、加热器等设备去预热燃料、空气、物料,干燥物品,加热给水,生产蒸汽,供应热水等。

无论是余热的动力回收还是热利用,都离不开换热设备。因此各种类型的热交换器仍是余热利用最主要和最基本的设备,按其用途来看,有余热锅炉、加热器(水油或其他介质)冷却器、冷凝器、空气预热器、蒸煮器、蒸发器、蒸馏器、干燥器等。按其工作原理来看,最常用的是表面式(亦称间壁式)换热器,混合式(亦称直接接触式)换热器,蓄热器(亦称再生式)换热器,此外还有热管式换热器,热泵系统等,这是近年来正在开发应用的一种新型高效换热器,它具有很高的传热性能及其他一系列优点,是传统换热器的强大竞争对手,具有很大发展前途和生命力。

3.2.3 蒸汽回收实例

提高用汽设备排汽利用率的最佳方法,就是把排汽送入各种余热利用系统,排汽利用系统有很多种,采用什么系统主要取决于蒸汽参数,排汽量及其污染程度,汽源与用汽部门的相对位置以及载热体种类等许多具体条件,有时可以组合使用几种系统。现以蒸汽锻锤排汽的回收利用为例加以分析。

锻锤排汽是一种典型的余热蒸汽,在机械、造船、汽车等工业中都有汽锤,汽锤的热能利用率不到10%,而90%的热能都随排汽放掉了,不仅造成极大浪费,而且污染环境。

锻锤排汽的利用目前主要用于采暖及加热生产、生活用水。如某汽车厂锻造分厂原有各种容量的蒸汽锻锤数十台，使用 1 兆帕的蒸汽 22.5 吨/小时，过热蒸汽在锻锤工作后，排汽背压为 0.08~0.1 兆帕，温度为 120~160℃，蒸汽回收率约 82%，这部分排汽经过填料分离器和机械式分油器初步除油后，含油量小于 20 毫克/升。返回热电站汽机车间，设置了 5 台表面式汽—水加热器，每台加热面积 100 平方米，其中 2 台为备用。加热生水、软化水、汽轮机凝结水及采暖网路水等。其凝结水再用水泵送往化学水处理站进一步除油软化处理后作锅炉补给水。

在冬季可回收全部排汽，主要用于采暖，在夏季用于供生活热水。最大回收量为 16 吨/小时，多余的排汽用直径 250 毫米管排空。

随着生产的发展，锻锤最大用汽量已达 45~55 吨/小时，相应排汽量增至 36 吨/小时，电站原有废汽回收装置能力并未相应增大，锻锤因背压过高无法正常工作，被迫大量放空，不仅浪费能量，而且噪声极大影响工人生产和健康。为此对原有废汽加热器系统进行改造，将管束由钢管换为铜管，以提高传热能力，增大了通水量，2 台备用加热器也全部投入运行，这样虽然扩大了废汽回收量，但仍无法全部回收，主要由于回收装置已达设计的最大负荷，如增设新的加热器又受现场位置、水源供水量等限制而无法实现，所以必须考虑采取其他措施，决定在厂区新建一座废汽热交换站，内设加热面积为 30 平方米的表面式热交换器 3 台，平均每小时将 260 吨采暖水提高温度 30℃。相当于每小时回收废汽14 吨，使冬季排汽不再放空，每年可节约标准煤 4000 吨。

为了在夏季回收废汽，研究了利用废汽加热工厂生活热水的方案，厂区有职工浴池及食堂数十处，每天消耗热水近千吨，用热电站抽汽 1 兆帕的蒸汽经节流减压并通过表面式或混合式加热器以取得 50℃ 左右的热水，利用效率低，很不经济，而且凝结水回收率也很低。因此考虑利用废汽加热生活用热水，并集中供应各用户，既可减少新蒸汽用量，又可回收废汽，减少凝结水损失。但实施中也存在如下困难：一是生活用水正好与锻锤用汽高峰负荷不一致，时间上不能统一。二是厂区面积大，用户分散，集中供水需铺设管道长 3千米，管材 30 吨。三是建一集中加热站投资很大。

最后通过下列措施加以解决：

（1）利用现有废汽热交换站既作冬季采暖热水加热之用，又作非采暖季节生活热水加热之用，一站两用增加投资不多。

（2）新建圆形水罐两座，每座直径 9.8 米，高 8.6 米，容积 650 立方米，罐内装有直管式加热器，大罐兼有蓄热储水双重功能。

（3）新增一台上水泵，水量 90 吨/小时，扬程 54 米，该泵既可向大罐补水，又可作为向用户的供水泵。

（4）可利用供暖管网输送生活热水，仅在各用户进口处适当改装即可、从而节省了新管铺设费用。

（5）为了在节假日亦能供应热水，增进了 0.6 兆帕汽压的新汽管线。

经过上述改造，该厂目前冬季废汽回收能力包括电站及厂区两处热交换站共计达 40

吨/小时，比原设计增长 116%，夏季回收能力总计达 28 吨/小时，比原设计增长 75%，全厂冬夏平均回收废汽量为 34 吨/小时左右，每年节约标准煤 12500 吨。改造投资费用在 7 个月内即可回收，由此可见工矿企业废汽回收潜力很大。

3.3　凝结水回收利用

一般用汽设备利用的蒸汽热量，只不过是蒸汽的潜热，而蒸汽中的显热，即冷凝水中的热量，几乎没有被利用。冷凝水温度相等于工作蒸汽压力下的饱和温度。蒸汽压力越高，冷凝水热量越多。如果不加以回收，不仅损失热能，而且也损失了高度洁净的水，导致锅炉补给水和水处理费用增加。

在蒸汽供热系统中，用汽设备凝结水的回收是一项重要的节能措施。通常用汽设备（如蒸发器、烘燥机）排出的凝结水，其热量占蒸汽热量的 12%~15%，回收凝结水就回收了这项热量，提高了蒸汽的热能利用率，节省了燃料。凝结水温度比新鲜的锅炉给水温度高，用 100℃ 的凝结水代替 30℃ 的锅炉给水，约可节约燃料 12%。另外，凝结水是品质良好的锅炉给水，回收至锅炉房，可以节省大量水处理费用，又可减少锅炉的排污热损失，使锅炉热效率提高 2%~3%。因此凝结水的回收利用，经济意义很大，已经得到工业企业节能工作的普遍重视，也已取得相当可观的节能效果。

从蒸汽设备或输汽管道中排除所有的凝结水，也是保证设备或管道有效工作的重要条件。因为及时疏水，可以防止设备的水击事故，减小工作蒸汽的带水量，提高用汽设备的热利用效率，以及消除由于水与蒸汽温度差异所引起的受热面热疲劳等损坏事故。

凝结水的排放过程通常由蒸汽疏水器完成。蒸汽疏水器是使蒸汽与凝结水分开并使后者自行排出的疏水装置。在放走凝结水的同时，疏水器又能防止蒸汽漏出。大多数蒸汽疏水器还可把空气等不可凝气体从蒸汽设备或管道中排除掉。这些不可凝气体（氧气等）会引起用汽设备的内部腐蚀，并在受热面上形成导热系数很低的气膜。气膜不仅减弱蒸汽的凝结放热能力，降低设备的传热效果，而且还会降低蒸汽的饱和温度，影响热交换的有效温差。

因此蒸汽疏水器必需具有以下的能力和性质：

（1）在排除疏水时蒸汽不会逃逸，要求快开快闭；蒸汽漏失应少于排水量的 3%。

（2）排放疏水的同时能排走空气。

（3）适用于较广的压力范围——压力变化不大时不应影响其排放能力或允许有较高的背压，利于排水和使冷凝水温度接近饱和温度。

（4）耐久、价廉、质轻、部件少，容易维修和检查其动作元件。

蒸汽疏水器的分类方法很多。例如，按使用压力可分为低压、中压、高压和超高压；按容量可分为小容量、中容量、大容量；按连接方式可分为螺旋式、法兰式、插套式；按结构分可分为机械式、热静力式、热动力式等。

长期以来，人们重视蒸汽生产环节的节能，而对蒸汽的有效利用缺乏重视，在凝结水回收环节上的浪费更为严重，凝结水回收系统中普遍存在着疏水器失灵、漏汽量过大、管道腐蚀快等现象，致使凝结水回收量减少，回水率降低，回水的质量也遭受影响。这些问题不仅降低了凝结水回收的效益，有时甚至破坏整个供热系统的正常运行，造成严重的损失浪费。要搞好凝结水的回收利用，首先，要杜绝蒸汽系统向凝结水系统的漏汽、跑汽；其次，高压高温的凝结水要尽可能就地加以利用，使之减压降温；最后，在凝结水收集和输送过程中，要防止遭受污染，夹带脏锈碎屑，也要排尽空气，避免和大气接触。疏水器是凝结水回收系统中的关键设备，也是一道易于出现故障的薄弱环节，常常由于疏水器失灵而引起一系列严重问题。

冷凝水的最佳回收利用方式，就是将冷凝水送回锅炉房，作为锅炉给水。冷凝水回收系统可分为开式和闭式两类。所谓开式系统，即从用汽设备来的冷凝水，经疏水器，或蒸汽动力设备的排汽经冷凝器凝结后，由冷凝水本身的重力（或由凝结水泵）排至凝水箱中。此凝水箱与大气相通，剩余凝结水温度大约是100℃，实际由于闪蒸散热或为防止水泵汽蚀而加入凉水，回收温度仅在70℃左右，加之与大气相通有空气进入凝结水管道，容易引起管道腐蚀。但开放式系统装置简单，投资较少，与冷凝水直排相比，仍有一定的节能效果。

在闭式系统中冷凝水收集箱是封闭式，系统内冷凝水压力始终保持高于大气的压力，使冷凝水水温低于该压力下的沸点，冷凝水的热能得到充分利用。而且闭式系统的冷凝水保持蒸汽原有品质，用于锅炉给水时，不会增加溶解氧量，也减少了锅炉补水量，减少了水处理的费用。

3.3.1　凝结水回收技术

凝结水回收的主要障碍是水泵输送高温凝结水时的汽蚀现象。由于水泵叶轮的抽吸作用，在水泵入口处形成较低的压力，当进口的凝结水的温度高于该处水压所对应的饱和温度，凝结水汽化，形成许多小气泡，这些小气泡在叶轮处由于流体被压缩压力升高，气泡又凝结，形成一个局部空腔，周围液体以很高的速度冲过来，高速液滴冲击在叶轮上，液滴的动量很大，长期运行叶轮表面产生许多小坑，使叶轮的使用寿命大大减小。要防止汽蚀发生，必须采取各种防汽蚀措施，提高水泵入口处的压力，使凝结水温度低于该处压力对应的饱和温度。最简单的措施就是提高水泵入口前凝结水的重力压头，把凝结水储罐布置在较高的位置，把凝结水泵布置在较低的位置。如果工艺条件不允许或者仅仅靠重力压头达不到要求，就需要使用专门的凝结水回收装置。按防汽蚀原理分类，凝结水回收装置有如下几种。

1. 蒸汽加压法

（1）英国斯派莎克公司、美国阿姆斯壮公司的冷凝水回收泵。

1）装置组成：由浮球及连杆、弹簧止动销、动力进汽和废汽排口、冷凝水进出口及壳体组成。

2）工作原理：该装置的工作过程由如图3-1所示的排水冲程和进水冲程组成。

①排水冲程：冷凝水充满壳体时，动力蒸汽由进汽口通入，压送冷凝水至指定用户（扬程由动力蒸汽气压决定）。

②进水冲程：壳体内冷凝水全部排除后，动力蒸汽入口关闭，废汽排口开启，动力蒸汽排出壳体，壳体内压力速减至大气压力，冷凝水由用汽设备背压或用汽设备与回收装置位差流入，冷凝水出口处弹簧止回阀关闭。

3）特点：无电动泵的汽蚀现象，无须电力，适于危险作业区。但是消耗动力蒸汽，属开式回收，存在二次闪蒸汽排放，冷凝水回收温度在80℃左右。

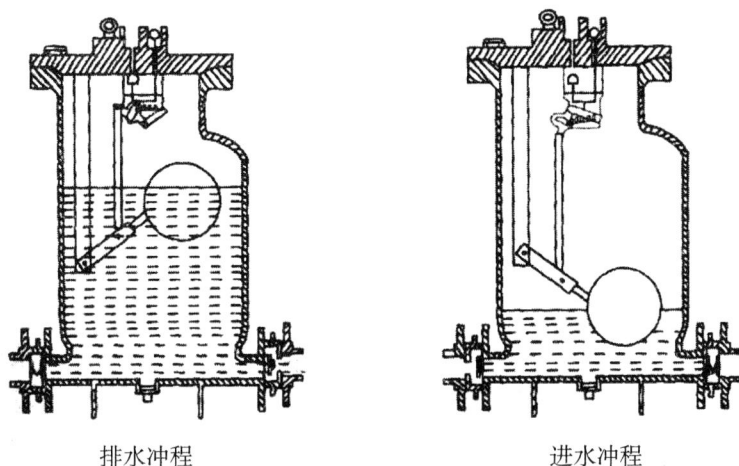

排水冲程　　　　　　　进水冲程

图 3-1　蒸汽加压法冷凝水回收流程工艺

（2）气压水箱电动水泵增压法。

1）工艺流程如图 3-2 所示。

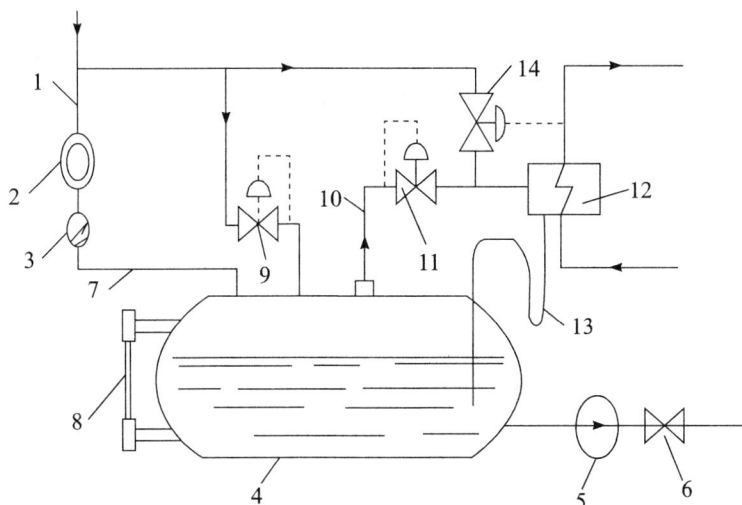

图 3-2　蒸汽加压防汽蚀法原理

1—蒸汽管；2—用热设备；3—疏水器；4—闭式凝水箱；5—凝水泵；6—止回阀；7—凝水管；8—水位计；
9、11—双回路压力调节器；10—二次蒸汽管；12—汽水换热器；13—水封；14—温度调节器

2）工作原理：当闭式凝水箱中冷凝水处于高水位时，压力调节器 9 和凝水泵 5 同时开启，凝水泵将冷凝水输送到锅炉或除氧器中，凝水箱依靠压力调节阀 9 供入的蒸汽来保证一定的压力，该压力正好与凝水泵输送的冷凝水所需的防汽蚀压力头相对应，以保证泵工作时不产生汽蚀现象。低水位时，凝水泵 5 和压力调节阀 9 同时关闭，而压力调节阀 11 开启，将蒸汽排入汽水换热器 12 中，同时，凝水箱中卸压以使冷凝水能重新进入。如此重复循环的过程，实现了高温冷凝水的回收，并解决了离心泵的附加防汽蚀压头问题。

3）特点：既消耗动力蒸汽又消耗电力，系统配置复杂，维护费用高。

2. 位差防汽蚀法

该系统要求冷凝水箱与凝水泵之间有一定的位置差，凝水泵的防汽蚀压头由该位差来提供，设计位差大小根据冷凝水回收温度确定。例如，除氧器和给水泵之间的配置，除氧器中的除氧水一般为 104℃，近于大气压下的饱和水。给水泵要将该温度的除氧水输送到锅炉中，必需要求 6 米的防汽蚀压头，才能保证给水泵不产生汽蚀，因此，除氧器和给水泵之间设计 7 米的位差。

冷凝水一般由用汽设备中排出，靠余压回收方式回收。如果没有自然的用汽设备与回收站间的位差条件，很难保证凝水箱与凝水泵达到 7 米以上的位差。当冷凝水饱和压力更高时，所需的位差还要大。显然，位差增压在正常的设备布置中是难以实现的。因此，该系统是适于特殊情况的特例。

3. 喷射增压防汽蚀法

近年来，出现了一种新型密闭冷凝水回收技术，它利用喷射泵的增压原理，在电动给水泵的入口建立较高的压力，可以防止高温冷凝水回收系统中难以解决的水泵汽蚀问题，而且采用热能梯级利用方式，合理利用闪蒸汽，通过这些技术的实施，可以有效地提高蒸汽利用效率，取得了很好的效益。

（1）工艺流程如图 3 - 3 所示。

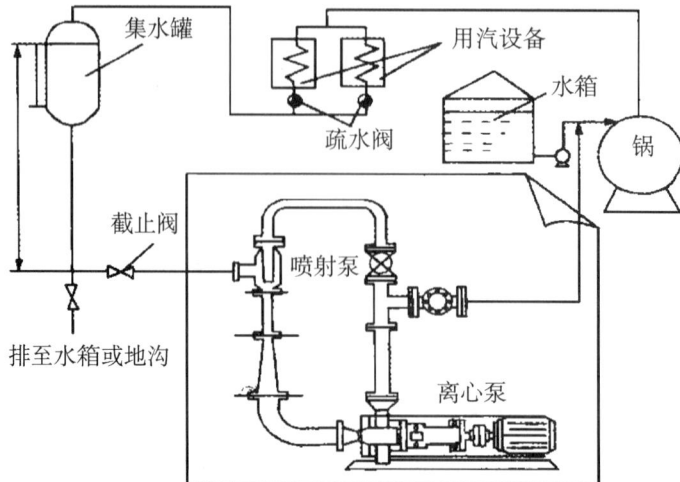

图 3 - 3 喷射泵工作原理

（2）装置组成：由电动离心泵、喷射泵和增压排汽管路组成。

（3）工作原理：它利用喷射泵的引射增压原理，在离心泵的吸入口形成所输送的高温冷凝水对应的防汽蚀压头，达到给水泵防汽蚀目的。将喷射泵的混合室和扩压段，设计成双层夹套，用给水泵的冷却水对喷射泵引射时的混合流进行局部冷却，以抵消喷射压降而产生的闪蒸汽蚀，保证了整个喷射增压过程的有效进行。

（4）特点：消耗电力，喷射增压防汽蚀法可提高冷凝水回收温度至150℃，回收系统可实现闭式运行，无二次排放，可实现自动控制。

4. 往复式压缩机输送汽水两相流装置

（1）原理：该装置将活塞式空气压缩机进行技术改造，用于回收连水带汽的冷凝水。压机靠双路逆向阀控制，间断运行，将连水带汽的冷凝水全部压入锅炉。

（2）特点：汽水混合回收，用汽设备不装疏水阀，设备热能利用率较低，回收易产生汽塞、水击，适于小回收量系统。

5. 无疏水阀回收系统

（1）原理：用汽设备集中疏水的大排量疏水阀方式。

（2）特点：减少单一设备疏水阀使用、维护的麻烦，适于均压同期运行的设备，而设备使用压力不同时，背压相互影响，易产生汽塞、水击、设备倒灌等不良现象。

典型的冷凝水回收装置的性能和使用场合见表3－8。

表3－8　　　　　典型的冷凝水回收装置性能对比

装置名称	给水泵防汽蚀装置	冷凝水回收器	废汽回收压缩机	冷凝水自动泵	无疏水阀回收系统
主要防汽蚀原理	采用喷射增压技术解决汽蚀；采用双吸微冷技术解决喷射增压过程的汽蚀	利用二次闪蒸汽微压泵入口管路螺旋增速提高动压头	利用活塞式压缩机压送连水带汽的高温冷凝水	利用新蒸汽或压缩空气压送冷凝水	多台设备集中疏水，浮球控制水位，背压输送
系统密闭等级（最高限压）	0.4兆帕	0.1兆帕	0.4兆帕	大气压	0.4兆帕
最高冷凝水回收温度	150℃	110℃	150℃	80℃	150℃
闪蒸汽利用情况	二次利用	排放	排放	排放，换热	二次利用
系统及装置难易程度	系统要求严格，装置结构复杂	装置结构简单	系统要求简单，装置结构简单	系统要求简单，装置结构复杂	系统要求复杂，装置结构简单
适合场合	锅炉汽包供水，热力除氧供水，换热器循环使用	热力除氧供水，换热器循环使用	锅炉汽包供水	除氧器供水、软水箱供水	软水箱供水
运行方式	连续运行	连续运行	间断运行	间断运行	连续运行
控制方式	PLC控制	PLC控制	皮带机械传动	电动阀控制	浮球控制
节能率	20%以上	12%	8%	15%	

3.3.2　凝结水回收技术的选择

1. 按用汽设备使用蒸汽的压力和温度选择

（1）用汽设备疏水压力小于 0.15 兆帕时，凝结水可以利用重力自流回收。尽量用集水罐水泵吸入口的液位差提供防汽蚀压头，如果工艺布置不能保证必要的防汽蚀压头，要采取专门的防汽蚀装置。

（2）用汽设备疏水压力为 0.15 ~ 0.6 兆帕时，多数采用增压回收方式回收凝结水。要仔细核算阻力损失，设计集水罐超压排汽装置，考虑直接喷淋吸收和增压回收两种方式利用超压排汽。需要选用泵叶轮耐温 150℃ 的水泵，配置专门的防汽蚀装置。

（3）用汽设备凝结水压力大于 0.6 兆帕时，采用高压、中压回水系统闪蒸装置，闪蒸汽供中压或低压用汽设备。闪蒸量小于或等于低压热用户蒸汽使用量，具有周期使用系数时，直接利用。无中低压热用户时，设中压或低压热交换装置，加热其他工艺介质，以达到相同的热能利用效果。采用喷射热泵方式，增压增量利用。

2. 按用汽设备供热方式选择

（1）负荷稳定，耗汽量大的用户。

1）条件。企业生产工艺要求该类换热设备开机后即处于一种耗汽量和蒸汽使用压力下的稳定负荷状态。

2）管网选择。按余压回水方式的限定流速和比摩阻原则设计管径，可不专门设集水罐。回收管网直接接回收装置。

3）回收装置选择。按回收冷凝水流量和冷凝水热用户阻力确定给水泵防汽蚀装置流量和扬程，在装置吸入管考虑装置故障时的自动排水功能。

（2）特殊工艺用户。

1）造纸行业。造纸行业有多缸纸机和浆机，每个缸有不同的烘干温度和湿度要求，一台纸机或浆机可自成一套独立的热能梯级利用系统。设计时要考虑上述因素，将喷射热泵技术，自控技术和冷凝水回收技术结合起来，以设计最理想的热能利用系统。

2）卷烟行业。卷烟行业蒸汽使用参数变化比较大，蒸汽使用有直接加湿和间接加热两种方式。可考虑用高压用汽设备的二次闪蒸汽用于直接加湿或空调采暖等方式，二次闪蒸汽汽量和压力不足时可用喷射泵引射和增压。

3）橡胶行业。用汽设备多，单台耗汽量小，同期使用系数大，用户回水需要合理的压力匹配，才能保证硫化温度。冷凝水既可作锅炉供水，又可作硫化机内胎用水。

总之，特殊工艺要有特殊的处理方法，在回收系统上和回收装置的选配上力求达到最佳的效果。

3. 按冷凝水用途选择

（1）冷凝水作锅炉补水。

1）冷凝水作锅炉汽包补水，见图 3 - 4。

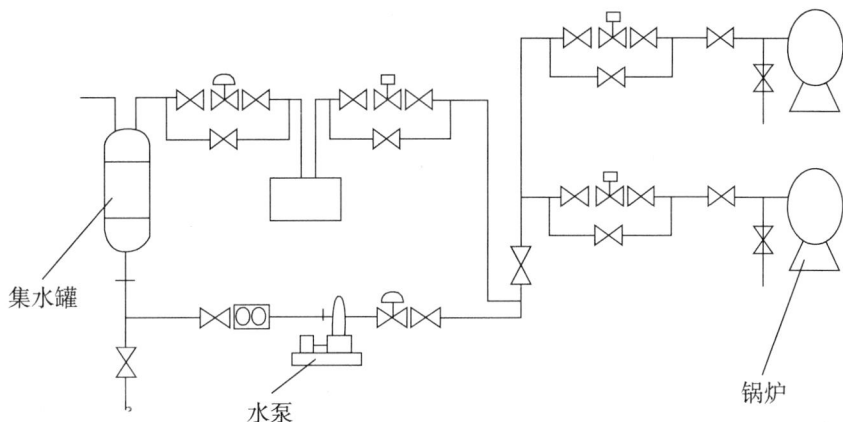

图 3-4 凝结水进锅炉汽包流程

直接送锅炉是指将回收装置出口管接至原锅炉上水管在省煤器前端的某处（一般应在原上水泵止回阀后端）。由于上水温度提高，应注意省煤器安全问题，可通过有关计算，确定省煤器出口的温度，对于非沸腾式省煤器，此温度应至少低于饱和温度 30℃，对于沸腾式省煤器，省煤器出口温度应保证汽水混合物的干度不小于 20%。

在锅炉原给水控制要求不高或无热力除氧时选择该方案。

2）冷凝水直接进热力除氧器，见图 3-5。

大型锅炉对上水连续性和平稳性要求很高，这时凝结水不再直接输入锅炉而是进入热力除氧器，然后由原锅炉上水系统完成输入锅炉的任务。

不管是直接上锅炉还是间接上锅炉，从安全的角度考虑，还应设置一根当锅炉或除氧器满水时供凝结水排放的管道，此管一般接到软化水箱中，具有溢流管的性质。

凝结水的这种去向选择是自动的，一般通过电磁阀、双回路调节器等控制阀门来完成。

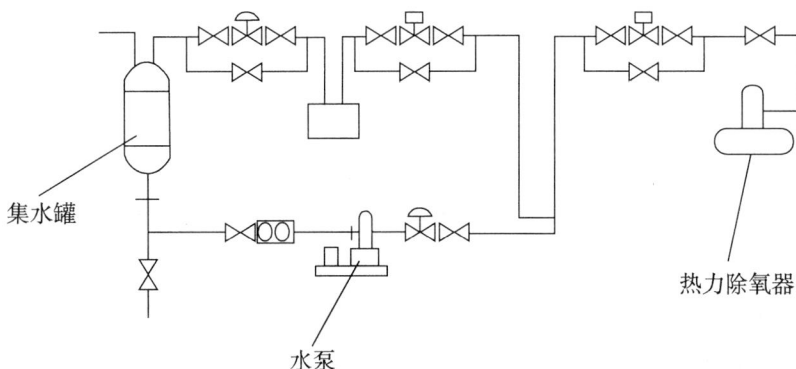

图 3-5 凝结水进除氧罐流程

（2）冷凝水作低温热源。

当企业利用热电厂供汽，由于回收管网太长等原因无法直接回收到锅炉房时，或当冷凝水水质受到二次污染，不能作锅炉补水时，可作为低温加热热源使用，其方式如下：

1）企业用于取暖热源。

利用冷凝水的余热，根据供热负荷确定是否需要补充部分软水（或生水）作采暖循环用水，根据余热量确定供暖面积，可节省集中供热费用。

2）用于直接热水用户。

对于印染、纺织、橡胶、轮胎等企业，需要大量自用高温软化热水，利用冷凝水，受污染的冷凝水介质并不影响同行业加热的目的。

3）间接换热热源。

当冷凝水受到污染无法直接利用时，可考虑间接换热方式。如加热工艺用水，采暖循环水等非饮用水场合。

总之，凝结水回收的原则是：通过凝结水回收系统中能量的综合利用过程，达到最经济的能量回收利用，保持整个蒸汽热力系统利用率最高，经济性最好。凝结水回收中的能量回收实际上有交错在一起的三种方式：凝结水所含热能的回收，闪蒸汽的有效利用，软化水的回收。

对于高、中压回收系统，在系统中设专门的闪蒸装置，闪蒸汽供低压用汽设备使用。同时也减少了其余凝结水的回收难度。如果没有下一级低压蒸汽用户，可以设置热交换器，加热其他用途的工艺介质，做到能量的有效利用。在凝结水回收管网中可以设多级闪蒸装置，使蒸汽按梯级方式利用。

凝结水回收装置中最终的凝结水一般送回锅炉重新使用，这样不仅节约了热能，也节约了软化水，从而也节省了水处理的费用。

有时，凝结水被污染，作为软化水回收已经没有意义，但是其中的热能还是应该尽量回收，可以作为低温加热热源使用，如用于取暖，间接加热热水或其他工质。

当企业采用热电厂供汽时，把凝结水回收到锅炉管网太长，或者需要回收的凝结水数量太少，不值得设回收管网，也应该把用汽点的凝结水收集起来，就地利用。

3.3.3　凝结水回收实例

1. 云南曲靖复烤厂

云南曲靖复烤厂建于1993年，拥有固定资产3.55亿元，是集烟叶采购、复烤加工和产品销售为一体的股份制企业。该厂现有挂竿生产线两条，打叶生产线一条，年复烤加工生产能力3.9万吨烟叶。在该厂原冷凝水系统中，由于冷凝水回收技术选择不当，致使部分蒸汽和大量闪蒸汽排往大气，同时水泵也经常因汽蚀而损坏，造成绝大部分高温冷凝水的直接排放和浪费。为了充分利用这些高品质的冷凝水，该厂采用了大连汇能技术服务有限公司的"密闭式冷凝水回收系统"技术，分期对原系统进行了节能改造。

曲靖复烤厂先后对厂里的两大支柱型工艺车间——挂竿复烤车间和打叶复烤车间的冷凝水回收系统进行了节能改造。使原本未被充分利用的高温冷凝水经过密闭式回收系统中的集水罐和防汽蚀装置后直接成为锅炉给水；同时闪蒸汽可用来热力除氧或加热洗澡水，从而降低了烤烟能耗，也提高了锅炉热效率。图 3 - 6 为该项目的系统工艺流程简图。

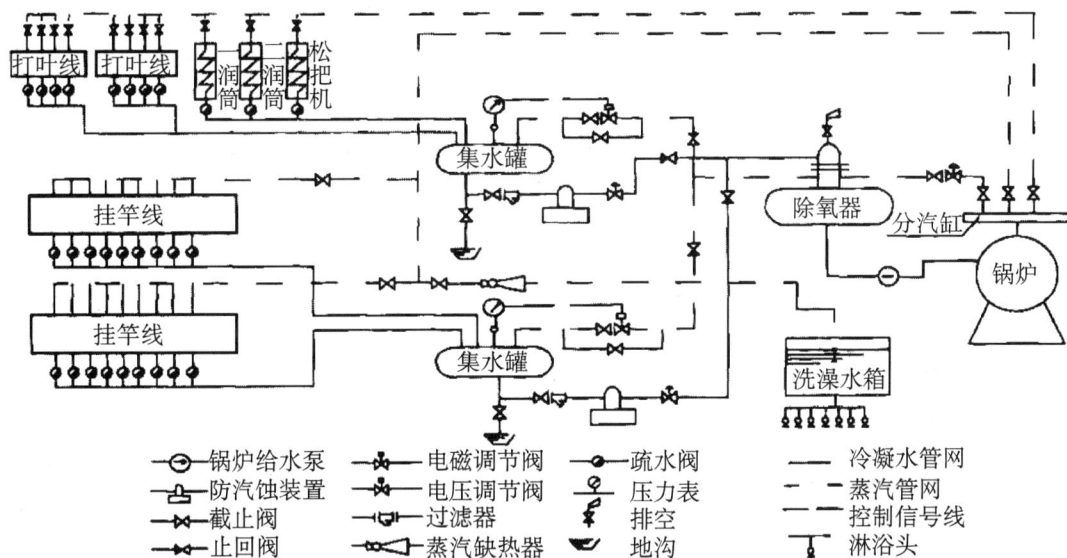

图 3 - 6　曲靖市复烤厂密闭式冷凝水回收系统工艺流程

上海市节能监察中心对该凝结水改造项目进行了节能效果监测。项目的总投资为 88.4 万元，年节约燃煤量 3539.5 吨，节电量 18.5 万千瓦时，节水量 13.5 万吨，总投资回收期 1.5 年。

综上所述，改造后的密闭式冷凝水回收系统不仅明显降低了能源消耗及相应费用，支持和促进了环保事业，而且也大大缩短了锅炉的运行时间，延长了其维修间隔和使用寿命。

这样的案例适用于烟草、啤酒、造纸、木材和化工等行业中的蒸汽间接加热用汽设备系统。可提高冷凝水回收率、减少水处理量，有效地缓解高峰供汽。

2. 沈阳雪花啤酒有限公司

（1）基本情况。

该公司的蒸汽系统的基本情况如下：汽源为 6 台 20 吨/小时链条锅炉，压力为 1.27 兆帕，年产汽量 45.6 万吨。夏季热负荷 45 吨/小时，运行 3 台锅炉，冬季热负荷 60 吨/小时，运行 4 台锅炉。

蒸汽价格 70 元/吨，软化水价格 4 元/吨。冷凝水回收方式为开式，回收率仅为 17%。

（2）存在的问题。

改造前的蒸汽系统主要存在下列问题：

1）大约有 80% 的冷凝水全部排放，直接浪费热量相当于加热蒸汽的 20% 左右，加上疏水阀及闪蒸漏汽，估计在 25% 以上。

2）冷凝水利用方式不对，例如洗罐、洗瓶用冷凝水，不仅浪费了冷凝水的高温余热，且由于冷凝水温度很高，易爆瓶，多余循环量白白溢流。

3）开式回收方法存在两个问题：一是由于常压下回收，高于常压的饱和冷凝水的剩余压头直接闪蒸，闪蒸汽完全排放，造成大量热量浪费或环境热污染。二是理论上离心泵在常压下只能回收 75℃ 以下的热水，超过 75℃ 时则因水泵汽蚀而无法工作并造成叶轮损坏，影响回水系统安全运行。

4）疏水阀选型、安装存在问题。糖化车间很多疏水阀选热动力式或热静力式，不能连续疏水，且背压小，过冷度大，疏水阀安装在排放口上部，易造成锅炉内积水。

（3）凝结水回收改造。

经过对该厂的冷凝水回收情况进行分析，公司采用了如下的技术方案：以糖化车间为中心回收泵站，就近回收包装车间及采暖的冷凝水。

1）三糖化泵站。

回收范围：糖化车间、包装车间及蒸汽采暖等所有间接用汽设备的冷凝水。

工艺设计：糖化车间三锅一热水箱改装疏水阀。用汽压力较高的管道疏水、分汽缸疏水和用汽压力较低的蒸汽采暖疏水分设回收管线回集水罐。选用装置为 CP16H – 60/120W 型锅炉给水泵防汽蚀装置。

2）四糖化泵站。

回收范围：糖化车间、包装车间、饲料、罐装车间及蒸汽采暖等所有间接用汽设备的冷凝水。

工艺条件：糖化车间三锅一热水管改装疏水阀，常年负荷和季节负荷分设回收管线。选用装置为 CP16H – 60/120W 型锅炉给水泵防汽蚀装置。

3）投资与效益。

投资包括车间空调、三糖化及包装线、四糖化及包装线、桶装线、饲料干燥五部分，总计 67 万元。

改造后蒸汽消耗下降，啤酒能耗指标：以标准煤计由 220 千克/吨下降为 147 千克/吨，年节能效益 240 万元（扣除运行及维护费用），年节约蒸汽 35285 吨，折合标准煤 5881 吨。年减少二氧化碳排放 4001 吨，二氧化硫减排 249 吨。

投资回收期为：67/240 = 0.28 年 = 3.4 个月。

3.4 常压二次蒸汽回收利用[*]

回收蒸汽的汽源可能来自三个方面：生产过程中可回收的余热蒸汽（也称排汽或乏汽）；高压凝结水经过扩容后的闪蒸蒸汽（又称二次蒸发蒸汽）；利用各种工质或低温介质生产出来的二次蒸汽。余热蒸汽、闪蒸蒸汽和二次蒸汽等统称为回收蒸汽。

3.4.1　常压二次蒸汽回收的汽源

1. 余热蒸汽

其汽源主要来自汽锤、活塞泵、蒸汽压力机以及汽轮机等。通常余热蒸汽的汽压并不大，0.2 ~ 0.25 兆帕，可用于洗涤机、浴池、蒸浓设备以及重油、脂加热设备等方面，也可用于采暖通风及供应生活、生产用热水。一般说来，工厂中不一定能充分利用所有的余热蒸汽，因为有时余热蒸汽的压力较低，此外采暖通风对低位热能的需求状况大都具有季节性，有时用汽地点离余热汽源较远，安装管道所花的代价太高，有时则因为排汽及其冷凝水的净化设备（去除油脂和杂质等）较复杂，而不能利用这些排汽汽源。因此，尽管在原则上可以利用乏汽（排汽）来取代新汽，以降低新汽供应量和增加凝结水回收量，但是在具体利用排汽的时候还应进行必要的技术经济核算和论证工作。至于确定余热蒸汽量的问题，首先应搞清各设备、机组的排汽量，当缺少必需的测量仪表时，排汽的数量也可按新汽流量扣除损失掉的蒸汽量进行计算。

2. 闪蒸蒸汽

闪蒸蒸汽是高温凝结水经过扩容减压后所得到的余热回收蒸汽，而凝结水则是锅炉新汽在失去其热能的 75% ~ 85% 以后凝结而成的液体。其显热占原有新汽热能的 20% ~ 25%，因此闪蒸蒸汽的汽源实质上就是凝结水源。

3. 二次蒸汽

在蒸发器中利用新汽加热得到的水蒸气就是二次蒸汽。单效和多效蒸发器就是回收和利用这种二次蒸汽的实例。用二次蒸汽来完成溶液的蒸浓过程可以减少新汽的耗量，也就是说可提高蒸发比。一般来说，如在单效蒸发器中每 1 千克加热新汽可蒸发 1 千克溶液，在多效（n 效）蒸发器中就可使蒸发量提高 n 倍，但实际上考虑了装置中的泄漏损失后，蒸发 1 千克水所需消耗的新汽量约为（1/0.85n）千克。由此可知，在单效蒸发器中，每蒸发 1 千克水所需的新汽量为 1.18 千克/千克；在双效蒸发器中，蒸发 1 千克水所需的新汽量为 0.59 千克/千克；在三效蒸发器中，需要 0.39 千克/千克；在四效蒸发器中，则需 0.29 千克/千克。这就是说，从单效改为双效，可节约加热新汽量 50%；从三效改为四效则可节约 25%；从六效改七效，则可节约 15%。

3.4.2　常压二次蒸汽回收实例

某轮胎有限公司是中日合资大型企业，生产全钢丝载重子午胎，年生产能力达 70 万条。该公司 2 台 20 吨/小时锅炉，一用一备，硫化机是主要用汽设备，供汽压力为 1 兆帕，供汽量在 18 吨/小时左右。该公司轮胎硫化生产工艺是轮胎在硫化机上被加热硫化，加热轮胎的过程有内胎热水加热和外部模具蒸汽加热两部分。外部模具蒸汽加热产生的冷凝水采用开式回收，当高温冷凝水（150℃）排放到常压冷凝水罐时，产生大量的二次蒸汽；硫化机加热内胎的高温高压循环热水排放到常压水罐时也产生二次蒸汽。为使这些二次蒸汽不被浪费，该公司对热力系统进行改造，采用换热降压方式回收利用二次蒸汽，取得了显著的节能效果。

1. 二次蒸汽回收利用情况说明

硫化机硫化过程中，蒸汽（0.8兆帕）加热硫化后排放高温冷凝水（大于150℃）产生的二次闪蒸汽量占冷凝水量的12%左右，二次蒸汽带走的热量是冷凝水全部热量的40%；另外一个来源是硫化机加热内胎的高温高压循环热水排放到常压水罐时产生的二次蒸汽。

回收这两部分二次蒸汽的难点在于：

（1）内胎常压热水罐的排放压力控制。

（2）冷凝水回收和内胎循环热水排放两个系统串接时压力匹配控制。

（3）二次蒸汽回收后热能的储存和利用。

为对二次蒸汽回收利用，先后进行了喷射增压系统设计和换热降压系统设计，并对这两种方案的技术、投资、运行、管理等几方面进行了对比，最后采用回收换热系统进行改造。改造后的工艺流程如图3-7。

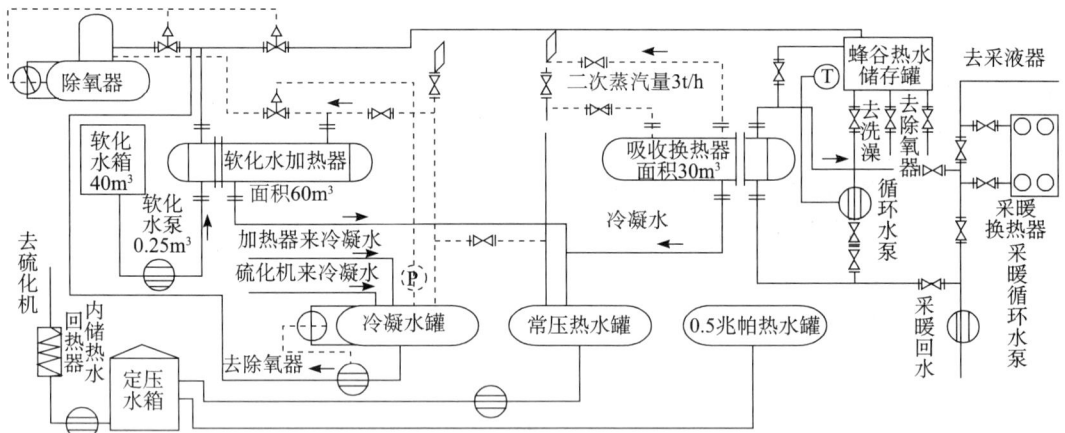

图3-7 二次蒸汽回收工艺流程图

2. 改造后工艺工程说明

（1）回收冷凝水的二次蒸汽（软化水加热）。

1）40立方米软化水箱中的软化水通过软化水泵输送到软化水加热器、换热后进入除氧器，当除氧器水满时软化水进入峰谷热水存储罐。产生的冷凝水靠重力流回常压热水罐。

2）冷凝水罐中的二次蒸汽进入软化水加热器加热软化水，当冷凝水罐的压力达到0.05兆帕时，部分二次蒸汽被输送到除氧器。冷凝水罐上安装有压力变送器，压力信号控制二次蒸汽排放阀的开度，保证冷凝水罐压力不超过0.05兆帕。

3）冷凝水罐中的冷凝水通过冷凝水泵输送到除氧器，当除氧器水满时冷凝水进入峰谷热水储存罐。

（2）回收常压热水罐的二次蒸汽。

1）常压热水罐的二次蒸汽输送到吸收换热器，产生的冷凝水靠重力流回常压热水罐，不能被吸收的二次蒸汽被排放到大气中。

2）在采暖期，吸收换热器加热采暖循环水。换热后的采暖循环水可直接去采暖，也可以再经过采暖换热器加热后去采暖。

3）在采暖期以外的时间，吸收换热器加热峰谷热水储存罐中的热水。峰谷热水储存罐的热水被循环水泵输送到吸收换热器，热水加热后回到峰谷热水储存罐中。

4）水储存罐中的热水可以用于除氧器补充水，同时也可以用于洗澡等生活用水。

3. 节能效果与前景

（1）节能效果。

项目实施后，经专业机构检测，每年节约 2728 吨标准煤，减少二氧化碳排放 7102 吨，可获经济效益 126 万元。该项目总投资 96.5 万元，投资回收期为 10 个月。

（2）适用对象。

1）轮胎行业。内胎加热高温高压循环水排入常压罐时产生的二次蒸汽；硫化机蒸汽硫化过程产生高温冷凝水，冷凝水排入常压罐时产生的二次蒸汽。国内轮胎企业大都采用开式回收冷凝水，冷凝水的二次蒸发率达到 12.5%，大量二次蒸汽要排放到大气中。另外内胎循环热水常压排放时，排放二次蒸汽造成的热量损失占总热量的 7%。回收这两部分二次蒸汽可实现节能 20% 左右，冷源可以选择锅炉软化水、采暖循环水和生活用水等。

全国大约有轮胎企业 100 家，排放二次蒸汽带走的热量约 4×10^{12} 千焦/年，实现二次蒸汽回收后，每年可节约 14 万吨标准煤。

2）啤酒行业。糖化车间煮沸锅、糖化锅、糊化锅加热蒸发过程中产生二次蒸汽。糖化车间的煮沸锅的蒸汽消耗量占全厂的 40%。煮沸锅煮沸强度为 8% ~ 12%，以 50 立方米煮沸锅为例，每生产一锅麦汁将有 5 立方米水被蒸发，并被排放到大气中。二次蒸汽带走的热量占全厂能源消耗的 20% 左右。煮沸锅二次蒸汽可以采用类似回收方式进行换热、储存，并用于加热麦汁和工艺用水，也可以用于加热锅炉软化水。

全国大约有啤酒企业 400 家，排放二次蒸汽带走的热量约 23×10^{12} 千焦/年，回收二次蒸汽每年可节约 80 万吨标准煤。

3）造纸行业。蒸球在原料蒸煮过程完成后排放工艺乏汽。蒸球设备利用高压蒸汽蒸煮造纸原料，如木材、麦秆、芦苇等，蒸煮过程结束后，将工艺乏汽喷放出来。蒸球消耗热量占锅炉瞬时负荷的 60% 左右，在蒸球开机时不得不运行备用锅炉以满足蒸汽负荷的要求，或者采用蓄热器技术调整热能的峰谷值。回收蒸球的工艺乏汽可将多余的热量储存起来。这对造纸行业的热能平衡有很好的影响。

全国大约有造纸企业 400 家，排放乏汽带走的热量约 5×10^{12} 千焦/年，回收乏汽每年可以实现节约 17 万吨标准煤。

3.5　热泵技术及应用

热泵是一种将低温物体中的热能传递至高温物体中的一种装置。热泵的基本原理早在 19 世纪即已提出，20 世纪 20 年代末付诸实用，40 年代开始用于空调。但直至 70 年代以后，由于能源和环境污染问题日趋严重，才进一步受到重视，并认为是回收低温余热的主要技术之一。

在自然界中，水总是由高处流向低处，热量也总是从高温传向低温。但人们可以通过电能用水泵把水从低位提升到高位使用，同样可以通过电能利用热泵技术把热量从低温传递到高温，实现将低温热源提升到高温热源来使用。所以热泵实质上是一种热量提升装置，热泵的作用是从周围环境中吸取热量，并把它传递给被加热的对象（温度较高的工质），其工作原理与制冷机相同，都是按照逆卡诺循环原理工作的，所不同的只是工作温度范围不一样。

热泵技术的第一个特点在于它能长期地、大规模地利用江河湖海、城市污水、工业污水、土壤或空气中的低温热能。众所周知，从用透镜聚光取火到太阳热水器，都是将低温热能提升为高温热能的方法，但是它们在地面上无法昼夜全天候来运行。热泵技术突破了这种局限，可以把我们生产和生活中以及自然界通常弃之不用的低温热能提升为高温热能利用起来。显然，有了高温热源，如同一台锅炉，用途广泛，可以实现供热、制冷或其他工业用途，所以热泵的应用遍及各个行业和领域。

热泵技术的第二个特点在于它是目前世界上最节省一次能源（如煤、石油、天然气等）的供热系统。它能用少量不可再生的能源（如电能）将大量的低温热能升为高温热能。例如，电热采暖消耗 1 千瓦时的电，最多只能提供 1 千瓦时的热；而一般设计施工好的热泵系统，消耗 1 千瓦时的电，就可提供 4 千瓦时的热。例如同样提供 10 千瓦时的热，采用电阻式采暖，就需消耗 34 千瓦时的一次能源（其中包括 24 千瓦时的发电与输配电损失）；采用高效率的燃油、燃气锅炉采暖，如不计算管道的热损耗，还需消耗 29.1 千瓦时的一次能源；而采用电热泵采暖只需消耗 2.7 千瓦时的电能，再加上发电与输配电损失 3.3 千瓦时，总计只消耗 6 千瓦时的一次能源。热泵技术所消耗的一次能源仅是前两种供热方式的 1/5 或近 1/6。

热泵技术的第三个特点在于它在一定条件下可以逆向使用，既可供热，也可用以制冷，而不必搞两套设备的投资。

3.5.1　热泵原理

热泵是利用载热工质，从低温处吸取热量，并在高温处放出热量。所以其工作原理和系统组成与制冷系统完全相同，只不过制冷着眼于从低温处吸热，将低温物体的温度再降低，而热泵的目的是向高温处放热，将高温物体的温度升得更高，从而使本来难以回收的低温余热得到重新利用的可能。

1. 压缩式热泵

一台压缩式热泵装置，主要由蒸发器、压缩机、冷凝器和膨胀阀四部分组成，见图 3－8。通过让工质不断完成蒸发（吸取环境中的热量）—压缩—冷凝（放出热量）—节流—再蒸发的热力循环过程，从而将环境里的热量转移到工质中。热泵在工作时，把环境介质中贮存的热量 Q_2 在蒸发器中加以吸收，它本身消耗一部分能量，即压缩机耗电 W，通过工质循环系统在冷凝器中进行放热 Q_1，所以 $Q_1 = Q_2 + W$。由此可以看出，热泵输出的热量为压缩机做的功 W 和热泵从环境中吸收的热量，因此，采用热泵技术可以节约大量的电能。

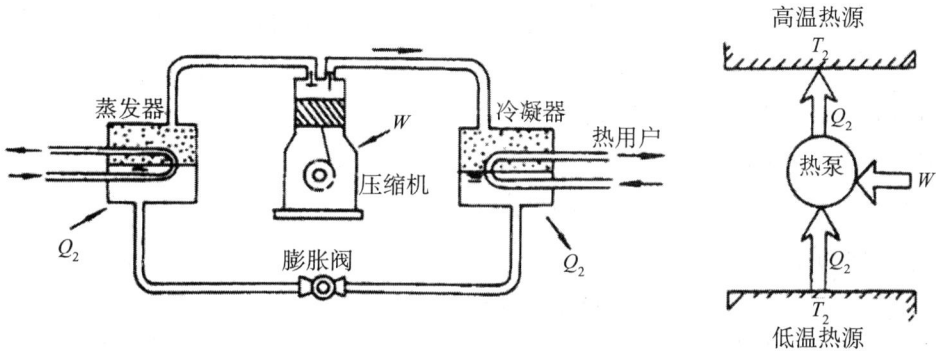

图 3－8　压缩式热泵工作原理

从热力学原理可知，要将热能从低温处传至高温处，必须消耗一定的能量（热能或机械功）。热泵传给高温处的热量 Q_1 为从低温处吸取的热量 Q_2 与所消耗能量 W 之和。

$$Q_1 = Q_2 + W$$

从热泵的观点出发，将高温物体获得的热量 Q_1 与所消耗能量 W 之比，作为衡量热泵经济性能的"供热系数"，称工作系数或性能系数 COP（Coefficient of Performance）。

$$COP = \frac{Q_1}{W} = \frac{Q_2 + W}{W} = 1 + \frac{Q_2}{W}$$

在理论上逆卡诺循环工作时，若以温度来表示，热泵的 COP 最高，为：

$$COP_{max} = \frac{T_1}{T_1 - T_2}$$

式中 T_1、T_2——高温物体和低温物体的热力学温度，K。

由此可知，若（$T_1 - T_2$）变小，COP_{max} 增大，也即从低温向高温传递同样的热量时，消耗的能量越少。

实际热泵的工作系数，由于各种损耗，必然低于逆卡诺循环工作时 COP_{max}。可以用有

效系数 η_e 来估算。按照目前的技术水平，η_e 在 $0.4 \sim 0.75$，一般概算时可设 $\eta_e = 0.6$。所以，压缩式热泵的性能系数 COP 一般为：

$$COP = \eta_e COP_{max} = \eta_e \frac{T_1}{T_1 - T_2}$$

2. 吸收式热泵

吸收式热泵是热泵的另一种主要形式，也是吸收式制冷机的另一种应用。吸收式热泵和压缩机热泵的区别在于，它是利用吸收剂在加热和冷却时对载热工质的吸收和放出，使工质溶液浓度发生变化，从而改变载热工质的压力的办法来取代压缩机。因此在载热工质将热量从低温热源转移到高温物体的过程中，可不消耗机械能，但需消耗一部分高温驱动热量。

目前生产的吸收式热泵分为两类，第一类吸收式热泵是消耗少量高温的驱动热能（蒸汽或燃料），从低温热源中吸取热量，制备高温热水（热水的温度低于驱动热源温度）。第二类吸收式热泵不需要专门的高温驱动热源，其消耗的驱动热量直接取自低温热源。

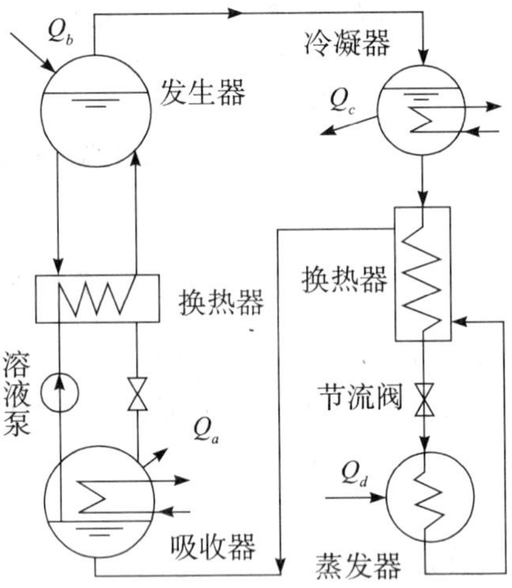

第一类吸收式热泵的工作原理与用于空调的吸收式制冷机相同，见图 3-9。它由吸收器、发生器、蒸发器和冷凝器四个基本部分组成。通常用溴化锂（LiBr）作为吸收剂，用水（H₂O）作为载热工质。溶液中溴化锂约占 60%。当溴化锂—水溶液在发生器中被驱动热源（水蒸气、高温热水或燃料烟气）加热升温后，水就以水蒸气形式从溶液中逸出。于是发生器中压力升高，蒸汽进入冷凝器中凝结，放出汽化潜热将流经冷凝器的高温热水进一步加热供用户使用。冷凝后的水经节流阀导入低压的蒸发器。与此同时，发生器中的溶液由于水蒸气逸出，浓度增加，并靠本

图 3-9 第一类吸收式热泵

身重力溢流至吸收器中。浓溶液在吸收器中与来自蒸发器的水蒸气相遇，将水蒸气吸收，成为稀溶液后，由溶液泵又送回发生器。溶液在吸收水蒸气过程中，使吸收器内压力下降，并放出吸收热，将流往吸收器的低温热水加热。也就是低温热水先在吸收器中加热，再流至冷凝器进一步加热，从这两处各吸收一部分热量。吸收器与蒸发器是相通的，二者的工作压力相同，都低于大气压力。所以当冷凝器中的冷凝水经节流阀进入蒸发器后，由于压力突然下降，立即闪蒸生汽，在汽化过程中因需吸收汽化潜热而降温。此温度将低于流经蒸发器的低温热源水，从而可从低温热源水中吸取热量。通常是将发生器和冷凝器放在一件圆筒容器中，将吸收器和蒸发器放在另一件容器中，构成双筒式结构；也有全置于一件容器中的，即单筒型。

如果以 Q_a 表示在吸收器内放出的热量，Q_b 为发生器中供给的热量，Q_c 为冷凝热量，Q_e 为蒸发器自低位热源的吸热量，在理想的情况下可认为 $Q_a + Q_c = Q_b + Q_e$，则这种吸收式热泵的工作系数或性能系数 COP_1 为：

$$COP_1 = \frac{Q_c + Q_a}{Q_b} = \frac{Q_b + Q_e}{Q_b} = 1 + \frac{Q_e}{Q_b}$$

这就是说，其工作系数可大于 1，实际上，Q_e 总小于 Q_b，通常 $Q_e/Q_b = 0.5 \sim 0.7$，故一般 COP_1 仅为 $1.5 \sim 1.7$。

这种热泵不像吸收式制冷机那样产生冷效应，而是利用蒸汽或燃气作为驱动热源，将低位热源提高温度供热，能从不易利用的低温废热水中回收能量，达到节能的目的。驱动热源的温度要求为 150℃ 左右，输出的热水温度可达 90℃。它是以输入少量温度品位较高的热能，而得到数量较多、温度水平较低的热量输出，故称"低温热泵"。要想得到更高温度的热水，就得提高驱动热源的温度水平，如使用 160 ~ 200℃ 的热水或 0.8 兆帕（表压）的蒸汽。也可将两台吸收式热泵串联，组成双级吸收式热泵。在驱动热源温度低于150℃ 时吸收式热泵的 COP_1 很低，如采用双效吸收式热泵，能将 COP_1 增大一些。

第二类吸收式热泵是输入较多的中低品位热能去得到数量适中的温度较高的热量输出，故称"高温热泵"，其工作原理见图 3 - 10。70℃ 的低温热源水流经蒸发器，将其中的载热工质水加热，工质水吸热后蒸发为 60℃ 的蒸汽，被吸收器中的吸收剂 LiBr 所吸收，放出高温吸收热，升温至 117℃，将流经吸收器的高温热水从 95℃ 加热至 100℃。吸收了水蒸气而被稀释的吸收剂溶液，经过换热器和节流阀降压进入发生器，降温至 51℃，被流经发生器的 70℃ 低温热源水加热至 58℃ 沸腾、浓缩，由溶液泵压经换热器又回至吸收器。在发生器中产生的水蒸气，则在冷凝器中被冷却水冷却、凝结，由凝水泵送回蒸发器加热。

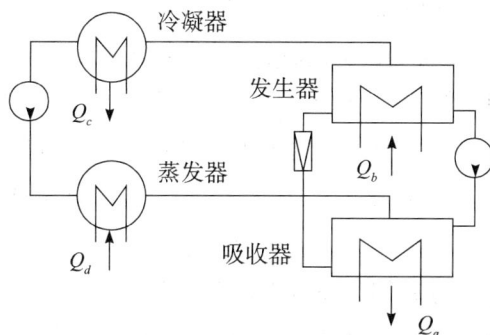

图 3 - 10　第二类吸收式热泵

这种吸收式热泵和第一类吸收式热泵的不同之处在于发生器、冷凝器处于低压，而蒸发器和吸收器处于高压，即低压发生、低压冷凝，高压蒸发、高压吸收。吸收剂循环方向与第一类完全相反，由于蒸发、吸收时的压力比冷凝、发生时的压力还高，因此需要用泵将浓溶液和冷凝水送至吸收器和蒸发器中，但是它们的压力均处于大气压力以下，如上例中的蒸发压力为 20 千帕（149.4mmHg），冷凝压力仅 1.23 千帕（9.2mmHg）。向发生器和蒸发器均引入余热水或中低品位热量，热用户的热由吸收器中取出。其工作系数或性能系数 COP_2 为：

$$COP_2 = \frac{Q_a}{Q_b + Q_c}$$

在理想的情况下，$Q_b + Q_e = Q_a + Q_c$，则

$$COP_2 = 1 - \frac{Q_c}{Q_b + Q_e}$$

显然，第二类吸收式热泵的 COP_2 一定小于 1，约为 0.5 左右。尽管 COP_2 低，但因无须高温驱动热源，并可利用低温余热（余热水或余热蒸汽），所以还是很可取的。例如，某化工厂从精馏塔中排出的蒸汽为 80℃，排汽量 8.5 吨/小时，折合热量 19.18 吉焦/小时。在热泵 $COP = 0.5$ 时，能够回收的热量为 9.59 吉焦/小时。通过热泵可将 100℃ 的水升温至 120℃，然后在扩容器中闪蒸发，蒸发潜热为 2.26 吉焦/吨，则可获得 120℃ 的蒸汽 4.25 吨/小时，供精馏塔反应加热之用，在 1 年左右即可收回投资。

从能源利用的角度来讲，如果是用来回收余热，以及考虑吸收式热泵不用压缩机，振动小和噪声低，大型装置不受电力供应容量的限制，在一些特殊场合，即使实际吸收式热泵的工作系数较低，也不排斥采用的可能性。吸收式热泵作为一种节能装置，应用于建筑、化工、纺织、印染等部门，可取得良好的经济效益。

3.5.2　热泵在节能领域的应用*

热泵在工业中的应用已见端倪，木材、食品、陶瓷、造纸、印刷、石油和化工等工业生产过程已采用了蒸汽喷射式热泵、吸收式热泵和电驱动热泵。热泵在工作时，虽然要消耗一定量的热能或机械能，但因为 $Q_1 = Q_2 + W$，也即传给高温物体的热量 Q_1 总是大于所消耗的能量 W，也就是 COP 恒大于 1。这表明用热泵要比用热能或电能来直接加热高温物体来得合算，更何况现在一般热泵的 $COP = 2 \sim 7$。这也就是使用热泵可以节能的基本道理。

例如，设室内采暖温度为 18℃，室外温度为 -9℃，$\eta_e = 0.6$ 时，如直接用电炉取暖，每消耗 1 千瓦时电能，可得热量 3600 千焦。若用热泵从室外冷空气吸取热量来取暖，由于此时热泵的 COP 为：

$$COP = \eta_e \frac{T_1}{T_1 - T_2} = 0.6 \times \frac{273 + 18}{(273 + 18) - [273 + (-9)]} = 6.47$$

即热泵每消耗 1 千瓦时电能，可向室内供应热量 23292 千焦，是直接用电取暖的 6.47

倍。至此可以清晰地理解热泵工作系数（性能系数）的物理意义，COP 表示的是：以热量计（或以焓值计），其输出的能量是其消耗的能量的倍数。

不过，如考虑到电能是由电厂生产的，而火力发电厂的发电效率 η_{nd} 为 0.35，则每消耗 1 千瓦时的电，相当于消耗 $\dfrac{3600}{0.35} = 10286$ 千焦热量的燃料。那么，当用热泵与电能直接加热来对比时，热泵的 COP 至少要等于 3，否则是不合算的。

COP 值反映了热泵输出热量与消耗功的比值大小，但由于输入的是功，输出的是热能，两者相比存在着能质上的差别，因此，在热泵理论中广泛应用一次能源利用率来评价热泵，其意义就是热泵输出的热量与热泵消耗功量折合成一次能源的数量之比。这样就具有与锅炉效率等同的含义，再将热泵与锅炉等产热设备相比，具有明确、合理的可比性。

许多生产和生活的供热是由工业锅炉产生蒸汽来加热的。如用热泵来取代，若由锅炉供热的燃料消耗量为 B_1，由电能驱动热泵的电厂燃料消耗量为 B_2，当供给用户的热量 Q 相等时，锅炉耗能与热泵耗能之比的 K 值为：

$$\frac{B_1}{B_2} = \frac{\dfrac{Q}{Q_{dw}\eta_g\eta_{gw}}}{\dfrac{Q}{Q_{dw}\eta_{hd}\eta_{dw}COP}} = \frac{\eta_{hd}\eta_{dw}}{\eta_g\eta_{gw}} \cdot COP = 0.488COP = K$$

式中 Q_{dw}——燃料低位发热量；

η_g——工业锅炉效率，取 0.68；

η_{gw}——供热管网效率，取 0.95；

η_{hd}——火力发电效率，取 0.35；

η_{dw}——输配电效率，取 0.9。

当 K 值大于 1 时，$B_2 < B_1$，即热泵消耗燃料少，为节能。由上式计算可知，K 与 COP 的关系如下：

K	0.5	1	1.5	2	2.5
COP	1.02	2.05	3.07	4.10	5.12

当 $COP = 2.05$ 时，$K = 1$，两者耗能相等；当 $COP = 4.10$ 时，$K = 2$，可节约燃料 50%。COP 越大，节能越多。由上述可知，使用热泵后能否节能，或热泵的 COP 等于多少才能节能，与所取代的高温热源的类型有极大的关系。

实际上，与锅炉供热相比，热泵还有其他优势。如减少优质燃料的消耗和烟尘等有害气体及二氧化碳的排放，对维护生态、保护环境都有积极作用。

利用热泵的意义不仅在于节能，而且还可以把大气、水的潜在能量以及太阳能、地热能等自然能源充分利用起来。同时，可进行余热回收及减少环境的污染。因为热泵与制冷机的工作原理相同，所以对制冷机进行一些技术改进时，就可以兼有热泵功能，如现在普遍应用的冷暖空调。这样，可做到夏季降温，冬季供暖，大大提高了设备的利用率。

具有较高工作系数的热泵与其他供热方式相比，虽然在很多情况下可以节约燃料，但不可避免地要增加设备投资及减少热化发电的效益（与热电站供热比较）。在具体拟订方案时，应对其经济性加以论证。额外投资回收年限不超过允许值是衡量运用热泵系统是否合理的常用准则。

此外，在利用环境介质作为热泵的热源时，还要考虑到气候及地理条件是否合适，在一些严寒地区，因温度差较大，工作系数不高，用空气热源热泵采暖并不经济，否则会导致得不偿失。

热泵的应用还受到能源价格和本身技术进展的约束，压缩式热泵是以消耗一定量的电能为前提的，电能和燃料的比价对热泵的发展有很大的影响。根据有关方面的研究，当比价 $n=4$ 时，工作系数必须大于 3.02，在能源费用上才有利。国外资料提出的论点认为，如果每千瓦时电的价格低于每千克标准燃料的价格，热泵供热才能和锅炉供热相竞争。电价若定得过高，或燃料价格太低，对热泵的发展显然是不利的。

在各种工业窑炉的能量支出中，烟气余热占 15% ~ 35%。目前，我国冶金企业烟气余热利用中，回收后的能量主要用于预热助燃空气、预热煤气和生产蒸汽。各个企业高温烟气余热的利用情况较好，而中低温烟气余热的回收利用率较低。如通过空气预热器后 400 ~ 500℃的中温烟气，则大部分企业没有回收，至于温度更低的 300℃以下的低温烟气更是没有充分利用。

吸附式制冷是典型的低温烟气回收技术，工作原理属第二类吸收式热泵，利用固体吸附剂在不同温度下对制冷剂气体的吸附和解吸作用驱动制冷循环。固体吸附制冷的特点是无任何运转部件，耗电少（仅为压缩式的 1/30），无噪声，无污染，投资低，寿命长，不需屏蔽溶液泵，不存在溶液分馏、腐蚀和结晶等问题。并能工作在振动、冲击、旋转和失重场合。可用低品位热源和太阳能驱动，是一种理想的绿色环保与节能技术。

吸附制冷可分为间歇型和连续型，根据能量利用方式可分为单效、双效和复叠等形式。对于间歇型，制冷是间歇进行的，通常使用一台吸附器。连续型则是采用两台或两台以上的吸附器交替运行，从而实现连续吸附制冷。如果吸附制冷单纯由加热解吸和冷却吸附过程构成，则对应的制冷循环方式称为基本型吸附制冷循环；如果对吸附床进行回热，那么根据回热方式的不同，有两床回热、多床回热、热波和对流热波等循环方式。从技术上看，单效基本型和回热连续型现在较为成熟。

吸附制冷系统的性能系数 COP 不仅与循环方式有关，而且与制冷工质对的物性有关，COP 的变化范围较大。对于单效基本型和连续循环型，COP 一般小于 0.7；对于其他的吸附式循环，COP 虽可达到 1.0 以上，但大都处于理论分析和实验研究中。影响吸附式制冷的 COP 和性能的因素较多，主要包括吸附剂—制冷剂工质对的性能、工质的循环工况以及系统内的传热传质特性，这是吸附制冷研究的基本内容。

由于吸附制冷采用的吸附剂为多孔介质材料，其比表面积大，导热性能较差，吸附、解吸的时间长，单位制冷吸附剂的制冷功率小，吸附制冷设备较大。但吸附制冷采用非氟氯烃类介质作制冷剂，是较好的绿色环保材料。目前用得较多的吸附剂有活性炭、沸石等。

吸附制冷中常用的制冷剂有甲醇、氨和水等，其性能比较见表 3 - 9。

表 3 - 9　　　　　　　　　　　　　常用制冷剂的性能比较

氨	有毒、无污染、在某些浓度下易燃、与铜不相容、工作压力高、汽化潜热大、热稳定性好
甲醇	食入有毒、易燃、高温下与铜不相容、在 120℃ 以上不稳定、工作压力低、汽化潜热大
水	除工作压力低外，是一种相当好的制冷剂、不适于 0℃ 下的制冷

经过研究和实践，筛选出了一些性能较好的吸附剂——制冷剂工质对，表 3 - 10 是用于余热回收时几种常用工质对的空调工况性能模拟结果。从模拟结果以及实际应用情况来看，活性炭—氨、分子筛—水适用于使用 250℃ 的余热烟气，活性炭—甲醇、硅胶—水适用于 120℃ 以下的低品位热能利用。前者可用于冶金企业烟气的回收利用；后两组工质对主要用于太阳能吸附系统中。表 3 - 11 列出了应用较成熟的工质对及使用范围。

表 3 - 10　　　　　　　　　　几种常用工质对的空调工况性能模拟结果

工质对	活性炭—甲醇	活性炭—氨	分子筛—水	硅胶—水
蒸发温度（℃）	5	5	5	5
冷凝温度（℃）	32	32	32	32
解析温度（℃）	110	250	250	60
吸附温度（℃）	35	35	35	35
循环时间（min）	30	10	30	30
COP	0.29	0.25	0.32	0.39

表 3 - 11　　　　　　　　　　　　比较成熟的工质对及其使用范围

冷冻 $t < -20℃$	制冷 $t \approx 0℃$	空调 $t = 5 \sim 15℃$	采暖 $t \approx 60℃$	工业热泵 $t > 100℃$
沸石—氨	活性炭—甲醇	活性炭—氨 活性炭—甲醇 沸石—水 硅胶—水	活性炭—氨沸石—水	沸石—水

吸附式制冷技术作为一种有效利用烟气余热而又不对环境产生破坏的制冷技术正在受到重视。钢铁企业存在的大量 300℃ 以下的低温烟气，为该技术的使用和推广提供了丰富的低品位能源。

3.5.3　热泵应用实例

上海某纸业有限公司是生产高级涂布白纸板的专业企业，固定资产 4 亿元，公司生产的白纸板质量可替代进口产品。该公司生产所用蒸汽由热电厂提供。纸机烘缸原采用三段通汽方式（图 3 - 11），在实际运行中存在以下问题：一是烘缸蒸汽传热效率低，造成吨纸汽耗较大；二是纸机提速困难，产量难以提高；三是纸板生产品种变化时设备故障频繁，断纸现象比较严重；四是操作和控制复杂。

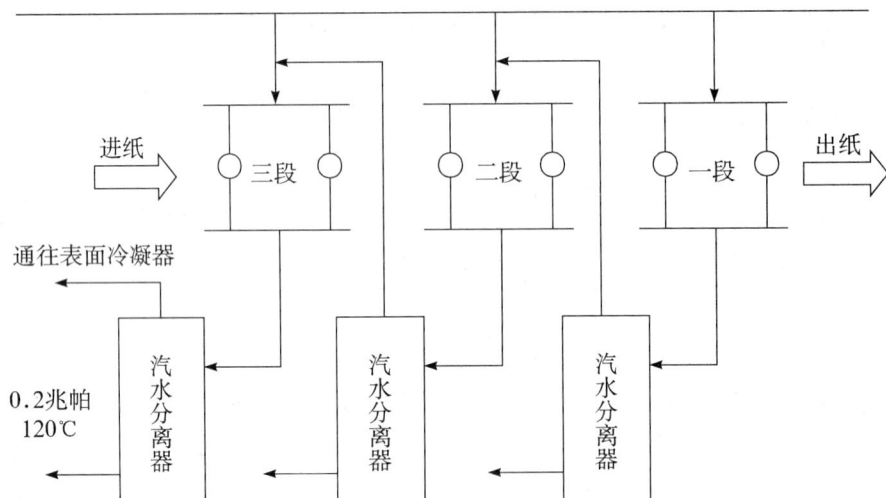

图3-11 三段抽汽方式

该公司原采用的图3-11所示的三段通汽方式是一种串联的逆向供热系统，即蒸汽流动方向和纸页运动方向相反，每段产生的冷凝水经汽水分离器产生二次蒸汽供下一段使用，从形式上讲蒸汽得到充分利用。当在实际运行中该系统存在一个缺点，由于是串联系统，各段烘缸压差较小（只有35千帕左右），所以在暖缸、纸机提速、调整车速和断纸等工况时易导致烘缸虹吸管排水不畅，使烘缸水位升高，影响传热效率，妨碍生产；另三段温度过高导致压榨后的纸面在烘缸干燥时易产生纸毛、卷曲等纸病和末级背压过高（0.2兆帕）。因此原系统不仅存在蒸汽浪费现象，而且影响纸品质量和产量。

为了解决上述问题，该公司采用喷射热泵控制系统（如图3-12所示），热泵以少量高压蒸汽（1.0兆帕）作为动力，高压蒸汽高速通过热泵喷嘴时产生的抽吸力（文丘利原理）将汽水分离器的二次蒸汽吸入热泵内，通过混合后获得高品位的蒸汽重新回用于烘缸中。热泵系统的控制采用流速控制方法，并应用计算机根据纸机的生产品种，对每组供缸的热平衡参数进行模拟计算，得到最佳的二次蒸汽流速控制参数。系统应用计算机通过调节热泵高压蒸汽阀门开度来控制二次蒸汽管道上的孔板前后压差不变，从而实现二次蒸汽流量恒定，保证烘缸水位最佳，使供缸传热效率最高，达到节约蒸汽、提高产品质量和产量的目的。

该项目总投资364.5万元，项目建设期为1个月，新系统使蒸汽的热能得到了充分利用，吨纸汽耗明显下降，纸机提速20%左右，设备的维修量也大大降低。经济效益非常显著。安装热泵控制系统之后，不仅使操作和控制简单化，而且能满足生产品种的频繁变化。

新系统具有以下特点：

（1）由于热泵的抽吸作用，能保持较高烘缸压差（可达70千帕左右），保证虹吸管冷凝水排水畅通，达到最佳传热效率。

（2）由于控制系统可靠，烘缸表面温度可维持在控制范围之内，便于暖缸、纸机提

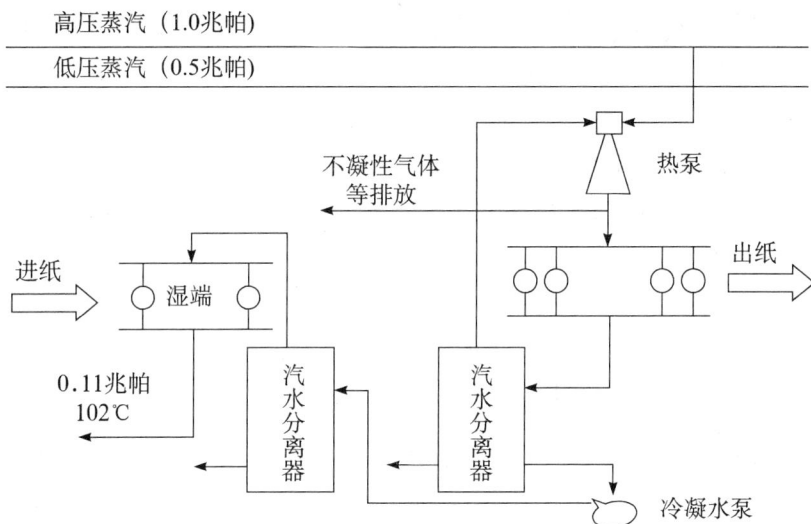

图 3 - 12 喷射式热泵系统

速、调整车速和断纸等工况调节。

（3）烘缸蒸汽中不凝性气体可连续排出，可防止不凝性气体在缸内积聚造成蒸汽传热效率降低。

（4）保证湿端烘缸表面温度 60 ~ 70℃，防止了纸病产生。同时使末端背压降低至 0.11 兆帕（改造前 0.20 兆帕），减少排放损失。

（5）用 1.25 千克的蒸汽即可干燥 1 千克的水分。

改造前，汽耗为 9.0×10^6 千焦/吨纸，改造后，汽耗降低到 7.5×10^6 千焦/吨纸以下，降低了 16.7%，平均每吨纸节约 1.5×10^6 千焦，年平均节约蒸汽 86359×10^6 千焦。蒸汽购进价格为 40 元/吉焦，年平均节能效益 345.4 万元。年减排二氧化碳达 7677 吨，项目投资回收期为 1.1 年。

喷射热泵控制系统能够降低蒸汽消耗，提高产量和质量，投资回收期短，节能效益十分显著。该系统采用电脑控制，自动化程度很高，操作简单。可替代目前造纸行业普遍采用的多段通汽方式，是未来纸机干燥部通汽的理想系统装置。

3.6 热管技术及应用

在众多的传热元件中，热管是人们所知的最有效的传热元件之一，它通过在全封闭真空管壳内工质的蒸发与凝结来传递热量，具有极高的导热性、良好的等温性、冷热两侧的传热面积可任意改变、可控制温度等一系列优点，将大量的热量通过很小的截面积远距离、高效地传输而无须外加动力。国际上对热管技术的研究和应用始于 20 世纪 60 年代，我国在这方面的研究应用始于 20 世纪 70 年代，当时主要侧重的方向为电子器件冷却和空间飞行器上的应用。20 世纪 80 年代初，我国的热管研究和开发重点转向节能和能源的合理利用，作为一项废热回收和工艺过程中热能利用的节能技术，取得了显著的经济效益，相继开发了热管气—气换热器、热管余热锅炉、高温热管蒸汽发生器等各类热管产品。由于碳钢—水重力热管的结构简单、价格低廉、制造方便、易于推广，使得热管产品得到了广泛的应用。工业领域余热回收用的热管换热器属非标产品，将根据各种设备规模、大小、使用情况和工艺条件的不同进行设计和制造。

3.6.1　热管原理

热传递通常可分为传导、辐射及对流三种。导热是指物质直接接触的一种传热过程，又称热传导。对流是由于液体或气体发生流动而引起的传热过程。辐射是物体以电磁波的形式向四周传播热能。此外，还有两种热传递现象，就是沸腾热传递（Boiling Heat Transfer）和冷凝热传递（Condensation Heat Transfer），也称沸腾换热和凝结换热。它们通常被包括在对流之中，近 20 年来已从其中独立而出。沸腾及冷凝在热传递中最特殊的一点就是它们和形态变化有关。当蒸发或冷凝时，液态和汽态互变之间所需的热量称之为汽化潜热。当液体沸腾时，液体汽化要吸收大量的汽化潜热，这种热传递现象称为沸腾换热。相反，当汽体开始冷凝成液体时要放出其潜热。这种热传递现象称为凝结换热。热管的传热现象，并不属于以上热传递中之任何一种，它是传导、蒸发、对流及冷凝等现象的组合。其导热量之大小比同体积的任何金属棒高千倍以上。

1. 热管基本结构和工作原理

（1）基本结构。

热管是一支真空封装的金属管，热管由壳体、吸液芯和工作液三个部分组成，如图 3 – 13 所示。

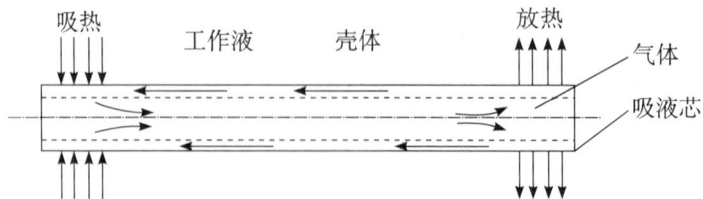

图 3 – 13　热管基本结构

热管壳体是一封闭容器，能承受一定压力并保持完全密封。在热管壳体的内壁上紧贴一层用毛细材料（多孔结构物）构成的吸液芯。在多孔的吸液芯层里充满了工作液，在热管受热时，工作液的汽态介质则充满热管的内腔，工作液是热管工作时的热传输介质。

（2）热管工作过程。

当热量从高温热源传进热管时，处于热管加热段内壁吸液芯中的工作液因吸热汽化而变成蒸汽，进入热管的空腔，通常热管的加热段也称汽化段。蒸汽不断进入空腔，使汽化段腔内压力逐步增大，蒸汽就向热管右端流动。如热管右端有冷源，蒸汽因放热而重新凝结成液体，并为右端管内壁的吸收芯所吸收，这段热管称凝结段。在汽化段和凝结段之间的区段因无热交换，只作为热的传输段，也称绝热段。

在汽化段，工作液在吸液芯内汽化逸出，使液体—蒸汽的界面退缩到吸液芯结构的里面，并形成弯月形的液凹面；它会产生一个附加压力（与液体表面张力系数成正比，与弯月形液面的曲率半径成反比），使吸液芯中工作液从凝结段回流到汽化段。这就能使热管工作连续进行。

在电子散热领域里，最典型的工作液体是水。使用圆柱形铜管制成的热管是最为常见的。热管内部抽成真空以后，在封口之前注入液体，因管内的压力极低，所以流体在约30℃时即可蒸发。热管内部的压力是由工作液体蒸发后的蒸汽压力决定的，且蒸发端蒸汽的温度和压力都稍稍高于热管的其他部分，因此，热管内产生了压力差，促使蒸汽流向热管内较冷的一端。当蒸汽在热管壁上冷凝的时候，蒸汽放出汽化潜热，从而将热传向了冷凝端。之后，热管的吸液芯结构使冷凝后液体再回到蒸发端。只要有热源加热，在导热管两端的平均温度差可以达到8℃，并随工作流体及管路长度有所不同。这种热管对传热效率影响的一个重要因素是热管安装的方式，散热端的管路一定要装得比吸热端高才能发挥效用。因此，当热管被弯折向上（即吸热端跟散热端呈90°），可以达到最大效率的95%以上。

总之，热管工作时要经历以下四个过程：一是管内吸液芯中的液体受热汽化。二是汽化了的饱和蒸汽向冷端流动。三是饱和蒸汽在冷端凝结放出热量。四是冷凝液体在吸液芯毛细力作用下回到热端继续吸热汽化。

（3）工作液。

热管的工作液要求：热稳定性好；与吸液芯及壳体材料有良好的亲和性；蒸汽压力要适合于工作温度；此外工作液也应具有潜热大、导热系数高、黏性小、表面张力大等特性。

低温用的热管（-200℃~常温）工作液有：氟利昂、氨、酒精、丙酮等。

中温（常温~250℃）用的有：氟利昂、水、丙酮、乙二醇醚等。

高温（200~400℃）用的有：联苯系热媒体、乙二醇醚，钠及锂的液态金属。

普通小热管常用工作液体及管材见表3-12。

表3-12　　　　　　　　　　小热管常用工作液体及管材

工作液体	工作温度（℃）	管材	寿命
氨	-40~100	铝	>10年
丙酮	0~120	铝、铜	>10年
水	20~250	铜	>10年

（4）吸液芯。

热管的吸热芯要求有强的毛细管作用力；润湿性好；流动阻力小；对工作液亲和性好。

常用的有金属丝网、金属编织物、纤维管、毡等。也可在内壁上开轴向螺旋细槽。其结构见图 3 - 14。各种吸液芯的性能见表 3 - 13。

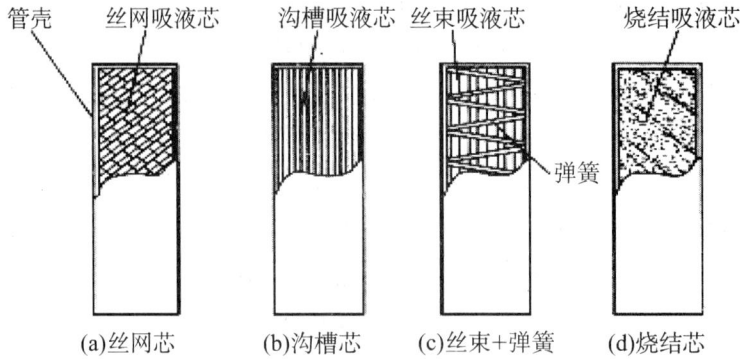

图 3 - 14　吸液芯示意图

表 3 - 13　吸液芯性能比较

种类	烧结	丝束 + 弹簧	丝网	沟槽
传输功率	大	大	较大	小
毛细力	大	大	较大	小
热阻	较大	大	中	小
稳定性	较好	中	好	好

2. 重力式热管

简单的热管可以不设置吸液芯，利用凝结段冷凝液的重力沿热管内壁下流，此为重力式热管，重力式热管必须垂直放置，工作液以水为主。典型的重力热管如图 3 - 15 所示，在密闭的管内先抽成真空，在此状态下充入适量工质，在热管的下端加热，工质吸收热量汽化为蒸汽，在微小的压差下，上升到热管上端，并向外界放出热量，凝结为液体。冷凝液在重力的作用下，沿热管内壁返回到受热段，并再次受热汽化，如此循环往复，连续不断地将热量由一端传向另一端。由于是相变传热，因此热管内热阻很小，热管的高导热能力与银、铜，铝等金属相比，单位重量的热管可多传递几个数量级的热量，所以能以较小的温差获得较大的传热率，且结构简单，具有单向导热的特点，特别是由于热

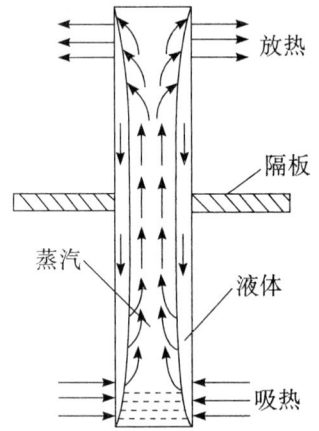

图 3 - 15　重力式热管

管的特有机理，使冷热流体间的热交换均在管外进行，这就可以方便地进行强化传热。此外，由于热管内部一般抽成真空，工质极易沸腾、蒸发，热管启动非常迅速。

3. 热管的可靠性

热管是利用相变来进行传热的，没有输送工质的动力设备，无须设备维修。但是一定要保持完全密封，任何泄漏均会使热管失效；另外，如管内产生非凝性气体，也会使工作恶化。在使用中要防止外部腐蚀，振动及冲击等，在制造时要特别注意管内清洗、密封技术。美国对热管进行了 8 年的试验并提出了研究报告，获得工作液与管材的组合方案，见表 3 - 14。

表 3 – 14 工作液与管材的组合

工 作 液	适用材料	不适合材料
氨	铝、碳钢、镍、不锈钢	
丙酮	铜、硅	
甲醇	钢、不锈钢、硅	
乙醇	铜、不锈钢	铜
水	铜、镍铜合金	铝
高沸点有机溶液	铜、硅	不锈钢、铝、硅、碳钢、镍铬铁合金
液态钠、液态钾	不锈钢、镍铬铁合金	钛
萘	铝、不锈钢、碳钢	
联苯	不锈钢、碳钢	
汞	奥氏体不锈钢	
锂	钨、钽、钼、铌	

从表 3 – 14 中可见，铜材除了在低温时不能与氨组合、高温时不能与液态金属组合外，几乎对所有工作液都适合。而且铜的传热性能和加工性能都较好，所以使用面很广。作为工作液的水，可应用于200℃以下的热管中。铜对不含氧和不含电解质的水来说，几乎不会发生化学反应。但工作液为水的铜热管使用最会分解出氢气，破坏热管的传热特性。

3.6.2 热管在工业领域应用

热管这种传热元件，可以单根使用，也可以组合使用，根据用户现场的条件配以相应的流通结构组合成各种形式换热器用于工业领域。热管换热器具有传热效率高、阻力损失小、结构紧凑、工作可靠和维护费用少等优点，它在空间技术、电子、冶金、动力、石油、化工等各种行业都得到了广泛的应用。

热管换热器属于热流体与冷流体互不接触的表面式换热器。热管换热器显著的特点是结构简单，换热效率高，在传递相同热量的条件下，热管换热器的金属耗量少于其他类型的换热器。换热流体通过换热器时的压力损失比其他换热器小，因而动力消耗也小。由于冷、热流体是通过热管换热器不同部位换热的，而热管元件相互又是独立的，因此即使有某根热管失效、穿孔也不会对冷、热流体间的隔离与换热有多少影响。此外，热管换热器可以方便地调整冷热侧换热面积比，从而可有效地避免腐蚀性气体的露点腐蚀。热管换热器的这些特点正越来越受到人们的重视，其用途亦日趋广泛。

从热管换热器结构形式来看，热管换热器又分为整体式、分离式和组合式。

1. **整体式热管换热器**

（1）整体式热管换热器的分类。

热管的蒸发段和冷凝段同处于一个整体的上、下两个空间，以流过热管两端流体的种类可分为：

1）气—气式热管换热器，冷、热流体均为气体，如热管式空气预热器。

2）气—液式热管换热器，冷流体为液体，热流体为气体，如热管式省煤器。

3）气—汽式热管换热器，冷流体侧产生蒸汽，热流体为加热气体，如热管式蒸汽发生器（余热锅炉），其中又可分为：

①分离套管式热管蒸发器。产汽部分与汽包分开布置，通过上升管和下降管连接。

②冷凝段直插汽包式（俗称子弹头式）热管蒸汽发生器。产汽部分与汽包同处一空间，不需要上升管和下降管。此外，热源还可是由电加热产生的上述各种热管换热器。

（2）整体式热管换热器特点。

1）热效率高，热管的冷、热侧均可根据需要采用高频焊翅片强化传热，弥补一般气—气换热器换热系数低的弱点。

2）有效地避免冷、热流体的串流，每根热管都是相对独立的密闭单元，冷、热流体都在管外流动，并由中间密封板严密地将冷、热流体隔开。

3）有效地防止露点腐蚀，通过调整热管根数或调整热管冷热侧的传热面积比，使热管壁温提高到露点温度以上。

4）有效地防止积灰，换热器设计可采用变截面结构，保证流体进出口等流速流动，达到自清灰的目的。

5）无任何转动部件，没有附加动力消耗，不需要经常更换元件，即使有部分元件损坏，也不影响正常生产。

6）单根热管的损坏不影响其他的热管，同时对整体换热效果的影响也可忽略不计。

2. 分离式热管换热器

（1）分离式热管换热器的分类。

分离式热管换热器也是利用工质的汽化—凝结来传递热量的，只是热管的蒸发段和冷凝段分开布置，不同处于一个整体，用蒸汽上升管与冷凝液下降管相连接，可应用于冷、热流体相距较远或冷、热流体绝对不允许混合的场合。分离式热管换热器也分为气—气、气—液、气—汽三种形式。其工作原理如图 3-16 所示。

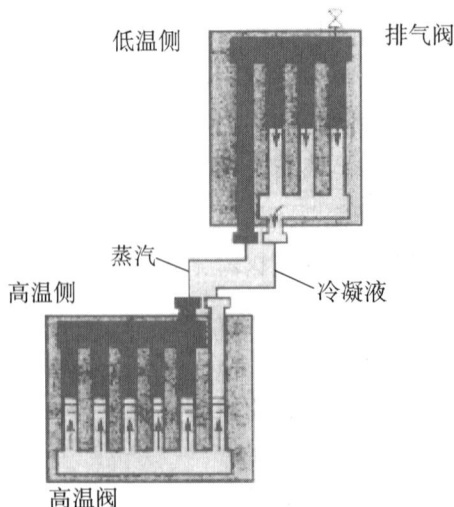

图 3-16 分离式热管换热器工作原理图

它是由通过热流体的换热器、冷流体的换热器及蒸汽上升管、冷凝液下降管组合而成的。换热器主要由壳体和管束组成。壳体是一个钢结构件，它分别是热流体和冷流体的流通通道，壳体的上顶、下底、两侧均设有内保温层。每台壳体内均装有若干片彼此独立的管束。受热段和放热段相对应的各片管束通过蒸汽上升管和冷凝液下降管连接，构成各自独立的封闭系统。

（2）分离式热管换热器的特点。

1）装置的受热段和放热段可视现场情况分开布置，可实现远距离传热，这就给工艺设计带来了较大的灵活性，也给装置的大型化、热能的综合利用以及热能利用系统的优化创造了良好的条件。

2）工作介质的循环依靠冷凝液的位差和密度差的作用，不需要外加动力。无机械运行部件，增加了设备的可靠性，也极大减少了运营费用。

3）放热段与受热段彼此独立，易于实现流体分割、密封，因而能适用于易燃易爆等危险性流体的换热，并且也可实现一种流体与多种流体的同时换热。

4）受热段与放热段管束可根据冷、热流体的性能及工艺要求选择不同的结构参数和材质，从而可有效地解决设备的露点腐蚀和积灰问题。

5）根据工艺要求，可以将流体顺、逆流混合布置，以适应较宽的温度范围。

6）系统换热元件由多片热管管束组成，各片之间相互独立，因此，其中一片甚至几片损坏或失效不会影响整个系统的安全运行。

3.6.3　热管应用实例

1. 热管式省煤器

山东省德州化肥厂2×35吨/小时循环流化床锅炉将造气炉渣和无烟煤末按5∶7掺混作燃料，产生3.82兆帕压力蒸汽用于发电。在动力行业燃用无烟煤本身就存在磨损严重的问题，而化肥厂锅炉烟气中又携带有大量焦化状态的造气炉渣，硬度高，使用1年左右，蛇形管磨损严重，平均1个月就发生一次泄漏，必须停炉检修，而氮肥企业特别强调连续、长期、稳定。由于没有好的解决办法，有的企业甚至不得不投资上百万元建一台炉备用。天津华能集团能源设备有限公司开发的热管省煤器在该氮肥企业热电联产中得到应用，成功解决了钢管省煤器磨损问题，提高了换热效率。在35吨/小时锅炉上运行热管式省煤器取得显著效果后，又将其成功地应用到75吨/小时循环流化床锅炉上。该炉原蛇形钢管式结构的省煤器布置在锅炉对流烟道转弯后的竖井中，如图3-17、图3-18所示。

省煤器每组蛇形管为62根直径2~3.5毫米无缝管，

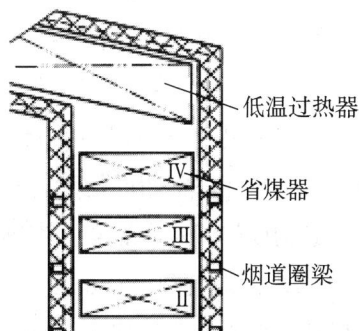

低温过热器

省煤器

烟道圈梁

图3-17　省煤器布置示意图

第一排和弯头处设有防磨罩。省煤器使用 1 年左右就开始频繁泄漏，有时间隔不到 1 个月。经检查发现，绝大多数发生在第一组竖井外侧换热管损坏，每次漏 3~8 支管子不等。用户只能被动地哪坏修哪，不漏的管子也无法确定是哪支在何时会损坏，无法做到有计划的停炉检修，严重干扰化肥厂正常生产。

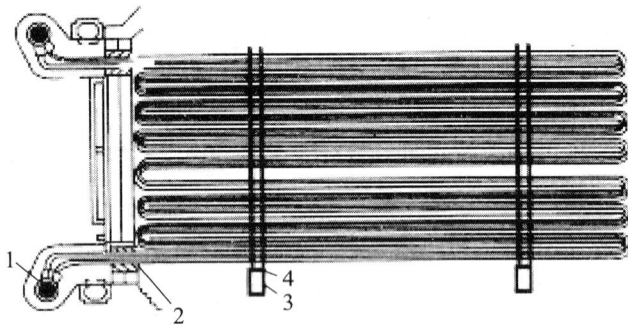

图 3-18　钢管式省煤器结构

1—集箱；2—蛇形管；3—空心支持梁；4—支架

显然，冲刷磨损是省煤器泄漏的主要原因，也是钢管省煤器的通病，主要原因如下：

1）循环流化床燃烧方式烟气含灰量大。主燃室后虽有除尘器，但烟气含灰量达 20 克/标准立方米，是非沸腾炉的 3 倍以上。

2）作为燃料煤之一的造气炉渣硬度高。造气炉渣硬度是普通烟尘的 5 倍，含这种颗粒的烟气对省煤器的冲刷磨损是普通烟气的 3 倍。

3）省煤器的布置。由于离心作用使靠近竖井后墙处的烟气含灰粒浓度最大。故省煤器靠近后墙处的管子磨损最为严重。

4）省煤器的结构。钢管省煤器由一系列蛇形管组成，通过联箱连接，管内给水都是串通的，有一根或数根管损坏，都会造成整台设备泄漏，导致停炉检修。

综上所述，省煤器泄漏并不是蛇形管束全部损坏，而是局部磨损引起的。现有省煤器虽然在以上易磨损部位加装了防磨罩，但无法从根本上解决问题。而采用热管技术的换热设备具有冷、热两种介质完全分离，不因单支热管的损坏而互相串液的特性，完全可以根据生产的需要对省煤器进行定期检修，并且在检修时只更换损坏部分即可，不用担心发生省煤器泄漏。

（1）热管式省煤器构造。

工业热管常用的是碳钢—重力热管，热管结构如图 3-19 所示。由热管、套管焊接在一起构成热管式省煤器。该热管采用天津华能集团能源设备厂的镍基钎焊热管，热管直径 38 毫米，烟气侧绕有厚度 $\delta = 1.5 mm$ 的翅片。水侧套管直径分别为 57 毫米和 89 毫米。为保证水侧阻力降，用两根 89 毫米套管并联。

部件分成三部分：

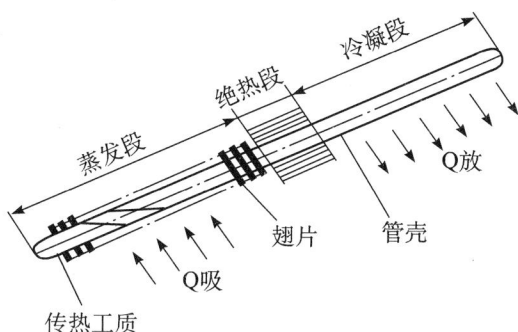

图 3 - 19　热管结构示意图

1）布置在烟道内——烟气段，热管的加热段（直径 32 ~ 38 毫米）表面绕有翅片，下端由管板固定。

2）布置在烟道外部分——水段，直径 57 毫米和直径 89 毫米两种套管与热管冷却段焊接，构成软水通道。

3）绝热段，热管中部的耐火材料将烟道和水道隔离开，避免烟尘直接冲刷水侧套管。10 ~ 15 组部件组成一组热管式省煤器，且与水平方向成 15°角。如图 3 - 20 所示。

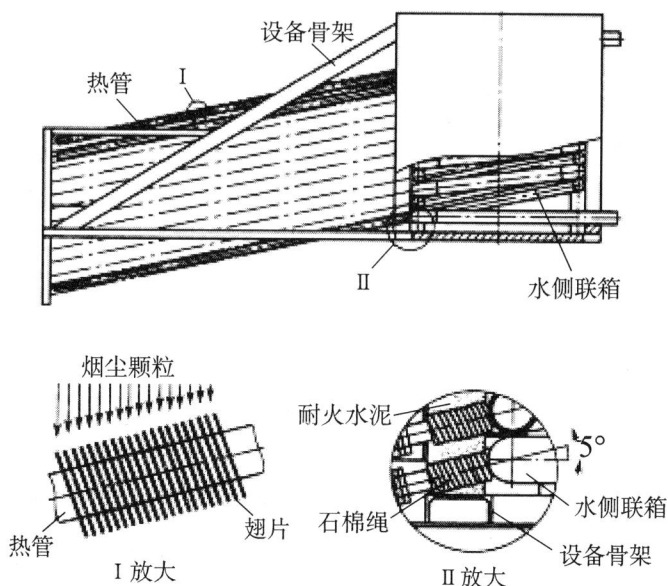

图 3 - 20　热管式省煤器结构

（2）改造方案。

改造时将原省煤器全部拆除，同时拆除烟道外侧墙面，将原工作平台平行外移 500 毫米，再根据热管省煤器的支承位置，重新架设横梁。热管省煤器的烟气侧置于烟道内，水侧置于烟道外，组与组之间被耐火材料封死。检查孔由原位置转移到两侧布置，取消了集箱管，如图 3 - 21 所示。

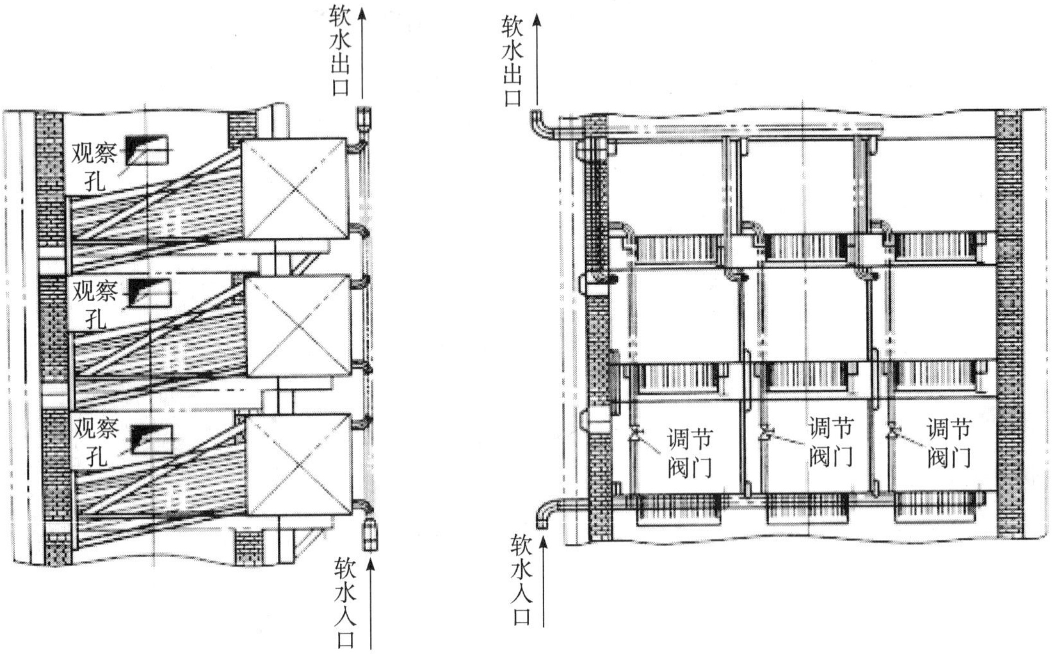

图 3 - 21 热管式省煤器安装示意图

该锅炉省煤器的改造试运行多年来，虽有个别热管元件因冲刷损坏，但从没有发生省煤器泄漏事故，解决了原省煤器的不定期损坏难题，使该锅炉的利用率每年提高 30 天以上。改造前后的技术参数对比见表 3 - 15。

表 3 - 15   改造前后参数对比

参数	烟气进口温度（℃）	烟气出口温度（℃）	烟气流速（m/s）	烟气侧压降（kPa）	换热面积（m²）	热效率（%）	设备质量（t）	使用周期
改造前	570	240	8.33	55.4	500	57.9	35	1 年
改造后	570	210	9.50	65.0	2000	63.2	62	3 年以上

对比改造前后使用效果，应用热管式省煤器具有以下几个特点。

1）可定期检修。水侧与烟气隔离，磨损只发生在热管的加热段。由于热管两端封闭，加热段损坏，冷却段仍完好，某支热管损坏，只是热效率有所降低，不影响其他热管传热，省煤器仍可正常工作，软水不会泄漏到烟气侧。可根据化肥厂实际需要和热管损坏情况定期安排检修。

2）更换简便，检修费用低，由于热管省器由多个部件在炉墙外由管道连在一起，取消了炉墙外的集箱，检修热管省煤器时，只需用备件将损坏部件更换，大大提高了锅炉的利用率。

3）与普通省煤器有一定的互换性。

4）使用寿命长。使用寿命都可达到原列管省煤器 3 倍以上。

热管省煤器虽然存在以上多种优势，但也存在着一些不足之处：如一次性投资较大、安装空间限制、锅炉压力限制、焊接质量要求高等，有待进一步完善。

2. 热管式换热设备

（1）热管式余热锅炉。

天津华能集团能源设备有限公司开发的专利产品气—汽型余热锅炉是一种适应性强、应用范围广、结构新颖的高效换热设备，已在化工、化肥企业的余热回收中得到广泛应用。

热管式余热锅炉结构见图3-22，由外筒体、内筒体、饱和汽包、热管四部分组成。工作时废气（或工艺气）由上部进入，经外筒体和内筒体之间的环隙流动，经热管换热后废气由下部排出；水由内筒体下部进入，经热管加热后，进汽包，汽水分离后，产生饱和蒸汽，直接使用或继续加热成过热蒸汽。

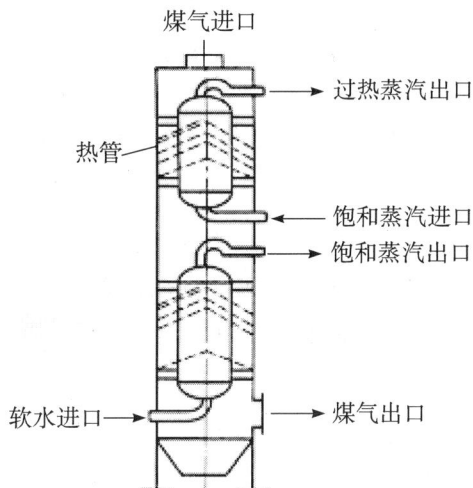

图3-22　热管式余热锅炉

该热管式余热锅炉主要优点如下。

1）设备截面呈圆形，承受压力效果好，当气侧承压或有压力突变时，不致发生变形而使气体短路造成换热效果下降，也不会产生焊缝开裂泄漏事故，占地面积小。

2）由于热管采用辐射形布置方式，故有足够大的流通面积，最大流速小于6米/秒，避免了热管磨损现象发生，另外此设备应用了引进美国新技术——镍基钎焊翅片管工艺，其表面硬度比低碳钢高数百倍，大大提高了耐冲刷磨损性能，翅片焊透力可以达到100%，效率明显提高，镍铬合金保护层可以提高耐腐蚀的能力。

3）设备阻力小，工艺系统中不会因加装该设备而影响系统正常运行。

4）热管单支点固定内筒体上，从而消除了热管因热胀冷缩所发生的疲劳应力。

5）热管式余热锅炉适于腐蚀性、高粉尘的气体的余热利用，能有效调整冷热面积比，从而避开低温腐蚀。

（2）使用实例。

1）化肥生产余热回收。化肥企业"半水煤气"温度在350℃左右，余热回收时使用普通废热锅炉存在严重的堵、腐、漏、磨问题，设备寿命短，长的一年，短的几个月，严重者甚至造成系统停车损失。热管余热锅炉的应用，成功地解决了上述问题，用户普遍反映阻力小、热效率高、使用寿命长，运行稳定可靠，使化肥企业"两煤变一煤"成为现实。目前，该设备已在全国20多个省份400多家化肥厂得到了成功的应用，使用最长的已达8年之久。

2）化工生产余热回收。无机化工生产中，利用煤气做干燥、煅烧热源生产工艺较多，如磷酸盐中五钠聚合工段、冰晶石煅烧、白炭黑干燥等，在这些工艺中，都要求气源尽可能干净。煤制气传统工艺是煤、水、空气反应生成煤气，经双束管洗涤、降温，再经洗涤塔洗涤，然后除焦脱硫，才可使用。此工艺中，不仅煤气中的显热白白洗掉，还浪费了水电。江苏某磷化工企业的一台煤气炉进行了余热利用改造。改造中，只在双束管前加一台热管余热锅炉，煤气先回收余热降温后再进双束管，其他不变。该煤气炉直径直径3000毫米，产气量5000～6000立方米/秒（标准），煤气温度350～550℃，回收的热量产生0.4兆帕的饱和蒸汽，用于干燥热源。经实测产汽500～900千克，三四个月即可收回投资。

3）工业窑炉余热回收。目前国内水玻璃产量逐年扩大，传统工艺是煤气做热源，纯碱和石英沙为原料，煅烧后产生350℃左右尾气直接排放。石家庄某厂制订了改造方案是在原烟道上加一闸板，增加一旁路烟道并安装热管式余热锅炉，回收的热量供采暖和洗浴，取得显著效果。

在无机化工生产中，还有很多可利用热能白白耗掉，如钡锶盐煅烧尾气（温度500～600℃）、石灰窑尾气、五钠聚合炉尾气等，这些腐蚀性高灰尾气均适合应用热管技术，可节能降耗，减少污染。

3.7　板式换热器的应用 *

3.7.1　板式换热器

换热器亦称热交换器（heat exchanger）是合理利用与节约现有能源，开发新能源的关键设备。作为热交换器，与一般的热力设备不同，无所谓供给和有效，也无所谓输入和输出，换热器随其应用场合可分为加热器、冷凝器、预热器、蒸发器、再沸器、冷却器、深冷器等。为了节能降耗，利用换热器进行余热回收来节煤、节油、节电、节水、节汽是目前最为有效的节能方法。因此，对换热器节能技术的掌握及合理评价有着十分重要的意义。

板式换热器是由一系列具有一定波纹形状的金属片叠装而成的一种新型高效换热器。

各种板片之间形成薄矩形通道，通过半片进行热量交换。板式换热器是液—液、液—汽进行热交换的理想设备。它具有换热效率高、热损失小、结构紧凑轻巧、占地面积小、安装清洗方便、应用广泛、使用寿命长等特点。在相同压力损失情况下，其传热系数比管壳式换热器高 3～5 倍，占地面积为管壳式换热器的三分之一，热回收率可高达90%以上。目前被广泛地应用在采暖、生活热水、空调、化工等领域。板式换热器热交换面积大，换热效率较高，但其流通的通道截面积相对较小，流通阻力大，在安装、使用过程中，极易产生故障和能源浪费，出现运行不正常现象，需要注意这些问题。

3.7.2 板式换热器的特点

板式换热器与管壳式换热器的比较：

（1）传热系数高。由于不同的波纹板相互倒置，构成复杂的流道，使流体在波纹板间流道内呈旋转三维流动，能在较低的雷诺数（一般 Re = 50～200）下产生紊流，所以传热系数高，一般认为是管壳式的 3～5 倍。

（2）对数平均温差大，末端温差小。在管壳式换热器中，两种流体分别在管程和壳程内流动，总体上是错流流动，对数平均温差修正系数小，而板式换热器多是并流或逆流流动方式，其修正系数也通常在 0.95 左右，此外，冷、热流体在板式换热器内的流动平行于换热面、无旁流，因此使得板式换热器的末端温差小，对水换热可低于1℃，而管壳式换热器一般为5℃。

（3）占地面积小。板式换热器结构紧凑，单位体积内的换热面积为管壳式的 2～5 倍，也不像管壳式那样要预留抽出管束的检修场所，因此实现同样的换热量，板式换热器占地面积约为管壳式换热器的1/5～1/8。

（4）容易改变换热面积或流程组合。只要增加或减少几张板，即可达到增加或减少换热面积的目的；改变板片排列或更换几张板片，即可达到所要求的流程组合，适应新的换热工况，而管壳式换热器的传热面积几乎不可能增加。

（5）重量轻。板式换热器的板片厚度仅为 0.4～0.8 毫米，而管壳式换热器的换热管的厚度为 2.0～2.5 毫米，管壳式的壳体比板式换热器的框架重得多，板式换热器一般只有管壳式重量的1/5 左右。

（6）价格低。采用相同材料，在相同换热面积下，板式换热器价格比管壳式低40%～60%。

（7）制作方便。板式换热器的传热板是采用冲压加工，标准化程度高，并可大批生产，管壳式换热器一般采用手工制作。

（8）容易清洗。框架式板式换热器只要松动压紧螺栓，即可松开板束，卸下板片进行机械清洗，这对需要经常清洗设备的换热过程十分方便。

（9）热损失小。板式换热器只有传热板的外壳板暴露在大气中，因此散热损失可以忽略不计，也不需要保温措施。而管壳式换热器热损失大，需要隔热层。

（10）容量较小。是管壳式换热器的 10% ~ 20% 。

（11）单位长度的压力损失大。由于传热面之间的间隙较小，传热面上有凹凸，因此比传统的光滑管的压力损失大。

（12）不易结垢。由于内部充分湍动，所以不易结垢，其结垢系数仅为管壳式换热器的 1/3 ~ 1/10 。

（13）工作压力不宜过大，介质温度不宜过高，有可能泄露。板式换热器采用密封垫密封，工作压力一般不宜超过 2.5 兆帕，介质温度应在低于 250℃ 以下，否则有可能泄露。

（14）易堵塞。由于板片间通道很窄，一般只有 2 ~ 5 毫米，当换热介质含有较大颗粒或纤维物质时，容易堵塞板间通道。

根据以上工作特点，板式换热器较适宜于小容量，压力 <1.5 兆帕，温度 ≤150℃ 的工况。在此范围内，可与管壳式换热器竞争。介质结垢性或腐蚀性强、需经常拆洗检修、需用贵重金属制造、黏度大时，板式换热器较为合适；板式换热器中流体呈膜状流动；停留时间短，对于快速蒸发、热敏性物料的处理特别有利。

3.7.3 板式换热器选型时应注意的问题

（1）板型选择板片型式或波纹式应根据换热场合的实际需要而定。对流量大允许压降小的情况，应选用阻力小的板型，反之选用阻力大的板型。根据流体压力和温度的情况，确定选择可拆卸式，还是钎焊式。确定板型时不宜选择单板面积太小的板片，以免板片数量过多，板间流速偏小，传热系数过低，对较大的换热器更应注意这个问题。

（2）流程和流道的选择。流程指板式换热器内一种介质同一流动方向的一组并联流道，而流道指板式换热器内，相邻两板片组成的介质流动通道。一般情况下，将若干个流道按并联或串联的方式连接起来，以形成冷、热介质通道的不同组合。流程组合形式应根据换热和流体阻力计算，在满足工艺条件要求下确定。尽量使冷、热水流道内的对流换热系数相等或接近，从而得到最佳的传热效果。因为在传热表面两侧对流换热系数相等或接近时传热系数获得较大值。虽然板式换热器各板间流速不等，但在换热和流体阻力计算时，仍以平均流速进行计算。

（3）压降校核在板式换热器的设计选型。一般对压降有一定的要求，所以应对其进行校核。如果校核压降超过允许压降，需重新进行设计选型计算，直到满足工艺要求为止。

3.8 典型行业的余热利用

3.8.1 钢铁企业余热利用

1. 钢铁企业余热、副产煤气的回收利用

钢铁冶炼过程伴随产生着数量可观的可用副产品，例如焦炉煤气、高炉煤气、转炉

煤气。副产煤气的能值高，发生量大，合理利用好，对企业的降耗减排工作产生重大影响。

按钢铁企业主体工序，将其可利用余热和副产煤气大致划分如下：

炼焦：干法熄焦、导热油换热、上升管余热，副产品为焦炉煤气。

烧结球团：烧结矿、球团显热，烟气余热。

炼铁：高炉炉顶压差；热风炉烟气余热、炉渣水淬余热、高炉炉壁冷却水余热；副产品为高炉煤气。

炼钢：烟气余热；转炉炉壁冷却水、连铸机冷却水余热，连铸（小方）坯显热；副产品为转炉煤气。

轧钢：加热、均热炉烟气余热、轧辊冷却水余热、轧材显热。

钢铁企业的余压、余热、副产煤气除用于下道工序生产加热、预热、供暖、供生活热水外，发电是其有效的利用途径，如干熄焦余热发电（CDQ）技术，高炉炉顶压差发电（TRT）技术，高炉、焦炉、转炉混合煤气燃气联合循环发电（CCPP）技术等。

2. 干熄焦余热发电技术

在炼焦炉中烧成的焦炭温度达 1000℃ 左右，传统熄焦工艺为湿法熄焦，即水熄焦。由焦炉推出的炙热翻焦，由运焦车送入熄焦塔。在熄焦塔，自上而下喷洒冷却水，使红热的焦炭迅速降温，变成黑灰色商品焦炭。同时，粉尘和余热资源排向大气，既浪费了能源资源，又污染了环境。

为了回收赤焦的这部分能量。在密闭的装置内，用循环氮气惰性气体熄灭赤焦，利用被加热后的高温气体通过余热锅炉可产汽发电。所谓"干熄焦发电技术"，就是将炙热焦炭推入带夹层的罐内（类似暖水瓶）。通过管路，使惰性气体氮在焦罐夹层和余热锅炉间流动，从而代替宝贵的水去熄灭火红的焦炭。焦炭罐高温夹层冷却炙热焦炭所产生的高温氮气，由管路进入余热锅炉，生产高温高压蒸汽带动汽轮机旋转、发电。

一般每吨焦炭可生产压力为 3.9 兆帕（40 千克/平方厘米）、400℃ 的蒸汽 0.45 吨（最高可达 0.61 吨），同时还节约了大量的冷却水，提高了焦炭的质量。我国宝钢引进的干法熄焦装置，按设计年产焦炭 171 万吨，每年相当于回收 8.97 万吨标准煤，每吨焦炭可节约 52.5 千克标准煤。

干法熄焦技术（CDQ）可以回收赤焦显热的 80%。干法熄焦不但能使炼焦炉的有效热量得到重复利用，节约了燃料，而且提高了焦炭的质量，更符合冶金用焦的需要，能使高炉炼铁焦比下降 2%~2.5%，产量提高 1%。宝钢、武钢、杭州钢铁厂、通化钢铁厂等企业干法熄焦已降低焦化工序能耗近 70 千克/吨。

例如，杭州钢铁厂投资 1.4 亿元，建设了节能环保的干熄焦发电工程，既充分回收了红焦显热，又改进了焦化厂生产工艺，年产蒸汽 25 万吨，增加经济效益 1300 多万元。目前，杭州钢铁厂以余热、余压为动力的杭钢热电一厂出力 1.2 万千瓦以上，年发电量已占杭钢自备电厂发电量的 18.5%。

3. 高炉炉顶压差发电（TRT）技术

为使炼铁高炉炉膛中的烧结（铁）矿融化成铁水，需高炉底部的高压鼓风系统向高炉炉膛送风，以使焦炭燃烧产生 1300℃ 以上的温度，炉内高温融化烧结矿成铁水和炉渣。与此同时，进入高炉炉膛的高压空气和未燃尽的一氧化碳（高炉煤气）等气体，在炉膛高温下膨胀，产生很高的炉顶压力。当高炉炉顶煤气压力大于 120 千帕时，可通过管路引入透平机，且在这里膨胀，使透平机转子旋转，带动其共轴发电机发电。这一发电类型称为高炉炉顶压差发电，其英文缩写为 TRT。

TRT 发电量取决于高炉炉顶气体（含高炉煤气）压力、气体发生量和温度。TRT 发电可达 20～40 千瓦时/吨铁；再加上干法除尘工序，可提高发电能力 36%。TRT 能将高炉鼓风动能的 30% 回收。目前，TRT 的最好指标是 56 千瓦时/时铁。据预测，目前我国高炉炉顶压差的发电潜力计算值约为 110 亿千瓦时/年，相当于一座大城市的年用电量。

容积 300 立方米以下小规模炼铁高炉的炉顶压力、气体发生量和温度，不适于上高炉炉顶压差发电（TRT）技术。

4. 高炉、焦炉、转炉混合煤气联合循环发电（CCPP）技术

钢铁企业生产过程中所用煤炭（不包括动力用煤）能值的 34.12% 转换为可燃气体，主要形式为高炉煤气、转炉煤气和焦炉煤气。高炉煤气发热值 2800～3500 千焦/立方米，发生量 1700～2000 立方米/吨铁；转炉煤气发热值 7000～8400 千焦/立方米，发生量 80～120 立方米/吨钢；焦炉煤气发热值 17000～19500 千焦/立方米，发生量 350～430 立方米/吨焦。

工业发达国家钢铁企业副产煤气的 2/3 用于本企业各生产工序，1/3 用于发电，其电量可满足本企业用量的一半左右。我国钢铁企业应当最大限度地用好副产煤气，将本企业的燃煤、燃油炉窑全部改为副产煤气炉窑；在副产煤气仍有富裕的条件下，通过高炉、焦炉、转炉混合煤气联合循环发电方式，进一步提高其副产煤气利用水平。

混合煤气联合循环发电技术原理是将回收的高炉、焦炉、转炉副产煤气，经干式除尘、提取有用化学成分、去氧净化后，输入巨型煤气柜储存，混合成高炉、焦炉、转炉混合煤气。巨型煤气柜储存的高炉、焦炉、转炉混合煤气经管路进入混合煤气联合循环发电机组的燃气透平燃烧、膨胀，并带动和燃气透平共轴的发电机转子旋转、发电。由燃气透平排出的炙热烟气进入自下而上或自前而后依次布置的（或余热锅炉的）过热器、蒸发器和预热器（或省煤器），产生高温高压蒸汽，经管路送往混合煤气联合循环发电机组的蒸汽透平（汽轮机）并在那里膨胀，带动汽轮机转子旋转；3000 转/秒高速旋转的汽轮机转子拖动和其共轴的发电机转子旋转，切割磁力线进行混合煤气联合循环发电机组的二次发电。

由于燃气联合循环发电机组两次利用了混合煤气的能量，混合煤气联合循环发电机组的混合煤气利用效率达60%以上，并最终确保排放到大气的排气温度在100℃以下。

5. 钢铁企业其他形式余热发电技术和余热利用

（1）烧结矿显热回收发电技术。

热烧结矿出炉温度在700～800℃，采用热交换技术生成蒸气发电，可以回收烧结矿显热能量24千克/吨，扣除设备运行耗能，可以降低烧结工序能耗10千克/吨。

（2）高炉炉渣显热回收发电技术。

高炉炉渣出炉温度1350～1450℃，其显热占高炉支出热量的5.55%，开展炉渣显热回收很有意义。在一个旋转的圆筒内用高压水或风去淬炉渣会产生高热蒸汽或气体，再用热交换技术生成发电机组用蒸汽，进而拖动蒸汽轮机旋转、发电。同时，采用该技术炉渣粒度可细化还可以节水，既回收了能量，又减少了对环境的污染。

3.8.2　水泥企业余热利用

1. 纯低温余热发电

纯低温余热发电技术是不消耗化石燃料，只利用新型干法水泥生产线窑头、窑尾排放的3500℃以下低温废气进行余热发电的技术。我国水泥窑余热纯低温发电技术、热力循环技术和自主开发的相应设备都已成熟可靠，尤其是补汽式汽轮机技术研发取得突破，新干法水泥生产线余热发电技术及装备的总体水平已接近国际先进技术，但汽轮机效率和尾气余热利用率、用电自给率与发达国家相比仍有些差距。

2. 技术原理

传统工艺水泥窑350℃以下余热废气排放量很大，为了充分利用这些低温热源，新型干法水泥生产线余热发电大多已采用双压锅炉系统。双压锅炉系统可使210～350℃相对高温烟气热源产生较高参数的蒸汽；100～210℃相对低温烟气热源产生较低参数蒸汽，从而使能量分布更加合理，系统更能充分吸收低参数热量，增加了发电动力。

对于水泥窑纯低温余热发电来说，为了提高热力循环系统效率，一般应尽量提高主蒸汽参数。即主蒸汽参数选取要尽可能接近废气温度上限350℃，一般选择为1.7兆帕，330℃。为产生1.7兆帕的主蒸汽，其饱和温度应为204℃。350℃以下烟气产生主蒸汽后，余热锅炉排出的烟气温度仍在210℃以上。如果直接排放，不仅造成能源浪费，还对环境产生热污染。双压锅炉系统可以充分利用100～210℃这部分余热，其余热发电后，排气温度在90～100℃，使占水泥生产总排废气热量17%～20%的主蒸汽后余热仍能得到有效利用。

双压系统配置为：

窑头（AQC）双压余热锅炉系统，它吸收210～350℃以上烟气热量，产生参数为1.7兆帕、330℃高压蒸汽；

窑尾（SP）余热锅炉系统，它吸收 100～210℃ 烟气热量，产生参数为 0.45 兆帕、165℃ 低压蒸汽。

3. 纯低温发电效益

纯低温余热发电，能将水泥生产的综合热废弃率从 40% 左右降低到 10% 以下，经济效益明显。纯低温余热发电已达 30～40 千瓦时/吨熟料指标，水泥厂用电自给率达 33% 以上，经济效益可观；窑头、窑尾废气通过余热锅炉再利用，烟气排放温度进一步降低到 100℃ 以下，环保效益显著。

水泥行业淘汰高能耗立窑、湿法窑水泥生产技术，以新型干法生产线进行技术改造时，应加设纯低温余热发电装置，以充分利用尾气余热发电，回收烟气余能。

4. 应用实例

水泥单产 5000 吨/天的辽源金刚水泥厂烟气余热双压锅炉发电系统（见图 3-23），于 2006 年 9 月 27 日一次并网发电成功。在不增加热耗的条件下，吨熟料发电量 37 千瓦时/吨以上，实际发电功率 7726 千瓦，自用电量小于 7%。窑头 AQC 锅炉排烟温度在 100℃ 以下。窑尾预热器排烟温度为 220℃，各项技术指标均居国内领先水平，详见表 3-16。

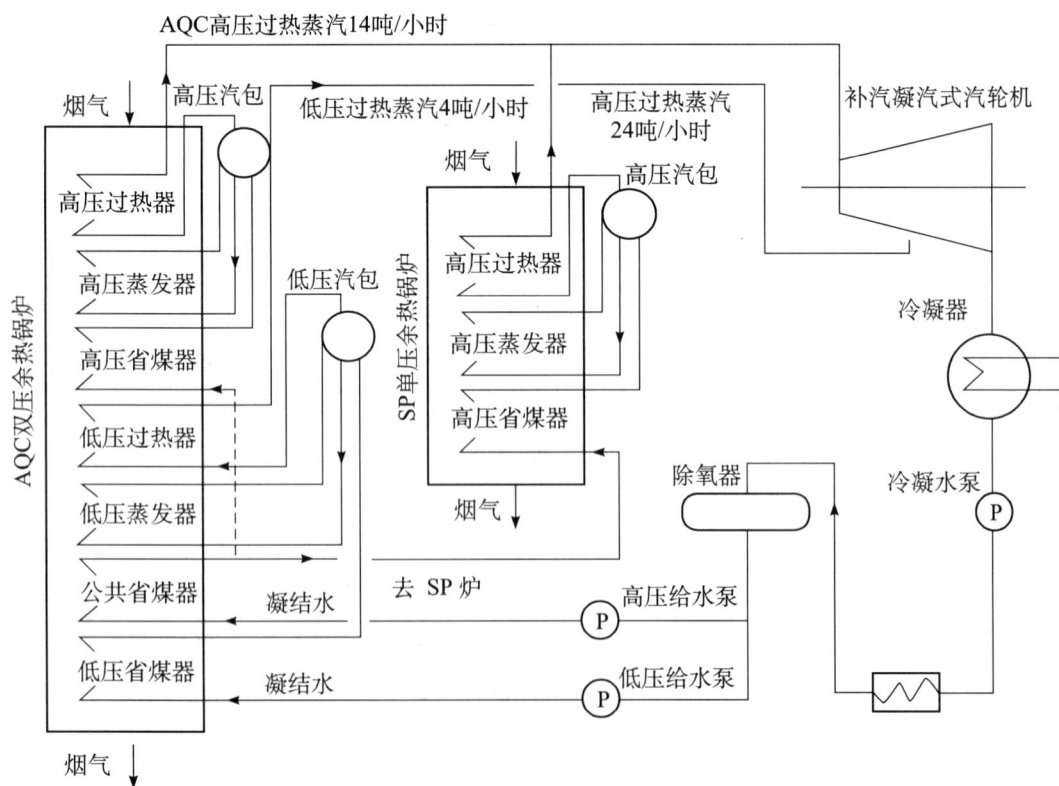

图 3-23　辽源金刚水泥厂双压余热发电系统简图

表 3 – 16 　　　　　　辽源金刚水泥厂双压余热发电设计参数与实际运行参数

项　目		设计参数	运行参数	优化后可以达到参数
AQC 烟气参数	流量（Nm^3/h）	180000	约 150000	220000
	温度（℃）	350	约 360	380
SP 烟气参数	流量（Nm^3/h）	340000	约 340000	340000
	温度（℃）	350	350	350
AQC 蒸汽参数	流量（t/h）	14（4）	18（3.8）	20（4）
	温度（℃）	320（165）	330（160）	350（180）
	压力（MPa）	1.6（0.35）	1.51（0.17）	1.6（0.35）
SP 蒸汽参数	流量（t/h）	24	18.7	24
	温度（℃）	320	320	320
	压力（MPa）	1.6	1.54	1.6
发电量（kW）		6500	7726	>9000
汽耗（$kg/kW \cdot h$）		6.46	5.24	<5

▶ 自学指导

学习重点

本章的学习重点是：余热资源的分类，各种余热资源利用的主要方法，余热利用的典型节能技术原理和应用。

（1）余热资源。

指在目前条件下有可能回收和重复利用而尚未回收利用的那部分能量。余热资源的利用不仅决定于能量本身的品位，还决定于生产发展情况和科学技术水平，也就是说，利用这些能量在技术上应是可行的，在经济上也必须是合理的。

（2）余热资源的分类。

按余热资源的来源不同可划分为如下六类：一是高温烟气的余热；二是高温产品和炉渣的余热；三是冷却介质的余热；四是可燃废气、废液和废料的余热；五是废汽、废水余热；六是化学反应余热。

按温度划分为如下三类：一是高温余热，指温度高于500℃的余热资源；二是中温余热，温度在200～500℃之间的余热资源。三是低温余热，温度低于200℃烟气及低于100℃的液体属于低温余热资源。

（3）余热的回收利用方法。

余热的回收利用方法，随余热资源的不同而各不相同。余热利用的方法总体可分为热回收和动力回收两大类。通常进行回收余热的原则如下。一是对于排出高温烟气的各种热设备，其余热应优先由本设备或本系统加以利用。二是在余热余能无法回收用于加热设备本身，或用后仍有部分可回收时，应用来生产蒸汽或热水，以及产生动力等。三是要根据余热的种类，排出的情况，介质温度，数量及利用的可能性，进行企业综合热效率及经济可行性分析，决定设置余热回收利用设备的类型及规模。四是应对必须回收余热的冷凝水，高、低温液体，固态高温物体，可燃物和具有余压的气体、液体等的温度、数量和范围制定利用的具体管理标准。

（4）在余热回收利用中应考虑的问题。

在余热回收利用中，需特别考虑下述几方面。一是余热回收利用中，企业的注意力首先要放在提高现有设备的效率上，尽量减少能量损失，决不要把回收余热建立在大量浪费能源的基础之上。二是余热资源很多，不是全部都可以回收利用，余热回收本身也还有个损失问题。在目前的技术和经济条件下，一部分是应该而且可以利用的，另一部分目前还难以利用，或利用起来不合算。三是余热的用途从工艺角度来看基本上有两类：一类是用于工艺设备本身；另一类是用于其他工艺设备。

（5）蒸汽回收节能技术原理。

蒸汽有一个特性，就是用过以后还可继续使用，用的次数越多，能量的利用就越充分。因此，使用蒸汽的热力设备，要根据蒸汽的压力和温度合理使用。品位较高的蒸汽，尽量多次利用，以发挥蒸汽的效能，为了有效利用蒸汽，要根据不同的需要选择合适的蒸汽参数，用过的蒸汽不要轻易排掉，应想方设法继续使用，最好直到无法利用为止，尽量做到一汽多用的目的。在动力利用方面，主要是通过蒸汽透平等设备带动水泵、风机、压缩机等直接对外做功，或带动发电机转换为电力。在热利用方面，可通过换热器、加热器等设备去预热燃料、空气、物料，干燥物品，加热给水，生产蒸汽，供应热水等。

（6）凝结水回收的意义和技术原理。

凝结水温度相等于工作蒸汽压力下的饱和温度。蒸汽压力越高，冷凝水热量越多。在蒸汽供热系统中，用汽设备凝结水的回收是一项重要的节能措施。凝结水回收的主要障碍是水泵输送高温凝结水时的汽蚀现象。由于水泵叶轮的抽吸作用，在水泵入口处形成较低的压力，当进口的凝结水的温度高于该处水压所对应的饱和温度，凝结水汽化，形成许多小气泡，这些小气泡在叶轮处由于流体被压缩压力升高，气泡又凝结，形成一个局部空腔，周围液体以很高的速度冲过来，高速液滴冲击在叶轮上，液滴的动量很大，长期运行叶轮表面产生许多小坑，使叶轮的使用寿命大大减小。要防止汽蚀发生，必须采取各种防汽蚀措施，提高水泵入口处的压力，使凝结水温度低于该处压力对应的饱和温度。

（7）二次蒸汽的回收*。

生产过程中可回收的余热蒸汽（也称排汽或乏汽）；高压凝结水经过扩容后的闪蒸蒸汽（又称二次蒸发蒸汽）以及利用各种工质或低温介质生产出来的二次蒸汽。余热蒸汽、闪蒸蒸汽和二次蒸汽等统称为回收蒸汽。

（8）热泵原理。

热泵是利用载热工质，从低温处吸取热量，并在高温处放出热量。所以其工作原理和系统组成与制冷系统完全相同，只不过制冷着眼于从低温处吸热，将低温物体的温度再降低，而热泵的目的是向高温处放热，将高温物体的温度升得更高，从而使本来难以回收的低温余热得到重新利用的可能。

（9）热管技术及原理。

热管的传热现象是传导、蒸发、对流及冷凝等现象的组合。其导热量之大小比同体积的任何金属棒高千倍以上。热管换热器属于热流体与冷流体互不接触的表面式换热器。热管换热器显著的特点是：结构简单，换热效率高，在传递相同热量的条件下，热管换热器的金属耗量少于其他类型的换热器。换热流体通过换热器时的压力损失比其他换热器小，因而动力消耗也小。

（10）板式换热器。

板式换热器是由一系列具有一定波纹形状的金属片叠装而成的一种新型高效换热器。各种板片之间形成薄矩形通道，通过半片进行热量交换。板式换热器是液—液、液—汽进行热交换的理想设备。它具有换热效率高、热损失小、结构紧凑轻巧、占地面积小、安装清洗方便、应用广泛、使用寿命长等特点。在相同压力损失情况下，其传热系数比管壳式换热器高 3～5 倍，占地面积为管壳式换热器的三分之一，热回收率可高达 90% 以上。目前被广泛地应用在采暖、生活热水、空调、化工等领域。

学习难点

本章的学习难点是：蒸汽凝结水回收利用技术、热泵技术。

（1）凝结水回收节能技术应用。

凝结水回收技术有蒸汽加压法、位差防汽蚀法、喷射增压防汽蚀法、往复式压缩机输送汽水两相流装置、无疏水阀回收系统。理解不同凝结水回收技术的原理和特点，对典型的凝结水回收装置性能能进行对比及选择。

（2）热泵技术及制热能效比（COP）值的计算。

热泵是利用载热工质，从低温处吸取热量，并在高温处放出热量的装置。一是压缩式热泵主要由蒸发器、压缩机、冷凝器和膨胀阀四部分组成。通过让工质不断完成蒸发（吸取环境中的热量）—压缩—冷凝（放出热量）—节流—再蒸发的热力循环过程，从而将环境里的热量转移到工质中。二是吸收式热泵是热泵的另一种主要形式，也是吸收式制冷机的另一种应用。吸收式热泵和压缩机热泵的区别在于，它是利用吸收剂在加热和冷却时对载热工质的吸收和放出，使工质溶液浓度发生变化，从而改变载热工质的压力的办法来取代压缩机。因此在载热工质将热量从低温热源转移到高温物体的过程中，可不消耗机械能，但需消耗一部分高温驱动热量。吸收式热泵分为两类，第一类吸收式热泵是消耗少量高温的驱动热能（蒸汽或燃料），从低温热源中吸取热量，制备高温热水（热水的温度低于驱动热源温度）。第二类吸收式热泵不需要专门的高温驱动热源，其消耗的驱动热量直接取自低温热源。

热泵制热能效比值的计算：已知室内采暖温度为 T_1，室外温度为 T_2，可用有效系数为 η_e 时。若用热泵从室外冷空气吸取热量来取暖，计算此时热泵制热能效比的公式为：

$$COP = \eta_e \frac{T_1}{T_1 - T_2}$$

复习思考题

一、单项选择题（在备选答案中选择 1 个最佳答案，并把它的标号写在括号内）

1. 各种余热资源按温度划分，工业窑炉的高温余热的温度应该高于(　　)。

A. 150℃　　　　　　　　　　　B. 250℃

C. 400℃　　　　　　　　　　　D. 500℃

2. 余热利用最主要和最基本的设备是(　　)。

A. 锅炉　　　　　　　　　　　B. 热交换器

C. 燃烧器　　　　　　　　　　D. 加热器

3. 下列属于冷凝水回收主要障碍的是(　　)。

A. 冷凝水压力过高　　　　　　B. 冷凝水温度过高

C. 疏水阀故障　　　　　　　　D. 水泵汽蚀

4. 压缩式热泵在制热时的运行参数包括压缩机耗电 W、热泵传给高温处热量 Q_1 和从低温处吸收的热量 Q_2，下列描述运行参数之间关系的是 (　　)。

A. $Q_1 = Q_2 + W$　　　　　　　B. $Q_1 > Q_2 + W$

C. $Q_1 = Q_2 + W$　　　　　　　D. $Q_1 = Q_2 - W$

5. 热管换热器的传热方式是(　　)。

A. 传导　　　　　　　　　　　B. 蒸发

C. 对流及冷凝　　　　　　　　D. 以上都是

二、多项选择题（在备选答案中有 2～5 个是正确的，将其全部选出并将它们的标号写在括号内，错选或漏选均不给分）

1. 下列属于蒸汽余热的热利用方式的有(　　)。

A. 预热燃料　　　　　　　　　B. 发电

C. 加热空气　　　　　　　　　D. 加热给水

E. 驱动水泵

2. 压缩式热泵的组件包括(　　)。

A. 蒸发器　　　　　　　　　　B. 压缩机

C. 冷凝器　　　　　　　　　　D. 水泵

E. 膨胀阀

3. 热管工作时要经历的过程包括(　　)。

A. 管内吸液芯中的液体受热汽化　　B. 汽化了的饱和蒸汽向冷端流动

C. 饱和蒸汽在冷端凝结放出热量　　D. 管内工作液向管外辐射放热

E. 冷凝液体在吸液芯毛细力作用下回到热端继续吸热汽化

4. 下列正确描述热管换热器的特点是(　　　)。

A. 传热效率高　　　B. 阻力损失小　　　C. 结构紧凑

D. 工作可靠　　　　E. 维护费用少

三、简答题

1. 什么是汽蚀现象?

2. 简述热管换热器的工作过程。

四、论述题

1. 论述余热回收的方法及其应注意的问题。

2. 论述整体式热管换热器的特点。

五、计算题

已知室内采暖温度为20℃，室外温度为0℃，可用有效系数为 η_e 时。采用压缩式热泵从室外冷空气吸取热量来取暖，计算热泵的制热能效比（COP）值。

第4章 供电系统节能

学习目标

1. 应知道、识记的内容
- 供电损耗的组成、线损率的概念
- 线损类型
- 功率因数的基本概念
- 降低变压器损耗技术措施的类型
- 降低线路损耗技术措施的类型
- 电力品质恶化的典型表现
- 改善电力品质的措施

2. 应理解、领会的内容
- 功率因素对供电系统的影响
- 对电网进行升压改造，减少变电容量
- 提高运行电压及功率因数
- 合理调整日负荷
- 谐波超标的危害性*
- 无功补偿的分类
- 无功补偿的节能原理

3. 应掌握、应用的内容
- 功率因数的计算
- 合理控制变压器的运行台数
- 提高自然功率因数的措施
- 供电系统谐波治理*

自学时数

10 ~ 12 学时。

▶ 教师导学

　　电流经过线路和变压器等设备时，会产生功率损耗和电能损耗，这些损耗称为供电损耗。降低线路损耗是企业节约电能的重要途径之一。本章主要介绍了供电系统各种损耗、功率因数等基本知识，介绍了降低线损、变压器损耗以及改善电力品质的节能措施。

　　本章的重点是：功率因数对供电系统的影响、降低变压器损耗的技术措施、降低线路损耗的技术措施。

　　本章的难点是：功率因数的计算、合理控制变压器的运行台数的计算、提高自然功率因数的措施和谐波治理*。

4.1　供电系统组成

　　从电网送到企业的电能，经降压后分配到各用电车间或用电设备，这就构成企业内部的供电系统。它由高压及低压配电线路、变（配）电所和用电设备组成，如图4-1所示。

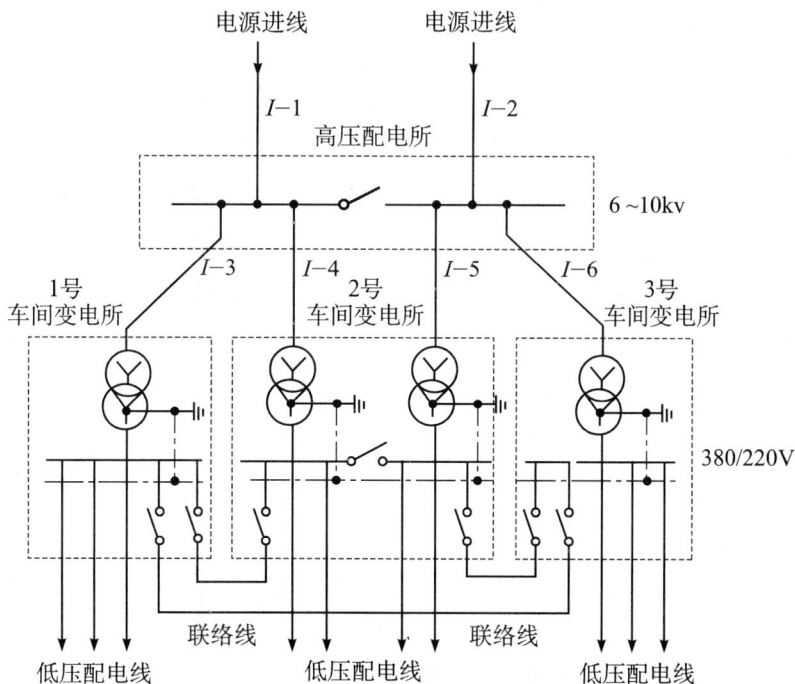

图 4-1　企业供电系统示意图

　　一般大、中型企业均设有总降压变电所，将35～110千伏电压降为6～10千伏，向车间变电所或高压电动机和其他用电设备供电。有余热能源的企业，有的还建立余热电站。

变（配）电所中的主要电气设备是降压主变压器和受电、配电设备及装置，包括开关设备、母线、保护电器、测量仪表及其他电气设备等。

在企业内部的电能输送和分配过程中，电流经过线路和变压器等设备时，会产生功率损耗和电能损耗，这些损耗称为供电损耗。其损耗电能占输入电能的百分比（或功率损耗占输入功率的百分比），称为线路损失率，简称线损率。由于线路长度和导线型号不同、变压器容量大小不一、负荷变化等因素，企业内部的功率损耗和电能损耗是变化的。

线损率是一项技术经济指标，它的高低直接反映了企业电力网络输送分配电能的效率。因此，降低线路损耗是企业节约电能的重要途径之一。

线损一般可分为可变损耗和固定损耗两部分。可变损耗是指当电流通过导体时所产生的损耗，导体截面、长度和材料确定后，其损耗随电流的大小而变化。而固定损耗与电流大小无关，只要设备接通电源，就有损耗。可变损耗包括降压变压器、配电变压器的铜损及线路和接户线的铜损。固定损耗是指降压变压器、配电变压器的铁损，电力电容器的介质损失，电度表电压线圈的损耗等。

4.2 功率因数对供电系统的影响

4.2.1 功率因数的基本概念

接入电网的很多用电设备，是根据电磁感应原理而工作的，如交流异步电动机、变压器等都需要从电源吸收一部分电流，用来建立交变磁场，为能量的输送和转换创造必要的条件。这些建立磁场的电流在相位上落后于电压90°的电角度，所以在半个周期内吸收电功率，而在另半个周期内释放电功率，并且两者相等，总体上并不消耗能量，这就是通常所称的感性无功功率，也就是交流电路内电源和磁场相互交换的功率。

若在交流电网中投入电容器，并忽略电容器的介质损耗时，电容器的电流将超前于电压90°的电角度，所以在半个周期内放电，在另半个周期内充电，同样不消耗能量，称之为容性无功功率。

在电力系统网络中，一般以感性负载为主，所以同时存在有功功率和无功功率。有功功率是保持用电设备正常运行所需的电功率，也就是将电能转换为其他形式能量（机械能、光能、热能）的电功率，称为有功功率。对于感性负载来说，其有功功率 P（千瓦）、无功功率 Q（千乏）及视在功率 S（千伏安）之间存在如下：

$$S = \sqrt{P^2 + Q^2} \tag{4-1}$$

这时电压 U、电流 I 及三种功率之间的关系如图 4-2 所示。

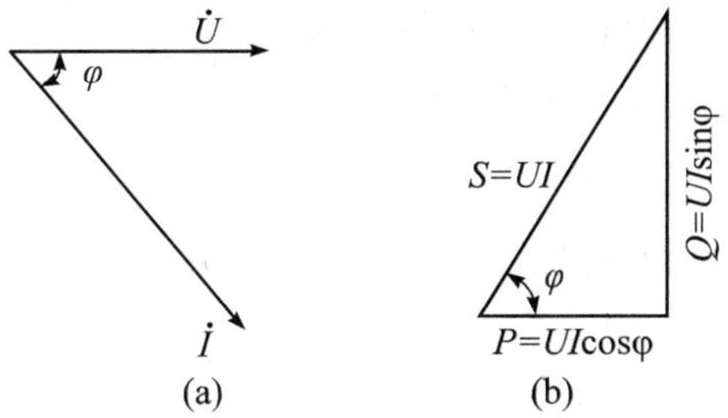

图 4 - 2 有用功、无用功率和视在功率的关系

图 4 - 2 中 φ 角为功率因数角，它的余弦（$\cos\varphi$）是有功功率与视在功率之比，称为功率因数。即：

$$\cos\varphi = \frac{P}{S}$$

由功率三角形可见，在一定的有功功率时，若用电企业所需的无功功率越大，则其线路电流及视在功率都相应增加，从而加大了供电线路及变压器的容量，这样不仅增加了供电设备的负担及投资，而且加大了线路损耗，必将造成电能的浪费，同时还会造成线路压降加大，影响供电质量等不良效果，因此应采取措施，设法减少线路上的无功电流。

4.2.2 用电功率因数的计算

功率因数随着用电负荷的变化、电压波动而经常变化。对工业用户按月统计考核的加权平均功率因数，通常以一个月消耗的有功电量和无功电量来计算，其计算公式如下：

$$\cos\varphi = \frac{W_P}{\sqrt{W_P^2 + W_Q^2}} = \frac{1}{\sqrt{1 + \left(\dfrac{W_Q}{W_P}\right)^2}} \qquad (4-2)$$

式中　W_P——月抄表有功电量，kW·h；

　　　W_Q——月抄表无功电量，kvar·h。

通过对用户实际功率因数的考核，就可决定是否需要进行人工补偿和如何选择补偿设备容量。

进行新建企业变电所的无功补偿设计时，应采用下述计算方法求出功率因数。

1. 最大负荷时的功率因数

根据功率因数定义，可分别算出补偿前和补偿后最大负荷时的功率因数。

（1）补偿前最大负荷时的功率因数 $\cos\varphi_1$，可用下式算出：

$$\cos\varphi_1 = \frac{P_j}{S'_j} = \frac{P_j}{\sqrt{P_j^2 + Q_j^2}} \qquad (4-3)$$

（2）补偿后最大负荷时的功率因数 $\cos\varphi_2$，可用下式算出：

$$\cos\varphi_2 = \frac{P_j}{S_j} = \frac{P_j}{\sqrt{P_j^2 + (Q_j - Q_c)^2}} \qquad (4-4)$$

上述两式中　P_j——全企业的有功计算负荷，kw；

Q_j——全企业的无功计算负荷，kvar；

Q_c——全企业的无功补偿容量，kvar；

S_j、S'_j——全企业补偿前、后的视在计算功率，kVA。

2. 总平均功率因数 $\cos\varphi_p$ 的计算

应分别计算补偿前后的总平均功率因数。

（1）补偿前总平均功率因数（即自然总平均功率因数）$\cos\varphi_{1p}$：

$$\cos\varphi_{1P} = \frac{P_P}{S_P} = \frac{\alpha P_j}{\sqrt{(\alpha P_j)^2 + (\beta Q_j)^2}} = \sqrt{\frac{1}{1 + \left(\dfrac{\beta Q_j}{\alpha P_j}\right)^2}} \tag{4-5}$$

（2）补偿后总平均功率因数 $\cos\varphi_{2p}$：

$$\cos\varphi_{2P} = \frac{P_P}{S'_P} = \frac{\alpha P_j}{\sqrt{(\alpha P_j)^2 + (\beta Q_j - Q_C)^2}} = \sqrt{\frac{1}{1 + \left(\dfrac{\beta Q_j - Q_C}{\alpha P_j}\right)^2}} \tag{4-6}$$

式中　$P_p = \alpha P_j$——全企业的有功平均计算负荷，千瓦；

$Q_p = \beta Q_j$——全企业的无功平均计算负荷，千乏；

α、β——有功和无功的月平均负荷系数；

S_p、S'_p——企业补偿前后的视在功率，千伏安。

4.2.3　功率因数对供电系统的影响

从式（4-1）及图4-2得出：

$$S = \sqrt{(UI\cos\varphi)^2 + (UI\sin\varphi)^2} = UI$$

从图4-3可以看出，如果 P 保持不变，无功功率 Q 增至 Q'，将使视在功率 S 增至 S'，从而使流进供电系统的电流增加，这将对供电系统产生以下影响。

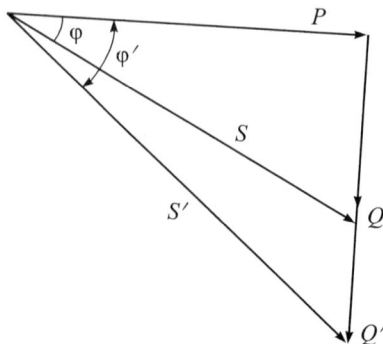

图4-3　有功功率 P 相同而无功功率不同时的视在功率

1. 供电线路及变压器的电压损失增大

电压损失为：

$$\Delta U = \frac{PR}{U} + \frac{QX}{U} \qquad (4-7)$$

式（4-7）表明电压损失由两部分组成，一部分 $\frac{PR}{U}$ 是输送有功功率 P 产生的；另一部分 $\frac{QX}{U}$ 是输送无功功率 Q 产生的。供电线路的电抗 X 要比 R 大 $2 \sim 4$ 倍，即供电线路的电压损失大部分是由于输送无功功率产生的。变压器的电抗 X 比电阻 R 要大 $5 \sim 10$ 倍，可以认为变压器的电压损失几乎全部是输送无功功率产生的。因此，提高企业用电功率因数，减少供电线路和变压器输送的无功功率，可以有效地减少电压损失，改善电压质量。

2. 供电线路及变压器的损耗增大

有功功率损耗为：

$$\Delta P = I^2 R = \frac{P^2}{U^2 \cos\varphi^2} \cdot R \times 10^3 \qquad (4-8)$$

式（4-8）表明有功功率损耗与电流平方成正比，与功率因数的平方成反比，如果功率因数降低或电流增大，有功功率损耗则以平方关系增加。

3. 发电机的出力降低

对电力系统的发电设备来说，无功电流的增大，对发电机转子的去磁效应增加，电压降低，如过度增加励磁电流，则使转子绕组超过允许温升。为了保证转子绕组正常工作，发电机就不允许达到预定的出力。此外，原动机的效率是按照有功功率衡量的，当发电机发出的视在功率一定时，无功功率的增加会导致原动机效率的相对降低。

4.3 降低变压器损耗的技术措施

为了合理利用变配电设备，提高供电效率，应考虑如何减少电能损耗。降低变压器损耗节约电能的主要技术措施是改善功率因数，合理控制变压器运行台数。

4.3.1 改善功率因数

采取措施降低供用电设备的无功功率以改善功率因数，从而提高供电能力，减少电能损耗。无功功率消耗量大，会导致电流增大，使供电系统及变压器的容量增大，增大供电线路和变压器的损耗。在负荷电流不变的条件下，减少无功电流，则总电流亦随之减少。

变压器增加的供电能力，可用下式求出：

$$\Delta S_b = \left[\frac{Q_E}{S}\sin\varphi - 1 + \sqrt{1 - \left(\frac{Q_e}{S}\right)^2 \cos^2\varphi} \right] S \qquad (4-9)$$

式中　ΔS_b——变压器增加的供电能力，千伏安；

　　　S——变压器视在功率，千伏安；

　　　Q_e——电力电容器补偿的容量，千乏。

因此，改善功率因数，对于选择合理经济运行方式的最佳负载系数、提高变压器的运行效率、降低变压器的功率损耗等关系甚大。为了提高变配电设备的功率因数而采取的措施，其有功功率损耗并不增大，说明采取的措施是合理的。

已知交配电设备在提高功率因数后的年持续工作时间 T（h），可用下式计算年电能节约量：

$$\Delta W = \Delta P \times T = \left[K(\pm\Delta Q) \pm (\Delta P) \right] T (kW\cdot h) \qquad (4-10)$$

式中　ΔW——电能节约量，千瓦时；

　　　ΔP——有功功率损耗，千瓦；

　　　T——时间，小时；

　　　ΔQ——无功功率损耗，千乏；

　　　K——无功功率经济当量，千瓦/千乏。

无功功率经济当量是根据电网或变配电所的功率因数而确定的。无功功率减少的经济效益，可用无功功率的经济当量来表示，即每减少 1 千乏的无功功率所降低的有功功率损耗值，用 K 来表示。

$$K = \frac{\Delta P_1 - \Delta P_2}{\Delta Q} \qquad (4-11)$$

式中　ΔP_1——补偿前的有功功率损耗，千瓦；

　　　ΔP_2——补偿后的有功功率损耗，千瓦。

企业变电所变压器安装点距无功电源越远，无功功率经济当量越大。经过计算，企业变电所的 K 值为 0.02 ~ 0.1，经过两级变压为 0.05 ~ 0.07，经过三级变压为 0.08 ~ 0.1。

4.3.2　合理控制变压器的运行台数

使变压器总的功率损耗最小，这种功率损耗最小的运行方式，称为变压器的经济运行方式。图 4-4 表示变压器中的功率损耗与负荷的关系曲线，横坐标表示变电所的负荷，纵坐标表示变压器的功率损耗。从图上可以看出，当变电所负荷等于 P_A（曲线 1 和曲线 2 交点 P）时，不管接入一台还是两台变压器，变压器中所产生的功率损耗是一样的。当负荷大于 P_A 时，以接入两台变压器较为经济。负荷大于 P_B 时，则接入三台变压器较经济。

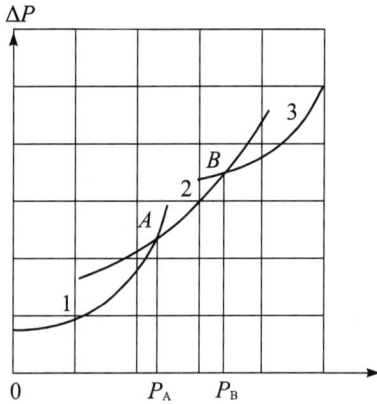

图 4 - 4 变压器中功率损耗与负荷的关系

1—单台变压器；2—两台变压器；3—三台变压器

企业变电所中安装有数台容量相同、特性相同的变压器时，需要根据负荷、有功功率和无功功率损耗特性及无功功率经济当量，计算出最经济的运行台数。设有 n、$(n+1)$ 或 $(n-1)$ 台变压器运行，则变压器的总损耗分别为：

$$\Delta P_n = n(\Delta P_0 + K\Delta Q_0) + \frac{1}{n}(\Delta P_d + K\Delta Q_d) \times \left(\frac{S}{S_e}\right)^2 \tag{4-12}$$

$$\Delta P_{n+1} = (n+1) \times (\Delta P_0 + K\Delta Q_0) + \frac{1}{n+1}(\Delta P_d + K\Delta Q_d) \times \left(\frac{S}{S_e}\right)^2 \tag{4-13}$$

$$\Delta P_{n-1} = (n-1) \times (\Delta P_0 + K\Delta Q_0) + \frac{1}{n-1}(\Delta P_d + K\Delta Q_d) \times \left(\frac{S}{S_e}\right)^2 \tag{4-14}$$

式中　S——并列运行变压器的总负荷，千伏安；

　　　S_e——每台变压器的额定容量，千伏安；

　　　ΔP_0——变压器空载有功损耗，千瓦；

　　　ΔQ_0——变压器空载无功损耗，$\Delta Q_0 \approx I_0\% \times S_e$，千乏；

　　　ΔP_d——变压器负载有功损耗，千瓦；

　　　ΔQ_d——变压器负载无功损耗，$\Delta Q_d \approx \Delta u_d\% \times S_e$，千乏；

　　　n——台数；

　　　K——无功功率经济当量，千瓦/千乏。

$I_0\%$ 和 $\Delta u_d\%$ 分别为变压器空载电流百分数和负载电压百分数（以上数值可从变压器产品目录中查得）。

从式（4-11）、式（4-12）、式（4-13）、式（4-14）可以求得：

（1）当负荷满足 $S_e\sqrt{n(n+1)\dfrac{\Delta P_0 + K\Delta Q_0}{\Delta P_d + KQ_d}} > S > S_e\sqrt{n(n-1)\dfrac{\Delta P_0 + K\Delta Q_0}{\Delta P_d + K\Delta Q_d}}$ 时，用

n 台变压器经济。

（2）当负荷增加，$S < S_e \sqrt{n(n+1) \dfrac{\Delta P_0 + K\Delta Q_0}{\Delta P_d + KQ_d}}$ 时，应增加一台，用 $(n+1)$ 台变压器经济。

（3）当负荷降低，$S < S_e \sqrt{n(n-1) \dfrac{\Delta P_0 + K\Delta Q_0}{\Delta P_d + KQ_d}}$ 时，应断开一台，用 $(n-1)$ 台变压器经济。

应当指出，对于季节性变化负荷，可以采取上述方法，以减少电能损耗，但对于昼夜变化的负荷，采取上述方法降低变压器电能损耗是不合理的，因为这将使变压器的开关操作次数过多，增加开关的检修量。

4.3.3　降低变压器损耗实例

某变电所安装两台 S9 – 630/10 型变压器，经查手册，S9 – 630/10 型变压器的有关数据为：$\Delta P_0 = 1.2$ 千瓦，$\Delta P_k = 6.2$ 千瓦，$I_0 = 0.9\%$（空载电流占额定电流的百分率），$U_K = 4.5\%$（短路电压占定电压的百分率）。

变压器的空载无功损耗近似等于：

$$\Delta Q_0 \approx I_0 \cdot S_N = 630 \text{ 千乏} \times 0.009 = 5.67 \text{ 千乏}$$

变压器额定负荷时无功损耗近似为：

$$\Delta Q_N \approx U_K \cdot S_N = 630 \text{ 千乏} \times 0.045 = 28.35 \text{ 千乏}$$

取 $K_q = 0.1$，两台变压器经济运行的临界负荷为：

$$S_{cr} = S_N \sqrt{2 \times \frac{\Delta P_0 + K_q \Delta Q_0}{\Delta P_k + K_q \Delta Q_N}} = 630 \text{ 千伏安} \times \sqrt{2 \times \frac{1.2 + 0.1 \times 5.67}{6.2 + 0.1 \times 28.35}} = 394 \text{ 千伏安}$$

当负荷 S 小于 394 千伏安时，宜采取一台变压器运行；当负荷 S 大于 394 千伏安时，宜采取两台变压器运行。

4.4　降低线路损耗的技术措施

降低线损的主要技术措施可分为建设措施和运行措施两个方面。所谓建设措施，是指需要一定的投资，对供电系统的某些部分进行技术改造。采取这方面措施的目的是提高供电系统的输送容量或改善电压质量、降低线损。而运行措施是指不需要投资，对供电系统确定最经济合理的运行方式以达降低线损的目的。下面介绍降低线损的主要技术措施。

4.4.1 对电网进行升压改造，减少变电容量

对电网进行升压改造，简化电压等级，减少变电容量，可以降低电能损耗。线路和变压器都是电网中的主要元件，都要损耗一些电能，其损耗功率为：

$$\Delta P = 3I^2R \times 10^{-3} = \frac{S^2}{U^2}R \times 10^{-3} = \frac{P^2 + Q^2}{U^2}R \times 10^{-3}（千瓦） \qquad (4-14)$$

式中　　I——通过元件的电流，安；

R——元件的电阻，Ω；

S——通过元件的视在功率，千伏安；

P——通过元件的有功功率，千瓦；

Q——通过元件的无功功率，千乏；

U——加在元件上的电压，千伏。

在负荷功率不变的情况化，将电网的电压提高，则通过电网元件的电流相应减小，功率损耗也相应随之降低。因此升高电压是降低线损的有效措施。电网中负荷电流的大小是变化的，负荷电流越大，其线损也越大。进行升压改造，简化电压等级，不仅可以适应负荷增长的需要，而且可以降低线损。电网升压后降低损耗的效果如表 4-1 所示。

表 4-1　　　　　　　　　　　　　　电网升压后的降损效果

升压前电网原额定电压（千伏）	升压后电网额定电压（千伏）	升压后功率损耗降低数（%）
154	220	51
110		75
66（60）		64（70.3）
44	110	84
35		90
22	35	60.5
10		91.8
6	10	64
3		91
3	6	75
0.22	0.38/0.22	66.7

4.4.2 确定电网经济合理的运行方式

环形电网的经济功率是按各线段电阻间关系分布的，而自然功率是按各线段的阻抗关系分布的。

环网有功功率损耗最小的功率分布称为经济功率分布。环网的近似功率分布（即不考虑各线路中有功和无功损耗）称为自然功率分布。如果是均一的电网，即各线段的 x/R 为

常数（R 为电阻，单位为欧姆 Ω；X 为电抗，单位为欧姆 Ω），则自然功率分布和经济功率分布是一致的。环网的不均一程度越大，自然功率分布和经济功率分布的差别越大，有功损耗的差值也越大。在多级电压的环网中，由于变压器的电抗与电阻的比值比线路的大，所以使电网的不均一程度增大。为了降低线损，首先应该研究环网应合环运行还是开环运行。

环形网路电流分布见图 4-5，两条线路联合供电见图 4-6。

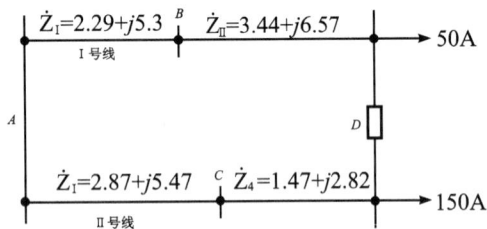

图 4-5 环形网路电流分布图

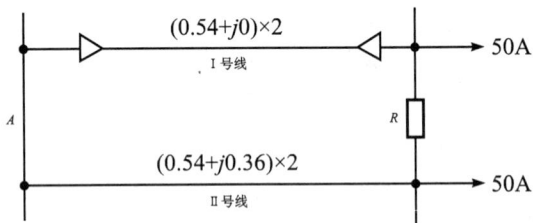

图 4-6 两条线路联合供电

如图 4-5 所示的网络（图 4-6 为两条线路联合供电），在合环运行时（断路器 D 闭合），Ⅰ号线和Ⅱ号线的电流分布为：

$$\dot{I}_{\text{I}} = (150 + 50)\frac{\dot{Z}_3 + \dot{Z}_4}{\dot{Z}_1 + \dot{Z}_2 + \dot{Z}_3 + \dot{Z}_4}$$

$$= 200 \times \frac{4.34 + j8.29}{10.07 + j20.16} = 200 \times 0.415\angle -1.1° \approx 83\angle -11°(\text{A})$$

$$\dot{I}_{\text{II}} = (150 + 50)\frac{\dot{Z}_1 + \dot{Z}_2}{\dot{Z}_1 + \dot{Z}_2 + \dot{Z}_3 + \dot{Z}_4}$$

$$= 200 \times \frac{5.73 + j11.87}{10.07 + j20.16} = 200 \times 0.585\angle 0.75°(\text{A})$$

线路功率损耗为：

$$\Delta P_{\text{I}} = 3 \times 83^2 \times (2.29 + 3.44) \times 10^{-3} = 118(\text{kW})$$

$$\Delta P_{\text{II}} = 3 \times 117^2 \times (2.87 + 1.47) \times 10^{-3} = 178(\text{kW})$$

$$\Delta P = \Delta P_{\text{I}} + \Delta P_{\text{II}} = 118 + 178 = 296(\text{kW})$$

若断路器 D 断开而开环运行时，则两条线路的电流分布为：

$$\Delta P'_{\text{I}} = 3 \times 50^2 \times (2.29 + 3.44) \times 10^{-3} = 42.98(\text{kW})$$

$$\Delta P'_{\text{II}} = 3 \times 150^2 \times (2.87 + 1.47) \times 10^{-3} = 292.95(\text{kW})$$

$$\Delta P' = \Delta P'_{\text{I}} + \Delta P'_{\text{II}} = 42.98 + 292.95 = 335.93(\text{kW})$$

合环运行比开环运行减少的有功功率损耗为：

$$\Delta P' = \Delta P = 335.83 - 296 = 39.83 (\text{kW})$$

假定负荷电流的变化规律相同，损失因数 $F = 0.7$，则合环运行全年可节约线损电量 $39.83 \times 0.7 \times 8760 = 244238$ 千瓦时。合环运行不但可降低线损，而且可提高供电可靠性。

又如图 4-5 所示，两条线向一变电站供电，其中线路 I 是电缆线路，长 2 千米，每千米电阻为 0.54Ω，其电抗很小，可以忽略。另一条线路 II 是架空线路，长 2 千米，每千米电阻为 0.54Ω，每千米电抗为 0.36Ω。

若开关 B 合上，两线路并列供电，则两线路中的电流分布为：

$$\dot{I}_{\text{I}} = (50 + 50) \frac{(0.54 + j0.36) \times 2}{0.54 \times 2 + (0.54 + j0.36) \times 2}$$
$$= 55 + j15 = 57 \angle 15.21°(\text{A})$$

$$\dot{I}_{\text{II}} = (50 + 50) \frac{0.54 \times 2}{0.54 \times 2 + (0.54 + j0.36) \times 2}$$
$$= 45 + j15 = 48 \angle 18.5°(\text{A})$$

线路功率损耗为：

$$\Delta P_{\text{I}} = 3 \times 57^2 \times 1.08 \times 10^{-3} = 10.5 \ （千瓦）$$
$$\Delta P_{\text{II}} = 3 \times 48^2 \times 1.08 \times 10^{-3} = 7.46 \ （千瓦）$$
$$\Delta P = \Delta P_{\text{I}} + \Delta P_{\text{II}} = 10.5 + 7.46 = 17.96 \ （千瓦）$$

若开关 B 断开，开环运行，则线路功率损耗为：

$$\Delta P' = 2 \times 3 \times 50^2 \times 1.08 \times 10^{-3} = 16.2 \ （千瓦）$$

假定损失因数 $F = 0.7$，那么开环运行全年可节约线损：

$$(17.96 - 16.2) \times 0.7 \times 8760 = 10792(千瓦时)$$

如果不均一电网，即各线段的 x/R 不是常数，合环运行时将出现循环电流，因而会使线损增加，所以建议采用开环运行。

4.4.3 适当提高运行电压

输送同样的功率时，提高运行电压就可降低电流，减少损耗。电网中的功率损耗是与运行电压的平方成反比的，在允许范围内，适当提高运行电压，既可提高电能质量，又能降低线损。

如果电网的运行电压提高 a%，由式（4-15）可知，则电网元件中的功率损耗可按下式降低：

$$\delta_{\text{p}} = \Delta P_1 - \Delta P_2 = \frac{S^2}{U^2} R - \frac{S^2}{U^2 \left(1 + \frac{\alpha}{100}\right)^2} R$$

$$= \frac{S^2}{U^2} R \left[1 - \frac{1}{\left(1 + \frac{\alpha}{100} \right)^2} \right] （千瓦） \tag{4-15}$$

式中　ΔP_1，ΔP_2——提高电压前后电网中元件的有功功率损耗，千瓦。

降低的功率损耗用百分数表示为：

$$\delta_{\text{p}} = \frac{\delta_{\text{p}}}{\Delta P_1} \times 100\% = \left[1 - \frac{1}{\left(1 + \frac{\alpha}{100} \right)^2} \right] \times 100\% \tag{4-16}$$

根据式（4-16）可求出提高运行电压后线损降低的百分数，见表4-2。

表4-2　　　　　　　　提高运行电压与降低线损的关系

电压提高（%）	1	3	5	10	15	20
线损降低（%）	11.93	5.74	9.09	17.35	24.39	30.50

同样，降低运行电压，将使线损增加。增加的功率损耗用百分数表示为：

$$\delta'_{\text{p}}\% = \left[\left(1 + \frac{\alpha'}{100} \right)^2 - 1 \right] \times 100\% \tag{4-17}$$

式中　α'——电压降低的百分数。

如果电压平均降低15%，线损增加约32%。

$$\delta'_{\text{p}}\% = \left[\left(1 + \frac{15}{100} \right)^2 - 1 \right] \times 100\% = \left[（1.15）^2 - 1 \right] \times 100\% \approx 32\%$$

运行电压降低和线损增加的关系如表4-3所示。

表4-3　　　　　　　　降低运行电压与线损增加的关系

电压降低（%）	1	3	5	7	10	15	20
线损增加（%）	2	6.1	10	14.5	21	32	44

4.4.4　提高功率因数

流经供电线路的电流 I 中包括有功电流分量（I_P）和无功电流分量（I_Q），$I = \sqrt{P^2 + Q^2}$，线路功率损耗可写成：

$$\Delta P = 3I^2 R = 3（I_{\text{p}}^2 + I_{\text{Q}}^2）R = 3I_{\text{p}}^2 R + 3I_{\text{Q}}^2 R（\text{kW}） \tag{4-18}$$

式中　$3I^2 R$——线路由于流经无功电流分量所引起的线损，千瓦。

以功率因数等于1为基础，当实际功率因数为 $\cos\varphi$、$I = \frac{P}{\cos\varphi}$ 时，功率损耗增加的百分数为：

$$\delta_p\% = \left[\left(\frac{1}{\cos\varphi}\right)^2 - 1\right] \times 100\% \qquad (4-19)$$

若功率因数为 0.9、功率损耗比功率因数为 1.0 时，增加率可按式（4-19）计算：

$$\delta_p\% = \left[\left(\frac{1}{0.9}\right)^2 - 1\right] \times 100\% = 23\%$$

功率因数由 0.95 下降时，与功率损耗增加的关系见表 4-4。

表 4-4 　　　　　　　　　　功率因数降低与功率损耗增加的关系

$\cos\varphi$	0.95	0.90	0.85	0.80	0.75	0.70	0.65	0.60
δ_p（%）	11	23	38	56	78	104	136	178

提高功率因数与降低功率损耗的关系可用下式计算：

$$\delta_p^n\% = \left[\left(1 - \frac{\cos\varphi_1}{\cos\varphi_2}\right)^2\right] \times 100\% \qquad (4-20)$$

式中　δ_p^n——降低功率损耗百分数；

　　　$\cos\varphi_1$——原功率因数；

　　　$\cos\varphi_2$——提高后的功率因数。

提高功率因数对降低功率损耗的影响如表 4-5 所示。

表 4-5 　　　　　　　　　　功率因数提高与功率损耗降低的关系

$\cos\varphi$	0.60	0.65	0.70	0.75	0.80	0.85	0.90
δ_p（%）	60	53	46	38	29	20	10

4.4.5　合理调整日负荷

企业供电系统的日负荷曲线，如波动幅度较大，将影响供电设备效率，而且使线路功率损耗增加，所以应合理调整线路负荷，以降低线路损耗电量。在用电量相同的条件下，以用电时间为 24h 的图 4-7 为例，线路负荷不稳定时，线路损耗电量要增大。

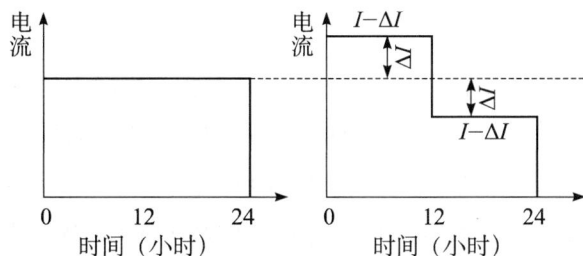

图 4-7　日负荷电流曲线

日负荷曲线平稳，24 小时内负荷电流保持为 I，每根导线的电阻为 R，则线路日损耗电量 ΔW_1 为：

$$\Delta W_1 = 3I^2R \times 24 \times 10^{-3}（千瓦时）\qquad(4-21)$$

日负荷曲线不平稳，前 12h 负荷电流为 $I + \Delta I$，后 12h 负荷电流为 $I - \Delta I$，则线路日损耗电量 ΔW_2 为：

$$\Delta W_2 = 3\left[\frac{(1 + \Delta I)^2 + (1 - \Delta I)^2}{2}\right]R \times 24 \times 10^{-3}$$

$$= 3\left[I^2 + \Delta I^2\right]R \times 24 \times 10^{-3}（千瓦时）\qquad(4-22)$$

由以上计算可以看出，当负荷曲线不平稳时，日损耗电量增大的百分数为：

$$\frac{\Delta W_2 - \Delta W_1}{\Delta W_1} \times 100\% = \frac{\Delta I^2}{I^2} \times 100\%$$

设 $I = 100\text{A}$，$\Delta I = 50\text{A}$，则不平稳时的损耗电量比平稳电流时的线损增大：

$$\frac{\Delta I^2}{I^2} \times 100\% = \frac{50^2}{100^2} \times 100\% = 25\%$$

可以看出，负荷电流波动幅度越大，线损增加越多。当线路在一段时间内有较大的负荷，而在另一段时间内负荷很小，甚至没有负荷时，线损将成倍增加。

可以看出，均衡用电，保持负荷的平稳性，是降低线损的有效措施，无须任何投资，只要企业加强计划用电和调度管理，就可达到节约电能的目的。

4.5　电力品质改善

4.5.1　电力品质恶化的典型表现

保证电网（电力系统）有优良的电力品质是安全用电、节约用电的前提，它要靠电力管理、运行部门和各用电户的共同努力才能实现。通过多年的实践，国际上把电力品质恶化归结为六大类，应该给予及时治理或补偿。

1. 功率因数低

众所周知，交流电是不能储存的。从安全运行考虑，电网中的发电供电能力要比实际使用电能的运行容量大一些，留有合理的裕量。用户的功率因数低，就意味着它"吃"掉了部分的电网安全裕量，过大的无功功率挤掉了电网能提供的最大有功功率总量。这不仅浪费了昂贵的电力设施的供电能力，而且使电网的安全裕量降低，威胁电网的安全工作，削弱了电网应付冲击负载和意外负载出现的能力。此外，功率因数低还带来输配电系统"线损"的增加，因此电网的整体效率下降。

2. 谐波超标

在供电系统中除了 50 赫兹的正弦波（基波）外，还出现其他频率较高的正弦波（高次谐波）时，这些高次谐波叠加在基波上，使基波发生波形畸变。谐波频率是电源基波频率的整数倍，即基波为 50 赫兹，3 次谐波为 150 赫兹，5 次谐波为 250 赫兹，图 4-8 给出了含有 3 次和 5 次谐波的基波正弦波形。

图 4-8 显示了叠加了 70% 3 次谐波和 50% 5 次谐波的基波波形。

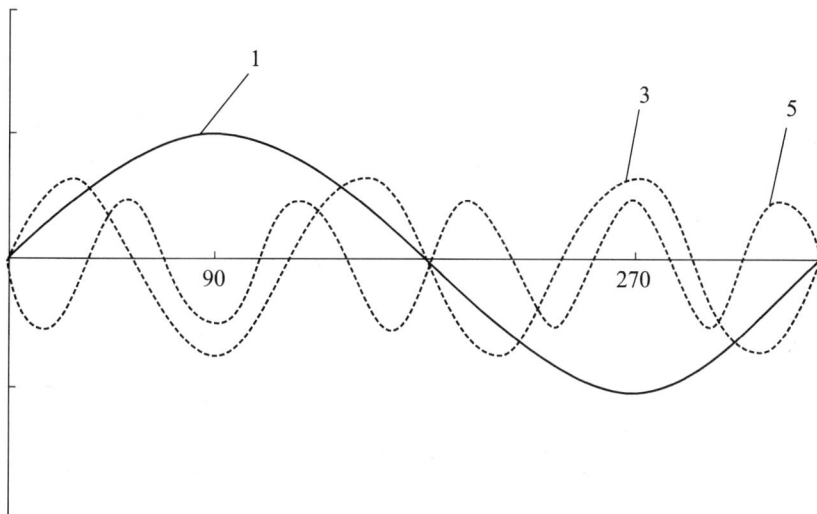

图 4-8　含有 3 次和 5 次谐波的基波
1—基波；3—3 次谐波；5—5 次谐波

图 4-9 所示的是畸变电流波形。在实际中，大部分畸变电流的波形比图 4-9 所示的更为复杂。它含有多次谐波，具有更复杂的相位关系。

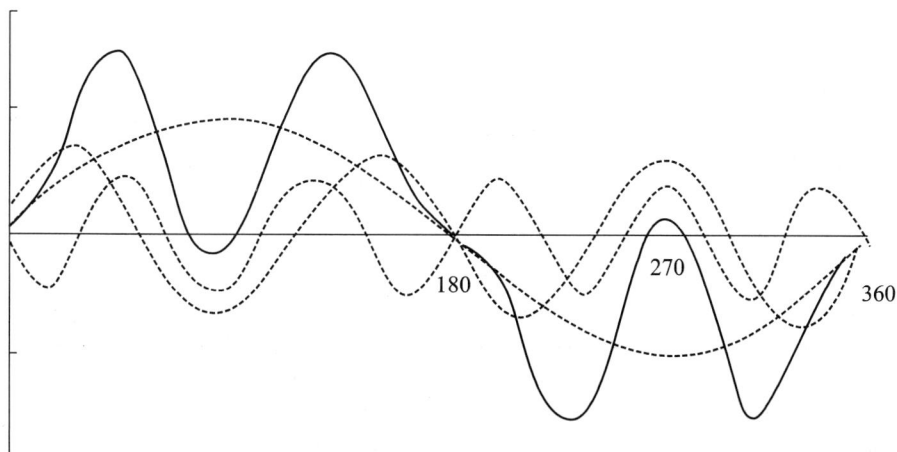

图 4-9　畸变电流波形

（1）谐波源的主要设备。

在用电设备中有多种非线性负荷，其用电特性表现为：产生大量谐波污染，引起电压波动及电压闪变，产生负序电流（负荷的不对称）。但供电电源电压为正弦波时，由于这些用电设备具有非线性，流经它们的电流都是非正弦波，基波分量由供电电源供给，但高次谐波分量（电流）却由非线性的用电设备注入供电系统，在系统阻抗上产生谐波电压降，容易引起供电系统的电压正弦波形畸变和电流正弦波形畸变。因此，所有电压与电流的关系为非线性的用电设备都是谐波源。

1）电力变压器。

变压器铁芯饱和电流、变压器的励磁电流都是非正弦波，含有高次谐波，这也是供电系统的谐波源。

谐波电流的大小与变压器的铁芯材料、磁通密度、结构和使用条件等因素有关，取决于铁芯的饱和程度。外施电压越高，铁芯饱和程度越高，变压器励磁电流的波形畸变就越严重。变压器在通常磁通密度下运行时，励磁电流的谐波含量见表4-6。

表4-6 变压器励磁电流谐波含量（%）

铁芯材料	谐波电流次数					
	1	3	5	7	9	11
热轧硅钢片	100	15~55	3~25	2~10	0.5~2	1以下
冷轧硅钢片	100	14~50	10~25	5~10	3~6	1~3

2）电弧炉。

电弧炉是利用电弧的热量熔化金属原料，在熔化期内，由于熔化的炉料倒塌，使电极发生短路，引起电流冲击，由于电极分别控制，三相电弧炉的各相电阻也不可能同步变化，甚至差异很大，造成三相电流不对称。电弧电阻又是非线性的，并且随着电弧电压瞬时值的变化而变化。因此，电弧炉是一种冲击性、不对称、时变和非线性负荷，是供电系统中另一种主要的谐波源。电弧炉在熔化初期、熔化期和精炼期电流中各次谐波的含量见表4-7。

表4-7 电弧炉电流谐波含量（%）

冶炼阶段	谐波电流次数						
	1	2	3	4	5	6	7
熔化初期	100	17	33	4	13	6	9
熔化期	100	3.2	4.0	1.1	3.2	0.6	1.3
精炼期	100	0.05	0.15	0.04	0.56	0.03	0.24

3）气体放电光源。

由于气体放电光源的非线性，产生了大量的谐波，也成为供电系统中不可忽视的谐波源。气体放电灯具有负阻特性，工作时需串联一个电感作镇流器，才能使其工作稳定，灯管电压和电流波形为近似方波。气体放电灯含有3、5、7等高次谐波。当其三相星形联结时，中线电流为3的倍数谐波电流之和。各种气体放电灯电流谐波含量见表4-8。

表 4 - 8 气体放电灯电流谐波含量（%）

气体放电灯种类	谐波电流次数			
	1	3	5	7
荧光灯	100	14.1	2.9	1.8
高压汞灯	100	12.3	1.3	1.3
高压钠灯	100	13.8	2.3	2.3

除上述谐波源外，感应加热设备、旋转电机、电机车、电焊机、家用电器（如电视机）以及使用电力、电子装置的用电设备，也都会产生谐波。

（2）谐波分析。

为了了解和掌握谐波源产生的谐波大小及供电系统电压正弦波形和电流正弦波形畸变的情况，必须经常监视和测量谐波电压和谐波电流。谐波测量和分析，采用电脑谐波分析仪，实时采集电压或电流波形，采用快速傅氏变换（FFT）算法，求出电压或电流的各次谐波含量，显示和打印谐波幅值、谐波相对于基波的百分数、畸变率等参数。

电压正弦波形和电流正弦波形受谐波影响的畸变程度可用畸变率表示。

第 h 次谐波电压正弦波形畸变率 HRU_h 是第 h 次谐波电压有效值 U_h 与基波电压有效值 U_1 的百分比，即：

$$HRU_h = \frac{U_h}{U_1} \times 100\%$$ (4 - 23)

第 h 次谐波电流正弦波形畸变率 HRI_h 是第 h 次谐波电流有效值 I_h 与基波电流有效值 I_1 的百分比，即：

$$HRI_h = \frac{I_h}{I_1} \times 100\%$$ (4 - 24)

总电压正弦波形畸变率 THD_u 是各次谐波电压有效值的方均根值与基波电压有效值的百分比，即：

$$THD_u = \frac{\sqrt{\sum_{h=2}^{\infty} U_h^2}}{U_1} \times 100\%$$ (4 - 25)

总电流正弦波形畸变率 THD_i 是各次谐波电流有效值的方均根值与基波电流有效值的百分比，即：

$$THD_i = \frac{\sqrt{\sum_{h=2}^{\infty} I_h^2}}{I_1} \times 100\%$$ (4 - 26)

（3）谐波超标的危害[*]。

为了保证电网和用电设备安全经济运行，净化电源，提供质量合格的电能，各国都制定了谐波标准，以限制非线性用电设备注入谐波电流或使用电网电压正弦波形产生畸变。对于谐波我国国家标准有《电能质量公用电网谐波》（GB/T 14546—93）、《电磁兼容限值谐波电流发射限值（设备每相输入电流≤16A)》（GB 17625.1—2003）、《电磁兼容限值对额定电流大于 16A 的设备在低压供电系统中产生的谐波电流的限制》（GB 17625.6—2003）。

正弦电压加在非线性负载上，非正弦电压加在线性负载上，都会在电路中出现非正弦电流。非正弦电流会倒灌进电网，最终流经各电源的内阻抗，产生非正弦电压降，叠加在电源应该发出的正弦电压上，使之畸变。

如果电网容量不够大（如某些单位的自备电源），即它的内阻抗相对较大，电网电压就会畸变，这种非正弦电压即使在正常的线性负载上也会产生非正弦电流。这就造成非正弦的转移、传递和放大。

周期性变化的非正弦电压和电流可以分解成基波和一系列谐波。谐波的次数是基波的整数倍，或者说谐波频率是基波频率的相应次倍数。谐波超过一定标准，会对电网及各用电负载带来严重的影响。

1）同次的谐波电压和谐波电流之间会形成谐波有功功率，在负载（如电动机）中产生附加的损耗而发热，产生谐波转矩，轻则转矩脉动，重则咬死在谐波转矩对应的低转速下，使之不能正常启动而烧坏。

2）谐波频率较高，使得电路中各工频电容（如滤波电容、吸收电容、功率因数补偿电容，它们本应工作在工频下）的容抗随频率增加而反比减少，它们会流过较高频率而又可能被放大的谐波电流，在电容中产生附加损耗与发热，甚至使这些电容器"放炮"炸裂。

3）各种不同的谐波频率有可能同电路中某些电容器、电抗器形成谐振，使电路局部出现高的谐振电压或大的谐振电流，把电网中的某些相连接的用电器烧毁。

4）不同阶次的谐波电压和谐波电流之间，最典型的就是在足够大的电网下认为电网供电电压不足以畸变而保持正弦，它同各次谐波电流之间不构成有功功率而消耗，却构成第二类无功——畸变无功，造成系统的功率因数下降。这也是在非正弦情况下，电力品质更加恶化的重要原因之一。

5）谐波还会产生线路噪声，给电磁兼容带来一系列问题。

6）在三相四线（五线）带零线的系统中，各相中 3 的倍数次谐波具有相同的相位，它们将在零线上叠加而使零线严重超载，甚至引起火灾。

近些年来，由于谐波造成的电网运行事故给用户造成的严重损失屡见不鲜，但因重视不够，没有增设必要的检测手段来监督，不少事故和损失找不出真正的原因。

3. 频率波动

频率是各种用电器设计、制造的基本标准参数。频率的波动不仅直接影响电动计时的钟表和仪器的准确性，而且会带来按标准频率设计的电磁产品的附加损耗。频率升高，铁芯的比铁损增加；频率降低（电压不变），铁芯中的磁通密度成反比增加，更接近于磁饱和。冲击负载的强大无功冲击会影响供电频率的稳定。

4. 电压波动

现代应用电路中涉及电压波动的现象和种类越来越多，具体有：

（1）电压的升高或降低超过标准规定的数值。

（2）电压"毛刺"，即在基本电压波形上叠加的瞬间过电压超短脉冲（时间很短而幅值较高）。

（3）电压闪变。电压波动引起灯光照明的闪变。

（4）电压陷波。因三相整流或逆变换流期间换相端子在重叠导电区间呈现瞬时短路而导致的电压波形上缺口，波形下陷，称为陷波。

（5）电压波形中的不连续。在脉宽调制等波形重组电路中有时会出现合成电压的波形不连续。第一种是波形断续，两边波形断开，中间有时间间断；第二种是波形跳跃，两边波形虽无时间间断，但两面接合点的瞬时值不相等；第三种是相位跳跃，两边波形衔接，接合点的瞬时值也相等，但两边波形的相位不同，波形结合处并非平滑过渡。

5. 三相不平衡

冲击负载的存在常造成三相供电系统的不平衡，造成中性点位移，最终造成三相中各相相电压不等，使连接的用电器过电压或欠电压而损坏。

6. 掉脉冲或断相

因出现严重电压陷波等原因，供电中可能出现某相电压的某个周期"丢失"，即"掉脉冲"。有时还会有断相出现，产生严重后果。

人们在 19 世纪末就已经通过变压器来改变交流电压和交流电流的大小；在 20 世纪后半叶又采用变频器来改变频率（直流是频率为零的特殊交流）、相数和相位；在 20 世纪末、21 世纪初又在试图进行波形重组。这些技术上的进步使人类掌握越来越多的可控制手段来获得最佳的节能效果，但必须注意防止或抑制其中副作用的出现。供电系统要在"高效率用电"的同时，努力实现"高品质用电"，保持电力品质始终处于优良状态。

4.5.2 改善电力品质的措施

1. 提高自然功率因数

所谓提高自然功率因数，是指不增加任何无功补偿设备，采取技术措施减少企业供用电设备无功功率的需要量，使功率因数提高。它不需要增加投资，是最经济合理的提高功率因数的有效措施。

提高自然功率因数的措施如下：

（1）选择低损耗节能变压器，使变压器在最佳经济负载系数下运行。调整、平衡负载，合理提高负载率，限制变压器在 30% 以下负载下运行，应使变压器在总损耗最低，效率和功率因数最高的状态下运行。

（2）选择高效节能电动机。异步电动机所需用的无功功率是由其空载时的无功功率和一定负载下无功功率增加值两部分组成，所以改善异步电动机的功率因数要防止空载运行，并尽可能提高异步电动机的负载率。当电动机轻载运行时，其效率和功率因数都很低。针对电动机的负载是变动的，可采用电动机轻载调压节电装置，当电动机轻载时，降低电动机输入的端电压，实时动态跟踪电动机负载变化，使电动机输出功率与负载相匹配，保持在最佳状态运行。提高电动机效率和功率因数，达到节电目的。

（3）合理安排和调整工艺流程，改善机电设备的运行状况，采取技术措施限制机电设备在轻载或空载状态下运行。

（4）适当降低供电电压。当供电电压低于额定值时，无功功率相应减少，从而使功率因数有所提高。

（5）采用同步电动机替代异步电动机。同步电动机在励磁方式下运行（$\cos\varphi$ 超前 $0.8 \sim 0.9$），向供电系统输送无功率，提高自然功率因数。

2. 无功补偿技术

补偿装置主要是指电力电容器，对企业供用电设备所需的无功功率进行人工补偿，以提高功率因数的措施。

企业首先应提高自然功率因数，再考虑合理采用人工补偿装置。因为提高自然功率因数是必要的，但也是有限的，并不能完全满足企业供用电设备所需的无功功率。当在提高自然功率因数的基础上尚不能达到所要求的数值时，再采用人工补偿技术措施。

（1）无功补偿的分类。

1）位移无功补偿和畸变无功补偿。

长期以来，无功补偿是针对位移无功的。电力网络众多负载造成的感性位移无功占优势，如上节所述，感性位移无功可以用容性位移无功来补偿。

但是，随着先进的微电子技术和电力电子技术的广泛推广应用，在获得提高劳动生产率、节约电能、改善自动化程度等正面效益的同时，往往也带来谐波危害等负面效应，也就引入了畸变无功。原则上，畸变无功的补偿是不能靠补偿位移无功的办法来解决的，它要同谐波抑制结合起来才行。

2）旋转补偿和静止补偿。

最早位移无功的补偿是采用同电网并联一台同步调相机的办法来实现的。这种调相机就是一台同步电动机。调节同步电动机励磁的强弱能形成相对于机端电压超前（容性）或滞后（感性）的电流，即发出不同性质和大小的无功功率。一家发电厂几台发电机正常发电，而备用一台作调相机，发出适当的无功来补偿负载汇集到电网的相反性质的无功，保证正常发电的发电机饱满工作，这是合算的。这就是旋转补偿的方法。

对于多数用户，难以采用这种无功补偿的方法。既然感性无功可以用容性无功来补偿，用户安装多组电容器，按自己的感性无功的大小，投切并联到电网上，以相应的容性无功补偿感性无功，实现本单位或本设备的功率因数的提高。由此发展出的，包括同各种电力电子技术结合的新型补偿方法，都是不会转动的，称之为静止无功补偿（通常缩写为SVC）。

3）静态补偿和动态补偿。

某个用电户的设备运行稳定，无功功率的数值变化比较缓慢，就可以采用比较简单的补偿方法，例如用人工控制接触器的方法随感性无功功率的变化来调节并联电容器的多少，使功率因数始终保持在较高水平，这就是静态无功补偿。要说明的是，并联电容量过大的时候，企业的供电电压会因过补而升高，有些用电设备会因此被击穿损坏，这也是应该避免的。

近些年来，由于许多工业用户针对冲击负荷（如轧机设备、电力机车、电弧炉等）采用了晶闸管控制的电力电子设备，它不仅产生冲击有功功率，而且还发生冲击无功功率，甚至还有严重的谐波畸变无功。这时必须采取响应比较迅速的动态无功补偿和滤波措施，自动调节补偿强度。

其实，现在居民住户用的电视机、计算机、传真机等都采用了先进的开关电源，它们都是谐波源，如不及时处理，小区变电室的这种负载多起来，单靠静态补偿也不够了。冲击的位移无功和各种畸变无功都要求采用适当的动态无功补偿措施。

静态无功主要影响电网设施和用电器的利用率，补偿治理也比较简单、容易。但是，现代电网中冲击负载日益增多，动态冲击无功越来越普遍，畸变无功也越来越严重，它们对电力品质的影响越发加重，涉及面更广。这些危害表现在以下几方面：

①系统的电压波动（特别是造成电压的瞬间下落）和频率波动。

②供电电压的波形出现畸变。

③致使三相负载不平衡，这种动态波动和不平衡在某些系统中会造成三相中性点位移，使各相电压显著升高或降低。

采用并推广合理的（动态）无功功率补偿技术是改善电力品质的重要手段。

（2）无功补偿的节能原理。

前面对无功补偿、功率因数等概念进行了定性的讨论，下面以解析的方法对其进行定量分析，由此从相移无功入手，进一步了解畸变无功的意义，再以正弦波电压下的非正弦电流这种最普遍的具体情况为例，得出相应的计算公式，以在该过程中了解无功补偿的节能原理。

1）正弦波电路的相移无功及其静态补偿。

下面先讨论单相交流电路，在对称的情况下，也适合三相电路。讨论时都选用正弦波电压和电流。人们为什么独钟正弦波将会在下节给出结论。

设电网电压的瞬时值为：

$$u = \sqrt{2}U\sin\omega t \tag{4-27}$$

电流滞后于电网电压相位 φ，其瞬时值为：

$$i = \sqrt{2}I\sin(\omega t - \varphi) \tag{4-28}$$

$$\omega = 2\pi f$$

式中　U，I——电网电压和电流的有效值；

　　　ω——电网的角频率；

　　　f——电网频率。

瞬时电压和电流的乘积 $ui = p$ 就是瞬时功率 p，即：

$$\begin{aligned}
p = ui &= \sqrt{2}U\sin\omega t \times \sqrt{2}I\sin(\omega t - \varphi) \\
&= UI[2\sin\omega t \times \sin(\omega t - \varphi)] \\
&= UI\cos\varphi - UI\cos(2\omega t - \varphi)
\end{aligned} \tag{4-29}$$

瞬时功率 p 在全周期中的平均值即为有功功率 p。图 4-10 显示了电压（a）、电流（b）和功率（c）的瞬时曲线，图 4-10（d）则显示出瞬时功率被分解成两个分量，分别与式（4-29）最后一行的表达式相对应。其中，第一项 $UI\cos\varphi = P$ 实际上就是该电路的有功功率；第二项则表现为倍频交流功率，有正有负，为正的时候表示该电路从电网吸收功率，为负的时候表示它向电网送出功率，在一个周期内正负相等，抵消为零，这体现了无功功率的特点。用数学表达就是它在一个周期内的积分为零。

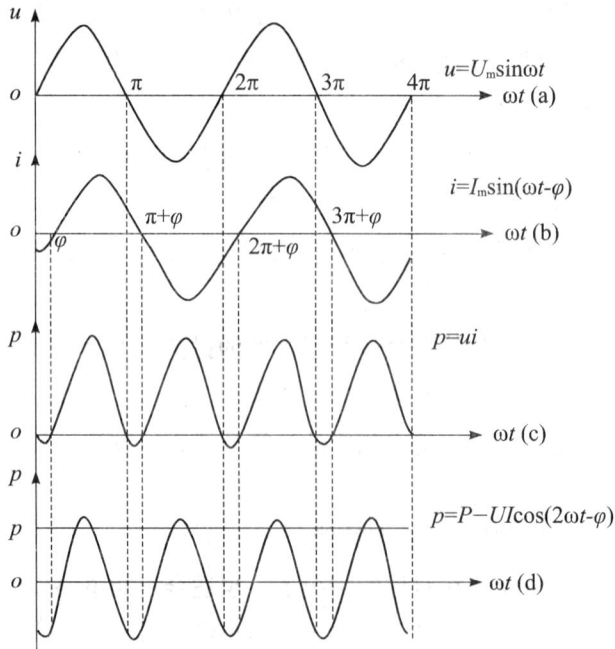

图 4-10　交流电路中的电压 u、电流 i 和功率 p 的典型波形和功率曲线的分解

$$Q = \frac{1}{2\pi} \int_0^{2\pi} \big[-UI\cos(2\omega t - \varphi) \big] \mathrm{d}\omega t$$

$$= \frac{1}{4\pi} UI \big[\sin(2\omega t - \varphi) \big] \big|_0^{2\pi}$$

$$= 0 \tag{4-30}$$

它在全周期里总和为零，表示没有正式做功，只是和电网之间进行了能量交换，它的交换功率值可以认为就是 1/4 周期（正功率或负功率）的平均值

$$Q = \frac{2}{\pi} \int_0^{\frac{\pi}{2}} \big[-UI\cos(2\omega t - \varphi) \big] \mathrm{d}\omega t$$

$$= \frac{1}{\pi} UI \big[\sin(2\omega t - \varphi) \big] \Big|_0^{\frac{\pi}{2}}$$

$$= UI\sin\varphi \tag{4-31}$$

瞬时功率 p 在一个周期内的平均值就是（4-29）式中两项的每一项平均值之和。如前所示，每一项的平均值就是 $UI\cos\varphi$，第二项的平均值为 0 ［式（4-30）］。所以，p 的平均值就是 P。

$$P = UI\cos\varphi \tag{4-32}$$

从这些结果可以得出以下结论：

①称 $UI = S$ 为视在功率，从式（4-32）得到：

$$\frac{P}{S} = \frac{UI\cos\varphi}{UI} = \cos\varphi \tag{4-33}$$

这就是在正弦波电路下的功率因数的表达式。

② $P = S\cos\varphi$，$Q = S\sin\varphi$。所以：

$$P^2 + Q^2 = S^2(\cos^2\varphi + \sin^2\varphi) = S^2 \tag{4-34}$$

直流电路和正弦交流电路功率图如图 4-11 所示。

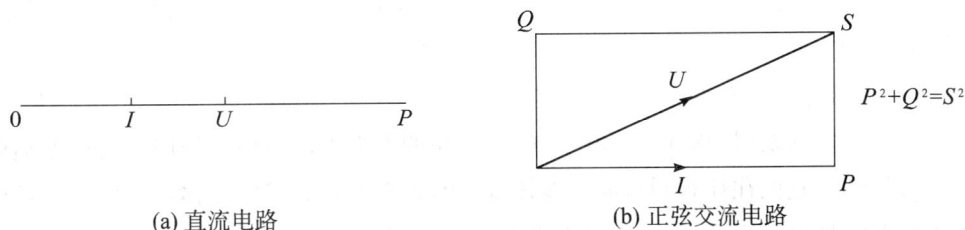

图 4-11　直流电路和正弦交流电路功率图

由此可见，如果说直流电路中电压和电流之间无所谓相位问题，有功功率 $P = UI$ 总是同视在功率 $S = UI$ 相同，不存在无功功率，或者是说功率因数总是 1，那么交流正弦电路中由于电压和电流之间存在着相位差角 φ，使得电路中既存在有功功率，又存在无功功

率，它们同视在功率之间的功率图是二维的。视在功率并非有功功率和无功功率的代数和，而是它们的几何和，也就是平方和的平方关系：

$$S = \sqrt{P^2 + Q^2} \tag{4-35}$$

③容量 S、有功功率 P 和无功功率 Q 都具有电压和电流相乘的相同量纲，但它们的物理含义有所不同，所以它们所用的单位也就有所区别：

a. 容量 S 的基本单位用伏安（V·A）、千伏安（kV·A）。

b. 有功功率 P 的基本单位用瓦（W）、千瓦（kW）。

c. 无功功率 Q 的基本单位用乏（Var）、千乏（kVar）。

这三种量的单位虽然类似，但不可混用，其物理意义是不同的。

④在瞬时功率（瞬时电压和瞬时电流乘积）的表达式中，某项的全周期平均值为 0，即意味着该项是一个无功功率。这一点不仅对相移无功适用，它对畸变无功也适用。

⑤在交流电路中，电感性负载的 φ 角是正值，表示电流相位滞后于电压，它的无功功率 $Q_L = UI\sin\varphi$ 也是正值；电容性负载的 φ 角是负值，表示电流相位领先于电压，它的无功功率 $Q_C = UI\sin(-\varphi) = -UI\sin\varphi$ 也是负值。可见在这种电路中容性无功可以补偿感性无功，选择适当的电容值（实际上是可选择电容量的电容器组）有可能使感性无功补偿到最小，甚至为 0，功率因数接近或达到 1，这就是静态无功补偿的原理。在此补偿过程中，容性无功小于感性无功就称为"欠补"，容性无功大于感性无功则称为"过补"。欠补和过补时，功率因数均小于 1，只是欠补时为感性，是正无功；过补时为容性，是负无功。过补往往伴随着电网电压的升高，有可能威胁电网上其他用电器的安全，是人们不希望的。如果负载的感性无功处于瞬态波动，则要求补偿装置即时补偿，这就是动态无功补偿的第一层含义，称为第一类动态无功补偿，即快速变动的相移无功的瞬态补偿。

⑥在交流正弦电路中，功率因数

$$\cos\varphi = \frac{P}{UI} \tag{4-36}$$

标志着电力设施的利用率，是一个非常重要的电力参数。但在交流非正弦波电路中，这个公式是不成立的，千万不可错用。

2）非正弦波电路的畸变无功及其动态补偿。

随着科学技术的发展，微电子和电力电子产品的大力推广应用，采用非线性电路的用电设备与日俱增，它们往往有明显的节能效益，实现自动化和机电一体化。但是，正弦波电压施加到非线性电路上，或者非正弦波电压施加到线性电路上，都会产生非正弦波电流，使之成为非正弦波电路。诸如交直流轧机、电弧炉炼钢、电气火车牵引等都是严重的非正弦电流源。现正在千家万户安装的彩电、计算机、电子镇流器和各种开关电源，也都发生着积少成多的非正弦电流。

实际上所有周期性的非正弦波（例如方波、梯形波、三角波等）都是由一系列正弦波组合而成的。按照傅里叶级数分解，周期性非正弦波都可以分解出直流分量（阶数为0）、基波分量（阶数为1，其频率与该非正弦波的周期相应）和一系列谐波分量（阶数为2以上直到无穷大，其频率为基波频率的整数倍）。基波和谐波构成一簇频率相关的正弦波。

可以证明，对于任何周期性的非正弦波，在正负半周对称的情况下，直流分量和偶次谐波（阶数为偶数）都为0，只含有奇次谐波。

假定非正弦波电压的第 m 次谐波表示为：

$$u_m = \sqrt{2}\,U_m \sin m\omega t \tag{4-37}$$

非正弦波电流的第 n 次谐波表示为：

$$i_n = \sqrt{2}\,I_n \sin n\omega t \tag{4-38}$$

它们之间产生的瞬时功率可表示为：

$$p_{m,n} = 2U_m I_n \sin m\omega t \times \sin n\omega t \tag{4-39}$$

通过并不复杂的数学推导可以证明正弦函数的正交性：两个不同阶次（$m \neq n$）的正弦函数的乘积在全周期内的积分为0，只有阶次相等（$m = n$）的正弦函数的乘积在全周期内的积分为一个实数，即：

$$\frac{1}{T}\int_0^T \sin m\omega t \times \sin n\omega t = \begin{cases} 0\,(m \neq n) \\ \dfrac{1}{2n}\,(m = n) \end{cases} \tag{4-40}$$

从电物理的角度看，正弦函数的这种正交性恰恰说明了正弦波的优越性。$m \neq n$ 时的式（4-40）意味着不同阶次的电压和电流之间的平均功率为0，不会做功；而仅当 $m = n$ 时，即同阶次的电压和电流之间才形成一定的有功功率，即基波电压和基波电流之间，同次谐波的电压和电流之间才产生一定的功率。那么，如果电压、电流波形为非正弦，就必然既有基波功率发生，又有各次谐波功耗发生，总损耗就大于基波功率。只有当基波存在，谐波消除的情况下，谐波造成的附加功率损耗才减小为0。所以，只存在基波的正弦波才是最节能的电压电流波形。这就是为什么电工工作者在功率方面始终钟爱正弦波的原因所在。当出现谐波的时候，不同阶次的电压和电流之间会构成瞬时功率，但它们在一个周期内的乘积积分为0，按照前述的结论，在瞬时功率的表达式中某项的平均值为0，即意味着该项是一个无功功率。这里这个条件又被满足了，即不同阶次的电流和电压之间构成了一种新的无功功率，这就是畸变无功。

广义地说，同为 n 次谐波的 U_n 和 I_n 之间有相位差 φ_n，它们会分别产生有功功率 P_n 和相应的相移无功 Q_n。那么，电路的总有无功功率 P 和总相移无功功率 Q 就分别是各次谐波相应功率值的和。对于畸变无功的补偿决不能单纯靠增加并联电容或电感来补偿。它必须和谐波治理密切结合，这就增加了动态无功补偿的复杂性和困难。

现在，一种做法是对主要的谐波和相应的畸变无功进行就地补偿，解决主要问题；另一种做法就是有源补偿和有源滤波，方法就更先进了。但是，限于现实可能和其他一些原因，有源补偿和有源滤波的设备容量不是很大，所以上述两种方法都在实践中采用并发展着，对畸变无功功率的补偿属于第二类动态无功补偿。

另外，在工业用户中，有一大类采用大功率电力电子设备的单位，如国内的铁路系统的电气机车、在现代轧钢系统中由若干台联动配合工作运行的主轧机、能够冶炼优质钢材的大功率电弧炉等在启动前后、运行中间，负载变化是很急剧的，产生强烈的瞬态无功冲击，类似的无功补偿（特别是动态无功补偿）都是需要的，否则就要极大地增加供电设施的容量，造成严重的电力浪费；或者这些重大设备就会因为严重的无功冲击而供电网容量不够大，无法启动，根本不能工作。这种花很多外汇购入的先进设备因此而停机的现象，在国内已屡见不鲜。同以上铁路、轧钢、炼钢等行业遇到的类似问题，在有色金属、化工、建材、轻工（榨糖、造纸等）等国民经济重要部门也都存在。针对强无功冲击的工业用户，需要提供具有以下功能的无功补偿装置：

①对基波强大无功冲击能够提供足够大的无功功率来实施补偿。

②对主要谐波应有相应的滤波措施。

③对这些无功冲击（包括相移无功和畸变无功）有足够快的、实时的传感信号采集。

④这些补偿和谐波设施要有足够快的时间响应。

这些要求无疑会对无功补偿装置提出新的挑战。但这些问题的解决，不仅对国民经济许多重大设备的正常投产发挥它们应有的巨大经济效益作出贡献；同时对电力系统和电力用户来说也有显著的节能效益。

最后对无功功率的概念做一下小结。在周期性的交流电路中，只要电压和电流存在，每一瞬时都会有一个被电压和电流的乘积决定的瞬时功率，或为正、或为负。正功率就是从电网向负载输送能量，负功率则是从负载向电网回馈能量。这些有正有负的瞬时功率在一个周期内相加起来（积分），总和为正，就是线路消耗的有功功率。正负瞬时功率相加为零的部分意味着电网和负载对这部分功率实行了全交换，没有在负载上做功，就是无功功率。无论是基波（或同次谐波）的电压电流之间出现因电路中存在着储能元件形成了相位移，造成的相移无功功率；还是因不同阶次的谐波电压和电流之间，总是形成正负对称的瞬时功率，使其叠加总和为零，由此产生的谐波畸变无功功率；尽管两者产生的物理机制不同，但它们电压和电流之积在一个周期内的积分为零是共同的。这就是无功功率的共同点。这部分功率没有在负载上做功，只是在电网和负载间进行了交换，减少和避免这种只进行交换的无功功率，就是无功补偿的任务。

3）无功补偿和节能。

综上所述，基波相移无功和谐波畸变无功，在电网电压为正弦波的情况下，表现为电流增加了基波无功分量和谐波电流分量，即视在电流大于有功电流分量。无功功率补偿技术所起的作用就是滤除非线性负载产生的基波相移无功和谐波畸变无功，也就是把电流中的基波无功分量和谐波分量加以减少和滤除，使电网电流尽量只含有有功电流分量。这样的结果，一方面使供电设施的容量利用率提高，另一方面可以使电网和电力用户的电路和设施上减少能量损耗而获得直接的节能效益。

　　无功电流的存在增加了流过电网的视在电流，在电网导线、设施和用户的用电设备上产生和电流的平方成正比的电损耗，特别是谐波（频率升高）电流在电磁装备（变压器、电抗器、电动机等）中，造成铁芯中的高频涡流效应，并在导线中引起高频集肤效应，致使导线有效截面积减小，分别在铁芯中和导线中产生相当大的附加损耗。实测表明，这种附加损耗可以达到正常损耗的 10%～70%。无功补偿的实施使这些由无功电流和高频电流造成的附加损耗得以大大减少或被消除，不仅使负载的无功功率得到补偿，而且使损耗的有功功率得以减小而有明显的节能效果。

　　谐波电流流入电网会在变压器和线路上产生谐波电压降，叠加在正弦波网压上，造成电网电压的畸变。特别是当供电设施的供电容量同用户用电设备非线性负载的用电容量相比差别不大的时候，用电设备得到的电压波形畸变较大。供电电压的畸变反过来又会在线性负载上产生高次谐波电流，使正常负载也产生额外的附加损耗，在交流电动机中，这种现象尤为突出。滤除谐波电流，减少谐波畸变无功，就会减少负载中的这种额外的附加损耗，在实践中取得显著的节能效果。在实施动态无功补偿的技术改造进程中，本来是通过降低负载的无功功率来提高电力设施容量的利用率，结果发现，特别是在非线性负载比较突出的应用场合，其取得了有功损耗明显减少的节能效益。

　　3. 无功补偿实例

　　（1）鞍钢中型厂主轧机直流调速系统的就地动态无功补偿。

　　鞍山钢铁集团公司首次在中型厂主轧机整流变压器二次侧安装了北京三义公司制造的 TSC 动态无功功率补偿装置进行无功功率实时补偿，并且收到了很好的应用效果。

　　1）无功功率补偿目的。

　　主轧机工作时，整流变压器输出电流在 2000（轧制单钢）～4500 安培（轧制双钢）之间变化，输出视在功率在 2600～5850 千伏安之间变化，最大变压器过载率 1.36。整流变压器二次由于无功冲击引起的网压波动 50 伏，输出功率因数为 0.76 左右。供电谐波电流含量见表 4－9。

表 4－9　　　　　　　　　供电谐波电流含量

谐波次数	5 次谐波	7 次谐波	11 次谐波	13 次谐波
谐波含量	25%	13%	9%	7%

　　经过测试，给中型厂主轧机整流变压器供电的 2# 母线，电网电压畸变率为 6.43%，注入上级电网 5 次、7 次、11 次和 13 次谐波电流都超过国家标准。为了提高供电质量，必须进行无功功率补偿。考虑到轧制负荷冲击性变化，减低整流变压器损耗，提高整流变压器运行可靠性，降低无功冲击引起的整流变压器二次网压波动，决定采用北京三义公司生产的具有谐波治理功能的 MV 系列就地 TSC 动态无功功率补偿装置。设计补偿装置在

695 伏额定网压提供基波无功功率补偿量 1400 千乏，在 750 伏实际网压提供基波无功功率补偿量 1630kVar。补偿后，可以使最大负载供电功率因数提高到 0.9 以上，实际最大供电视在功率从 5850 千伏安降低到 4940 千伏安。

2）补偿效果。

补偿效果主要从提高电网供电质量和获得节能效益两方面反映。补偿装置于 2001 年 11 月投入运行，经现场测试，动态无功功率补偿装置动态响应时间低于 25 毫秒。负载无功冲击引起的网压波动从补偿前的 50 伏下降到补偿后的 10 伏。功率因数从补偿前的 0.76 提高到 0.9 以上。电压总畸变率从补偿前的 6.43% 减低到 2.37%，满足电压总畸变率低于 4% 的国家标准。注入上级电网的 5 次、7 次、11 次、13 次和 23 次谐波电流分别由补偿前的 151A、66A、61A、37.5A 和 10.8A（全部超出国家标准规定）降低到补偿后的 19.2A、10.5A、10.2A、7.5A 和 4.2A，完全符合国家标准 GB/T 14945—93，谐波电流减少了 80% 以上，相应的谐波畸变无功也大大下降。

动态无功功率补偿的节能来自两个方面：

①谐波电流流入电网，并且在变压器漏抗和线路电阻上产生压降，造成网压畸变。畸变的网压即使加在线性负载上，也将产生高次谐波电流，使负载产生额外的损耗，这种现象对于交流电动机负载十分显著，被称为谐波的负载损耗。滤除谐波电流可以大幅度减少谐波的负载损耗。

②无功电流在供配电系统中流动，产生与视在电流平方成正比的供配电损耗。特别是谐波对变压器的高频涡流效应使变压器产生较大的附加损耗，谐波在导线中的集肤效应使导线等效截面积变小，进一步加大了供配电损耗。动态无功功率补偿后滤除了谐波电流并以最小视在电流供电，从而大幅度减少了供配电损耗，同时也降低了整流变压器温度。

经现场测试，投入动态无功功率补偿装置后，平均每天可以节电 1530 千瓦时左右，年节电 55 万千瓦时，直接节电效益为 20 万元。加上其他综合效益，全套装置的投资预计在 1 年多运行期内即可全部回收。

（2）安阳钢铁高速线材厂的 6 千伏带谐波滤波装置的动态无功补偿。

安阳钢铁股份有限责任公司高速线材厂 6 千伏中压供电系统和轧机整流变压器的 660 伏负载侧，分别安装了中压（6 千伏）和低压（660 伏）晶闸管切换动态无功补偿及谐波滤波装置，装置的性能见表 4－10。

表 4－10　　　　　　　　　　装置性能表

装置名称	中压 TSC 动态无功补偿装置	
概况	电压等级	6 千伏
	总补偿容量	3000 千乏
	补偿回路数	2 回路
	补偿方式	TSC 动态补偿

续表

装置名称	中压 TSC 动态无功补偿装置	
概况	电压等级	660 伏
	总补偿容量	14400 千乏
	装置套数	6 套
	补偿回路数	每套 5 回路
	补偿方式	TSC 动态补偿

上述装置于 2001 年 3 月完成试制，4 月中旬完成了初步调试工作，7 月 6 日开始现场调试，8 月 18 日投入试运行，9 月 7 日通过验收、正式交付使用。6 千伏（中压）动补装置的切换开关，采用的晶闸管和二极管都是 3500 伏的 12 只串联。

变电站主变压器的参数如下：

型号：SFPSF 9—12000/220。

容量：120000/120000/60000kV·A。

额定电压：230kV/121kV/6.6kV。

额定短路阻抗：高→中：14.1%；

高→低：24.1%；

中→高：7.49%。

1）补偿效果。

经过 21 次标准轧制工况检验，其运行功率平均由 15733 千瓦下降到 13618 千瓦，节电 13.4%。功率因数由补偿前的 0.87 提高到补偿后的 0.97，各次谐波均低于国家标准。

以每根钢平均轧制时间为 1.397 分钟计算，补偿前平均功率为 14834 千瓦，补偿后平均功率为 12821 千瓦，减少了有功功率 2013 千瓦，平均每吨钢消耗的有功功率降低了 13.6%。

以年产 40 万吨，每根钢平均轧制时间为 1.397 分钟，电价为 0.346 元/千瓦时计算：补偿前每吨钢消耗 167.7 千瓦时，40 万吨消耗 6708 万千瓦时，所需费用为 2321 万元；补偿后每吨钢消耗 145.0 千瓦时，40 万吨消耗 5800 万千瓦时，需费用为 2007 万元，比补偿前节省 314 万元，费用降低了 13.5%。

2）等效电网增容效益评估。

本案例是针对负荷较平稳，基本上没有多少冲击负荷，本来功率因数就较高（0.87）的情况，现补偿至 $cos\varphi = 0.97$，补偿等值于电网增容。在本案例中，补偿前系统的视在功率为 18288 千伏安，补偿后的视在功率为 14040 千伏安，如果以补偿后的视在功率为 100%，则相当于电网增容值为：

$$\frac{18288 - 14040}{14040} \times 100\% = 30.2\%$$

由此可以看出，在相对功率因数较高的稳定负荷条件下，采用无功补偿后也可得到补偿后实际视在功率 30% 左右的电网增容。

3）结论。

安阳钢铁股份有限公司高速线材厂无功补偿及谐波滤波装置滤波质量符合国标 GB/T14549—93，功率因数由 0.87 升高至 0.97。补偿装置投入运行前后，电网运行功率差为 2013 千瓦，补偿前吨钢耗电量为 167.7 千瓦时；补偿后吨钢耗电量为 145.0 千瓦时，节电效果明显。高速线材厂年产量按 40 万吨计算，即节电 908 万千瓦时，年节约电费 314 万元。补偿装置总投资 273 万元，1 年内能够收回投资成本，取得了良好的经济效益（尚未计算功率因数由 0.87 升高至 0.97 后，由罚款变成奖励的效益）。

（3）攀枝花新钢钒有限公司轨梁厂的新型晶闸管切换动态无功补偿。

攀枝花新钢钒有限公司轨梁厂初轧工序共有负荷约 5000 千瓦，供给大剪、推钢机、左右推床和钢锭车等主体工序设备电机。改造前功率因数仅为 0.57 左右。从 1999 年初开始，因功率因数达不到规定指标而受罚，1999 年累计罚款 89.34 万元，仅 4 月份罚款就近 10 万元。

2000 年初轨梁厂初轧工序受电母线的 10 路负荷取无功负荷较大的 3 路安装上了低压无功补偿装置，包括 320 千乏的固定式静态无功补偿装置一套、2×750 千乏的动态无功补偿装置一套、2×600 千乏的动态无功补偿装置一套。

特别值得提出的是后两项动态无功补偿装置是一种新型实用的晶闸管切换（TSC）装置。

1）直接经济效益。

直接经济效益由两部分组成，一是该母线功率因数提高后减免罚款产生的效益；二是无功补偿后，变压器负载电流减少，使线路和变压器有功损耗减小所产生的效益。

①减免功率因数罚款效益计算。改造前功率因数平均只有 0.57，安装了无功补偿装置后，功率因数达到了 0.91~0.95，完全符合供电部门的考核指标要求。2000 年 3 月无功补偿系统改造完成后，3~6 月功率因数保持在 0.91 以上，每月由罚款变为受奖，由此可推算出每年因减罚增奖而产生的经济效益将达 89 万元以上。

②减少耗电效益计算。无功补偿投入后，降低了受电母线的有功损耗。1999 年平均吨钢消耗有功电量为：有功峰值 1.8711 千瓦时；有功谷值 1.9591 千瓦时；有功平值 1.6134 千瓦时。投入无功补偿后，平均吨钢消耗有功电量为：有功峰值 1.5279 千瓦时；有功谷值 1.6053 千瓦时；有功平值 1.4356 千瓦时。

每吨钢可节约有功电量为：有功峰值 0.3432 千瓦时；有功谷值 0.3538 千瓦时；有功平值 0.1778 千瓦时。

年产量按 1999 年 150 万吨计算，则每年可节约电费 20.62 万元。

每年的直接经济效益为：89.34 + 20.62 ≈ 110（万元）

2）间接效益。

提高了轨梁初轧工序设备效率，降低电能成本，在发电、变电及送电设备容量不变的情况下，由于提高了功率因数，增加了供电容量的利用率，提高了设备效率。

减少网路中的电压损失，改善电能质量。提高功率因数就可以减少通过线路的无功功率 Q，使线路的电压损失减少，改善供电系统的运行水平及对用户的供电质量。

增加了变压器的带载能力，发热下降，延长了使用寿命。

3）工程改造投资与回收。

工程总投资为 104 万元，只需 0.95 年即可收回投资。

$$\frac{工程投资}{年直接效益} = \frac{104}{109.8} = 0.95 （年）$$

4）等效电网增容效益评价。

吨钢有功电耗补偿前为 5.44371 千瓦时；$\cos\varphi = 0.57$。补偿后吨钢有功电耗为 4.56889 千瓦时；$\cos\varphi > 0.91$。如果以补偿后的总视在功率为 100%，则补偿前的总视在功率应为：

$$\frac{5.44371}{4.56889} \times \frac{0.91}{0.57} \times 100\% = 190.2\%$$

即补偿后供电能力几乎增长了一倍。

在本技术改造中，仅在 10 路电源中 3 路无功较大的进行补偿，已经把功率因数从 0.57 增至 0.91 以上（0.91~0.95），如果再多补偿一二个回路，则完全可将功率因数提高至 0.96~0.97。这样，补偿前的总视在功率与补偿后的总视在功率之比将超过 2，也就是说冲击负荷较大的工业负荷，在最好的无功补偿作用下将使电网增容一半。

4. 供电系统谐波治理*

谐波的影响是多方面的，必须针对具体情况采取相应的措施。根本的解决途径是抑制谐波电流，使用户注入电网的谐波电流或是用电网电压正弦波形畸变率减少到允许的范围。

（1）变压器采用 Y、d 或 D、y 联结组可以抑制所有 3 的倍数高次谐波。

（2）增加整流机组的等效相数，可以降低 5 次、7 次谐波电流。

（3）增加系统承受谐波能力，提高系统短路容量，提高谐波源负荷的供电电压等级，从而可减小谐波电流在该电压级系统中所占的百分比，减小系统的电压畸变值，改善电压波形。

（4）装设谐波滤波器、无源滤波装置或有源滤波装置。

1）无源滤波装置由电力电容器、电抗器和电阻等无源元件通过适当组合而成，即所谓 RLC 滤波器。应用最广泛的是单频调谐滤波器和高通滤波器。根据滤除哪一次谐波而定，选择 L 和 C 值。R 值得选择应能限制滤波电路的电流值，以保证 L 和 C 的安全运行。

2）有源滤波装置（APF）利用可控的功率半导体器件向电网注入与谐波源电流幅值相等、相位相反的电流，使电源的总谐波电流为零，达到实时补偿谐波电流的目的。它的主要特点是：滤波特性不受系统阻抗等的影响，可消除与系统阻抗发生谐振的危险；具有自适应功能，可自动跟踪补偿变化着的谐波，即具有高度可控性和快速响应性。这是改善供电质量的一项重要技术。

有源滤波装置（APF）是一种新型谐波抑制和无功补偿装置，它不同于传统的 LC 无源滤波器（只吸收固定频率的谐波），它能对电流和频率都在变化的无功进行补偿，可以实现动态补偿。

图 4 - 12 为最基本的有源滤波装置，图中 e_s 表示交流电源，负载为谐波源，它产生谐波并消耗无功。有源滤波装置由两大部分构成，即谐波和无功电流检测电路以及补偿电流发生电路。基本工作原理是：检测补偿对象的电流和电压，经谐波和无功电流检测电路计算得出补偿电流的指令信号，该信号经补偿电流发生电路放大，得出补偿电流，补偿电流与负载电流中要补偿的谐波及无功等电流抵消，最终得到期望的电源电流，达到抑制谐波的目的。

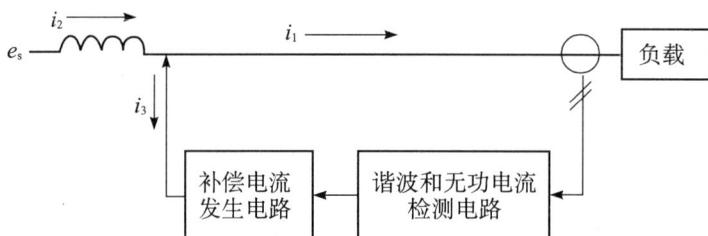

图 4 - 12　并联有源滤波装置的系统结构

有源滤波装置按其接入电网的方式，可分为串联有源滤波装置和并联的有源滤波装置两大类。目前实际应用的有源滤波装置中，90% 以上是采用电压逆变器的并联型结构。近年来，为了发挥有源滤波装置的优势，提高性能，减少容量，降低成本，增强适用性，又设计出了串、并联混合型的有源滤波装置，即有源滤波装置和无源滤波装置（PPF）构成混合滤波系统 HPFS。用无源滤波装置滤除谐波电流，再用有源滤波装置来改善滤波效果，并抑制串联谐振的发生。

▶ 自学指导

学习重点

本章的重点是：功率因数对供电系统的影响、降低变压器损耗的技术措施、降低线路损耗的技术措施。

（1）功率因数对供电系统的影响：供电线路及变压器的电压损失增大；供电线路及变压器的损耗增大；发电机的出力降低。

（2）降低变压器损耗的技术措施：改善功率因数；合理控制变压器运行台数。

（3）降低线路损耗的技术措施：对电网进行升压改造，减少变电容量，确定电网经济合理的运行方式，适当提高运行电压，提高功率因数，合理调整负荷。

学习难点

本章的难点是：功率因数的计算、合理控制变压器的运行台数的计算，提高自然功率因数的措施和谐波治理*

（1）功率因数的计算。

已知月抄有功电量为 W_P、无功电量为 W_Q，计算计算用户按月统计考核的加权平均因数 $\cos\varphi$。计算根据公式如下：

$$\cos\varphi = \frac{W_P}{\sqrt{W_P^2 + W_Q^2}} = \frac{1}{\sqrt{1 + \left(\dfrac{W_Q}{W_P}\right)^2}}$$

（2）合理控制变压器的运行台数的计算。

某变电所安装两台相同型号的变压器，查表可知 S_N，ΔP_0，ΔP_k，I_0（空载电流占额定电流的百分率），$U_K = 4.5\%$（短路电压占定电压的百分率），K_q。计算两台变压器经济运行的临界负荷。

1）变压器的空载无功损耗近似等于：

$$\Delta Q_0 \approx I_0 \cdot S_N$$

2）变压器额定负荷时无功损耗近似为：

$$\Delta Q_N \approx U_K \cdot S_N$$

3）两台变压器经济运行的临界负荷为：

$$S_{cr} = S_N \sqrt{2 \times \frac{\Delta P_0 + K_q \Delta Q_0}{\Delta P_k + K_q \Delta Q_N}}$$

（3）提高自然功率因数的措施。

1）选择低损耗节能变压器，使变压器在最佳经济负载系数下运行。

2）选择高效节能电动机，异步电动机所需用的无功功率是由其空载时的无功功率和一定负载下无功功率增加值两部分组成，所以改善异步电动机的功率因数要防止空载运行，并尽可能提高异步电动机的负载率。

3）合理安排和调整工艺流程，改善机电设备的运行状况，采取技术措施限制机电设备在轻载或空载状态下运行。

4）适当降低供电电压。当供电电压低于额定值时，无功功率相应减少，从而使功率因数有所提高。

5）采用同步电动机替代异步电动机。同步电动机在励磁方式下运行（$\cos\varphi$ 超前 0.8 ~0.9），向供电系统输送无功率，提高自然功率因数。

（4）谐波治理*：解决途径是抑制谐波电流，使用户注入电网的谐波电流或是用电网电压正弦波形畸变率减少到允许的范围。

1）变压器采用 Y、d 或 D、y 联结组可以抑制所有 3 的倍数高次谐波。

2）增加整流机组的等效相数，可以降低 5 次、7 次谐波电流。

3）增加系统承受谐波能力，提高系统短路容量，提高谐波源负荷的供电电压等级。从而可减小谐波电流在该电压级系统中所占的百分比，减小系统的电压畸变值，改善电压波形。

4）装设谐波滤波器，无源滤波装置或有源滤波装置。

复习思考题

一、单项选择题（在备选答案中选择 1 个最佳答案，并把它的标号写在括号内）

1. 供电损耗的电能占输入电能的百分比称为（　　）。

A. 电压损耗　　　　　　　　　　　　B. 线损率

C. 电流损耗　　　　　　　　　　　　D. 频率损耗

2. 下列关于功率因数计算公式描述正确的是（　　）。

A. 有功功率/视在功率　　　　　　　　B. 视在功率/有功功率

C. 无功功率/视在功率　　　　　　　　D. 无功功率/有功功率

3. 下列属于线损中的可变损耗的是（　　）。

A. 变压器的铜损　　　　　　　　　　B. 变压器的铁损

C. 电力电容器的介质损失　　　　　　D. 电度表电压线圈的损耗

4. 在负荷功率不变的情况下，将电网的电压提高，可以降低（　　）。

A. 功率因数　　　　　　　　　　　　B. 无功功率

C. 有功功率　　　　　　　　　　　　D. 线路电流

5. 无功功率的经济当量是指每减少 1 千乏的无功功率所降低的（　　）。

A. 有功功率　　　　　　　　　　　　B. 有功电流

C. 电费　　　　　　　　　　　　　　D. 视在功率

二、多项选择题（在备选答案中有 2~5 个是正确的，将其全部选出并将它们的标号写在括号内，错选或漏选均不给分）

1. 线损的可变损耗包括（　　）。

A. 配电变压器的铜损　　　　　　　　B. 配电变压器的铁损

C. 线路和接户线的铜损　　　　　　　D. 电力电容器的介质损失

E. 电度表电压线圈的损耗

2. 功率因数降低对供电系统的影响包括（　　）。

A. 供电系统的电压损失增大　　　　　B. 供电系统的有功功率损耗增大

C. 供电电流增大　　　　　　　　　　D. 发电机的出力降低

E. 供电线路输电能力增大

3. 下列属于谐波源的有（　　　）。

A. 电力变压器 　　　　　　　　　　B. 电视机

C. 电弧炉 　　　　　　　　　　　　D. 风机

E. 水泵

4. 下列属于无功补偿的作用有（　　　）。

A. 滤除基波相移无功 　　　　　　　B. 降低有功功率

C. 提高供电电压 　　　　　　　　　D. 滤除谐波畸变无功

E. 提高供电电流

三、简答题

1. 降低线损的技术措施有哪些?

2. 简述可变损耗和固定损耗的区别。

3. 简述谐波超标的危害性。

四、计算题

1. 已知某企业 2009 年 12 月份有功电量为 54000 千瓦时，无功电量为 23000 千乏，计算该用户按当月统计考核的加权平均功率因数 $\cos\varphi$。

2. 某变电所安装两台相同型号为 S11 - 1250/10 的变压器，ΔP_0 为 1.36 千瓦，ΔP_k 为 12 千瓦，I_0 为 0.9%（空载电流占额定电流的百分率），$U_K = 4.5\%$（短路电压占定电压的百分率），$K_q = 0.1$，计算两台变压器经济运行的临界负荷。

第5章　电动机系统节能

▶ 学习目标

1. 应知道、识记的内容

- 电动机系统节能的概念
- 异步电动机损耗的类型
- 异步电动机不同损耗对应的降低措施
- 异步电动机调速的方式
- 异步电动机调速应用领域

2. 应理解、领会的内容

- 轻载调压节能技术的原理和方法*
- 异步电动机转动原理、转差率和机械特性
- 异步电动机调速方式及比较
- 变频调速系统中变频器的选择
- 变频调速系统中电动机的选择*
- 风机、水泵电动机变频调速与节能的关系、节能原理及技术要求和应用条件
- 我国异步电动机能效等级
- 高效电机的适用范围*

3. 应掌握、应用的内容

- 异步电动机效率的计算
- 异步电动机功率、电压等级及负载特性的选择
- 变频调速的节能应用

▶ 自学时数

12~14 学时。

▶ 教师导学

电动机系统节能是指对整个系统效率提高，它不仅提高异步电动机和被拖动的设备（如风机、水泵、空气压缩机等）单元效率最优化，而且要求系统各单元相匹配及整个系统效率的最优化。本章主要介绍了异步电动机的损耗、效率，提高异步电动机效率的主要措施，熟悉掌握电动机的合理使用。重点介绍了轻载调压节能、调速系统节能、变频调速节能。

本章的重点是：提高异步电动机效率的措施、异步电动机的合理使用、各种调速节能技术的应用。

本章的难点是：变频调速节能技术在风机、水泵类负载的节能和应用。

5.1　异步电动机损耗及效率

我国电动机总装机容量约 5 亿千瓦，用电量约占全国总用电量的 60%，其中异步电动机约占电动机总用电量的 70%。我国电动机系统的能源利用率比国际先进水平低 10% ~ 30%，节能潜力较大。我国"节能中长期专项规划"中将电动机系统节能作为十大重点工程之一。

电动机系统节能是指对整个系统效率提高，它不仅提高异步电动机和被拖动的设备（如风机、水泵、空气压缩机等）单元效率最优化，而且要求系统各单元相匹配及整个系统效率的最优化。根据负载特性的要求，使设备选型和配套合理，使其负载与电动机功率相匹配；根据负载变化的要求，采取技术措施，使其电动机保持在经济负载率状态下运行。总之，应采取一切行之有效的措施，提高整个电动机系统效率，达到节能降耗的目的。

5.1.1　异步电动机损耗

异步电动机的损耗可分成以下五种。

1. 定子铜耗（P_{CU1}）

$$P_{CU1} = mI^2 r \tag{5-1}$$

式中　m——相数；

　　　I——每相电流，A；

　　　r——每相电阻，Ω。

2. 转子铜耗（P_{CU2}）

$$P_{CU2} = mI^2 r \tag{5-2}$$

电阻 r 随温度变化。标准规定，计算效率时按绕组绝缘等级不同，E 级时 r 按 75℃ 折合计算，B 级按 95℃，F 级按 115℃，H 级按 130℃ 折算。对于鼠笼转子，因尚无温度监测装置，则按实际温度，不再折算。

从计算公式可见，铜耗与电流平方成正比，随负载变化而改变。

3. 铁芯损耗（P_{Fe}）

由于磁通交变，因此在铁芯中产生的损耗包括磁滞及涡流损耗。

$$P_{Fe} = k_1 f B^2 + k_2 f^2 B^2 \approx k_1 f^{1.3} B^2 \tag{5-3}$$

式中　f——磁通变化频率；

　　　B——磁通密度；

　　　k_1，k_2——常数。

式（5-4）中为磁滞损耗，为涡流损耗。对叠片铁芯，一般磁滞损耗占主要成分，所以总铁耗与 f 的 1.3 次方成正比，与 B 平方成正比。由于 B 大致与端电压 U_1 成正比，所以：

$$P_{Fe} \propto U_1^2 \tag{5-4}$$

4. 风摩损耗（P_m）

主要包括通风系统损耗（P_V）及轴承摩擦损耗（P_T）。

通风系统损耗主要为产生冷却电机的气流所需的风扇总功率。

$$P_V = 9.81 \frac{HV}{\eta} \propto kV^3 \tag{5-5}$$

式中　H——风扇有效压力，帕；

　　　V——气体流量，立方米/秒；

　　　η——风扇效率。

对于滚动轴承，轴承摩擦损耗一般形式为：

$$P_T = 9.81 G V_s \mu \tag{5-6}$$

式中　G——轴承承受的负荷，千克；

　　　v_s——轴径线速度，米/秒；

　　　μ——摩擦系数，数据见表 5-1。

表 5-1　　　　　　　　　　　　　　轴承摩擦系数

轴承类型	μ
单列向心球面轴承	0.0022～0.0042
双列向心球面轴承	0.0016～0.0066
单列向心推力轴承	0.0020～0.0050
单列向心短圆柱滚子轴承	0.0012～0.0060

轴承及润滑油封选择不当，滚动轴承内油脂添加多少，对异步电动机的损耗有明显影响。

5. 杂散损耗（P_S）

杂散损耗简称杂耗，主要为漏磁场在金属件中的涡流损耗以及气隙中谐波磁场在定转子铁芯和导体中引起的损耗等。谐波磁场与电机绕组形式等关系密切，各种电机杂耗差别很大。一般随负载增大，杂耗约与电流平方成正比，但也受电压影响。

以上五种损耗可以分成两部分，即不随负载变动的不变损耗和随负载变动的可变损耗。不变损耗包括铁耗及风摩损耗，可变损耗包括铜耗及杂耗。

异步电动机总损耗 $\sum P$ 为上述五种损耗之和。即：

$$\sum P = P_{cu1} + P_{cu2} + P_{Fe} + P_m + P_s \tag{5-7}$$

5.1.2 异步电动机效率

异步电动机的效率 η 可用以下公式进行计算：

$$\eta = \frac{P_2}{P_1} \times 100\% = (1 - \frac{\sum P}{P_1}) \times 100\% = (1 - \frac{\sum P}{P_2 + \sum P}) \times 100\% \tag{5-8}$$

式中　P_2——输出功率，千瓦；

　　　P_1——输入功率，千瓦；

　　　$\sum P$——电动机总损耗，千瓦。

5.1.3 异步电动机损耗分析

电机各部分的损耗占电机总损耗的比例随电机功率变化而变化。一般定转子绕组损耗在小功率电机部分要达到 60% ~ 70%，随着功率增大，下降到 30% ~ 40%。而铁耗比例随功率变化不大，约占总损耗的 20%。风摩损耗在小功率部分甚小，仅 5% ~ 10%，但随着功率增大，尤其是 2 极电机在大功率部分与定转子绕组损耗相当。杂散损耗在小功率部分为总损耗的 5% ~ 10%，随功率增加而增加，在大功率部分达 20% 左右。因此，为降低损耗、提高效率，应针对不同功率及极数的电机，对其主要损耗分量采取相应的措施。图 5-1 和图 5-2 分别为 4 极和 2 极电机各损耗分量与电机功率的关系曲线。

一般认为高效率电机的损耗应较一般效率电机的损耗下降至少 20%。这是主要考虑到批量生产的电机，同一设计，由于原材料、工艺和测试等影响，其损耗值仍会有一定的波动，损耗偏差往往超过 ±10%，而高效率电机损耗较普通电机应有明显下降，因此其损耗下降不应小于 20%。

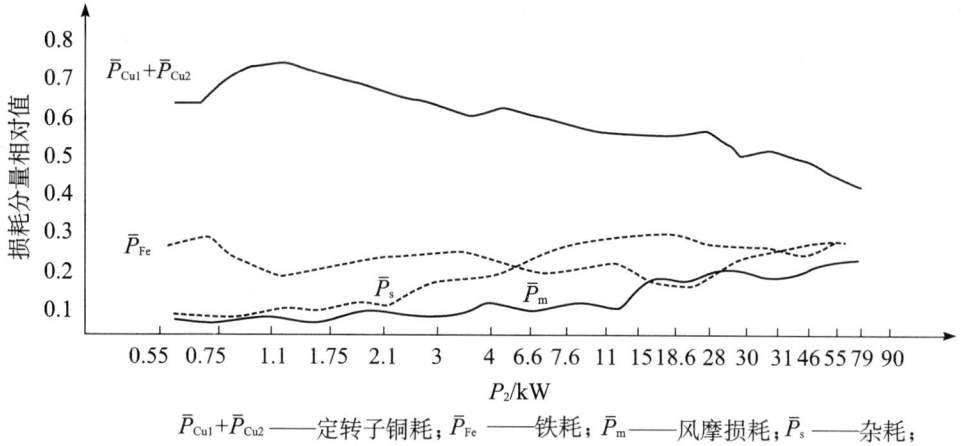

$\bar{P}_{Cu1}+\bar{P}_{Cu2}$ ——定转子铜耗；$\bar{P}_{Fe}$ ——铁耗；$\bar{P}_{m}$ ——风摩损耗；$\bar{P}_{s}$ ——杂耗；

图 5 – 1 4 极电机各损耗分量相对值与电机功率关系曲线

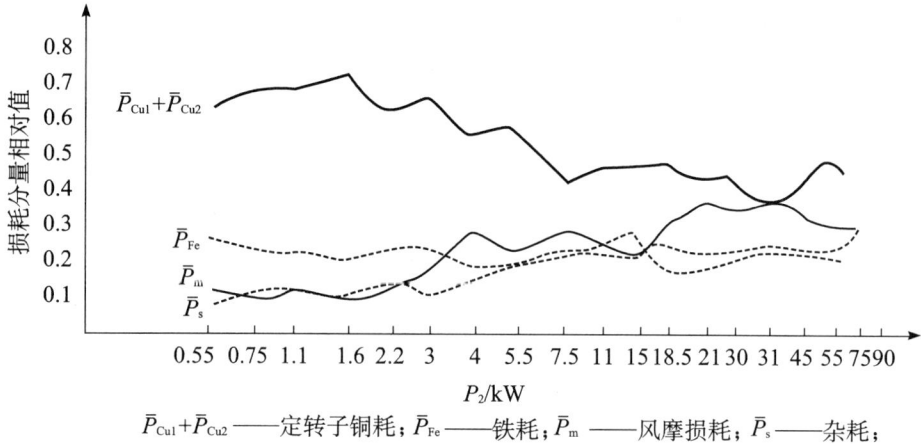

$\bar{P}_{Cu1}+\bar{P}_{Cu2}$ ——定转子铜耗；$\bar{P}_{Fe}$ ——铁耗；$\bar{P}_{m}$ ——风摩损耗；$\bar{P}_{s}$ ——杂耗；

图 5 – 2 2 极电机各损耗分量相对值与电机功率关系曲线

效率 η 与损耗相对值（$\sum \bar{P}$）的关系如下式所示：

$$\eta = 1 - \sum \bar{P} \tag{5-9}$$

式中 $\sum \bar{P} = \sum P / P_1$；

$\sum \bar{P}$ ——电机总损耗相对值，千瓦；

$\sum P$ ——电机总损耗，千瓦；

P_1 ——输入功率，千瓦。

当一台电机效率为 0.87 时，由公式可知其损耗相对值为 0.13，如损耗下降 20%，由上式可求得效率为 0.896，即效率提高了 2.6 个百分点。并由此可见，如通用系列的效率平均值为 0.87，则作为高效电机系列，其损耗平均下降 20%，则系列的效率平均值也应提高 2.6 个百分点左右。

5.2 异步电动机降低损耗提高效率的措施

提高电动机效率，必然应该着眼于降低电机的 5 种损耗，即定子绕组损耗、转子绕组损耗、铁芯损耗、风摩损耗和杂散损耗。

1. 减小定子绕组电阻，降低定子绕组损耗

（1）采用性能好的绝缘材料。减薄槽绝缘厚度，可增大导线截面，绝缘整体性好，绝缘温降小，电机温升可降低。

（2）改进绝缘处理工艺，提高绕组导热性能，降低绕组温升。

（3）减小线圈端部长短，对于绕组电阻起很大作用，但是要求线圈制造、端部装配工艺和下线技术水平高。

（4）增大定子槽尺寸，增加槽内导线数量，用铜导线代替铝导线，减少绕组电阻。

2. 减小绕子绕组电阻，降低转子绕组损耗

（1）增加空气隙中的磁通。

（2）满足性能要求前提下，增大转子槽面积和端环尺寸。

（3）提高铸铝工艺，增大转子导条及端环的导电率。

（4）用铸铜的转子取代铸铝转子，转子损耗可下降38%。

3. 降低铁芯损耗

（1）增大磁路截面，降低磁密。

（2）采用高导磁、低损耗硅片，选用冷轧硅钢片，高导磁、低损耗。

（3）减薄硅钢片厚度。

（4）工艺上改进，如转子冲片连接冲出气隙，减少冲片毛刺及硅钢片退火处理。

4. 降低风摩损耗

（1）改进风路结构，使电机绕组温升均匀。

（2）电动机温升允许条件下，尽量减小风扇尺寸，2 极电机风扇外径减少 12% ~ 16%，风摩损耗降低 27% ~ 63%，噪声下降 3 ~ 10 分贝。4 极电机外径缩小 20%，风摩损耗下降 10%。

（3）电机使用时为单向旋转，可选单向旋转风扇。

（4）采用冷却效率高的热管结构。

（5）选择优质轴承和润滑油脂。

（6）提高加工精度，提高装配质量。

5. 降低杂散损耗

（1）定子绕组采用正弦绕组接法。正弦绕组具有基波分布系数高和谐波含量低的特点，这种绕组与通常 Y 接或 $\triangle$ 接不同，而是采用 "$\triangle - Y$" 串联连接方式的正弦绕组。如

图 5 – 3 所示。

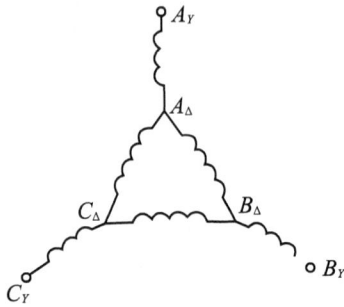

图 5 – 3　三相正弦绕组接法

（2）铁芯设计。

1）合适的定、转子槽配合。

2）适当增大气隙。

3）尽可能减少槽宽与气隙的比值。

4）定子开口槽采用磁性槽楔。

（3）改进端部结构，减少端部漏磁在电机端罩、压板等金属零部件中的损耗。采用非磁性结构材料等。

（4）为了减少转子横向电流损耗，可采用转子导条与槽绝缘处理工艺，以增加转子导条与铁芯间的接触电阻。

目前高效率电动机系列的损耗值比标准系列电动机下降20%以上，全系列效率比标准系列平均提高3%左右。从全系列分段来看，11千瓦及以下的较小功率段，效率平均提高4.9%；而15千瓦及以上的较大功率段，效率平均提高了1.6%。对100千瓦以上电动机，现有效率已达到93.5%以上，在此基础上再提高效率就有一定的难度了。

5.3　异步电动机的合理使用

提高电动机的运行效率，最基本的方法是合理选择和使用电动机，确定最佳运行方式，降低电动机的能量损耗。在选用电动机时，应首先选择电动机形式和功率及各种技术参数，使它具备与其所拖动的生产机械相适应的负载特性，能在各种状态下稳定地工作。

5.3.1　电动机功率的选择

电动机的额定输出功率，通常按最大负载选定，但实际上部分电动机的输出功率是周期性变化的。电动机的功率损耗大部分为铜损耗，铜损耗与负载电流的平方成正比，当功率因数为一定时，则与输出功率的平方成正比。所以计算出负载的均方根值，就可以决定包括铜损及负载需要的电动机输出功率。均方根负载 P_{fj} 为：

$$P_{fj} = \sqrt{\frac{P_1^2 t_1 + P_2^2 t_2 + \cdots + P_n^2 t_n}{t_1 + t_2 + \cdots + t_n}} \qquad (5-10)$$

式中 P_1，P_2，$\cdots$，P_n——某一工作时间的负载，千瓦；

t_1，t_2，$\cdots$，t_n——某一工作时间，分钟。

[例] 设 $P_1 = 100$ 千瓦，$P_2 = 50$ 千瓦，$P_3 = 80$ 千瓦，$P_4 = 50$ 千瓦；$t_1 = 10$ 分钟，$t_2 = 15$ 分钟，$t_3 = 10$ 分钟，$t_4 = 20$ 分钟。用最大负载确定电动机的输出功率为 100 千瓦；然而，根据式（5-1）求出的均方根负载确定所选用的电动机功率为：

$$
\begin{aligned}
P_{fj} &= \sqrt{\frac{P_1^2 t_1 + P_2^2 t_2 + \cdots + P_n^2 t_n}{t_1 + t_2 + \cdots + t_n}} \\
&= \sqrt{\frac{100^2 \times 10 + 50^2 \times 15 + 80^2 \times 10 + 50^2 \times 20}{10 + 15 + 10 + 20}} \\
&= 67.62 \text{（千瓦）}
\end{aligned}
$$

根据计算结果，选用 75 千瓦电动机最合适。

对负载率低于 50% 的电动机，应按经济运行原则选择电动机功率。如未经分析计算就将负载率低于 50% 的电动机换小，有可能使电动机的效率反而降低，使电能损耗增加。为了分析调换电动机前后的经济效果，可先计算调换电动机的节电百分数，即：

$$\Delta W = \frac{\int_0^{t_n} P_1(t)\,\mathrm{d}t - \int_0^{t_n} P_2(t)\,\mathrm{d}t}{\int_0^{t_n} P_1(t)\,\mathrm{d}t} \times 100\% \text{（千瓦／时）} \qquad (5-11)$$

式中 $P_1(t)$，$P_2(t)$——调换电动机前、后生产机械的电动机输入功率，千瓦；

t_n——生产机械工作周期，小时。

确定电动机需要的输出功率时，应注意以下两个问题：

（1）对计算功率所需要的有关参数值（如摩擦因数、负载、速度、风量、风压等），所留裕量不要过大。

（2）所选用的电动机应满足负载所需要的启动转矩、最大转矩和最大负载。

对于运行的电动机，应测定负载率。一般异步电动机的额定效率和功率因数，是按负载率在 75%~100% 范围内考虑的。异步电动机的效率和功率因数随负载变化的关系见表 5-2 所列数据。

表 5-2　　　　　　　　**异步电动机的效率、功率因数及负载的关系**

负载	空负载	25%	50%	75%	100%
功率因数	0.20	0.50	0.77	0.85	0.89
效率	0	0.78	0.85	0.88	0.875

5.3.2 电动机电压等级的选择

对于低压、高压的中型电动机系列，还存在一个电压等级的合理选择问题，只要选择适当，则在保证电动机性能的前提下，能达到节能和省投资的效果。

目前我国三相异步电动机常用的电压等级有 220 伏、380 伏、3000 伏、6000 伏、10000 伏等。500 伏以下称为低压，500V 以上称为高压。表 5 - 3 列出了功率为 95 千瓦时同极数、不同电压等级规格的双鼠笼三相异步电动机的性能指标。

表 5 - 3　　　　　　不同电压等级异步电动机的性能和参考价格

型　　号	功率（kW）	电压（V）	电流（A）	效率（%）	功率因数（$\cos\varphi$）	K_d	K_n	K_M
JS125 - 8	95	220/380	319/184	91.0	0.85	4.57	1.20	1.81
JS126 - 8	95	3000	24.8	89.0	0.82	4.23	1.29	1.80
JS116 - 6	95	220/380	305/176	91.0	0.88	5.07	1.23	2.10
JS117 - 6	95	3000	24	89.5	0.86	5.55	1.78	2.33

注：$K_d = \dfrac{启动电流}{额定电流}$；$K_n = \dfrac{启动转矩}{额定转矩}$；$K_M = \dfrac{最大转矩}{额定转矩}$。

从表 5 - 3 可知，对于低压、高压的电动机，凡是供电线路短、电网容量允许，且启动转矩和过负载能力要求不高的场合，以选用低压异步电动机为宜。因为这种电动机力指标高，利于节电；价格便宜，减少一次性投资，维护方便，采用一般低压电器即可。如 JS 系列 8 极、95 千瓦的异步电动机，选用 380 伏等级的电机可以满足要求；如果电压等级选择不当，选用了 3000 伏的高压电机，不仅高压电机比低压电机昂贵，而且在运行时，由于高压电机的效率（0.89）比低压电机的（0.91）低 2%，若该电机长期连续运行（全年运行 5000 小时计），负载率为 0.7，则每年浪费电能为：

$$\Delta W = 5000 \times 0.7\left(\frac{1}{0.89} - \frac{1}{0.91}\right) \times 95 = 8345(千瓦时)$$

当然对于那些供电线路长、电网容量有限、启动转矩较高或要求过负载能力较大的场合，以选用高压电机为宜。

电源电压的变化会引起异步电动机性能的变化，其影响如表 5 - 4 所示。当电源电压与异步电动机的额定电压偏差大于 ±5% 时，不但损耗增加，浪费电能，而且由于过电流、温升增加，从而缩短了电动机使用寿命。因此，当电源电压长期偏离额定值时，应设法调节电压，满足电动机技术条件的规定。

表 5 - 4　　　　　　电压变化对电动机性能的影响

电压为额定值	转差率（%）	启动电流（%）	启动转矩（%）	最大转矩（%）	效率（%）	功率因数（%）	温升（℃）
110%	-17	+（10~12）	+（21~25）	+（21~23）	+（0.5~1）	-3	-（3~4）
90%	+28	-（9~11）	-（17~19）	-（17~19）	-（2）	+1	+（6~7）

注："+"号表示上升，"-"号表示下降。

5.3.3　电动机负载特性的选择

异步电动机用途很广，它所拖动的负载种类很多。根据负载特性，合理选用电动机，对于提高设备运行时的安全可靠性和节能具有实际的意义。负载特性的分类如表 5 – 5 所示。

表 5 – 5　　　　　　　　　　　　　　　　负载特性的分类

负载特性		工程实例	转矩 – 转速特性
恒转矩	转矩 M 恒定，输出功率 P_2 与转速 n 成正比	造纸机、压缩机、印刷机、卷扬机等摩擦负载和动力负载	
平方递减转矩	转矩与转速的平方成正比，因此转矩随转速的减少而平方递减	流体负载，如风机、泵类	
恒功率	输出功率恒定，转矩和转速成正比	卷绕机	
递减功率	输出功率随转速的减少而减少，转矩随转速的减少而增加	各种机床的主轴电动机	
负转矩	负载反向旋转的恒转矩为负转矩	吊车、卷扬机的重物 W 下吊	
恒性体	电动机的转动惯量比负载的转动惯量小得多	离心分离机、高速鼓风机等	

电动机的运行特性受它所拖动机械负载特性的影响。有些机械，如大部分风机、鼓风机、离心机、压缩机等，要求较小的启动转矩，但启动后所要求的拖动转矩随转速的上升而增加，因此通常选择一般机械特性的电动机。另外一些机械，如往复式空气压缩机、带负载的传送机等要求有较大的启动转矩，故常选用高转差率的机械特性的电动机。这种电动机也适用于冲击负载或要求频繁启动的负载，如冲床、油井泵和起重机械。只有电动机的机械特性和它所拖动的负载特性合理匹配，才能满足安全运行的要求。

5.4 异步电动机轻载调压节能技术 *

5.4.1 轻载调压节能原理和方法

异步电动机空载、轻载时输出功率减少，同时转子铜耗 P_{Cu2} 随之降低，但铁耗 P_{Fe}、风摩损耗 P_m 和杂散损耗 P_s 基本不变。由于励磁电流未变，定子铜耗 P_{Cu1} 降低较少，因此，电动机效率和功率因数大为降低。

如果当电动机空载、轻载时，在不改变电动机的转速条件下，适当降低电动机的端电压（输入电压），电动机的铁耗 P_{Fe} 将随电压平方而减小，励磁电流也因磁通的减小而下降，使定子铜耗 P_{Cu1} 也减小，从而降低了电动机的总损耗 $\sum P$，提高了电动机效率和功率因数。

评价电动机空载、轻载运行时节能性能的指标是其最低运行电压的大小；而评价电动机动态响应性能的指标是电动机空载、轻载运行于低电压，突加全负载时的响应速度。

利用计算机通过一定的算法控制双向晶闸管的通断比，使电动机输出功率与负载相匹配，可达到低耗、节能之目的。计算机随时监测电动机的运行状态，一旦有断相、超载等故障发生时，立即采取适当的安全保护措施。

采用控制晶闸管通断比的方法，电动机负载所得到的功率可用下式表示：

$$P = \frac{n_1}{n_1 + n_2} P_n \qquad (5-12)$$

式中　P_n——晶闸管全部导通时负载所获得的功率，即电动机的额定功率；

　　　n_1——晶闸管导通的周波数；

　　　n_2——晶闸管未导通的周波数。

而电动机的输出功率又可表示为：

$$P = \sqrt{3}\,IU\cos\varphi$$

因此，功率因数：

$$\cos\varphi = \frac{P}{\sqrt{3}\,IU}$$

综合以上公式，得：

$$\cos\varphi = \frac{n_1}{n_1 + n_2} \cdot \frac{P_n}{\sqrt{3}\,IU}$$

从上式可以看出，一旦电动机选定后，其额定功率 P_n 也就确定了，所以功率因数 $\cos\varphi$ 的大小就取决于电动机的端电压 U、电流 I 及晶闸管的通断比 $n_1 / (n_1 + n_2)$

因此，只需采取一种控制算法，根据负载的大小自动调节晶闸管的通断比、电压 U 及电流 I，使 $\cos\varphi$ 始终保持在较高值，就可以提高电动机的效率，达到节能的目的。

电动机断相时，所断之相无电流；超载或短路时，电流迅速增大超过额定值，通过监测这些信号，就可得知电动机是否处于正常运行状态。

综上所述，只要通过计算机监测电动机的有关特征信号，并通过一定的控制算法进行处理，形成一套闭环控制系统，就能达到节能与安全监控的目的。

5.4.2 轻载调压技术构成

当电动机运行时，不论是满负载、轻载，还是出现超载、断相等故障，都会引起电动机的电枢电流发生变化，因此，把此电流作为特征信号，经 A/D 转换并送入计算机进行一定的控制算法处理后，发出相应的信号，控制电动机主电路中的双向晶闸管，使之导通或截止。三相异步电动机降压节能原理见图 5-4。

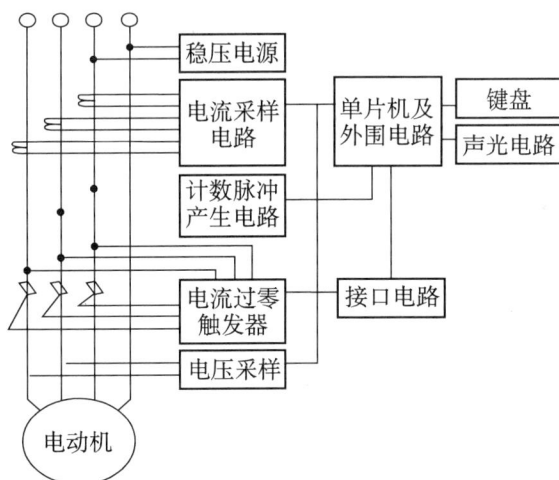

图 5-4 三相异步电动机降压节能原理图

1. 电流采样

用电流互感器作检测元件，它能准确地反映主要电路中的电流，又能使控制电路与主电路隔开，既安全又减少了干扰。感应出的交变电流经过整流、滤波后，送给后继电路进行处理。

当电动机发生断相时，采样电路检测到这一信号，通过中断口向单片机申请中断，转到断相处理子程序，单片机的 $P_{1.6}$ 口输出低电平，当电流过零点时，晶闸管截止，电动机停止运转，同时，单片机的 $P_{1.4}$ 口输出低电平，声光报警，等待修理。

当电动机处于正常运行状态时，计算机通过一定的采样周期，经 A/D 不断地检测电路中的电流信号，与设定值比较，判断电动机的负载状况，经过一定的计算处理，然后通过单片机的 $P_{1.6}$ 口输出不同占空比的脉冲，控制晶闸管的通断比，实现端电压的调节，提高功率因数，使电动机的输出功率与负载相匹配，达到降低损耗、节约电能之目的。

当电动机超载时，A/D 转换后的电流值超过对应的设定值，计算机自动转入超载处理程序，单片机的 $P_{1.6}$ 口输出低电平，当电流过零点时，晶闸管截止，电动机停止运转，同时，单片机的 $P_{1.1}$ 口输出低电平用于超载显示与报警。

2. 电压采样

电压采样通过 1 个变压器采集电动机端电压的变化情况，然后通过整流、滤波，一定的电平变化，送入 A/D 转换器，计算机采样予以保存，作为计算之用。

3. 计数脉冲

过零触发器 KJ 008 直接接到 380 伏交流电源之上，得到对应于 380 伏交流电源过零时刻的同步脉冲。此脉冲经光电隔离器加到单片机的 $P_{3.4}$（T_0）和 $P_{3.5}$（T_1）计数器端作为计数之用。T_0 计数器产生的定时中断作为采样周期，$P_{1.6}$ 口控制脉冲的宽度由 T_1 计数器溢出中断决定。

利用以上原理和方法设计研制的三相异步电动机自动节能与保护系统用在额定功率为 30 千瓦、额定电流为 56.8 安、额定电压为交流 380 伏的三相异步电动机上做实验：让系统处于不节能状态，即使晶闸管一直导通，空载连续运行 3 小时，读取电度表上的数值，其消耗的电能为 11.25 千瓦时；让系统处于节能状态，采用 PID 控制，电动机空载运行，连续 3 小时消耗的电能为 6.9 千瓦时。采用本节能系统后，30 千瓦三相异步电动机的空载节能率为：（11.25 − 6.9）/11.25 × 100% ≈ 39%，即最大节能率为 39%。

基于这种技术的节能系统适合于经常工作在轻载或空载的电动机变负载工况下。

5.4.3 轻载调压节能技术应用

北京国营琉璃瓦厂对旧料破碎机进行的异步电动机轻载调压节能改造信息见表 5 − 6。从表中看出，安装智能轻载调压节电器后，输入电压降低了 20.3%、输出电流降低了 22.1%、有功功率降低了 32.3%、无功功率降低了 69.26%、功率因数从 0.37 提高到了 0.67，累计节电率达到了 21.85%。

表 5 − 6　　　　　　　　　　异步电动机轻载调压节能应用实例

试验地点：北京国营琉璃瓦厂						试验设备：旧料破碎机					
电源电压：380V	电动机功率：30kW		智能节电器功率：37kW			试验日期：2006 年 1 月 24 日下午					
序号	累计时间（min）	未优化数据						优化后数据				
		输入电压（V）	输出电流（A）	有功功率（kW）	无功功率（kvar）	cos φ	消耗电能（kW·h）	输入电压（V）	输出电流（A）	有功功率（kW）	无功功率（kvar）	cos φ	消耗电能（kW·h）
1	10	380.4	24.98	5.661	15.62	0.340	0.88	285.0	17.68	4.003	6.867	0.504	0.62
2	20	377.1	25.47	6.393	15.30	0.385	1.91	279.3	19.07	4.493	4.548	0.703	1.40
3	30	378.6	24.63	6.170	15.69	0.365	2.93	281.7	19.07	4.189	2.193	0.887	2.19
4	40	381.9	25.23	6.052	15.67	0.360	3.95	282.6	19.48	4.183	8.284	0.450	2.95
5	50	383.4	26.22	6.526	16.06	0.376	5.05	274.3	23.14	3.520	6.690	0.466	3.75

续表

| 试验地点：北京国营琉璃瓦厂 | | | | | | 试验设备：旧料破碎机 | | | | | |

| 电源电压：380V | 电动机功率：30kW | | | 智能节电器功率：37kW | | 试验日期：2006 年 1 月 24 日下午 | | | | | |

序号	累计时间（min）	未优化数据						优化后数据					
		输入电压（V）	输出电流（A）	有功功率（kW）	无功功率（kvar）	$\cos\varphi$	消耗电能（kW·h）	输入电压（V）	输出电流（A）	有功功率（kW）	无功功率（kvar）	$\cos\varphi$	消耗电能（kW·h）
6	60	381.90	25.89	7.311	15.87	0.418	6.27	279.90	20.30	5.416	0.380	0.999	4.90
7	平均值	380.55	25.40	6.35	15.70	0.37	3.50	280.47	19.79	4.30	4.83	0.67	2.64
	优化前后数据对比	-100.08	-5.61	-2.05	-10.87	0.29	-0.86						
		-20.30%	-22.10%	-32.30%	-69.26%	78.65%	-24.68%						
	按电能累计节电						-21.85%						
测试仪器：WJC-10 电量测试仪。测试点：节电器输出端												

5.5　异步电动机调速系统节能技术

5.5.1　异步电动机调速原理

1. 转动原理

异步电动机的定子和同步电动机的定子几乎是一样的，定子槽中同样安放有 U、V、W 三相线圈。异步电动机的转子有两种基本形式——绕线式和鼠笼式。绕线式异步电动机的转子一般也安排成三相铜条线圈，按 Y 接线，它们分别同三个铜滑环相接，再通过滑环和电刷同外电路相连；鼠笼式异步电动机的转子是由铝合金浇铸在转子铁芯槽中和端环合为一体而形成的一种多相对称系统。

当异步电动机定子的三相线圈中分别通以 U、V、W 三相交流电时，它就在气隙空间产生一个定子旋转磁场。该磁场旋转切割转子槽中的导体。按照磁动生电的道理，转子线圈就会被感应出电势。由于转子闭合，就有电流从转子圈中流过，它在转子的三相（绕线式电机）或多相（鼠笼式电机）线圈中产生转子的三相或多相对称电流。于是，转子也在气隙产生出一个转子旋转磁场。定子磁场的相应磁极牵引转子磁场的相应磁极而转动，定子、转子两者的磁场必定转速相同。但是，这里的转子磁场是因定子旋转磁场切割转子线圈感应出电势和电流所形成的，两者必须有速度差，转子的转速必然低于转子磁场转速 n_0，总不会同步于转子磁场，这就是该种电动机被冠名为"异步电动机"的原因。因为这种电动机转子线圈里的电压和电流是被定子磁场切割而感应出来的，所以交流异步电动机转子又被称为"交流感应电动机"。感应电动机是一个电流生磁—磁动生电—电流生磁—电磁生力的过程。异步电动机通电后在定子中形成旋转磁场（电流生磁），转子线圈被感应出电势和电流（磁动生电），产生同步转动的转子磁场（电流生磁），被定子旋转磁场牵引相应磁极而转动（电磁生力）。因为转子旋转磁场是定子旋转磁场切割线圈感应出来的，所以转子的转速（在电动机状态）总是低于同步磁场转速即异步。

2. 转差率和机械特性

如上分析，异步电动机的转速 n 总是低于它的同步磁场转速 n_0，于是定义转差率 s 为：

$$s = \frac{n_0 - n}{n_0} = 1 - \frac{n}{n_0}$$

启动时，$n = 0$，所以 $s = 1$；在同步转速时，$n = n_0$，则 $s = 0$。在电动机处于运行状态时，s 的变化范围是 $1 \sim 0$。真运行到同步转速 $s = 0$ 时，异步机就没有力矩 M，即 $M = 0$，即没有能力工作了。通过理论计算或实验测量，可以得到异步电动机最重要的 $M - s$ 机械特性，见图 $5 - 5$。

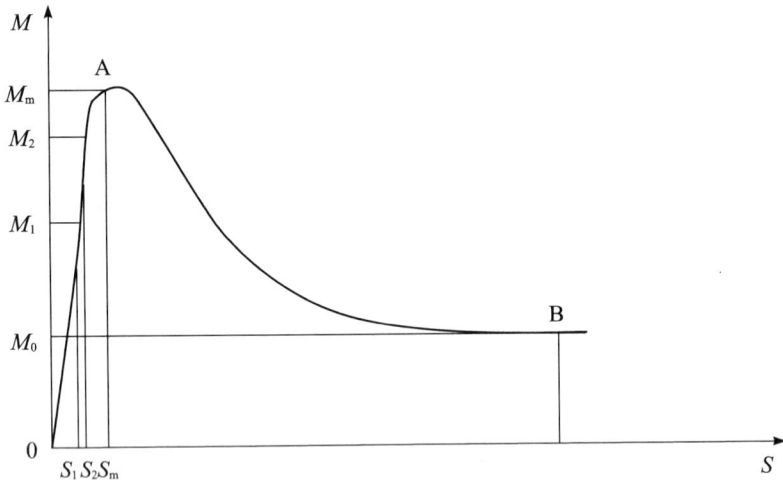

图 5 - 5 异步电动机的机械特性

启动时，$s = 1$，$M = M_S$ 为启动力矩。电动机在 $s = s_m$ 时，产生最大力矩 $M = M_{\max}$。可以通过考察说明当电动机工作从 s 处于 0 到 S_m 之间时是处于稳定工作区，即 $M - s$ 曲线的 $0 - A$ 段是稳定工作段。如果电机已经工作在 $0 - A$ 段的工作点，当负载力矩波动而增大时，电机转速会下降，s 由 s_1 向右移动到 s_2，这时电机转矩 M_2 升高，足以克服负载转矩的波动，一旦恢复正常，它会自动加速，恢复到 A 点，电机工作是稳定的。可以证明，电动机一旦工作到 $A - B$ 段，就会失控，最后停车，$A - B$ 是非稳定工作段。当输入电压变化或频率变化时，电动机的 $M - s$ 曲线就会变化，选择调压运行系统的同步电动机时要研究 $M - s$ 曲线的变化，必须符合全系统稳定的要求。

5.5.2　异步电动机调速方式

通过调节电动机的转速，可使电动机的运行效率大大提高。对于不同用途、不同工作要求的电动机，可根据具体情况，从负载特性、调速范围、速度变化率、反应快速性、运转效率、设备费用、安装面积、维护检修等方面进行研究、分析和选定。首先要重视运转效率，调速电动机的使用效率应选择在最佳状态下。如风机、泵等设备，可以按所需负载调节速度，因为这些设备输出的风量或流量与转速 n 成正比，而消耗的功率与转速 n 的三次方成正比。在满足需要的输出量时，如通过调速降低转速，能显著节电。

综上所述，对于异步电动机，其转速可用下面公式表示：

$$n = n_0(1 - s) = \frac{60f}{P}(1 - s) \tag{5-13}$$

由上式可看出，调节电动机的转速，只要改变下列任何一个参数，就可以实现调速的目的：

（1）定子绕组的极对数 p。

（2）电源的频率 f。

（3）电动机的转差率 s。

因此，异步电动机的调速可归纳为改变极对数、改变频率及改变转差率三种方法。异步电动机调速方式及比较见表 5-7。

表 5-7　　　　　　　　　　　异步电动机调速方式及比较

调速要素	极对数（p）	电源频率(f)	转差率（s）				
调速方式	变极调速	交一交变频	逆变变频	电磁离合器	转子电阻	定子调压	串级调速
输出功率/kW	0.75~数百	500~1500	2~数千	0.4~37	3.7~数千	1.5~150	数百~数千
调速范围	1:3(有级)	1:100	1:20	1:10	1:2	1:10	1:3
转矩特性	恒转矩	恒转矩	恒转矩	恒转矩	恒转矩	恒转矩	恒转矩
节能效果	优	优	良好			一般	
功率因数	良好	优	良好	优	良好	差	
初投资	最省	较贵	省	较省	省	较贵	
制动特性	—	再生制动	无	—	直流制动	无	
快速性	快	快	快	差	快	快	
故障处理	停车处理	不停车投工频	停车处理	停车处理	可投工频	停车处理	
维护保养	最易	易	较易	易	易	较难	
可靠性	可靠	最可靠	一般	可靠	可靠	较差	
对电网干扰	无	有	无	无	大	较大	
性能	好	最好	一般	好	不好	较好	
适用范围	笼型异步机	绕线、笼型异步机	笼型异步机	绕线型异步机	绕线、笼型异步机	绕线型异步机	

1. 变极调速

改变三相异步电动机的极对数 p，就可以改变电动机的同步转速 n_0。n_0 与电动机的极对数成反比，当极对数增加一倍时，同步转速就降低一半，转子转速也将降低一半，显然这种调速方法是有极调速。改变异步电动机的极对数是通过改变定子绕组的接线方式来实现的。现以 4 极变 2 极为例说明变极调速原理。图 5-6 是一台 4 极三相异步电动机定子 A 相绕组的接线图，图 5-6（a）是 A 相绕组展开图，它是由两个等效集中线圈串联组成，连接顺序为：A1—X1 — A2—X2，当 AX 绕组有电流通过时，根据右手定则，可以判断出定子磁场的 4 个极，如图 5-6（b）所示（电流流入用"x"表示，电流流出用"·"表示），这时 $p=2$。

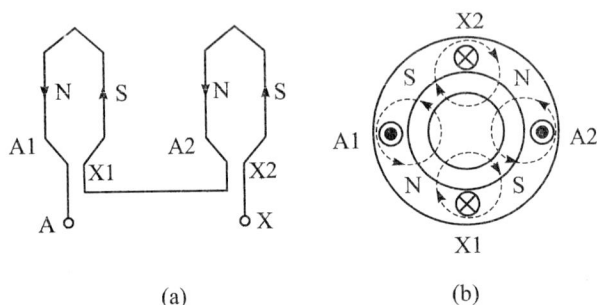

(a) A 相绕组接线；(b) 定子磁场

图 5-6　$p=2$ 时定子绕组接线图

如果改变 A 相绕组两个线圈的接法，如使线圈连接的顺序为 A1—X1 — X2— A2 或将两个线圈并联如图 5-7（a）所示。当有电流通过时，它产生的定子磁场为 2 个极，如图 5-7（b）所示，这时 $p=1$。

由此可以看出，如果改变电动机的定子三相绕组中的半相绕组的电流方向，则电动机的极对数将成倍变化，因而同步转速也会成倍变化，电动机运行的转速也接近成倍的变化。以上是以三相异步电动机定子 A 相绕组 AX 为例说明变极调速的原理。实际上其他两相绕组 BY、CZ 的接线方式与绕组 AX 的接线方式都是相同的，变极调速时，三相绕组应同时换接。

另外，从图 5-6（b）可以看出，这时的旋转磁场的方向是顺时针方向，而图 5-7（b）中旋转磁场的方向是逆时针方向，为了保证变极调速后电动机的转向不变，当改变定子绕组的接线时，必须同时改变电源的相序，以保证变极调速时电机转向始终一致，否则电动机反向转动。由于绕线式异步电动机转子极对数不能自动地随定子极对数变化，因此变极调速的方法只适应于笼型异步电动机。

根据变极调速原理，实现变极调速的接线方法很多，对于三相绕组，除采用改变绕组连接顺序或采用将 2 个绕组并联的方法外，还可以接成 Y 型或 A 型，这样就有 Y—Yy、Y—Dd、D—Yy、D—Dd 等接线方法。

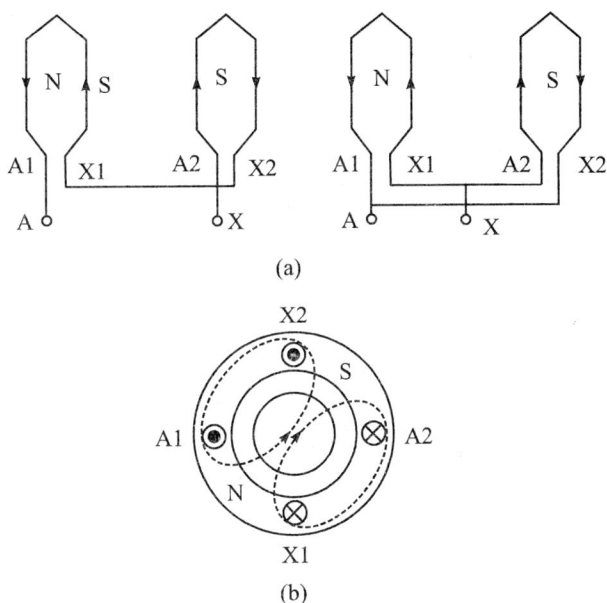

(a) A 相绕组接线；(b) 定子磁场

图 5 - 7 $p = 1$ 时定子绕组接线图

2. 变频调速

电机学的基本公式为：

$$n_0 = 60f/p \qquad (5-14)$$

式中电动机定子绕组的磁极对数 p 一定，改变电源频率 f，即可改变电动机同步转速。异步电动机的实际转速总低于同步转速，而且随着同步转速而变化。电源频率增加，同步转速 n_0 也增加，实际转速也增加；电源频率下降，同步转速 n_0 也下降，电机转速也降低，这种通过改变电源频率实现的速度调节过程称为变频调速。

在工程中，鼠笼式电动机在电动机总数量中占主导部分。因此对鼠笼式电动机的调速控制成为电机调速的主要内容之一。在变频调速技术中，向电动机提供频率可变的电源并控制电动机的转速是由变压变频器（VVVF）完成的。

（1）电源频率低于工频范围调节。

电源的工频频率在我国为 50 赫兹。电机定子绕组内的感应电势为：

$$E_1 = 4.44f_1 W K_{W1} \varphi_1 \qquad (5-15)$$

式中 W——定子绕组匝数；

K_{W1}——绕组系数；

$\varPhi_1$——电机每极磁通。

定子电压 U_1 与定子绕组感应电动势 E_1 的关系为：

$$U_1 = E_1 + I_1 Z_1 \tag{5-16}$$

式中　Z_1——定子绕组每相阻抗；

　　　I_1——定子绕组电流。

若忽略定子压降 I_1Z_1，则 $U_1 \approx 4.44f_1WK_{W1}\varphi_1$，把式（5-16）整理成：

$$E_1 = Kf_1\varphi_1 \tag{5-17}$$

$$K = 4.44WK_{W1} \tag{5-18}$$

式中　K——比例系数。

则：

$$\Phi_1 = U_1/Kf_1 \tag{5-19}$$

电动机的电磁转矩 M 与 $(U_1/f_1)^2$ 成正比，若下调电源频率 f_1 同时也下调 U_1，使比值保持为恒定量，则磁通 Φ_1 不变，因此，转矩也保持常值，此时电动机拖动负载的能力不发生改变，这种控制方式称为恒磁通调压调频调速，也叫恒转矩调速。

（2）电源频率高于工频范围调节。

由于使电源频率 f_1 增加，U_1/f_1 变小，而 U_1 不能高于额定电压，在该控制方式中，保持 U_1 不变，由于频率变高，由式（5-19）知道，定子磁通 Φ_1 变小，电磁转矩 M 也变小，但电源频率增加导致电动机转速 n 增加，设电动机角速度 $\omega = 2\pi n$，电动机的功率 P 是电磁转矩 M 与角速度 ω 的乘积：

$$P = M \cdot \omega \tag{5-20}$$

调节过程中，使频率 f 与转矩的变化呈一定协调关系，从而保持电动机功率 P 为恒定量，即功率不发生变化，这种升频定压调速为恒压调速，也叫恒功率调速。

（3）转差频率控制。

三相异步电动机中，定子与转子之间的圆周空隙内有一旋转磁场，转速为 n_0，电机转子实际转速为 n，(n_0-n) 是转子与旋转磁场之间的相对切割速度，对频率、电压进行协调控制，使 U_1/f_1 不变，此时磁通 Φ_1 也不变，在 Φ_1 不变的条件下，电磁转矩 M 与 $(n_0-n)^2$ 成正比。对频率 f 进行调节，即调节了 (n_0-n)，因此，在实际转速调节时也实现了转矩的调节。

3. 改变转差率 s 调速

改变转差率的调速方法，即串级调速、定子电压调速、转子串电阻调速、电磁转差离合器调速等，它们的共同特点是：在调速过程中均产生大量的转差率（s）并消耗在转子电路，使转子发热，除串级调速外，调速经济性较差。

在异步电动机转子回路中引入附加电势进行调速的方法，称为串级调速。异步电动机的串级调速，就是在异步机转子电路内引入感应电势 E_f 以调节异步机的转速。引入电势的方向与转子电势 E_{2s} 方向相同或相反，其频率则与转子频率相同。

（1）E_f 与 E_{2s} 同相（相位差 $\theta = 0°$）。

当 E_f 未引入时，转子电流 I_2 为：

$$I_2 = \frac{E_{2s}}{\sqrt{r_2^2 + s^2 x^2}}$$

E_f引入后，I_2变为：

$$I_2 = \frac{E_{2s} + E_f}{\sqrt{r_2^2 + s^2 x^2}}$$

可见，转子电流增高了，转矩增加，这样 $M > M_X$（负荷转矩），使转速增加，转差率 s 下降，$(E_{2s} + E_f)$ 的数值也下降，I_2 及 M 下降，电动机的加速度下降，但仍在加速，一直加速到新的稳定转速时，M 又与 M_X 相等，调速过程结束。

（2）E_f 与 E_{2s} 反相（相位差 $\theta = 180°$）。

此时由于 E_f 引入，I_2 变为：

$$I_2 = \frac{E_{2s} - E_f}{\sqrt{r_2^2 + s^2 x^2}}$$

故 I_2 将下降，$M < M_X$，但转速下降，用上述同样的分析方法，电动机将减速到新的稳定转速。

因此，如能用某一装置使 E_f 的数值平滑改变，则异步电动机的转速也能平滑变化。

为了提高异步电动机的功率因数，设法使 E_f 越前于 E_{2s} 某一角度 θ，此时既能使异步电动机调速，又能提高功率因数。

图 5-8 是串级调速系统线路图。由图可见，绕线转子异步电动机 M 的转子电压经晶闸管整流电路变为直流电压 U_d，再由晶闸管逆变器将 U_β 逆变为交流，功率经变压器 T，或不用 T 而直接反馈交流电网。此时逆变器电压 U_β 可视为加到电动机转子电路的电势 E_f。控制逆变角 β，就可改变 U_β 的数值，即改变了引入转子电路的电势 E_f 从而实现了异步电动机的串级调速。

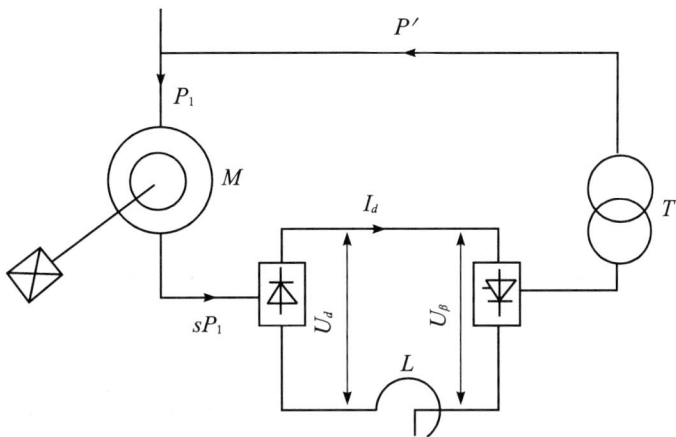

图 5-8　串级调速系统线路图

图 5-8 表明了转子转差功率的转换过程。图中 P_1 为异步电动机的输入功率，当 $P \approx P_N$ 时，$P_1(1-s)$ 为负载机械功率，为转子转差功率，P' 为反馈电网的功率，如忽略损耗，则 $sP \approx P'$。控制反馈功率 P' 即可调节异步电动机的转速。

串级调速具有调速范围宽、效率高（转差功率可反馈电网）并可用于大功率电机等优点，所以是一种很有发展前途的绕线式异步电动机的调速方法。

串级调速是将绕线式异步电动机的转差功率回馈到电网的一种比较经济的调速方法。在外加电压及负载转矩不变的情况下，电动机的转子电流近似为常数。如果通过转子滑环和电刷在转子回路中引入一个可以调节大小的附加电势，让它的频率与转子电势的频率相同，而相位相同或相反，则转子电流就将取决于转子电路中电势的代数和。既然在此条件下转子电流基本不变，那么加入的串级电势就会改变电机的转子电势。转子电势与转差率成正比。所以附加电势改变，就可以改变转差率，从而实现调速。串级调速设备就是利用电力电子技术提供这样的附加电势的。其缺点是系统功率因数恶化。

5.5.3 电动机调速应用的领域

通过人为的方法改变电动机的旋转速度，称为调速。在很多生产机械的工作中，由于生产工艺过程的需要，对电气传动系统提出调节其电动机转速的要求，以便获得更好的工艺质量和生产效率。对于不同的生产机械有着不同的调速要求。在生产机械中通常采用的调速方法可分为三类，即机械调速、电气调速、机械与电气结合的调速方法。机械调速属于有级调速，如在有的机床中使用的变速箱，它是通过改变变速箱中齿轮组的变化来改变传递给机床运动速度的。这种调速方法简单，工作可靠，便于维护。但它不能满足多种速度的需要，不能获得最高的生产效率，所以通常适用于调速要求不高的生产机械。电气调速属于无级调速，它是通过相应的电气设备来实现连续调速，这种调速方法控制灵活方便，调速范围较宽，容易满足生产工艺的需要，但有时调速设备较复杂。将机械与电气结合的调速方法能使调速范围更宽，更能充分发挥它们各自的长处，提高传动效率，且经济实用。

20 世纪下半叶，为适应多种不同的应用需要，电动机的调速技术特别是交流电动机的变频调速技术得到长足的进步，不管它们侧重于哪种应用的需要，都有不同程度的节能效果。一般地说，电动机调速的主要应用领域，即它们的市场可归纳为以下四大类。

1. 节能调速

节能调速是针对节能目的进行的电动机的调速。风机、泵类、压缩机等通用机械，量大面广，广泛应用于机械、电子、石油、化工、建材、纺织、冶金、有色金属、铁道、交通等，电力部门本身也大量使用这些机械。它们既是耗能大户，消耗掉全国总用电量的 30% 以上，又是高效节能的潜在大户，采用调速的方法，这类系统会有极大的节能潜力。

风机、压缩机和泵类分别以输运气体和液体（水、油等）为对象介质，这些介质的流量常因需要而必须进行调节。调节流量有两种方法：第一种方法，也是多年的常规方法，即该系统中的电动机处于恒速转动，流量的调节分别靠挡板（风机调风量）和阀门（泵类调液量）来实现。采用这种方法，如果要求把流量 Q_1 调至额定流量 Q_H 的一半，$Q_1 = 1/2\ Q_H$，系统的能耗大致与额定状况下的能耗（P_H）相同，即流量减少一半而耗能没变。第二种方法，即采用电动机调速的方法，那么只要让转速降到额定转速的一半，与老办法有同样的调节效果。可以看出，采用调速的方法来调流量时，调节深度越深（要求的流量越低），节能率就越高。即使调节到 90% 的流量，理论上耗能可以降低 19%，也是有价值的。

由此可见，风机、泵、压缩机之类的通用机械系统采用调速调节流量方法节能有着明显的节能潜力。越是大功率的系统，其节能效果就越大。对比交流电动机的各种调速方法，实践证实，采取变频调速是效果最好的，具有自身能耗最小、现场使用灵活方便的优点。国家把变频调速在这些通用机械中的推广应用当做优先的节能措施是非常正确有效的。

2. 工艺调速

现代许多工业部门都把电动机当原动机，由于工艺的需要，要求电动机调速运行。纺织化纤抽丝机，成丝在从原浆中抽拔出来的速度是基本固定的，抽拔出来后要绕在高速旋转的锭子上，其绕线速度大体不变，但刚上锭时和快绕满时，由于旋转半径变化了数倍，其轴的转动速度必须是开始快，后来慢，才能保证成丝不松不断，要求驱动电机依工艺要求自动调速。轧钢、压延有色金属、造纸等常采用多机架串行，要求保持一定的张力，特别要求成品厚度一致和均匀，于是各机架轧辊的转速必须作相应的配合，并随时做相关调整。在各种大型机床中，经常看到多台电动机配合工作，在加工过程中常需变化转速，保持联动。据统计，工业应用中有 60%～70% 的电动机应该调速运行。

很长时间以来，必须调速的应用场合都是采用直流电动机调速系统。直流系统能很方便地实现调速，但它有上述提到过的那些不足，故应用面受到一定限制。具体地说，20世纪 60 年代中期以前，工业界常用"电动机发电机机组"，把电源提供的 50 赫兹交流电，通过一台交流电动机拖动一台直流发电机而发出直流电，供给可调速的直流电动机，再去拖动工作机械。类似的情况，再用这台可调速的直流电动机带动一台中频发电机 0～150 赫兹的复杂机组，给化纤抽丝中频电动机供电，称为"动变频"。实际上为了稳定工作状态和实现反馈，在这种"机组"中还要引入励磁机、测速发电机、交磁放大机等一系列辅助电机，整个机组的效率被这么多次机电变换消耗得不到 40%。而且这些机组占地面积很大，噪声大得令人难以忍受。

20 世纪 60 年代中期之后，采用晶闸管（可控硅元件）通过相位控制的方法把电网的50 赫兹交流电直接变成电压可调的直流电，由此供给直流电动机调速运行，在轧钢、船舶、造纸、龙门刨床等许多应用领域已经取代机组供电，节电十分明显。同样，在 20 世纪 70 年代，化纤行业普遍采用了"静变频"，即采用晶闸管实现"交流—直流—交流"的变换：前半部分是把 50 赫兹交流电变成直流电的可控整流器以调节电压，后半部分是把直流电再变成 0 ~ 150 赫兹的交流电，两者结合即构成一套变频器。这种静变频与动变频相比，优点很多，优势很明显。这种用晶闸管完成的整个静止变流系统的耗电比上述运动变流系统显著减少，系统效率可上升到 85% ~ 92%。

20 世纪 80 年代后期，先用电力晶体管（GTR）、可关断晶闸管（GTO），后来又用绝缘栅晶体管（IGBT）来从事逆变的新型变频器走上历史舞台，更高效率地进行交流变频，直接供给交流电动机实行调速。这样，不仅系统的效率提高到 96% 以上，而且因直流电动机用相位控制供电造成的谐波对电网严重污染的现象明显减轻，因交流电动机转动惯量小而使系统的转速转换加快，从而使轧钢、有色金属压延、造纸等工业应用的生产效率（班日产量）得到提高，取得了宝贵的经济效益，技术改造投资回收极快，当然，还有良好的节能效果。此外，采取交流电动机变频调速，调速系统的体积、质量也大为减小，系统的可靠性和维修工作量也显著改善。

3. 牵引调速

任何车辆都必须能灵活调速，这是常识。牵引调速既包括电气火车、电传动的内燃机车、地下铁道、轻轨机车、无轨电车，乃至磁悬浮列车和电动汽车等水平运输的电动车辆，也包括电梯、自动扶梯、矿井卷扬机和龙门起货吊车等电动竖直牵引系统。显然，这些运输工具在运行中要求及时调速。电动车辆中，降低电动机的自重，提高电动机的运行效率，有着十分重要的技术经济意义。特别是对自载电源（如蓄电池、燃料电池）的电动车辆，更关系到它的最大车速和续行能力（最大行驶距离）。同内燃车辆相比，这也正是它们的弱点，人们正在为此做不懈的努力。

上述牵引车辆中，迄今仍大量使用直流电动机。当前国际上交流电动机变频调速系统在发达国家的运输系统（如电气机车和电传动的内燃机）中已逐渐转入优势，尤其是在高速轨道交通和磁悬浮列车的牵引中，交流变频系统几乎占了绝对优势。

4. 精密调速

在电动机拖动的某些应用场合，用户对调速范围和调速精度有严格的要求。例如，数控机床的主轴传动和伺服传动，各种机器人的运动控制，都要求很宽的调速范围和很高的调速精度。军事上，这种要求就更突出了：火炮瞄准系统中，雷达和炮身的随动环节，若稍有丝毫误差，就将导致命中率下降。巡航导弹实质是高速飞行的无人驾驶飞机，可以低空回避雷达的监视，灵活绕开障碍物，准确地飞到目标甚至深入其内部爆炸。在很高的飞行速度下，要根据卫星导航和面对障碍由电脑发出的指令实行迅速地改变运动方向、改变运动速度和加速度，都要求实现专用电动机的精确精密调速。现在 1 :（50000 ~ 100000）的宽域高精度电动机调速已经实现。

要实现如此高精度的调速，应用通常的直流电机、交流异步电机和交流同步电机都有困难。这些电机在电子技术诞生之前已经运转了几十年，没有电子它们已能独立运转，现在加上电子技术它们可以运转得更好。有人称它们为"传统电动机"（Traditional Motor），而把另一类电动机称为"高级电动机"（Advanced Motor）。后者就是永磁无刷电动机

（PM）。这种电动机以其特殊的结构，带来了特别优越的性能。这种电动机离开电子控制器就没有合成转矩，不会转动；同电子控制器配合，就能高性能高精度地转动，称其为"电子电动机"是当之无愧的。

5.6　异步电动机变频调速技术

异步电动机的变频调速是现代最佳的调速方法。它不仅是提供一个可调频率的三相电源，更重要的是根据异步电动机内部的电磁规律，进行某些特殊的变换，把本来的定子磁场与转子电流加强耦合，又有电压、电流、磁场、功率、转矩、转速等多变量相互关联的非线性电磁系统，力图模仿直流电机调速系统，而使之简化，以改善这种交流电动机的调速性能，在实践中经受了考验，已经成为一种比较成熟的实用技术，为用户、市场所接受。

为达到提高生产效率和节约能源的目的，必须正确选择系统配置，特别是系统中的电动机和变频器，它涉及可靠性、性能和价格三方面的因素。

5.6.1　变频调速系统中电动机的选择*

变频调速系统主要包括异步电动机、变频器、控制环节、负载及传动机构。在选择电动机时不仅要考虑驱动机械负载和使其加速所需的电机容量，还应根据生产环境选择相应的电机防护等级。另外，由于这时电机不是由电网供电，而是由变频器供电（即在变频调速运行时，大部分时间里该电动机不是工作在该电机设计制造的额定工况），会带来谐波、电磁干扰，也许会出现局部过电压、过电流等问题，因此，也须考虑让变频器尽量减少谐波、电磁干扰等带来的不良影响，把电动机—变频器作为整体考虑，以求满足用户需求。

1. 电动机外壳防护的选择

为了使电机能正常稳定安全地运行，生产厂家设计了多种电机外壳防护结构。我国于 1985 年 2 月颁布了电机外壳防护标准（GB 4942.1—85），它和国际电工委员会 IEC 34—5 标准是一致的，用户可以根据实际工况从该标准中选取相应的电机外壳。

2. 电动机容量的选择

（1）选择因素。

以普通异步电动机为例，在选择电机容量时，应考虑以下因素：

1）电机的容量应大于负载所需的功率。

2）电机的最大转矩应大于负载的启动转矩，并要有足够的裕量。

3）若电源电压下降了10%时，电机仍能输出足够的转矩。

4）电机应在规定的温升范围内使用。

5）针对负载的性质，选择适合的电机运行方式。

实际上，在选择用于变频调速系统的电动机时，要考虑在有谐波条件下电动机的电气、发热和机械出力三个方面的综合状况。特别在中、大型电动机中，要考虑过电压毛刺对电动机绝缘的影响、谐波成分对电动机温升的影响、转速调低（低频下）对电动机通风冷却的影响、在调速条件下对轴力矩的影响。考虑以上因素，实际的电机容量可由下式求得：

电动机的容量 = 驱动负载所需的动力 + 加速（减速）所需的动力

（2）驱动负载所需动力的计算。

负载的形式多种多样，比较典型的有恒转矩负载、平方降转矩负载、恒功率负载。下面分别说明。

1）恒转矩负载。起重机、升降机等使重物垂直移动的装置，当重物以速度 V 被提升时，所需的动力功率为：

$$P = \frac{\nu W}{\eta}$$

式中　P——所需功率，千瓦；

　　　W——重物质量 + 吊勾及钢绳质量，千克；

　　　v——提升速度，米/秒；

　　　η——传动机构效率，%。

2）平方降转矩负载。

a. 泵类负载所需的动力功率计算公式为：

$$P = \frac{k\rho QH}{6.12\eta_P}$$

式中　k——裕量系数，$k = 1.1 \sim 1.2$；

　　　ρ——液体的密度，千克/立方米；

　　　Q——流量，毫秒/毫米；

　　　H——扬程，米；

　　　η_P——泵的效率，$\eta_P = 0.6 \sim 0.83$。

b. 风机类负载所需的动力功率的计算公式为：

$$P = \frac{kQH}{\eta}$$

式中　k——裕量系数，A；$1.1 \sim 1.2$；

　　　Q——风量，立方米/毫米；

　　　H——风压，帕；

　　　η——风机的效率，$\eta = 0.3 \sim 0.75$。

3）恒功率负载。机床主轴、造纸机械中传动部分等属恒功率负载。下面以车床主轴为例来计算所需的动力。车床主轴在切削时，切削阻力 F 为：

$$F = k_p k_a dL$$

式中　k_p——工件的材质参数；

　　　　k_a——实际前倾角 α 参数；

　　　　d——切削的平均深度，毫米；

　　　　L——实际进行切削时的刀刃长度，毫米。

为克服切削阻力需要主轴的动力功率的计算公式为：

$$P = \frac{Fv}{\eta} \times 10^{-3}$$

式中　η——机械效率，$\eta = 0.7 \sim 0.8$；

　　　　v——切削速度，米/秒。

（3）惯性负载加速所需动力的计算。

为了使负载速度从某个稳定值（如启动时为零）增加达到所要求的另一个稳定值，除了给予负载自身所必要的动力以外，还必须提供惯性负载加速动力。

负载以恒定加速度加速的旋转体加速所需的动力功率为：

$$P = \frac{M_i n}{973}$$

即所需功率与转速成正比。

负载从静止以恒定加速度 a 加速的直线运动的物体加速所需的动力功率为：

$$P = \frac{1}{2} mav$$

式中　v——运动的物体要求达到的稳定速度。

3. 调频专用电动机的考虑

在变频器广泛推广的进程中，人们对电动机和变频器匹配问题的认识不断深化。若干年来，人们总是要求驱动装置尽量适合常规异步电动机的运行需要，如通过脉冲宽度调制（PWM）和输出电压的平均值接近于正弦波（SPWM）等方案的实施，使这些电动机在变频过程中始终获得接近正弦波的供电电压。结果，按照正弦电压和正弦电流设计的常规异步电动机还是不得不运行在驱动装置带来的非正弦工况下，使运行效率明显降低。随着技术水平的提高，当前国内外都在开展诸如变频调速专用异步电动机之类的高效运行电动机的研究，使电动机适应驱动装置的特点和具体工况来进行特殊设计和制造。由此，电动机的功率密度可提高20%，在调速范围内其平均效率可提高3个百分点，功率因数可提高5个百分点。

5.6.2 变频调速系统中变频器的选择

随着电力电子技术、计算机技术、控制技术的发展，变频器的功能和性能得到了很大的提高。根据其性能及控制方式不同可分为通用型、多功能型、高性能型，其控制方式也依次为 V/f 控制、电压型脉冲宽度调制（PWM）控制、矢量控制等。用户可根据生产的需要，在变频器性能规格、容量等方面进行选择。

1. 变频器种类的选择

根据负载机械的工作特点，结合对调速范围、调速精度和经济性的要求，用户可以选择不同种类的变频器来控制调速运行。

（1）通用型变频器。

一般采用 V/f 控制方式，适用于风机、泵类负载场合。其节能效果显著，调速范围和调速精度较低，因此成本较低。

（2）多功能通用变频器。

多功能变频器主要适应工业自动化，自动仓库、升降机、搬运系统、小型计算机数字控制机床、挤压成型机、纺织及包装机械等高速、高效需求，通常加强了以下几方面的功能：

①具有瞬时停电保护功能与电网进行切换所必备的自寻速功能，针对大幅度负载波动的转矩补偿功能和防止失速功能等。

②具有容易适合机械特性的可选功能，系统与变频器之间信息传递的输入输出功能等。

③具有低频（低速）补偿，进而增大调速范围、改善调速精度等功能。

（3）高性能通用变频器。

无速度传感器矢量控制技术的引入和实用化，使变频器的性能大大提高。目前，高性能变频器驱动交流异步电动机系统已大量取代直流电动机驱动系统，广泛应用于数控机床、挤压成型机、电线和橡胶制造设备中。

2. 变频器的规格和指标

在选择变频器时，会接触到许多生产厂家提供的各类变频器的产品样本，这些样本主要介绍变频器的系列型号、特点以及各种功能和指标。用户根据自己的实际需要，就这些产品的性能、指标进行比较、筛选，以确定适合于自己的变频器。

（1）型号。

一般为厂家自定的系列名称，包括电压等级和可适配电机的容量。

（2）电压级别。

根据各国工业标准或用途不同，其电压级别也各不相同。在选变频器时，首先应注意其电压级别是否与电源电压和电机的电压相适合。

（3）最大适配电机。

在最大适配电机一栏中，通常给出最大适配电机的容量。应该注意这个容量一般以 4

极普通异步电动机为对象，而同容量的 6 极以上电机和变极电机等电机的额定电流比 4 极普通异步电动机的额定电流大，因此，在驱动 4 极以上电机时就不能单单以此项指标选择变频器，同时还要核对变频器的额定输出电流是否满足电动机的额定电流。

（4）电源。

变频器对电源的要求主要有电压/频率、允许电压变化率和允许频率变化率等三个方面。通常对电压及频率变化率的要求分别为 ±10% 和 5%。如果用户安装变频器的所在地点的供电电源电压波动超出通常规定的范围（或上限或下限），应同供货厂家讨论具体选择方案。

（5）控制特性。

1）电压型还是电流型。

2）脉冲振幅调制、脉冲宽度调制或 SPWM 调节方式。

3）V/f 控制，转差频率控制方式或矢量控制。

4）输出频率范围，一般最低为 0.1 赫兹，最高频率因变频器性能而异，该调速范围应满足用户的应用需要，同时要了解在所用系统中，在该频率范围内是否有机械共振或出现转速振荡的可能。

5）输出频率分辨率，设定频率的分辨率，输出频率的精度。

6）频率设定方式。有自身的参数设定，电位器设定，外部（0~5 伏、4~20 毫安）设定以及上位机发送的 RS-232 和 RS-485 等信号设定。

7）电压/频率特性。变频器中存有多种 V/f 特性，如转矩增强，平方降转矩负载节能特性等供用户选择。

8）载频频率。载频频率的高低标志着输出波形的质量，早期的 GTR 型变频器的载频频率为 1~3 千赫兹，目前常采用 IGBT，载频频率可达 10~20 千赫兹，另外还有同步调制和异步调制之分。

9）过载能力。变频器所允许的过载电流以额定电流的百分数和允许时间来表示，一般变频器的过载能力为额定电流的 150%，持续 60s。

10）加减速时间设定。加速、减速时间作为基本功能可分别设定。高性能变频器还具有曲线加速，多挡加、减速时间设定以及外部控制加减速功能。

11）制动方式。变频器的电气制动一般分为能耗制动或再生反馈制动。能耗制动时不加外接制动电阻的场合制动力约为 20%，加外接制动电阻时制动力可达 100%。能耗制动用于制动频率不高的场合。从节能的角度来看，再生反馈制动是最好的方式，但是相对较为复杂，价格也较高，主要用于频繁启动、制动的场合。

12）运行控制方式。变频器应具有标准的有触点控制的启动、停止、正转、反转输入功能，同时还可对停止的方式进行设定，如自由停止还是加速停止。另外通常还具有通过参数设定或由外部信号选择多级调速运转功能。

13）变频器的保护。欠压保护、过压保护、过流保护、失速保护、过热保护以及再启动功能等。

3. 变频器容量的选择

在确定系统中变频器的容量时应考虑电动机的容量、电动机的额定电流、加速时间等几方面因素。下面就如何选定通用型变频器容量做一些简单介绍。

（1）驱动单台电动机。

对于连续运行的变频器，必须同时满足表 5 – 8 中所列三项要求。

表 5 – 8 变频器容量选择

要 求	算 式
满足负载输出	$\dfrac{kP_M}{\eta\cos\varphi} \leqslant$ 变频器容量（千伏安）
满足电动机容量	$k + (3^{\frac{1}{2}})V_E I_E \times 10^{-3} \leqslant$ 变频器的容量
满足电动机电流	$kI_E \leqslant$ 变频器的额定电流

注：P_M—负载要求的电动机输出功率，kW；η—电动机的效率，通常为 0.85；$\cos\varphi$—电动机的功率因数，通常为 0.75；V_E—电动机额定电压，V；I_E—电动机额定电流，A；k—电流波形补偿系数，通常为 1.05 ~ 1.1。

（2）驱动多台电动机。

当变频器同时驱动多台电动机时，一定要保证变频器输出电流大于所有电动机额定电流的总和，具体计算方法见表 5 – 9。

表 5 – 9 变频器容量选择（驱动多台电动机）

要 求	算式（过载能力150%，1分钟）	
满足驱动时容量	$\dfrac{kP_M}{\eta\cos\varphi}[N_T + N_s(K_s - 1)] = P_{C1}[1 + (N_s/N_T)(K_s - 1)] \leqslant 1.5 \times$ 变频器容量（kV·A）	$\dfrac{kP_M}{\eta\cos\varphi}[N_T + N_s(K_s - 1)] = P_{C1}[1 + (N_s/N_T) \times (k_s - 1)] \leqslant$ 变频器容量（KV·A）
满足电动机电流	$N_T I_M[1 + (N_s/N_T)(k_s - 1)] \leqslant 1.5 \times$ 变频器额定电流（A）	$N_T I_M[1 + (N_s/N_T)(k_s - 1)] \leqslant$ 变频器额定电流（A）

注：N_T—并联电机台数；N_s—同时启动电机台数；P_{C1}—连续容量，kV·A；k_3—电机启动电流与额定电流之比。

（3）制定加减速时间。

异步电动机直接启动时，其启动电流将为额定电流的 5 ~ 7 倍，而通过变频器启动时，由于变频器通常短时最大电流不超过额定电流的 1.5 倍，所以 V/f 控制的变频器即使运用转矩增强功能，其启动转矩最高也不会超过额定转矩的 1.3 倍，由电动机转矩特性可得，由于低速运行时电机散热等问题，低频时电机的输出转矩要小于额定转矩。所以，为了保证加速时间，应增大变频器的容量，以加大变频器输出电流的能力，同时也应考虑加大电机的容量。在指定加速时间后，变频器容量的选择公式为：

$$\frac{k_n}{937\eta\cos\varphi}T_L + \frac{GD^2}{375} \leqslant 变频器的容量$$

4. 低压变频器的选型

低压变频器指输入电源电压为单相 220 伏和三相 380 伏的变频器，这是目前市场销量最大、应用最为广泛的变频器系列。低压变频器的选型，首先要考虑用途，选择通用型还是专用型，要尽量使系统的各种功能通过变频器来实现；其次比较各厂家同类变频器的功能差别、性能价格比、售后服务，确定厂家及变频器型号。选型时还应注意与其他电气元件的接口互联问题，要求系统结构合理紧凑。以下以三个系列产品的特点加以说明。它们都采用 IGBT 模块或 IPM 作为逆变器开关器件。

（1）VFASP 系列风机水泵专用变频器。

矢量控制：采用独特的矢量运算控制，内藏 PID。

学习加减速：根据负荷自动调整适当的加减速时间，使加减速时间最短。

自动节电方式：在保证输出转矩的前提下，比选用标准的 V/f 曲线节能效果更好。

电压反馈控制：可使输出电压稳定，不随输入电压的变化而变化。

输入输出端子功能：可在数十种功能中进行可编程设定。

瞬停再启动功能：再启动时检测电机旋转方向和转速，平稳地再启动。

软失速功能：可在过载时不跳闸，降低输出频率继续运转。

瞬停不停控制：可在瞬间停电时继续维持运转 15 毫秒以上。

状态监控：可显示 16 种参数中的任意 4 种，如频率、电流、电压、功率等。

模拟量输出信号：可输出 16 种参数中的任意 2 种（频率、电流、功率等）。

脉冲宽度调制载波频率：最高可达 17 千赫兹，中小功率为 12～15 千赫兹，真正静音，输出电流波形中高次谐波含量减小，载波频率的提高对带负荷能力的影响小。

完善的保护功能：防止过流、过压、过负荷、过热等，过载能力 120%—1 分钟.

（2）VFA5 系列一般工业通用变频器。

在 VFASP 的全部功能和特性基础上增加了功能和特性：

过载能力：75 千瓦以下 150%—2 分钟，90 千瓦以上 150%—1 分钟。

增加工程特殊功能：搬运机械，升降机械，金属切削及加工机床等特殊用途的功能。

转速控制精度：无传感器矢量控制为 ±1%，有传感器矢量控制为 ±0.5%。

频率精度：采用纤维机械功能时频率控制精度为 ±0.01%，分辨率为 0.01 赫兹。

其他功能：模拟信号控制正反转，制动释放，直流制动，轻载时高速运转，低振动，低转矩脉动，钻头损坏预防等。

（3）VFA7 系列新一代通用变频器。

内置抗干扰滤波器：15 千瓦以下内置 EMI（电磁干扰）抗干扰滤波器，适应 EMC（电磁兼容）指令，为 CE 标记对应的产品，为 IS 09001 及 18014001 认证产品。

输出转矩提高：在 0.5 赫兹时可输出高达 200% 的转矩，转速控制范围扩展到 1∶150。

转矩控制功能：可通过转矩控制信号直接控制电机转矩，电机转速由负载转矩决定。

计算机接口：标准 RS 485，RS 232C，Profibus，DeviceNet，TOSLINE－F10M/S20

可选。

传感器矢量控制：可对电机的速度、转矩、位置进行高精度控制。

标准显示：可显示 30 种参数中的任意一种，如频率、转速、电流、电压、功率等。

状态监控：可显示 30 种参数中的任意 4 种，如频率、电流、电压、功率等。

输入端子：在 136 种功能中任选一种，具有可编程功能。

输出端子：在 120 种功能中任选一种，具有可编程功能。

控制端子公共端极性变换：与 PLC（可编程序控制器）一起使用，可进行漏极/源极和输入/输出逻辑变换。

V/f 参数变换：对最多 4 台电机进行 *V/f* 参数变换。

均衡功能：在两台或以上变频器驱动同一负载时，防止负载不均衡造成变频器过载。

更完善的保护：增加了输入输出缺相保护功能。

随着技术发展、功能日益完善，低电压变频器已经发展成比较成熟的多系列产品。应该说，正确选择变频器是系统安全可靠稳定运行的前提。选型不合理、使用不当常是变频器系统故障、性能不能满足要求的主要原因。

5.6.3　变频调速的节能应用

我国工业领域风机、水泵的用电量约占全国总用电量的 30%，是主要耗能的通用机械。据调查，在我国有 75% 的风机、90% 的水泵处于变工况运行状态，低效设备或高效设备运行在低效工况下是十分普遍的现象，可以得出结论：风机、水泵的节能潜力蕴藏在运行系统中。

因此，从运行观点看，在风机、水泵负载传动系统中采用交流电动机调速运行，系统效率可以提高 20% ~ 30%。

下面以风机和水泵为例，说明交流电动机调速与节能的关系。

风机和水泵都是流体机械，一般按生产和工艺要求，需要经常调节风量与流量。有两种解决办法：一是不改变电动机的转速，利用挡板阀门或者放空的办法来调节风量或流量；二是不改变挡板阀门的开度，通过调节电动机的转速来达到调节风量或流量的目的。在要求相同流量的条件下，上述两种解决办法下的功率消耗是很不相同的。对于第一种解决办法，由于电动机的转速基本不变，故在风量或流量调节前后，电动机所消耗的功率也基本不变。对于第二种解决办法，情况则有所不同。由于流体机械的转速变化与其流量、压力和功率之间的变化有如下的关系：

$$\frac{Q_1}{Q_2} = \frac{n_1}{n_2} \text{ 或 } Q_2 = Q_1 \frac{n_2}{n_1}$$

$$\frac{H_1}{H} = \left(\frac{n_1}{n_2}\right)^2 \text{ 或 } H_2 = H_1 \left(\frac{n_2}{n_1}\right)^2$$

$$\frac{P_1}{P_2} = \left(\frac{n_1}{n_2}\right)^3 \text{ 或 } P_2 = P_1 \left(\frac{n_2}{n_1}\right)^3$$

上述式子中 Q_1、H_1、P_1 分别代表转速 n_1 时的流量、压力、功率；Q_2、H_2、P_2 分别代表转速 n_2 时的流量、压力、功率。

由上式知：流量与转速的一次方成正比，压力与转速的平方成正比，功率与转速的三次方成正比。

可见，当通过降低转速以减少流量来达到节流目的时，所消耗的功率将降低很多。例如，当转速降低到 80% 时，流量也减少到 80%，而轴功率却下降到原来的 $(80\%)^3 \approx 51\%$；若流量减少到 40%，则转速相应减少到 40%，此时轴功率下降到原来的 $(40\%)^3 \approx 6.4\%$。

1. 风机、水泵负载调速节能原理

图 5-9 是风机（水泵）调速节能原理图。图中 H_1-Q 为转速 n_1 时的风机（水泵）的 H_1-Q 特性，H_2-Q 为转速 n_2 时的风机（水泵）的 H_2-Q 特性。h_1-Q 为调节风门（阀门）前的风机（水泵）的管路阻力特性，h_2-Q 为调节风门（阀门）后的风机（水泵）的管路阻力特性。从图 5-9 所示的调节流量的特性曲线上，也能清楚地看出调速与节能的关系。

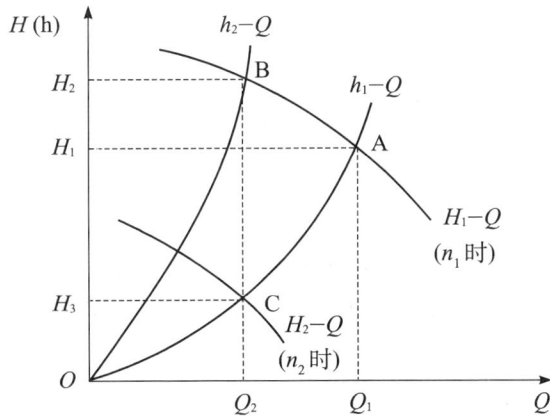

图 5-9　风机（水泵）调速节能原理

假设风机（水泵）原来工作在 A 点，风量为 Q_1，风压为 H_1、转速为 n_1，此时消耗的功率正比于 Q_1、H_1，即与 AH_1OQ_1 围面积成正比。假设需将风量由 Q_1 调到 Q_2。要实现此调节，如前所述无外乎两种方法，第一种方法是保持电机转速不变，通过调节风门（阀门）来调节流量。此时风机的 $H-Q$ 特性曲线不变，仍为 H_1-Q 而风门发生变化，即管路的阻力特性发生了变化，由原来的 h_1-Q 调至 h_2-Q（即管路阻力增加）。由图可知，工作点由 A 移至 B，相应的流量、风压分别为 Q_2、H_2，此时消耗的功率正比于 BH_2OQ_2 所围的面积。第二种方法是管路的阻力特性 h_1-Q 保持不变（即风门或阀门不变），通过调节电机的转速来调节流量。电机转速由 n_1 调至 n_2，则风机的 $H-Q$ 特性曲线由 H_1-Q 变为 H_2-

Q，该曲线与阻力特性曲线 $h_1 - Q$ 相交于 C 点，即为新的工作点，相应的流量、风压分别为 Q_2、H_3，此时消耗的功率正比于 CH_3OQ_2 所围的面积。显然通过第二种方法，即通过改变转速来调节流量所消耗的功率要小得多。

2. 风机、水泵变频调速传动系统控制理论

应用变频调速技术和微型计算机控制技术与新的控制理论相结合，构成的闭环控制系统。根据风机、泵类负载系统的实际运行工况，适时跟踪控制系统的工况物理参数如压力、温度、压差、温差的变化。以单片机为控制核心，各自物理参数的信号，通过变换器换为电流（或电压）信号，又经 A/D 转换器分别转换成数字量，送到计算机中，在内置 PID 数字调节器完成运算，控制变频调速装置输出频率，改变电动机的转速，对风机、泵类负载系统优化控制，使总体匹配最合理，提高系统效率，降低能耗，实现系统的经济运行。

3. 风机、水泵负载应用变频调速条件

根据我国风机、水泵负载应用变频调速的实践经验，为了合理有效地应用变频调速技术，国家标准《风机、泵类负载变频调速节电传动系统及其应用技术条件》（GB/T 21056—2007）中规定了技术要求和应用条件。

（1）风机、泵类的运行工况点偏离高效区。

（2）压力、流量变化幅度较大，运行时间长的系统。

1）中低流量变化类型的风机、泵类负载及全流量间歇类型的风机、泵类负载运行工况应符合下列要求：

流量变化幅度≥30%、变化工况时间率≥40%、年总运行时间≥3000 小时；

流量变化幅度≥20%、变化工况时间率≥30%、年总运行时间≥4000 小时；

流量变化幅度≥10%、变化工况时间率≥30%、年总运行时间≥5000 小时。

2）流量在额定流量的 90% 以上变化时，风机、泵类负载不宜用变频调速装置。

（3）使用挡风板、阀门截流以及旁路分流等方法调节流量的系统。

4. 风机、水泵电动机变频调速节能应用

（1）油田高压、注水泵系统变频调速。

油田注水是中国很多油田保持原油高产稳产的重要有效措施。把水注入地下，把地层中散布的油集中到油井中，再打上来，可以取得较好的经济效益。

油田注水由于压力高、水量大，所用注水电机都是大功率电动机，如额定电压 6000 伏，额定功率 900～950 千瓦，乃至 2000 千瓦，额定扬程 1650 米，流量为 140 立方米/小时。由于油田属于断裂区块油田，每个区块注水范围小，注水量随开采状况的变化，需要经常调整，大部分注水站都存在额定泵流量与实际注水量不相匹配的问题。采用中电压（3～10 千伏）、中大功率变频调速装置对油田注水泵用电动机实行变转速调节，从而实现注水泵变水量控制，是一项非常有效的节能措施。

常规情况下油田高压注水不允许长时间小排量运行，否则泵内温度升高会出现汽蚀和

机件烧毁等问题，过去被迫采用大回流方法降低温升，导致电能白白消耗，给油田造成了
大量的能源损失。鉴于变频调速技术在油田输油输水泵上的广泛应用，为解决高压离心注
水泵耗电大的问题提供了借鉴思路。1997 年某油田从美国引进了一台大功率变频调速装
置，并于 1998 年 3 月在油田某注水站安装完成，控制两台 DF140 - 150/11 型输水泵，经过
一年多的运行，取得了显著的节电效益。该装置采用 GTO 为逆变开关器件的电流源型大
功率变频器。在用变频调速替代传统的阀门调节运行中：一是避免了无效的节流损耗；二
是避免了排放回流所做的无用功；三是降速运行减少了机械摩擦的能量损失和泵内回流脱
流损失，电机本身的铜损也相对减少，因而提高了机泵运行效率。

高压注水泵应用大功率变频调速装置运行，泵特性与实际需要相差越大，节能效果越
明显。本实例中的某注水站实际流量仅为额定流量的 35.7%，泵管压差高达 2.7 兆帕，占
泵额定值的 15.4%，所以节电潜力巨大。采用变频调速装置，还提高了系统的自动化水
平，降低了噪声，改善了工作环境，减轻了工人的劳动强度。但是高压大功率变频调速装
置需要高水平的技术、管理人员和检修技术装备，价格也比较高，即使在节电效益较好的
泵站也需 2 ~ 3 年才能收回投资，所以必须进行认真的论证。

变频调速用于油田注水泵系统控制的效果跟踪结果如下：

1）调速运行前的运行状况。调速运行前，常开一台 DF140 - 150/11 泵工频运行，电
动机型号为 TK2 - 900 - 2，电机额定电压 6000 伏、电流 108 安、功率 900 千瓦、转速
2975 转/分钟。实际运行参数为泵前压力 0.16 兆帕、泵压 17.5 兆帕、管线压力 15.5 兆
帕、泵流量 98.74 立方米/小时、注水量 49.54 立方米/小时、放回流 49.2 立方米/小时，
电机输入功率 721.264 千瓦、机泵效率 65.74%，系统效率 29.27%（系统效率为实际注水
系统效率，已将放回流损失计算在内）。

2）变频调速后运行状况。调速运行是应用变频装置带动一台 DF140 - 150/11 注水泵
降速运行，降速运行参数为泵前压力 0.16 兆帕、泵压 14.8 兆帕、管线压力 14.8 兆帕、
泵流量 49.36 立方米/小时，无回流，电机输入功率 455.072 千瓦、机泵效率 44.11%，系
统效率 44.11%。

两种运行状况的有关数据如表 5 - 10 所示。由表中数据可知，采用变频调速代替常规
的阀门控制，系统效率提高了一半。这对于大功率系统来说，节电效果十分理想。

表 5 - 10　　　　　　　　　DF140 - 150/11 泵不同工况运行测试参数表

项　　目	阀门调节	变频调节	项　　目	阀门调节	变频调节
控制器	工频	变频	回流量（立方米/小时）	49.20	0
泵前压力（兆帕）	0.16	0.16	注水量（立方米/小时）	49.54	49.36
泵压（兆帕）	17.50	14.80	输入功率（千瓦）	721.264	455.072
管线压力（兆帕）	15.50	14.80	机泵功率（%）	65.94	44.11
泵流量（立方米/小时）	98.74	49.36	系统效率（%）	29.27	44.11

结论：采用变频调速后，通过实际测量，其结果比工频运行通过调节阀门调节的方案，在注水量相同（约49.36立方米/小时）的条件下，系统的输入功率减少264.55千瓦，降低37%，扬程减少276米，还避免放回流49.2立方米/小时的能量损失和相应机泵损失。按年运行300天计，每年可节电200万千瓦时。

（2）变风量空调控制。

采用变风量空调系统是建筑节能的重大措施。传统空调系统都采用定风量系统形式，即风量、风温、湿度在运行时是固定不变的，这容易导致同一系统中不同房间之间出现温度不均，而且在低负荷工况下风机消耗功率同满负荷工况几乎一样。而变风量系统则是通过改变送入各房间的风量来满足房间负荷的变化，因此系统总风量随之变化。理论上，在调速工况下，风机功率与风量的三次方成正比。比如，调风量到设计值的1/2时，风机的功率损耗会降到额定值的1/8。由于空调系统大部分时间处于部分负荷工况，即非满负荷工况，所以风机运行的多数时间实际风量将低于设计风量，故变风量系统中风机能耗将大大低于定风量系统。此外，与目前常用的定风量系统和风机盘管加新风系统比较起来，变风量系统还具有以下优点：

- 避免风机盘管凝水污染吊顶。
- 无霉菌滋生问题，室内空气质量好。
- 更灵活，更易于改建或扩建。
- 能比较好地同时满足不同房间的温度要求。

可以说，变风量系统实现了空调系统集中化和个性化的统一，体现了空调技术追求节能和舒适的主流方向。

变风量系统运行工况的变化是依靠自动控制系统实现的，所以变风量系统和自动控制是密不可分的。图5-10所示是一套比较典型的变风量系统，该系统为压力无关型，控制系统为常见的四环节控制，即末端风量控制、送风机转速控制、回风机控制、新风控制。

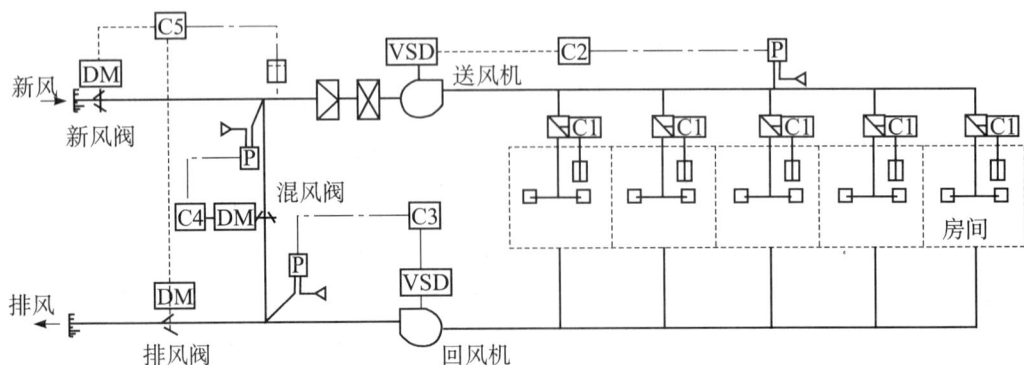

图5-10 变风量空调系统示意图

VSD—调控制器；C—电动风阀；P—压力传感器；T—温度传感器

1）末端风量控制。

根据房间实测温度与设定温度的偏差来调节变风量末端风阀，以改变送入房间的风量，从而实现对各房间负荷变化的适应，这是保证房间温度的最主要的控制环节。

2）送、回风机转速控制。

这是变风量系统稳定运行的关键环节，也是系统节能的主要体现。图 5 - 10 中送风机采用的是定静压控制方法，这种方法的基本原理是通过压力变化来感知风量的变化，同时保证末端装置工作所需要的压力。具体方法是：首先在送风道上某一点安装静压传感器，然后测量系统调试到所有末端都达到设计风量且风阀开到最大时的控制点静压，取该值为静压设定值。当处于部分负荷运行时，变风量末端根据室内温度自动关小风阀；关阀的结果必然引起系统静压升高，并超过静压设定值；为保证控制点静压不变，变频调速装置驱动的送风机转速必须降低，从而使控制点静压再次回到原设定值，这就是所谓的定静压控制。由于这种方法比较简单，所以是目前最常用的风机转速控制方法。

该方法的主要问题在于如何十分讲究地选取控制点位置，考虑到风道系统的阻力特性，末端风阀的调节引起的阻力变化在主风道前和主风道后体现出来的静压变化大小是不同的。图 5 - 11 所示的一组测试结果显示，静压控制点离风机出口端越近，静压变化值越小，节能的效果就越差。而静压测点位于风机出口与最远端之间约 2/3 处时，风机扬程的变化较大，但风机在低速时会偏离高效率区。图中还给出了一种较为理想的变静压控制方式。在这种模式下，静压设定值不是固定不变的，而是随末端装置风阀的开度而变化。改变设定值的依据是始终保证系统中有一个末端风阀的开度接近全开。这样一来，系统在同样的流量下需要风机提供的压头将减到最低。

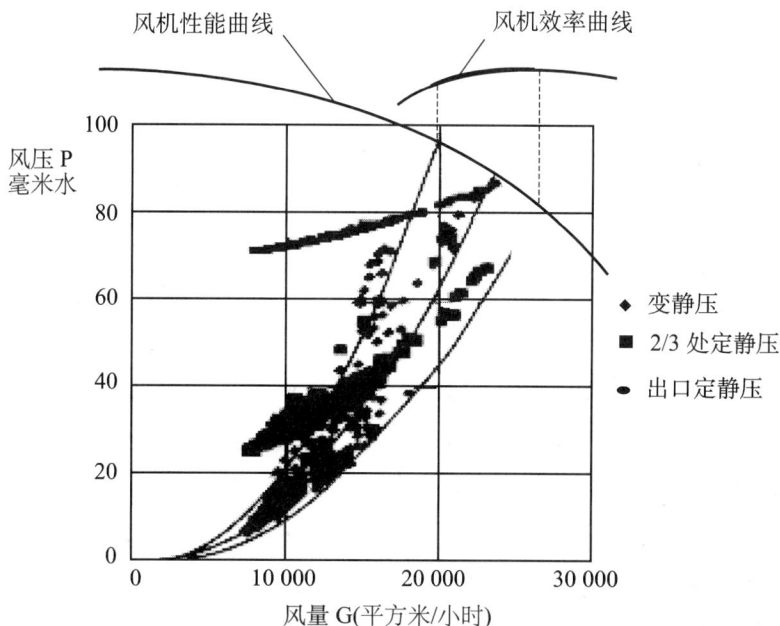

图 5 - 11　不同控制方式下的系统工作点曲线

回风机或排风机控制的目的是保证系统送风和回风风量的匹配，其方法比较多，如送风机—回风机联动控制、排风压力控制和房间压力控制等，可参考有关文献。

3）新风控制。

这道控制环节的目的是在冬、夏季保证最小新风量，在过渡季实现新风量的灵活调节，尽可能利用新风作为免费的冷、热源，进一步降低空调系统能耗。

为在实际工程中考察变风量系统的节能效果，某电视台在一套变风量系统（KJ3-2）上进行了典型月（7月）运行数据采集。该系统所带空调面积约1000平方米，共有变风量末端装置13个，送风机控制使用的是定静压控制方法。系统总设计风量26000ma/h。主要设备情况见表5-11。

表5-11   1C13-2变风量空调系统主要设备一览表

设备名称	基本参数	数量
送风机	26000 立方米/小时·15 千瓦	1
排风机	24000 立方米/小时·55 千瓦	1
变风量末端	1200 立方米/小时	8
	3000 立方米/小时	5

所使用的控制系统是美国的 Teletrol System Inc. 的产品。在控制中心可以允许用户观测远程控制器的输入点、输出点的状态；并可实时修改这些点的值及设定值；还可完成远程控制器的控制程序编写、调试及下载，以及历史数据采集、处理、报表等。

可以看到变风量系统首先非常准确地保证室内温度恒定在22~23℃之间，而送风机、排风机实际运行的输入功率分别只有装机容量的70%和45%。表5-12为该系统某年11月至第二年10月能耗统计结果，并和定风量系统进行了比较。

表5-12   KJ3-2系统全年运行能耗比较

系统名称	送风机能耗（千瓦/小时）	排风机能耗（千瓦/小时）	全年能耗（千瓦/小时）	年运行费用（元）
定风量系统	68400	25080	93480	56088
变风量系统	45600	11400	57000	34200

注：表中运行费用按北京地区日均电价0.60元千瓦/小时估算。

KJ3-2系统年运行能耗费用比定风量系统低21888元。如果以一座10000平方米的建筑估算，仅风机能耗每年就能减少20万元以上。这还是采用定静压控制方法时的结果，如果改为变静压控制或总风量控制，则系统能耗的降低更为明显。

综上所述，与常规空调系统相比，变风量空调系统是比较节能的。其节能的核心是送风机和回风机的交流变频调速技术和相应的调速装置（VSD）。变风量系统最大的特点是空调系统与自动控制的紧密结合，其运行节电效果取决于空调系统的设计，控制系统的硬件、软件（控制算法）以及配电系统设计。但是，目前国内外对空调系统和电气系统采取分别由两家承包商实施的方式割裂了工程内在的联系，造成承包单位之间的扯皮，给业主带来损失。不过，这方面的问题正在被广大用户和工程公司所认识。机电总包的模式正逐渐为业主所接受。

以上通风高效节能的实例，从基本原理和实用效果来看，既可以推广到冶金、矿山、纺织、机械、电子、建材、有色等许多应用领域，也可以逐步推广到家庭空调。变频空调正走向市场，其节能效果是肯定的，但推广受小功率电机变频调速装置相对较贵的经济性制约。所以，更经济的变速空调技术需要在市场上经受检验。

（3）供水系统及水处理流量控制。

城市中自来水供水系统和废水处理系统是直接关系居民生活和环境状况的两件大事。一般说来，也都是大功率系统。在一定意义上，它的耗电水平也决定了清洁水的质量和成本价格。采用变频调速，降低城市供水及废水处理的耗电，有着重大的实用价值。

某市水源九厂日供水量第一期为 50 万立方米，第二期为 100 万立方米，它在该大城市供水中起着举足轻重的作用。该一期工程配水泵房及取水泵房安装卧式离心泵 4 台，其中调速泵和定速泵单机电机容量分别为 2500 千瓦和 1500 千瓦。第二期再安装 2 台调速电机，水泵机组的初步设计中其计算负荷占全厂负荷的 90%。鉴于一年内各季节供水量变化较大，每天日夜需求量也有变化，需要不断调节水量。而设计一个泵站时，总要考虑最不利的因素，水泵的扬程也应按最不利的条件计算设计。另外计算出水泵轴功率之后，还必须考虑一定的裕量。所以根据所需水量的变化调节水泵的转速，就能够调整水泵的工作点，使水泵始终运行在高效区，达到节能的目的。

该水厂的一、二期工程分别选用了国外某大公司提供的 6000 伏、2600 千瓦晶闸管电流源型变频器，一期用模拟控制，二期用数字控制。近两年半的运行统计表明：

● 变频器本身比较可靠，产品已经系列化。

● 位移（不包括谐波畸变的影响）功率因数较高，电机满载运行时，功率因数为 0.84。

● 综合效率高。当电机满载全速运行时，综合效率为 92.3%；当将转速调至额定转速的 60% 时，总效率为 84.7%。取水厂的水泵机组合 2/3 的时间运行在额定速度的 50% ~ 70% 之间，所以该装置既满足了用水调节的要求，又达到了节能的目的。

1）大功率变频调速装置长期运行中发现的问题。

在实际运行中，该调速装置产生了严重的高次谐波，某些指标已超出国家规范的要求，使配电系统的其他用电设备、监测仪表及自动化设备不能正常运行，对电机的绝缘要求也较高，为此花费了不少的力量和相当的资金进行治理。特别是在拖动大功率、中电压（3~10 千伏）交流电动机时，由于电力电子装置中谐波和毛刺的存在，在电动机和装置本身呈现出较高的电应力，造成不应有的损失。这是在引进大功率变频调速装置时应当认真考虑的一个问题，也是一个重大教训。因此在该水厂三期扩建工程中确定不再选用一、二期用过的晶闸管电流源型变频器，而采用技术更新的大功率多电子级联式新型 IGBT 中电压变频调速装置。它可直接带 6000 伏电动机，高次谐波大大减小，电应力明显好转，不需要再附加昂贵的滤波装置，完全满足供电部门对电网谐波的严格要求，也不需要无功补偿电路，还可以直接采用价格便宜的国产中电压电动机。

2）变频调速用于供水系统和水处理流量控制的效果。

实践证明该市大型水厂采用调速技术是节电的重要措施。从该水厂两年多的运行统计数据看，由于投资初期水量负荷小，大部分时间水泵机组在低速区运行，在额定转速的 40% ~ 70%，运转时间占 92%。在额定转速的 75% ~ 95% 运转时间只占 7.9%。如前分析，越是转速降低，节能效果越明显，在这种运行工况下，水厂采用调速技术节能是非常必要的。据统计，1987 年全国 381 个城市中的 344 个城市自来水供水的用电量合计为 47 亿千瓦时，再加上其他城市和乡镇自来水及工业给水设施用电，总计约 65 亿千瓦时。若按 90% 为水泵机组供电，则这部分用电量为 60 亿千瓦时，如果一半机组采用变频调速装置，则每年节电 4.5 亿千瓦时，可见水泵机组变频调速节能潜力巨大。

3）结论。

采用变频调速技术于城市自来水供水系统取得的节能效果有目共睹，在大功率电动机中采用原有的变频调速技术从而引入严重谐波和电应力造成的问题也明显可见，解决这些问题的办法已经实用化，这表明变频调速所属的电力电子技术更加成熟。这些经验不仅为城市供水系统的节能改造带了好头，提供了宝贵的启示，而且对城乡废水处理以及化工、矿山、有色金属冶炼、轻工、电子等存在类似需求的领域也是适用的。

5.7 高效异步电动机

5.7.1 我国异步电动机能效等级

我国高效异步电动机系指达到或超过国家标准《中小型三相异步电动机能效限定值及能效等级》（GB 18613—2006）中的节能评价值，相当于欧盟 eff1 标准，即能效等级为 2 级的异步电动机，称为高效电动机。

在高效异步电动机的基础上，损耗降低 15% 左右相当于澳大利亚标准，即能效等级为 1 级的异步电动机，称为超高效电动机。电动机能效等级如表 5 - 13 所示。

表 5 – 13 　　　　　　　　　　　　　　　 电动机能效等级

额定功率（千瓦）	效率（%）								
	1 级			2 级			3 级		
	2 极	4 极	6 极	2 极	4 极	6 极	2 极	4 极	6 极
0.55	—	—	—	—	80.7	75.4	—	71.0	65.0
0.75	—	—	—	77.5	82.3	77.7	75.0	73.0	69.0
1.1	—	—	—	82.8	83.8	79.9	76.2	76.2	72.0
1.5	—	—	—	84.1	85.0	81.5	78.5	78.5	76.0
2.2	—	—	—	85.6	86.4	83.4	81.0	81.0	79.0
3	—	—	86.9	86.7	87.4	84.9	82.6	82.6	81.0
4	89.3	89.9	87.9	87.6	88.3	86.1	84.2	84.2	82.0
5.5	90.1	90.7	89.1	88.6	89.2	87.4	85.7	85.7	84.0
7.5	90.9	91.5	90.6	89.5	90.1	89.0	87.0	87.0	86.0
11	91.9	92.2	91.4	90.5	91.0	90.0	88.4	88.4	87.5
15	92.5	92.9	92.3	91.3	91.8	91.0	89.4	89.4	89.0
18.5	92.9	93.3	92.7	91.8	92.2	91.5	90.0	90.0	90.0
22	93.3	93.6	93.1	92.2	92.6	92.0	90.5	90.5	90.0
30	93.9	94.2	93.6	92.9	93.2	92.5	91.4	91.4	91.5
37	94.2	94.5	94.0	93.3	93.6	93.0	92.0	92.0	92.0
45	94.6	94.8	94.4	93.7	93.9	93.5	92.5	92.5	92.5
55	94.9	95.0	94.7	94.0	94.2	93.8	93.0	93.0	92.8
75	95.4	95.5	95.0	94.6	94.7	94.2	93.6	93.6	93.5
90	95.5	95.7	95.2	95.0	95.0	94.5	93.9	93.9	93.8
110	95.8	96.1	95.7	95.0	95.4	95.0	94.0	94.5	94.0
132	96.1	96.1	95.7	95.4	95.4	95.0	94.5	94.8	94.2
160	96.1	96.1	95.7	95.4	95.4	95.0	94.6	94.9	94.5
200	96.1	96.1	95.7	95.4	95.4	95.0	94.8	94.9	94.5
250	96.1	96.1	95.7	95.8	95.8	95.0	95.2	95.2	94.5
315	96.1	96.1	—	95.8	95.8	—	95.4	95.2	—

5.7.2 YX 和 YX3 系列高效电动机

我国开发研制的 YX 和 YX3 系列电动机的效率比 Y 系列平均提高 3%，异步电动机的效率水平已达到国家标准 GB 18613—2006 中能效等级 2 级的规定。高效电动机与普通电动机的设计特点及性能比较如表 5 – 14 所示。

表 5 – 14   高效电动机与普通电动机的设计特点及性能比较（效率达限定值）

	普通电动机（以 Y 系列为例）	高效电动机（以 YX3 系列为例）
铁芯材料	DR510 – 50	DW470 – 50
叠压系数	0.92—0.95	0.98
绕组形式	单（双）叠绕组	单（双）叠绕组
	普通电动机（以 Y 系列为例）	高效电动机（以 YX3 系列为例）
绝缘工艺	沉浸工艺	真空压力浸漆
外风扇	普通径向风扇	经优化设计的低损耗离心式风扇
槽形	标准槽形	特殊槽形
效率（%）	一般	比普通电机高 1% ~ 3%
功率因数（cosφ）	较好	好
堵转电流倍数	较低	稍高
振动	好	好
噪声	用户特殊要求才按 I 级考核，绝大部分电机按 II 级考核	噪声低
电动机温升（K）	较高	低
防护等级	IP44	IP55
运行特点	一般场合运行	可在运行时间长、负载率高的场合下运行
制造成本	100%	
经济效益	较好	很好
节电	一般	很好
绝缘等级	B 级	F 级
振动性能	N 级	R 级（提高一级）
互换性	符合 IEC 标准和 DIN42673 规定	符合 IEC 标准和 DIN42673 规定

5.7.3   高效电动机适用范围[*]

为了获得最佳的节能效果，高效电动机应用于连续工作定额、负载稳定且无特殊要求的设备上，特别适用于负载效率较高（60% 以上）和连续运行时间较长（如年运行时间在 3000 小时以上）的设备。

机械设备配套是电动机的主要用户类型。高效电动机在机械配套中主要分布在泵、风机和气体压缩机上，其次是石化设备、石油设备、矿山机械和冶金机械等。高效电动机主要机械设备市场中的应用比例见图 5 – 12。

化工、建材、电力和冶金是耗电大户，同时也是节能潜力最大的市场，企业电动机用电量平均占全企业用电量的 68.9%。从目前各行业电动机使用情况看，主要是 Y/Y2 系列电动机，还有相当部分要淘汰的 JO 系列电动机。YX 高效电动机则主要应用于石油和城市给排水行业。从行业对电动机运行的要求来看，石油、石化、化工、纺织、电力、给排水等行业对高效电动机有一定的市场需求。耗能越大，节能潜力就越高，高效电动机应用就会更广泛。由于石化、化工和纺织行业耗能大，电动机长期连续运转，所以，它们是使用高效电动机最多的行业；石油工业、电力工业和城市给排水次之。高效电动机主要行业应用比例见图 5 - 13。

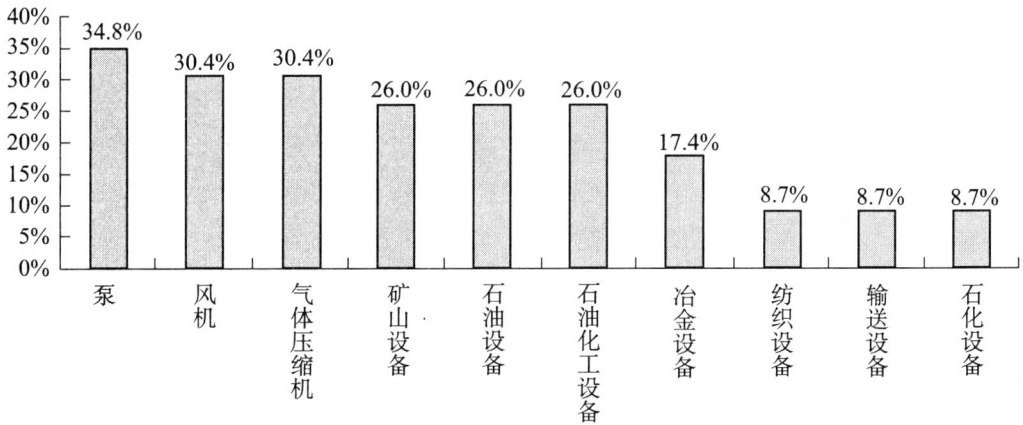

图 5 - 12　高效电动机主要机械设备市场中的应用比例

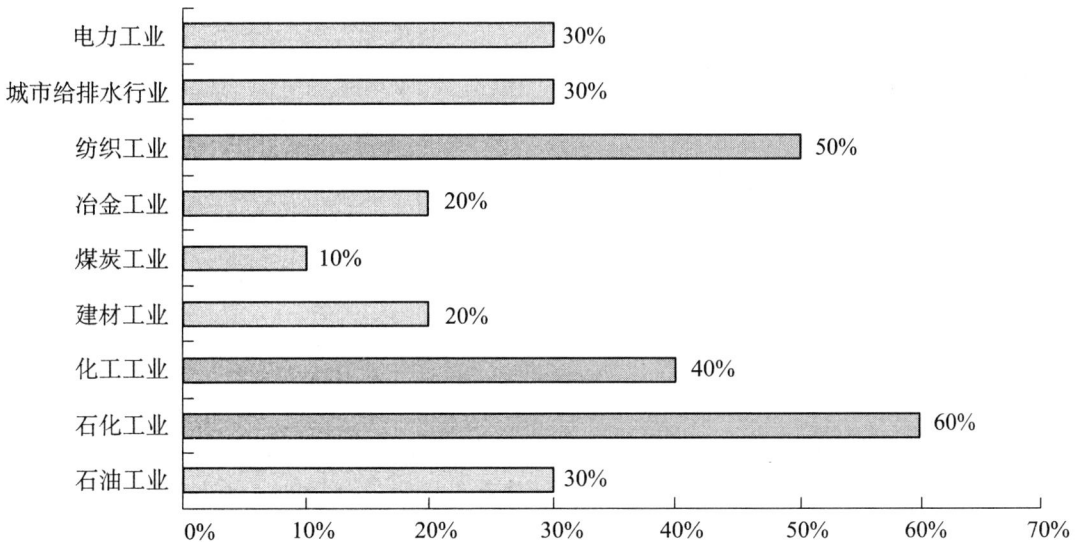

图 5 - 13　高效电动机主要行业应用比例

5.7.4　高效电动机应用实例

胜利油田孤东采油二矿在 19 - 252、11 - 43 等 8 口油井上将原普通 Y 系列三相异步电动机更换成同功率的高效电机，使用后，减少了电动机的铁损、铜损、通风及摩擦等产生的损失，取得明显的节电效果。

高效电机还具有保养方便的特点，普通 Y 系列电机保养需要拆卸电机，工作繁重，而高效电机保养操作简便，缩短了检修时间，提高了电动机使用的安全性和可靠性，为企业带来了可观的节能效益。

　　孤东采油二矿节能改造后，每年可节省电量 71052 千瓦时，折合 28.7 吨标准煤，电价按每千瓦时 0.46 元计算，每年可节省电费 3.24 万元。节能改造项目的总投资为 5.25 万元，投资回收期为 1.62 年。

　　胜利油田孤东采油二矿的实际运行情况表明，高效电机与普通 Y 系列电机相比，节电效果明显，而且与普通 Y 系列电机的规格一致，轴径相同，为更换配件和带轮等工作带来方便。高效电机具有保养方便的特点。普通 Y 系列电机需要拆卸电机，工作繁重，而高效电机设有保养的黄油嘴，操作方便、简单。高效电机稳定性好，现场运行情况表明，8 台电机未出现任何异常情况，能够适应滩海地区室外恶劣的环境条件。

▶ 自学指导

学习重点

　　本章学习重点是：提高异步电动机效率的主要措施、异步电动机的合理使用、各种调速节能技术的应用、高效电动机的使用。

　　（1）提高异步电动机效率的主要措施：提高电动机效率，必然着眼于降低电机的 5 种损耗，即定子绕组损耗、转子绕组损耗、铁芯损耗、风摩损耗和杂散损耗。一是减小定子绕组电阻，降低定子绕组损耗。二是减小绕子绕组电阻，降低转子绕组损耗。三是降低铁芯损耗。四是降低风摩损耗。五是降低杂散损耗。

　　（2）异步电动机的合理使用：提高电动机的运行效率，最基本的方法是合理选择和使用电动机，确定最佳运行方式，降低电动机的能量损耗。在选用电动机时，选择合适的电动机功率、电压等级、负载特性和功率及各种技术参数。

　　（3）各种调速节能技术的应用：根据异步电动机转速公式 $n = n_0(1-s) = \dfrac{60f}{P}(1-s)$，由此可知道异步电动的转速通过调整电子绕组的极对数、电源的频率、电动机的转差率。对比交流电动机的各种调速方法，采取变频调速效果最好，自身能耗最小，现场使用灵活方便。

学习难点

　　本章的难点是：变频调速节能技术在风机、水泵类负载调速的节能和应用。

　　风机和水泵都是流体机械，有两种办法调节风机和水泵的流量：一是不改变电动机的转速，利用挡板阀门或者放空的办法来调节风量或流量；二是不改变挡板阀门的开度，通过调节电动机的转速来达到调节风量或流量的目的。在要求相同流量的条件下，上述两种解决办法下的功率消耗是很不相同的。第一种解决办法，由于电动机的转速基本不变，故在风量或流量调节前后，电动机所消耗的功率也基本不变。第二种解决方法，由于流体机械的转速变化与其流量、压力和功率之间的变化有如下的关系：

$$\frac{Q_1}{Q_2} = \frac{n_1}{n_2} \ 或 \ Q_2 = Q_1 \frac{n_2}{n_1}$$

$$\frac{H_1}{H} = \left(\frac{n_1}{n_2}\right)^2 \ 或 \ H_2 = H_1 \left(\frac{n_2}{n_1}\right)^2$$

$$\frac{P_1}{P_2} = \left(\frac{n_1}{n_2}\right)^3 \ 或 \ P_2 = P_1 \left(\frac{n_2}{n_1}\right)^3$$

即：流量与转速的一次方成正比，压力与转速的平方成正比，功率与转速的三次方成正比。可见，当通过降低转速以减少流量来达到节流目的时，所消耗的功率将降低很多。

复习思考题

一、单项选择题（在备选答案中选择 1 个最佳答案，并把它的标号写在括号内）

1. 电动机空载、轻载运行时节能评价指标是（　　）。

A. 突加全负载时的响应速度　　　　　　B. 电动机功率

C. 最低运行电压的大小　　　　　　　　D. 功率因数

2. 我国三相异步电动机中的高压低压电动机的划分界限是（　　）。

A. 380V　　　　　　B. 400V　　　　　　C. 450V　　　　　　D. 500V

3. 下列表示恒转矩负载特性是（　　）。

A. 电动机的转动惯量比负载的转动惯量小

B. 转矩与转速的平方成正比

C. 转矩 M 恒定，输出功率 P 与转速 n 成正比

D. 输出功率恒定，转矩和转速成正比

4. 卷绕机所选用的负载特性属于（　　）。

A. 平方递减转矩　　　　　　　　　　　B. 恒转矩

C. 恒功率　　　　　　　　　　　　　　D. 递减功率

5. 下列关于风机流量、转速、压力、电机功率的性能参数描述错误的是（　　）。

A. 流量与转速的一次方成正比　　　　　B. 功率与转速的一次方成正比

C. 压力与转速的平方成正比　　　　　　D. 功率与转速的三次方成正比

二、多项选择题（在备选答案中有 2~5 个是正确的，将其全部选出并将它们的标号写在括号内，错选或漏选均不给分）

1. 异步电动机的损耗包括（　　）。

A. 定子铜耗　　　　　　　　　　　　　B. 转子铜耗

C. 铁芯损耗　　　　　　　　　　　　　D. 风摩损耗

E. 杂散损耗

2. 在选择电机容量时，应考虑的因素包括(　　)。

A. 电机的容量应大于负载所需的功率

B. 电机的最大转矩应大于负载的启动转矩，并要有足够的裕量

C. 若电源电压下降了 10% 时，电机仍能输出足够的转矩

D. 电机应在规定的温升范围内使用

E. 针对负载的性质，选择适合的电机运行方式

3. 下列适合异步电动机调速方式有(　　)。

A. 改变电流

B. 改变定子绕组的极对数

C. 改变电压

D. 电源频率

E. 电动机的转差率

4. 变频器根据其性能和控制方式不同可分为通用型、多功能型、高性能性，其中通用型适合的负载是(　　)。

A. 风机

B. 机床

C. 行车

D. 水泵

E. 照明

三、简答题

1. 为什么定转子铜耗称为可变损耗？

2. 简述交流电动机调速与节能的关系。

3. 简述电动机系统节能的概念。

四、计算题

企业配有一台额定功率为 55 千瓦的引风机，额定风量为 20000 标准立方米，电机的转速为 900 转/分钟，当风机出口压力不变情况下，计算风机出口风量为 15000 标准立方米时，电机的转速和运行功率为多少？

第6章　过程能量综合技术 *

▶ 学习目标

1. 应知道、识记的内容
- 过程能量综合（优化）技术的概念
- 过程系统挟点技术的基本概念
- 能量升级利用的技术类型

2. 应理解、领会的内容
- 过程能量优化技术对节能的意义
- 实施过程能量优化的工作程序
- 复合线
- 挟点的原则

3. 应掌握、应用的内容
- 换热网络结构调整的途径及低温热利用

▶ 自学时数

12 学时。

▶ 教师导学

过程能量综合技术是以能量系统为主线，研究能流与物流的最佳结合关系，用多种技术集成，实现最优技术条件的科学方法，是过程工业科学技术与计算机技术相结合、研究更有效地利用能量和提高生产工艺水平的边缘科学。过程能量综合技术归纳为系统设计、系统操作和系统控制三个方面。挟点技术是一项过程能量综合优化突出的技术，是一种真正面向工程的实用方法。本章主要介绍挟点技术的分析方法及其应用，过程能量系统综合优化技术的能量升级利用、工业加热炉的热联供、热—电—冷联供、低温热利用和蒸汽动力系统的能量综合优化设计等技术的应用。

本章的重点是：过程能量优化技术的基本概念、挟点技术合成换热网络的基本原则。

本章的难点是：换热网络结构调整的途径及低温热利用。

6.1 概述

6.1.1 过程能量综合（优化）技术的概念

过程能量综合技术英文表述为"Process Integration"，中文名称有人称为"过程能量优化"、"过程能量集成"、"能量系统优化"等，名称不一，内涵基本一致。它是以能量系统为主线，研究能流与物流的最佳结合关系，用多种技术集成，实现最优技术条件的科学方法。过程能量优化技术的应用，对过程工业中单个技术的研究向多项技术的集合发展、单一过程向复杂过程发展起到促进作用，使这类十分复杂和繁重的技术劳动缩短了时间，提高了质量，并提高了资源能源的利用效率。

过程能量优化技术是过程工业科学技术与计算机技术相结合，研究更有效地利用能量和提高生产工艺水平的边缘科学。

利用计算机技术处理，专业人士根据长期工业生产积累的成熟经验数据编制计算软件，经过反复的比较、模拟、测算，寻找最佳设计和操作条件，实现工业生产物流和能流更高效利用，并降低生产成本。过程能量优化技术是化学工程中发展最快的领域之一。作为化学工程的一个新的核心部分，发展于20世纪80年代初，它是过程系统工程（Process System Engineering）的一部分，是继20世纪20年代单元操作技术的拓展，也是化学工程的第三次重大发展。近年来，生产的扩大化和集约化以及市场的激烈竞争，更促进了系统技术（System Technology）的发展，其应用面也超出化学工程的范畴，成为一种有深刻理论基础的应用技术和方法论科学。在某种程度上，可以说，除了人们比较熟悉的工艺技术和设备技术外，系统技术是第三方面，而且非常重要。例如，在代表一个国家化工技术的乙烯装置技术市场上，各大公司相互竞争的实质就是系统技术的较量。能量消耗更低和投资更少的生产装置主要来自于高度集成化的过程能量系统的改进。而作为其基础生产装置，裂解—深冷分离管式炉、多级压缩制冷—精馏分离等设备技术，多年来并无很大改变。

从单元设备到相互连接组成一个过程系统，从给定的原料到生产标准的产品，能否在最少的总费用和最小的环境污染条件下安全生产，能否在运行中采取和保持最优的操作条件，都是衡量生产水平的重要指标。显然，它强调整个系统在设计和运行中的结构、合成和能量综合。从这点理解，可以把过程的系统技术归纳为系统设计、系统操作和系统控制三个方面。系统设计属于基本的、静态的方面，系统控制是动态的方面，系统操作介于两者之间，对于总的优化目标，这三者是相互紧密联系的。过程系统优化从设计抓起才能解决根本性问题。目前与过程操作和系统控制相比，我国系统优化设计的研究开发无论是在重视程度、投入力量，还是在成果应用方面，都还是很不够的。迄今为止，由于实际的过程设计较多的还是依靠经验、技巧加计算的格式套路，并没有形成一套集成创新的设计体系，所以新技术应用往往滞后。系统工程的主要任务，应该是使过程设计从经验和技巧走向科学，把优化和集成贯穿于全过程，这样才能从源头抓起，实现过程系统全面优化。

过程系统设计优化包括物料优化和能量优化两部分。物料优化涉及原料选择、产品分布、种类和质量标准。这关系到工艺方法、工艺路线、反应条件和生产流程的安排等问题，这些都受市场的左右。不同的产品过程，物料优化差别很大，较少有共性的规律。能量优化即过程能量综合，关注更多的是在一定物料流程方案的前提下，能量综合利用与相应设备的优化选择以及流程优化组合过程中，权衡能耗和投资费用，这是优化任何过程系统的共性。随着日益严格的环保和对操作的可靠性、安全性和市场变化的适应性（系统的柔性）等要求，系统优化的思路和技术将渗透在任何一个过程工业的全部环节，而选择最佳本身就是效益。

采用过程能量优化技术，能带给企业好的经济效益和环保效益，并获得较高的投资回报率。过程能量优化技术改造属无风险、高回报投资项目。西方工业发达国家近十年的综合技术，就是应用这种方法来设计最佳工况，提高生产效率，降低消耗，占领市场。中国研究这项技术的时间与西方发达国家同步，但应用较慢。

6.1.2 国内外过程能量综合（优化）技术的研究开发

1. 国外过程能量综合（优化）技术的研究开发

（1）传统的过程系统工程对过程能量的综合研究。

20 世纪 40 年代崛起的系统工程科学被应用于过程系统，形成了过程系统工程这个新的交叉学科。无论是系统工程还是过程系统工程，所用的研究方法和工具主要都是：

①应用数学——包括从建模、模拟到分析、优化所需用的各种数学方法。

②计算机技术——包括人工智能、计算机软件和计算机应用等分支科学和技术。

③最优化技术——从直接搜索到数学规划法（MP）以及遗传算法等。

在整个过程系统工程领域的研究开发中，充分运用计算机技术，系统地描述构成系统的各单元之间的联系和整个系统的行为、状况，大大地减轻了复杂的计算工作，挟点技术是突出的一项。如：ASPENPLUS 公司的 ADVENT，Linnhoff March 公司的 SUPERTARGET 和 Sim Sci 公司的 HEXTRAN，都是基于挟点技术的。甚至于在有些方面，有些人以为过程能量综合技术就是挟点技术，于是就形成了这样一种有趣的现象：过程系统设计实践在提高能量利用效率和经济利益方面迫切需要理论研究指导，但过程能量的理论研究长期不能满足这个要求，于是挟点技术应运而生，而且得到了认可。最重要的一点，就是挟点技术从实际过程系统设计的需要出发而不是从理论和概念（系统工程）的移植出发。因而，它是一种真正的面向工程的实用方法。

（2）挟点技术的实用性在于其突出的优点。

①尽量利用图论的方法来描述作为对象的过程系统，这样使得过程系统看起来简单明了。例如用问题表格、复合线、总复合线及网格图等来描述。

②强调工程人员对问题和目标的理解，工程师最了解发生的所有事情，为此有的决定由工程师自己做，而不是由他不能理解的计算机程序做出。

③挟点技术的概念、方法和应用步骤非常简单、精炼，易于学会，便于掌握。

基于以上特点，可以说，在国外挟点技术对过程能量优化的发展作出了很大的贡献，它可以称为概念设计阶段的一种很好的方法。这是对只注意理论研究、忽视实际工程人员要求获得尽可能实用的研究方法的填补。

（3）国外过程能量综合技术的应用情况。

在国外，市场竞争成为推动能量综合技术加速开发应用的动力，随着技术的不断创新，经济发展中技术因素的比例也不断增加。许多石油化工过程经过几十年的努力，工艺技术和设备技术已相对成熟稳定，近20年来能耗几乎降低了一半，其中绝大部分是能量综合技术的体现。对电力工业来讲，随着电力市场竞争的日益激烈，了解电厂的生产成本越来越重要，采用过程能量优化监控系统可以提高电厂的运行效率，降低运行成本。在美国经济效益最好的10家电厂中，有9家安装了过程能量优化监控软件，效率提高了3%～4%。对应一家1 000兆瓦的电厂，效率提高1%，每年燃料成本就可降低100万美元。目前，工业发达国家已经达成共识，谁的能量综合技术用得好、系统优化水平高，谁的方案就有更低的投资和能耗费用，谁就更有竞争力。市场竞争的加剧，使理论研究成果转化为实用技术，用于工业化生产的周期越来越短，已由20年前的8～10年变为现在的3～5年。

例如，国际著名的工程公司和软件技术公司联手，与用户（即生产厂家）之间普遍建立密切的规范化联系，一般每年召开一次用户会议，交流技术使用经验，协助解决存在的问题，搜集用户在使用中所做的创造性的发展和生产实践中提出的新课题。这种反馈不仅对能量综合技术的改进和完善十分重要，而且也是诞生新的理论研究课题和研究方向的源泉。大学里的理论研究课题和相应的资助一般不是直接来自生产厂，而是来自各大公司或软件技术公司，经过对实际问题的概括、提炼和升华，使实用性更具有普遍意义。这种机制对理论与实践的结合反复循环和不断提高是非常重要的。

2. 国内过程能量综合（优化）技术的研究开发

（1）国内研究开发概况。

国内对过程能量综合技术的研究开发已有相当长的时间，并取得了不少成果，有相当高的水平，技术分支也比较多，有研究挟点技术的；有在挟点技术的基础上创新的；有以经济学为基础展开研究的；也有研究三环节经济分析理论的，等等。国内部分单位在过程能量综合领域的研究开发情况见表6－1。

表6－1　　　　　　　国内部分单位在过程能量综合领域的研究开发情况

单　位	流程模拟技术	系统分析	能量综合
清华大学	换热网络模拟	换热网络柔性分析	换热网络优化合成 AI 及 MP 法能量综合
青岛化工学院	ECSS 流程模拟软件、换热网络模拟软件		AI 法换热网络合成、复杂塔能量综合
北京石油设计院	ASPEN PLUS 应用		换热网络合成软件开发应用
洛阳石化工程公司	PROCESS 应用换热网络模拟	炼油装置能量分析及㶲分析	换热网络合成软件开发应用

续表

单　位	流程模拟技术	系统分析	能量综合
石油大学	糠醛、酮苯装置模拟		换热网络合成，应用挟点技术于糠醛、酮苯装置
大连理工大学	合成氨流程模拟面向对象建模环境	合成氨㶲分析	MP 法双温差换热网络合成挟点技术工程开发应用、AI 方法结构框架
华南理工大学	PRO/II 应用能量流程模拟转化	三环节㶲经济分析换热网络柔性分析	换热网络合成软件开发应用、三环节能量综合方法工程开发应用

（2）国内开发应用现状和问题。

目前，大多数工业过程能量分析与综合技术应用刚刚起步，石化系统20世纪80年代从国外引进一批大型石化装置，除个别采用新技术进行改造外，大部分仍然是引进时的水平，改进不大。工业发展和技术进步迫切需要推广能量分析与综合技术，由于大多数企业受认知和技术水平、资金规模的限制，还没有较深地认识和形成良好的开发应用环境，使我国工业过程能耗大大高于发达国家。

当然，也有许多成功的案例，如20世纪90年代初石化行业先后在林源炼油厂、抚顺石化公司、九江石化总厂等设计的系统优化方案，这些企业待改造工程按规划全部完成后，炼油综合能耗可下降15～20个单位（千克标油/吨）。根据迄今石化系统（包括林源、抚顺、高桥、金陵、荆门、茂名、九江等企业）所作的技术调研及能量系统优化可行性研究（包括其中一部分已实现工程改造）的结果来看，若在国内石油化工企业全面推广过程能量综合技术应用，总体平均综合能耗可下降10～15个单位（千克标油/吨）。每年可节约标油100万～150万吨，价值约10亿～15亿元，技术改造总投资需20亿～30亿元，投资回收期平均2年左右。

6.1.3　过程能量优化技术对节能深化的意义

过去，工业企业在大力抓单项节能技术改造方面取得了长足的进步，这是粗放型生产向集约化生产迈进的第一步。近几十年来，世界上许多传统的生产过程能耗一直呈逐年下降趋势，其中大部分不是由于工艺或设备有什么新的突破，而主要是将已有的技术进行过程能量集成、综合匹配，使其产生整体的节能效果。

过程综合，是化学工程、系统工程和计算机科学的交叉学科。近十多年来，已逐步形成一套理论方法。应用这一科学技术方法，对过程工业（主要是耗能密集型行业）进行能量系统优化改造，是节能深化的重要途径。

（1）传统技术产业渗透高技术产生的变革。

能源技术总体上属传统技术的范畴，技术创新和出现重大突破的机会比高科技学科少得多，但高新技术与传统技术的相互渗透将会导致传统产业的重大变革。如电力电子技术在高压输配电领域的工业应用，促成了"灵活交流输电"新技术。这项技术可实现电力系统电压参数（如线路阻抗）、相位角、功率的连续调节控制，从而大幅度提高线路输送能力，提高系统的稳定水平，降低输电损耗，这是常规技术无法实现的。又如，一系列的电子技术，如静止无功发生器、动态电压恢复器、变频调速器等在配电用电系统的应用，可大幅度提高用电的质量和效率。据统计，全国推广电子技术每年可节电 4000 亿千瓦时，节材 40%～90%，可称为"硅片引起的第二次革命"。

（2）能量系统优化改造与实际生产紧密结合。

对一家企业而言，应用过程能量系统优化技术是全系统的、宏观的。在总体技术改造规划确定之后，落实单项技术改造的措施是微观的，有新技术的应用，也有常规技术的重新组合，个别技术措施比较简单。

能源技术总体上属传统技术。从事过程能量系统优化的人，用新的学科方法和全面的技术分析来考量用能的合理性和实现系统优化的可行性。而项目来源于企业，长期在生产第一线的工作人员最了解生产情况，能够提出最突出的实际问题。但问题如何解决，解决的方法能否与全局的优化方案结合起来，从而提出全面的技术论证，有一定的困难。进行能量系统优化研究，首先要从全局优化的角度，找出能量利用存在的问题，找出各种问题之间技术的、经济的影响关系，对全系统问题进行主次的定位和定性，再进一步作全面的可行性研究，对需要解决的问题作出技术的、经济的定量分析判断。这个研究过程是由一套系统的研究方法和专业配套技术作为支撑的。系统优化是物流与能流的同时优化，装置的操作优化也是研究的重要部分。系统优化积累的实践经验还要与企业生产实际相结合，如解决热源与热阱的合理匹配以及如何选择能实现新技术的设备等问题。从能量系统优化的内涵看，在全局系统优化的把握度方面，与来自生产作业人员直观性地看问题有质的差别。如果通过调查研究，融入双方的意见，经过专业技术加工处理，梳理成技术方向清晰的咨询意见，形成技术改造规划的参考框架，就会帮助企业把握方向、做好决策。

（3）过程能量优化技术改造属无风险、高回报投资项目。

随着市场竞争日趋激烈，企业自身发展需要不断投入，在众多的项目中如何选择投资方向、预测投资风险、计算投资回报和分析投资形势是非常重要的。过程能量综合技术应用于工程，有明显的特点：一是与生产实际的最紧密结合；二是效益的集中体现；三是投资回收期较短。

投资于过程能量技术改造项目，属能源环保、新技术和大型工程项目，投资风险与单个技术、单项工程比要小得多。由于过程能量优化改造紧密结合生产，立项要经过多方专家严格论证，可杜绝技术方面的失误，因此投资这种项目是没有风险的，也受到国家的鼓励和支持。

企业经过改造选用一批新技术，能量利用更合理，生产成本降低，效益突出。已实施的大量案例表明，最短的投资回收期仅为 5～6 个月，最长的不超过两年。对一家大型企业，过程能量优化改造，可使企业通过优化自身的工艺路线、能源结构产生效益，及时收回投资并表现出强劲的盈利势头，这是可持续发展的具体表现。同样，投资方关注的是如何把手中的资金投向能产生效益的项目，过程能量优化改造正体现了以上两方面的优势。

6.2 过程能量优化工作程序

开展过程能量优化工作需要三个前提:第一,要有一个专门从事具体操作的组织;第二,需集中一批项目的技术专家,形成技术集合优势;第三,是生产企业要具备改造的条件和要求改造的意愿。以下以广州过程能量综合工程研究中心总结的工作程序为例,说明过程能量优化工作程序(见图6-1)。

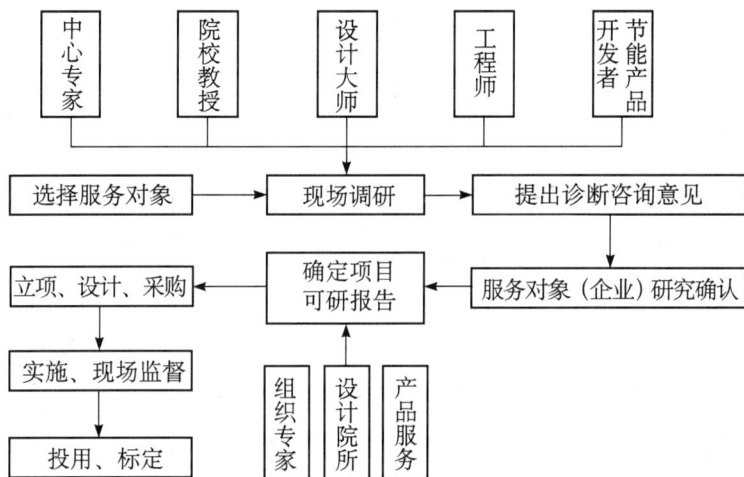

图6-1 过程能量优化项目工作程序示意图

以上工作流程保证了以下工作内容的落实:

(1)企业领导先要清楚和明确开展这项工作的第一步——调研咨询的任务目标。企业负责该项工作的职能机构要做好调研前的准备工作,并落实好初次调研的行程时间。

(2)专家组在企业的协助下,听取企业对生产状况的总体介绍,收集企业实有的各项经济指标以及能耗的各项数据和资料,到现场了解情况,与企业人员座谈交换意见,汇总资料进行技术分析处理,作出能量系统优化改造方向性的咨询报告。

(3)企业结合自身的发展计划对咨询报告进行讨论,确定系统优化要做的可行性研究范围和项目课题。

(4)确定技术改造总体规划、立项。

(5)项目可行性研究。

(6)基础设计、工程设计。

(7)改造工程施工。

在能量系统优化的每个阶段,都必须制定该段工作的目标和有效的检查考核管理办法。以某石化公司开展这项工作的实践为作做如下介绍。

第一阶段为前期调研。首先拟定优化的前期工作程序、工作方式和调研计划。其次组织专家调研咨询，整理出系统优化的方向和研究课题，其中一级课题 14 项、二级课题 44 项，提出通过优化改造可实现的节能效益和投资回收的目标。

第二阶段以前面的目标为标底，招选研究单位作可行性研究。可行性研究深度必须达到工艺基础设计。然后企业另请专家组共同审查研究，反复修改、再审查，直至专家组认可研究报告和工艺基础设计是可实施的，并可实现综合能耗下降到相当幅度、投资回收期2～3年节能效益目标为止。制定严格的审查、监理、检查考核、验收等制度，并严把质量关。

过程能量综合技术的操作程序是一套有机的组织体系，强有力的技术支持体系体现在学科交融、技术集合的网络中。过程系统工程研究内容、方法及相关学科交叉关系如图6-2所示。

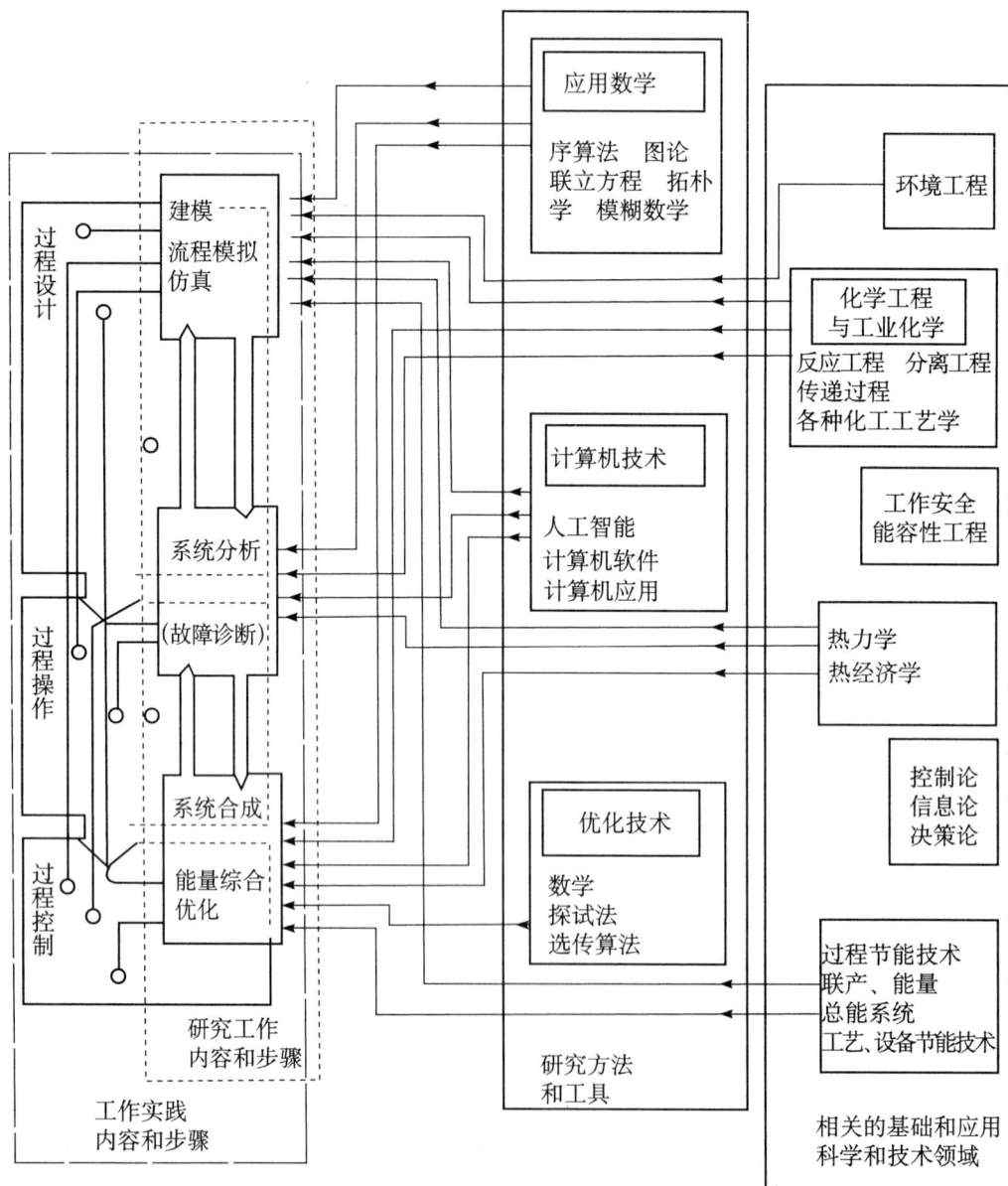

图6-2　过程系统工程研究内容、方法及相关学科交叉示意图

6.3　过程系统挟点技术分析方法及应用

挟点技术是由原英国曼彻斯特大学理工学院（UMIST）教授 B. Linnhoff 领导下的研究小组在 Huang 与 Elshout 及 Umeda 等分别于 1976 年和 1978 年提出的挟点（Pinch）和复合线（Composite Curve）概念基础上发展起来的。挟点技术的最大特点是简便、实用，面向工程，易于学习和掌握。

6.3.1　基本概念

（1）冷流。需要被加热的工艺物流称为冷流，其温度一般升高，即初始温度低于目标温度。

（2）热流。被冷却的工艺物流称为热流。热流的初始温度一般高于目标温度。

（3）热容流率 CP（Heat Capacity Flowrate）。热容流率是指工艺物流单位时间每变化 1K 所发生的焓变，定义如下：

$$CP = \frac{dH}{dT} \approx \frac{|\Delta H|}{|T_s - T_t|} \approx C_p G$$

式中　CP ——热容流率，W/K 或 kcal/hK；

　　　　C_p ——比热容，J/kg·K 或 kcal/kg·K；

　　　　G ——质量流率，kg/s 或 kg/h；

　　　　H ——焓流率，W 或 kcal/h。

热容流率可理解为温焓图（$T-H$ 图）上工艺物流焓随温度变化曲（直）线的斜率的倒数，如图 6-3 所示，物流的 CP 越大，其在 $T-H$ 图上越平。

（4）最小接近温差（挟点温差，Minimum Temperature Approach）ΔT_{min}。单个换热台位在 $T-H$ 图上表示如图 6-4 所示。对单个换热台位而言，换热的冷、热端温差较小者，称接近温差。对一个换热网络而言，所有换热台位接近温差中的最小值称为最小接近温差，也称挟点温差。

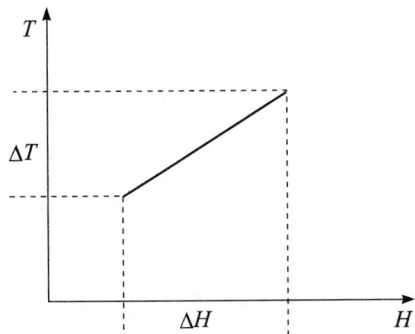

图 6-3　工艺物流在 T—H 图上的表示法

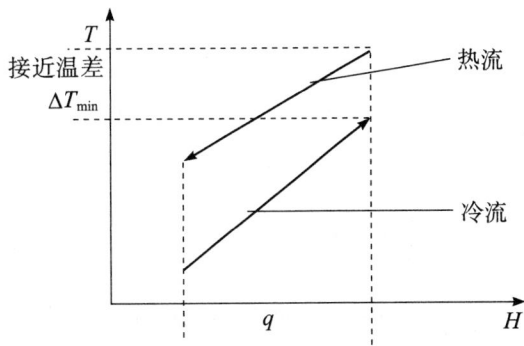

图 6-4　单个换热台位的 T—H 图示法及接近温差

6.3.2　复合线

一个待优化的换热网络在 T—H 图上可用冷、热流复合线来表示。所谓复合线（Composite Curve），就是将多个热流或冷流的 T—H 线复合在一起的折线，如图 6-5 所示。复合线是换热网络优化合成"挟点技术"中的重要工具。

将冷、热流的复合线画在一幅 T—H 图上，热流的复合线一定要位于冷流的上方。如沿横坐标（ H ）左右移动两条复合线，可以发现总有一处两条线间垂直距离（即传热温差）最短，如图 6-6 所示，该处即称为"挟点"（Pinch），又称为"窄点"。当挟点处的传热温差等于给定的挟点温差 $\Delta T_{\min}$ 时，冷、热流复合线的高温段在水平方向未重叠部分投影于横坐标上的一段即为对应于给定 $\Delta T_{\min}$ 下的最小热公用工程消耗 $Q_{hu,min}$ ；而两者低温段未重叠部分则为给定 $\Delta T_{\min}$ 下的最小冷公用工程消耗 $Q_{hu,min}$ ，而两条复合线沿横轴方向重叠部分就是最大热回收量。

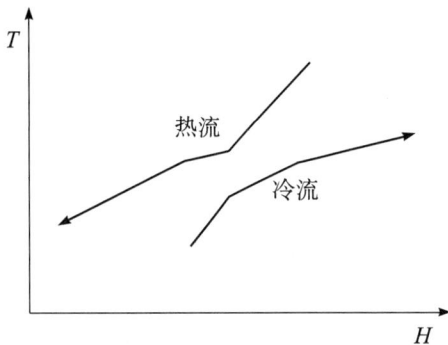

图 6-5　复合线示意图

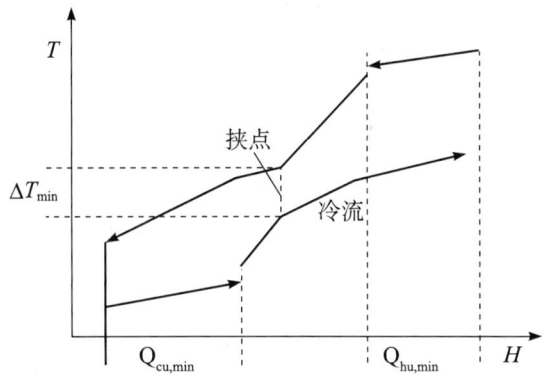

图 6-6　挟点与最小公用工程消耗示意图

在 T-H 图上用复合线来求挟点位置和最小公用工程消耗直观，但不精确。Linnhoff 等提出了解题表格法（Problem Table）来求解给定挟点温差下的挟点位置和最小公用工程消耗。

绘制复合线、用解题表格法求挟点及最小公用工程消耗由人工完成仍然很麻烦，特别是大型工程设计。现已有很多现成的工具软件可以完成这些工作，如华南理工大学开发的换热网络优化合成软件 ODHEN；中石化研究院、洛阳石化工程公司也开发了相应的软件，国外也有一些软件如 ADVENT、HEXTRAN 都能进行挟点技术计算。

6.3.3　挟点的原则

挟点将换热网络分解为两个区域：热端——挟点之上，它包括比挟点温度高的工艺物流及其间的热交换，只要求公用设施加热物流输入热量，可称为热阱（Heat Sink）；冷端包含比挟点温度低的工艺物流及其间的热交换，并只要求公用设施冷却物流取出热量，可称为热源（Heat Source）。当通过挟点的热流量为零时，公用设施加热及冷却负荷最小，即热回收最大。

挟点技术合成换热网络的三项基本原则如下：

（1）不通过挟点传递热量。

（2）挟点以上的热阱部分不适用冷公用工程。

（3）挟点以下的热源部分不适用热公用工程。

为得到最小公用设施加热即冷却负荷（或达到最大的热回收）的设计结果，应当遵循上述三项基本原则（也称金规则）。这三项设计金规则不只局限于换热网络，也适用于热动力系统、换热分离系统等。

6.3.4　物流匹配挟点设计法

求出换热网络的挟点和最小公用工程后，可用物流匹配的挟点设计法来合成出满足给定 ΔT_{min} 下最小公用工程消耗的换热网络结构。挟点设计法的核心是挟点处匹配的可行性准则。

挟点处冷、热流的匹配是挟点设计的重点，该处的换热单元称为挟点换热单元。图6-7中所示的换热单元出入口两侧中至少有一侧等于最小温差，所以称为挟点换热单元，其他换热单元冷热端温差都大于最小温差，称为非挟点换热单元。由上述三项基本原则，可推导出挟点换热单元的物流匹配应符合的三项准则。

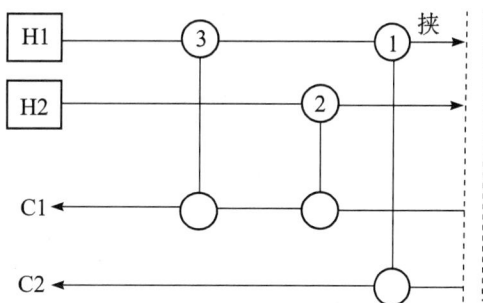

准则一：工艺物流（包括分流）数准则

对热阱部分的挟点匹配须满足以下不等式：

图6-7　挟点换热单元示意图

1，2—挟点换热单元；3—非挟点单元

$$N_H \leqslant N_C$$

式中　N_H——热流及其分流数；

　　　　N_C——冷流及其分流数。

热源部分挟点处的匹配必须满足下式：

$$N_H \geqslant N_C$$

本准则可指导挟点匹配物流是否需要分流。

准则二：匹配物流热容流率（CP）不等式约束准则

热阱部分　　　　　$CP_H \leqslant CP_C$

热源部分　　　　　$CP_H \geqslant CP_C$

式中　CP_H——热流或其分流的热容流率；

CP_C ——冷流或其分流的热容流率。

远离挟点的换热单元由于传热温差已增大，准则二不适用。

准则三：CP 差准则

热阱部分挟点单元 CP 差：$\Delta CP_j = CP_C - CP_H$

热源部分挟点单元 CP 差：$\Delta CP_j = CP_H - CP_C$

热阱部分挟点处总 CP 差：$\Delta CP_t = \sum CP_C - \sum CP_H$

热源部分挟点处总 CP 差：$\Delta CP_t = \sum CP_H - \sum CP_C$

本准则规定：

$$\Delta CP_j \leqslant \Delta CP_t$$

图 6-8（a）和图 6-8（b）给出了挟点上、下应用可行性准则的程序框图。根据这一顺序设计人员可以：

（1）确定挟点处的主要匹配物流。

（2）确定挟点处的有效匹配方案。

（3）确定挟点处的物流是否需要分流及物流的分流方案。

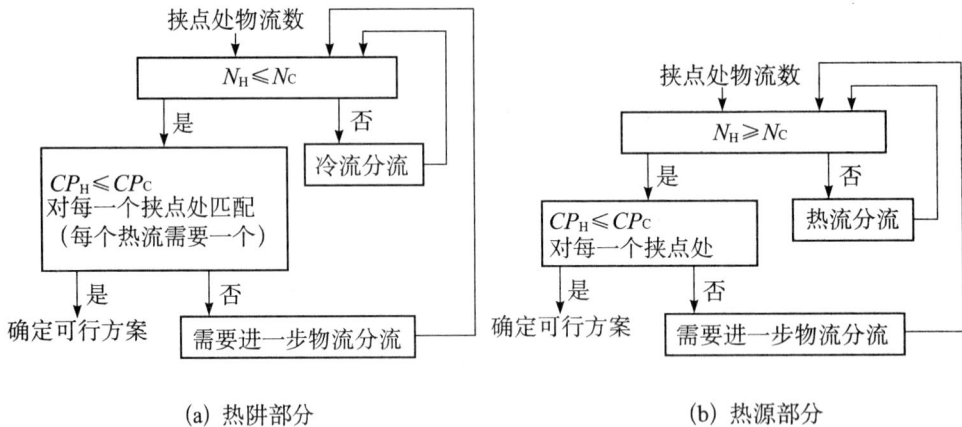

图 6-8 挟点处物流匹配设计程序

6.3.5 最少换热设备数

计算换热网络最少换热单元数的公式为：

$$U_{min} = N + L - S$$

式中　N ——包含公用工程物流和工艺在内的物流数；

　　　L ——环路数；

　　　S ——独立的子集数。

一般情况下希望避免增加换热设备数，所以设计成 $L=0$，同理，如果碰巧网络中存在独立的子集（即两个冷、热流刚好能换热达到各自的目标温度），则还可以减少换热设备台数。

6.3.6 消去试探法

当挟点匹配完成后，可用"消去试探法（The tick-off heuristic）"来减少匹配数，以使换热设备数最少。但减少换热匹配数会使能耗增加，而且可能导致某物流剩余的非挟点单元温差太小。因此设计者需要探试下述措施中的一项：一是勿过于追求最少换热设备数。二是选用另一点匹配方案，使新方案的消去试探不致引起温差推动力消耗太大。

挟点设计法合成给定 $\Delta T_{\min}$ 时的换热网络包括四个主要步骤：

（1）将换热网络由挟点分成两个分离网络。

（2）这两个网络均由挟点处开始往离开挟点换热单元方向，按挟点设计法的物流数准则进行设计。

（3）当挟点处有可挑选的方案时，设计者可根据自己的经验决定。

（4）用消去试探法确定挟点换热单元的热负荷。

非挟点换热单元的匹配由设计者自己根据经验来确定。

6.3.7 换热网络的表示方法——网格图

图 6-9 所示的网格图，可以直观和方便地图示出换热网络结构。其要点是：

（1）用带单箭头的水平线表示工艺物流，箭头向右为热流、向左为冷流，方框内为物流号。

（2）热流放在图的上部，冷流放在下部，图左栏内为各物流的 CP 值。

（3）用两头带圆圈的垂直线段表示两个冷、热流的匹配，圆圈内可标上匹配号，在该圆圈上方标出换热负荷，圆圈的两边物流线上标出物流进、出温度。

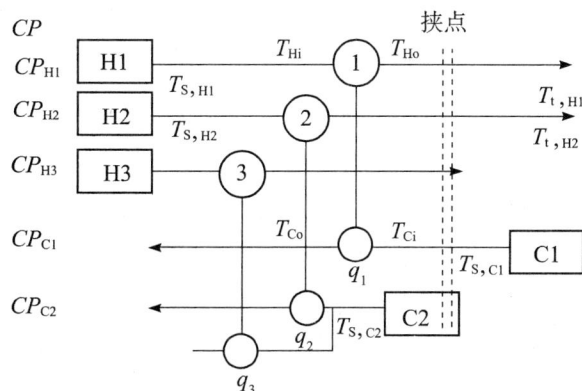

图 6-9 网格图表示法

6.3.8 总费用目标预优化

上述挟点温差 $\Delta T_{\min}$ 应该如何确定？这是总费用目标预优化所要解决的问题。换热网络的总费用 C_t 由公用工程消耗费、换热器投资费和克服流体压降的流动㶲损费组成：

$$C_t = C_{hu} + C_{cu} + C_I + C_f$$

式中　C_{hu}——热公用工程消耗年费用，元/年；

　　　C_{cu}——冷公用工程消耗年费用，元/年；

　　　C_I——换热网络所有换热器（包括加热器和冷却器）的年投资费用，元/年；

　　　C_f——流动㶲损年费用，元/年。

如图 6 - 10 所示，随着 $\Delta T_{\min}$ 的减小，能耗费用逐渐降低，而投资费用则增大。二者之和即总费用曲线有一最小值。显然，最小总费用对应的挟点温差就是最优挟点温差 $\Delta T_{\min,opt}$。C_t 与 $\Delta T_{\min}$ 间的解析关系是难以找到的。总费用目标预优化是一种简化的近似方法，设一个 $\Delta T_{\min}$ 在不作网络匹配条件下，近似算出对应的 C_t，由此得到总费用曲线及 $\Delta T_{\min,opt}$ 初值（忽略通过换热器的流动㶲损费）。所作简化假设如下：

（1）所有物流（含公用工程）的传热膜系数为常数。

（2）整个换热网络都采用纯逆流换热器，从而可保证所需换热器的传热面积最小。

（3）每个换热器的传热面积相等。

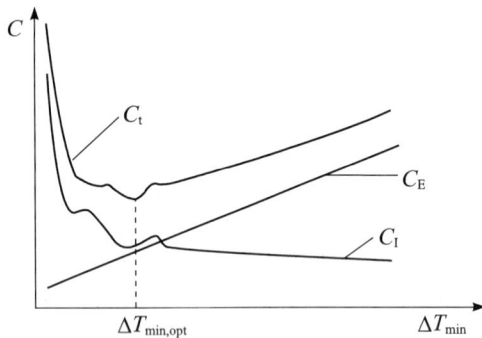

图 6 - 10　换热网格各费用随挟点温差变化图

根据上述简化假设，可估算出换热网络的投资费，主要步骤如下：

（1）将给定 $\Delta T_{\min}$ 的冷、热流复合线（包括公用工程）上每一相邻折点间所构成的换热区段 j（见图 6 - 11）看作一个换热器，求得每个区段的传热面积；把每个区段的传热面积加和得到换热网络所需的最小总传热面积。

（2）求出换热网络最小总传热面积后，按前述的最少换热单元数 $U_{\min}$ 计算方法和纯逆流换热假设估算出换热网络的最小总投资费。

（3）在求得换热网络的总投资后，按下式便可求出除流动㶲损费外的网络总费用：

$$C_t = 3\,600N(Q_{hu,\min} + Q_{cu,\min}) + (\beta + \beta_m)I_{\min}$$

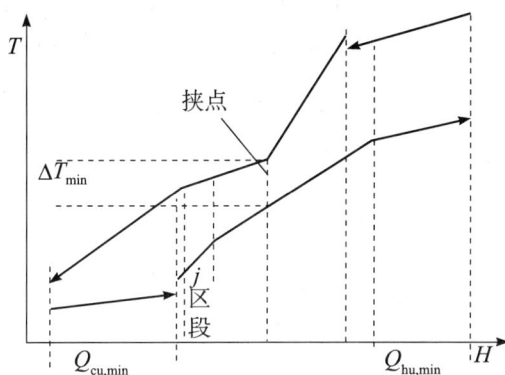

图 6 – 11 估算网格总传热面积的区段划分

式中 N ——年操作小时数，小时；

  β ——换热器一次投资折旧率；

  β_m ——换热器年维修费占一次投资比例。

$Q_{hu,min}$ ， $Q_{cu,min}$ 可用解题表格法计算，在 ΔT_{min} 的一定搜索范围内进行直接搜索，即可求得最优挟点温差初值 $\Delta T_{min,opt}^{0}$ 。

6.3.9 挟点技术合成换热网络结构的步骤

用挟点技术合成换热网络结构的步骤如下：

（1）用总费用目标预优化法预测最优挟点温差 $\Delta T_{min,opt}$ 。

（2）以 $\Delta T_{min,opt}$ 为挟点温差，借助有关软件求出挟点和对应的最小公用工程。

（3）在挟点处将网络分为上、下两个子网络。

（4）运用前述挟点设计法，分别进行挟点上、下两个子网络的冷、热流匹配。

（5）两个子网络相加，形成总体网络。

由于用总费用目标预优化法求最优挟点温差过程中作了几个简化假设，且不考虑流动㶲损（压降）费和换热单元的优化，故所得到的 $\Delta T_{min,opt}$ （国内学者称之为最优挟点温差初值 $\Delta T_{min,opt}^{0}$ ）并非真正的最优挟点温差，真正的 $\Delta T_{min,opt}$ 应该大于 $\Delta T_{min,opt}^{0}$ 。国内学者在挟点技术基础上提出了同时考虑流动㶲损、强化传热的换热网络合成技术的思路。

6.4 过程能量系统综合（优化）技术应用

6.4.1 能量升级利用

1. 热泵（HP）

利用专门技术使温位和能级较低的热能升温，并以此向温度更高的热阱供热的设施，均可称为热泵（HP）。在石油化工中常用的有三类（包括化学热泵）：

（1）开式热泵或机械蒸汽再压缩（MVR）。被压缩的是工艺蒸汽本身，不需循环，故称开式；因压力升高，而导致可在更高的饱和温度下放出冷凝潜热。它消耗的是压缩机的机械功。典型的MVR流程见图6-12。

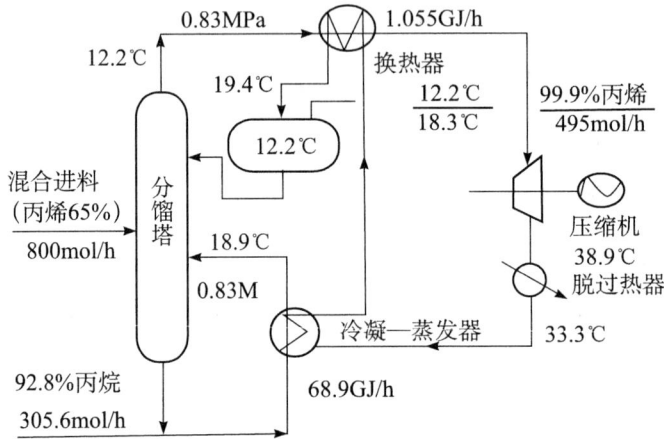

图6-12 丙烷—丙烯分馏塔热泵流程图

（2）闭式工质循环压缩式热泵（CHP）。相当于逆循环热机，即输入机械功，通过循环的工质从工艺物流（低温热源）取热而向高温热阱放热。图6-13显示了一套CHP系统，用117~104℃的常压塔顶油气冷凝热产生193℃的1兆帕蒸汽的流程。

（3）吸收热泵（AHP）。可分为两类：第一类AHP同CHP类似，冷凝器为高压，蒸发器为低压。不同的是它没有压缩机，而用一个吸收—解吸过程代替压缩机。第二类AHP正好相反，冷凝器和解吸器为低压，而蒸发器和吸收器为高压。热源的一部分用于推动过程循环，并且向环境传递部分"废热"，以保证另一部分得以升高的温度被利用，如图6-14所示。第二类AHP可以两段串联，产生更大的升级效果，也称为吸收—再吸收过程。AHP用在低温范围内（<0℃），不以供热为目的，常称为"吸收制冷"。

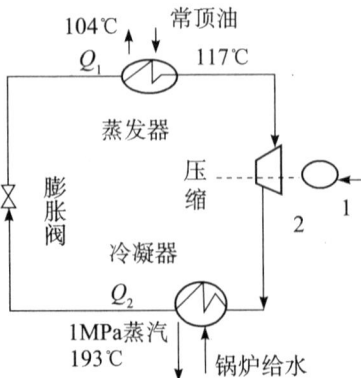

图6-13 某常压塔顶热利用CHP流程示意图

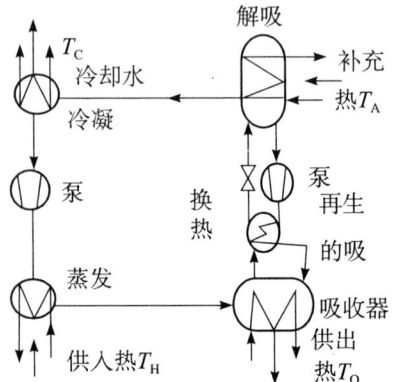

图6-14 第二类吸收热泵流程图

2. 功（动力）回收技术

需减压送到下一设备、工段或储运系统的压力较高的工艺物流所携带压力能可用功（动力）回收设备（如膨胀机、水力透平、两相全流透平等）来回收，用于驱动本装置的压缩机、泵等或发电向外输出。

（1）把热能用于加压的循环工质蒸发，部分变为压力能，然后利用朗肯循环做功或发电。工质可为水蒸气、轻烃等有机物，后者称有机工质朗肯循环（ORC），见图 6 - 15。在热源温度较低时（以 100℃ 左右为界），ORC 比用水蒸气效率要高。

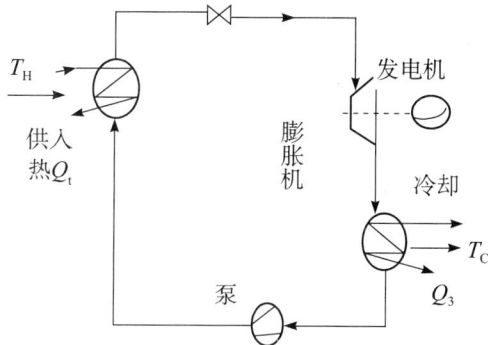

（2）非循环（开式）工质透平（OWT），像开式热泵一样，在某些特定的工艺流程中，可以利用工艺流体吸收低温热蒸发（再沸器）

图 6 - 15　ORC 循环示意图

的过程，使之适当升压升温，多吸收一些热量，产生 T、P 都高于工艺要求的蒸汽，进入透平做功后再返回工艺设备中，如图 6 - 16 所示。

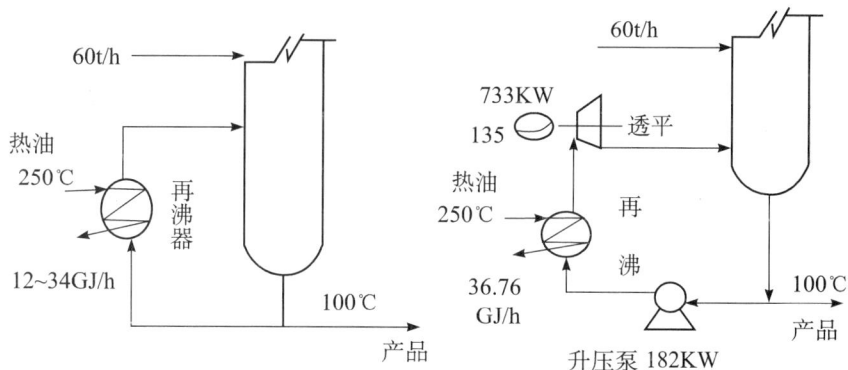

图 6 - 16　开式工质膨胀透平流程示意图

3. 汽液两相全流式透平（TPT）

以水为工质，用余热把水加热到一定温度后不经闪蒸扩容直接进入透平，透平多采用螺杆式，容许汽、水两相流通过和持续闪蒸。它结构简单、高效。图 6 - 17 为一 TPT 与扩容闪蒸蒸汽透平的双重循环系统流程。TPT 效率高于 LRC（低温朗肯循环），特别是 TPT 与 LRC 结合的双重循环系统，效率更高。当热源温度范围在 90℃ 以上时，几种方案的效率比较见表 6 - 2。

表 6 - 2　　几种能量升级技术的效率比较

技术	水扩容 LRC	ORC	TPT	TPT + LRC
效率	9% ~13%	8% ~11%	约 18%	约 22%

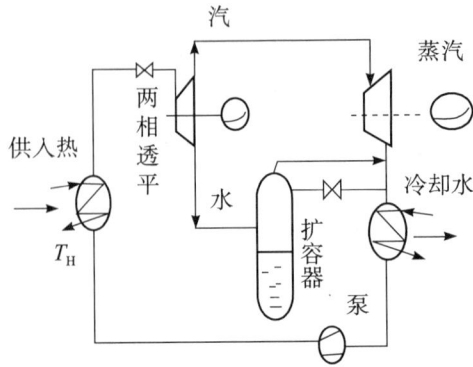

图 6 - 17　两相透平双重蒸汽循环

4. 升级利用系统优化要点

（1）升级利用系统内的参数优化。

如某精馏塔的热泵流程，塔顶气的压缩比同冷凝—蒸发器的传热温差这两个参数，作为系统优化的决策变量，优化结果对总费用影响极大。再如采用低温朗肯循环发电的升级利用技术，对系统效益也有很大影响。以上两例均可用㶲经济优化解决。

（2）流程组合及大系统内升级利用安排优化。

升级利用安排与同级利用安排（HEN 合成）的协调如图 6 - 18 所示。传统安排（包括挟点技术）按复合线合成网络最后余出 70～90℃ 热考虑升级。优化安排则以 70～90℃ 热与 40～60℃ 热阱换热，剩余 100℃ 热升级更为合理。图 6 - 19 是气分装置丙烯塔热泵精馏工艺在与催化裂化装置整体优化考虑前、后的节能效果比较，两个装置未热联合前，气分丙烯塔热泵（背压透平驱动，耗 3.5 兆帕中压汽 20 吨/小时），而大部分催化主分馏塔顶循（80～145℃）与塔顶油气（70～110℃）热量被空冷带走；两个装置热联合优化后，催化主分馏塔顶循和塔顶油气低温热通过循环热水回收（50～105℃），供气丙烯塔（操作压力略高于热泵精馏）、脱乙烷塔再沸器作为热源，不用中压汽，节能和经济效益都十分显著。

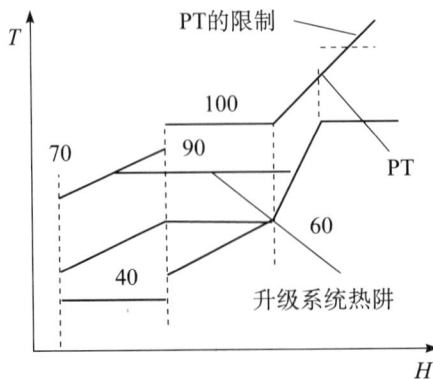

图 6 - 18　升级利用与 HEN 合成的协调

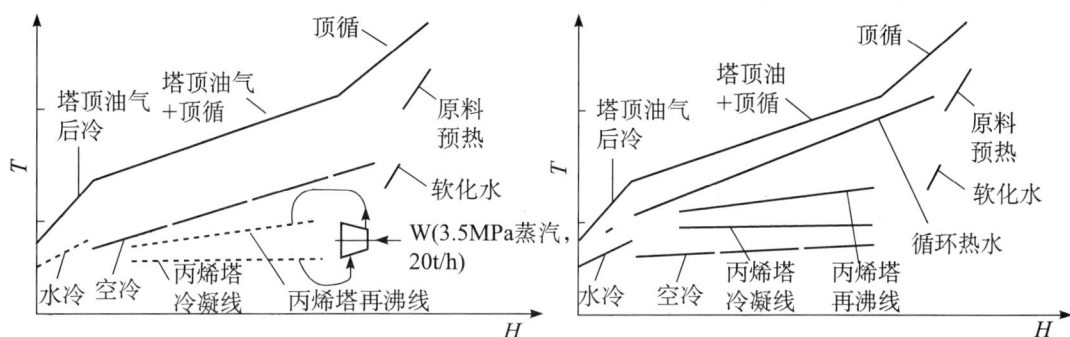

(a) 气分丙烯塔用热泵，催化低温热冷却排弃　　　(b) 催化低温热由循环热水回收用作丙烯塔再沸器热源

图 6 - 19　气分装置丙烯塔热泵精馏工艺是否与 FCC 一起考虑的节能效果比较

6.4.2　燃气轮机热能动力联产系统优化

1. 分类

按供热对象分：燃机与生产工艺用蒸汽的锅炉联合，这是技术最成熟、应用最多的；燃机与工艺加热炉联合，如原油加热炉、造气炉、裂解炉，炉越大越经济。按燃机排气中的氧气（约 15%）和显热的利用方式分：图 6 - 20 只用排气显热的 I 型燃汽轮机功热联产，以全部燃料为基础的火用效率最高、产功多，但热阱温度受限；图 6 - 21 用排气中的氧气作助燃空气的 II 型联产，以全部燃料为基础的火用效率较低，产热多，热阱温度、炉负荷不受限制。

2. 燃机和燃料的选择

过程工业联产所用燃机，一般多在 20 兆瓦以下，因此多采用航空发动机改型的轻型燃机。近 20 多年的技术开发和改进，已使其完全适应了过程工业长周期、连续稳定运行的需要，大修周期达 2 万小时，单机产功效率在 40% 以上。

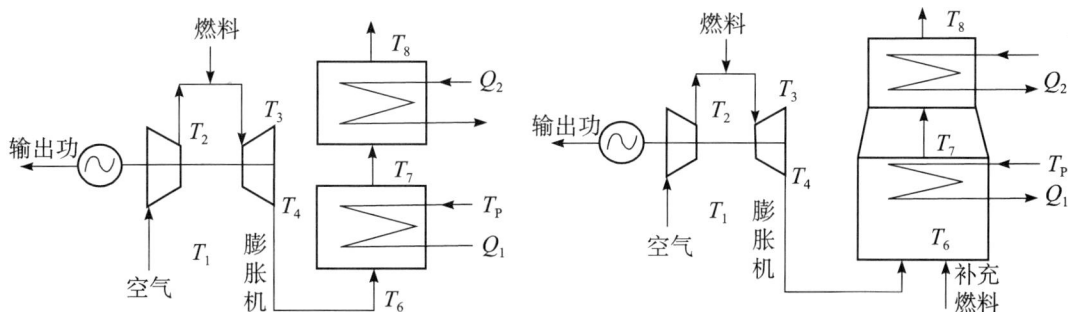

图 6 - 20　只用排气显热（I 型）GWHC 系统　图 6 - 21　利用排气中氧气助燃的（II 型）GWHC 系统

3. 技术经济和系统优化

采用燃机联产技术方案是否可行，很大程度上不在机组本身而在整个系统的安排。由于机组本身控制系统复杂精密、投资较高，一般大机组（10 兆瓦级）比小机组（1 兆瓦级）的经济性要好。优化设计和系统全局能量综合的安排，既要考虑设计参数（包括选择机组参数）优化，又要考虑系统的发展和因市场、原料、季节等的变化而造成的汽电负荷

波动，还要考虑燃料机负荷因冬夏空气密度不同的变化等。

6.4.3 工业加热炉的热联供

当几台较小炉并联时，可用一台大炉，中间用挡墙隔开，且共用对流段。分别控制每种被加热流体的温度，可减少散热损失，减少总的传热火用损。当受热物流的升温范围受工艺要求限制时，发生蒸汽和预热空气，以及预热用于发生蒸汽的汽包给水压力和流量的改变，是调整网络各段传热温差的重要手段。

6.4.4 蒸汽和动力联产

背压透平和抽汽透平是最普通的联产技术。在规模适宜条件下，尽可能建高压锅炉、逐级背压，可增加联产功的量，每 100 吨/小时蒸汽经 10 ~ 1 兆帕背压透平做功，1 兆帕背压汽 20% 再经低压背压透平降压到 0.3 兆帕，可联产功 12 兆瓦，产功效率比凝汽透平发电厂效率高 3 倍。

蒸汽—动力系统联产技术的关键是整个系统（包括机组和全部汽、电用户及工艺装置）汽、电产需平衡的优化设计、优化调度、管理和控制等。

6.4.5 联产系统与换热网络的协调优化

系统包括能量转换系统与能量回收环节中的热回收网络（HEN）密切相关。采用联产技术配合，是 HEN 结构调优的重要手段。图 6 – 22 初始 HEN 中热源 $A'M$ 与加热蒸汽 AB 同热阱 OPQ 的传热温差过大。用一台背压透平可使蒸汽降压降温到 $A'B'$，相应得功 W。则热复合线变成 $A'B'N$，传热温差和炯损耗都大大减小。

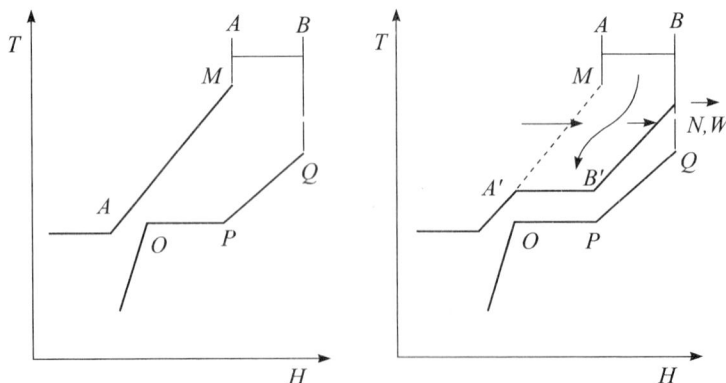

图 6 – 22 利用联产（复合）措施使 HEN 调优

6.4.6 热—电—冷联供

前面所述低温热利用的一种手段是 100℃ 左右的液流热用于吸收制冷。150 ~ 200℃ 的烟气可作吸收制冷的热源,因此,在上述发电、供热联产方案中,在系统需要冷量的情况下,可以同时包括一个吸收制冷单元,并作出全局优化设计安排,见图 6-23。

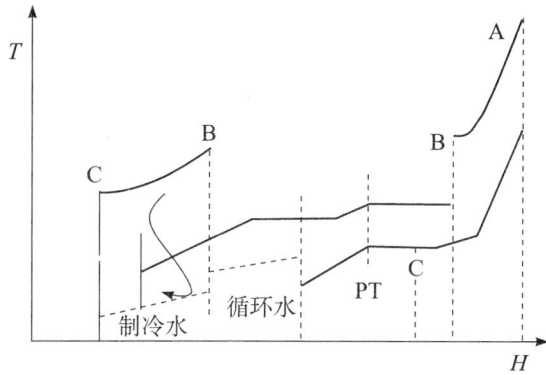

图 6-23 烟气制冷联产

6.4.7 压力燃烧的烟气透平联产

炼油工业 FCC 装置在将馏分油裂化为轻油的同时,部分组分会综合成为焦炭沉积在微球硅铝催化剂表面。经过在再生器中通空气燃烧,沉积的焦炭氧化成为 CO_2(或部分 CO)随烟气排出,而使催化剂恢复活性并升高温度回到反应器(见图 6-24)。为保持催化剂的流动和与反应器的压力平衡,再生器的操作压力一般为 0.25~0.3 兆帕,焦炭燃烧产生的烟气流动㶲(压力能)通过烟气轮机做功。对一个加工量为 100 万吨/年的 FCC 而言,一台设计、制造和运转良好的烟气轮机约可产 6 兆瓦的动力,不仅可用于驱动本装置空气压缩机,还可发电 1.5 兆~2 兆瓦。

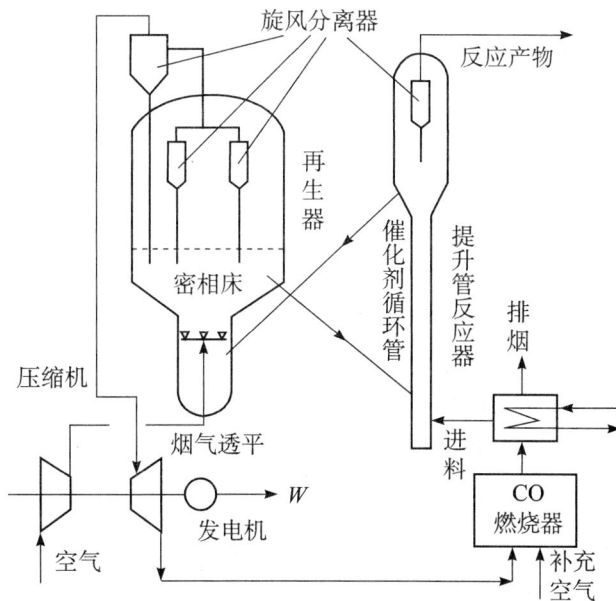

图 6-24 FCC 焦炭燃烧能量转换联产技术

全世界每年有数亿吨的馏分油在 FCC 装置中加工，产生上千万吨的焦炭。目前的技术已有可能采用联产技术使这些焦炭化学能的转换达到或接近燃机联产系统烧用的轻油或炼厂气一样高的㶲效率。与普通燃机不同的是，它的燃烧器同时也是一种工艺设备——再生器，烟气中不但没有过剩的氧气，反而有相当多不完全燃烧的一氧化碳。但随着 FCC（或 RCC）原料和生焦率的不同，采用两段再生的不同技术，流程和参数也有不同的变化。

在这个系统中，FCC 焦炭的化学能一部分通过循环催化剂供给裂化所需的反应热，转换为产品的化学能，另一部分通过烟机做功输出，还同时产生压力 4 兆帕以上的蒸汽，是一套非常好的联产系统。

6.4.8 换热网络结构调整的途径

为了调整换热网络结构，使得每个匹配单元的 ΔT_j 接近于相应的最佳传热温差 $\Delta T_{opt,j}$，必须对一些热源、热阱作一定的调整，这种调整有以下三条途径：

（1）利用环节的工艺改进。如改变分馏塔操作压力来改变塔顶冷凝和塔底再沸物流的温位，增加中间再沸器，以减少塔底再沸器负荷；再如，提高闪蒸压力来提高溶剂蒸汽冷凝放热温位等。

（2）转换环节的功热联产（"多水平公用工程"）。例如采用背压或抽汽透平提供不同温位的热蒸汽，或采用燃气轮机、用排出的尾气做加热源等。

（3）回收环节的能量升级（"热机、热泵"）。例如采用热泵系统使低温热升级为能级 ε（即卡诺因子 $1 - T_0/T$）较高的热量或冷量；或采用低温朗肯循环使一段低温热源转化为功。

6.4.9 低温热利用

1. 同级利用
即直接或间接向温位更低的热阱供热。
2. 升级利用
即：用热泵技术向更高温位热阱供热；运用朗肯循环或两相透平技术产生动力。
在能够找到适宜低温热阱的情况下，同级利用投资少，效益好，石化企业的辅助单元（系统）耗能往往占总能耗的 20% 以上。它们中很多是温位很低的热阱，例如：

（1）原料、中间物流、产品的储运单元，包括储罐和输送管线的加热、维温和伴热（原用 1.0 兆帕的蒸汽）。

（2）企业锅炉或自备电站产汽用的给水预热，包括 2 个温度段：

a. 生水预热：自水源温度（5～25℃）到除盐操作温度（35℃左右）；

b. 除盐水预热：除盐温度（35℃左右）除氧水预热：一直到饱和温度。

（3）发生低热蒸汽：如 0.3 ~ 0.5 兆帕。

（4）预热炉助燃用空气：常温 ~ 200℃。

（5）冷季建筑物采暖：多采用一个循环热水系统；热水温度一般为 50 ~ 70℃。

（6）企业内部用热水：生活用约 45℃，工业用按工艺需要（如 50 ~ 70℃）。

（7）向邻近的外部热阱供热。

3. 低温热利用系统的设计优化原则

（1）热阱、热源需在企业及邻近区域系统内统筹考虑，可统一规划，分批、分期实施。

（2）源、阱匹配要运用换热网络优化设计技术，按热力学规则，考虑各种工程的辅助设施投资。

（3）同级利用与升级利用措施统筹考虑。

同级利用热源、热阱之间的匹配，有两种流程方案：直接换热和间接换热。后者是通过一个中间循环热媒（介质）换热（通常用脱氧软水）。

6.4.10　蒸汽动力系统的能量综合优化设计

1. 重要性

石化企业能耗构成中，动力（电）与蒸汽（热）之比的绝对值（均不折为一次能源）约为 1:9，这为热电联产，即在较高的效率下同时生产热和电（或蒸汽和动力），提供了极为有利的条件。向核心生产装置提供各种所需形式和参数能量的蒸汽动力系统是石化企业能量转换环节的重要部分。它的优化设计对降低全厂能耗具有重大意义。其主要潜力在以下四方面：

（1）提高第一定律效率，即锅炉、汽轮机组、电机等的热效率；节省燃料、汽、电。

（2）提高第二定律效率，即通过功热联产大大提高一次能源利用的㶲效率；主要是利用生产工艺用低压蒸汽之前的高温热㶲先多做功。

（3）通过与工艺装置的热联合，充分利用低温余热发汽和预热各温度段的给水，以节省自用汽和燃料。

（4）因市场状况决定的加工量和产品方案的变化和因气候、季节等因素决定的汽、电需求的变化，全厂总用电、汽负荷将在一定范围内波动。此时，按固定条件设计的蒸汽动力系统在以上三个方面的目标和预期效果都会偏离。因此，应考虑适应各种变化条件的柔性设计，必将有很大的节能潜力。

2. 总原则

（1）蒸汽是绝大多数石化企业必需的能量，必须保证稳定可靠供应。

（2）若必需自产蒸汽，锅炉设计压力宜尽量高，以便在同样供汽量下联产更多的功。各压力等级的蒸汽的火用值参见表 6 - 3。

表 6-3 不同压力等级蒸汽的能量、火用和能级

压力（Mpa）	温度（℃）	能量 E（MJ/t）	Ex（MJ/t）	能级系数（ε）
10.0	540	3 414.4	1 664.5	0.487
3.8	450	3 263.6	1 330.1	0.407
1.0	250	2 878.0	947.1	0.329

（3）在保证适应产汽量波动和保持备用设施条件下，锅炉的单台设计负荷宜尽量大，以利于提高效率和采用较高的压力参数。

（4）背压蒸汽透平是石化企业主要的汽电联产手段。一般在锅炉产汽压力和工艺用汽压力之间工作，但选择设计参数时需考虑进、出蒸汽在输送管网中的压降和控制。

（5）大型、连续运行的压缩机或泵，优先考虑直接用背压式汽轮机驱动。

（6）除大型工艺用背压汽轮机组外，其他汽轮机组一般设在与锅炉邻近的动力厂房中，在选择机组型式时要考虑对汽、电负荷变化的适应性。

（7）以蒸汽锅炉为基本配置的石化企业蒸汽动力系统，"以汽定电"是汽电联产设计的基本原则，一般情况下，不宜片面追求用电自给。因为超出联产能力之外的、通过凝汽式汽轮机发出的电力，其成本无法同电网供电竞争。

3. 燃料选择与联产效率

在我国目前条件下，石化企业蒸汽动力系统可以选择的燃料大致有 3 种：煤炭、天然气和企业自身加工副产燃料（重油、石油焦、炼厂气等）。决策的主要依据应是将企业、社会和可持续发展效益结合起来统一考虑。片面考虑企业或部门的近期效益、闭关锁国的资源导向原则、无视环境后果的短期行为，都是错误的、最终损害国家和企业长远效益的。

燃气轮机技术进展极为迅速。目前，单机发电效率已达 40% 以上，联合循环发电效率达 60%，远超过大型超临界锅炉——发电机组。燃用气体燃料的轻型燃机（航机改型）技术也已成熟，国外石化企业已大量采用。

（1）有条件选用炼厂气或天然气的石化企业，应采用燃气轮机联合循环，首先是燃气轮机高温排气供余热锅炉产中压汽的联产系统，列为优先考虑的比较方案。

（2）有大量炼厂气副产作为锅炉燃料的企业，应首选燃气轮机联产方案。

（3）炼油厂流化催化裂化装置所产的催化焦炭再生系统，包括再生器、烟气轮机——主风机组、余热锅炉，应被看作是一套特殊的燃用固体燃料的燃气轮机联产系统。在按照催化剂再生工艺要求进行设计的同时，也应按照功热联产系统优化原则进行设计，以获得接近于气体燃料联产系统的高联产效率。

4. 柔性设计

石化等企业汽、电需求随市场对产品的需求、季节变化和检修等因素而在相当大范围内变动。其蒸汽动力系统自产汽、电量，不仅取决于需求量，而且取决于电（汽）的市场价格和相应的购入量。因此，蒸汽动力系统的优化设计，绝不可能是对于给定生产状况及

汽、电负荷条件下的某个状态的设计方案。相反，优化蒸汽动力系统设计，不仅要在各种变化工况下达到汽、电最优生产量的要求，而且能在各种供汽、电量负荷下都有尽可能高的联产效率，可以称之为"柔性设计"。

柔性设计的优化是一项非常复杂的前沿科学和技术课题，正待研究开发。在目前情况下，石化企业设计师至少应当具有上述柔性设计的概念，并按照下列准则，尽量使设计具有较大的柔性：

（1）工厂设计师对企业主要生产装置和辅助系统汽、电需求变化的范围、造成变化的主要因素及其影响的规律，应比较清楚和掌握，并建立基本数据库。

（2）工厂设计师应当深入了解和掌握有关设备的投资数额、运行成本（包括自产气和外购气的成本）。

（3）工厂设计师必须全面掌握生产装置工艺余热自产、耗用各种参数蒸汽的详细数据，并按照能量系统优化的原则组织工艺装置及辅助系统之间的热联合合理匹配。

（4）石化企业蒸汽动力系统产汽、电基本设计负荷的确定是对柔性设计极为重要的重大决策，过大设计负荷造成投资浪费，过小则缺乏操作柔性，不能保证安全运行。

（5）变化工况下，最容易造成联产效率降低的局面是：一是锅炉和电站低压汽增大，若背压透平容量或柔性设置不足，大量高、中压蒸汽不得不减温减压。二是工艺用低压汽量减少，由于驱动工艺机、泵的背压透平负荷需要，透平排出的背压蒸汽量不能减少，使得大量低压蒸汽被迫放空。由此可见，背压透平是蒸汽动力系统联产的主要手段，同时也是柔性设计的主要难题。

（6）抽汽凝汽式透平的合理选用，是石化企业蒸汽动力系统柔性设计的主要手段。

（7）装在动力厂房的、带动发电机的抽汽背压式透平，可通过调节抽汽量来平衡两级工艺用汽的供需关系。

（8）有采暖负荷的石化企业，采用凝汽透平适当提高背压操作、利用复水器中的冷凝潜热以及 70～50℃ 循环热水供暖，是一项成熟的、提高联产效率的柔性设计技术。

（9）利用工艺余热加热锅炉给水（生水及脱盐后软化水），是节约锅炉自用汽、提高联产效率的重要措施。

6.5 过程能量优化实例

6.5.1 某炼油厂能量系统优化

该厂地处东海之滨，原油加工能力达 2000 万吨/年，是我国最大的炼油基地之一。该厂陆续新建的炼油装置，工艺和设备技术的选型都比较先进。主要装置间大都采用了热联合，常减压、催化裂化等多套装置的能耗基本位居全国先进行列。与此同时，一期又一期工程用填平补齐的方法形成的动力系统，有很多地方能量匹配不合理、能耗大，与单个装置的先进性形成明显的反差。

该厂吨油加工费为 121 元/吨，由于规模大运输便利，经济效益优于内地其他炼厂。但与先进发达国家吨油加工费 1.5 美元/桶（折合人民币 91 元/吨）相比有一定差距，所以有必要进行深入挖潜。专家通过调研分析认为，该厂存在的主要问题是：1 号电站燃油锅炉产汽运行模式不经济；重催、焦化装置热利用不合理；蒸汽系统蒸汽损失大，运行不经济，布网和配送不合理；凝结水回收率低；循环水系统的主要装置机泵有较大节电潜力；加热炉密封不好。

上述问题可以归纳为一点，即蒸汽的生产、运行、全过程综合利用程度不高。表面上反映为管网不顺，蒸汽损耗严重，特别是在多汽源、多用户、多工况的运行状况下难以实现优化调度。但从深层次分析，最大的节能潜力在于：改变中压燃油锅炉凝汽发电运行模式；重油催化产低压汽改为产中压汽；8 千克/平方厘米蒸汽管网应该取消。

水、电系统和加热炉改进的优化措施如下：

1. 停运 1 号电站中压燃油锅炉

目前节能增效的主要潜力是改造该厂蒸汽动力系统。其目的是充分利用炼油企业用能特点，广泛实现热电联产，削减燃油凝汽发电。

鉴于优化蒸汽动力系统是一项复杂的系统工程。停运 1 号电站油锅炉需做好三方面的结合：一是优化与工艺装置的用能和低温热利用，做到多发汽、少耗汽，利用装置低温余热预热锅炉给水、油罐加热维温、采暖及生活热水等，以此确定优化的蒸汽需求量；二是要与全厂近期、中期规划，装置构成以及技术经济条件结合起来，在设计、运行、控制三个层次上充分考虑满足开停工、检修、事故、多工况状态下的不同蒸汽需求；三是通过系统优化改造，增加 2 号电站锅炉出力，逐步以 2 号电站为中心，停开 1 号电站燃油中压锅炉。

2. 炼油装置的热量优化利用

在现有基础上对重催—气分热联合进一步优化，达到催化多产汽的目的。

（1）重催原料换热流程优化。将冷热原料换热后混合，降低烟损。发生中压蒸汽，油浆通过拟建的外取热器发生 4.0 兆帕中压蒸汽，同时更换油浆发生器，优化油浆返塔温度，增设蒸汽过热器，使重油催化产出 50 吨/小时中压蒸汽。

（2）分馏塔取热优化。降低低温位顶循取热比例，适当增加油浆中段取热。

（3）气压机透平改造。将气压机透平从目前背压压力 0.8 兆帕恢复至 1.0 兆帕，使得背压顺利并网。

利用装置低温余热—原油罐区热水加热。厂区约有 25 万立方米原油罐及 10 万立方米蜡油储罐，可以先以原油罐为重点改用热水加热，然后逐步对装置采取措施，扩大余热利用面。

3. 蒸汽系统的优化改造

该厂蒸汽系统主要由两个热电站和若干台余热锅炉、蒸汽发生器组成。蒸汽管网主要由 10 兆帕、3.5 兆帕、1.0 兆帕三个压力等级组成。

而重油催化主风机透平背压排汽形成了 0.8 兆帕独立的管网，供油品罐伴热及部分老区装置，冬季温度不够时，从 1.5 兆帕管网与之相连的约 11 个阀门补汽。系统存在的问题有：

（1）全厂低压蒸汽系统重复管线太多，5000~8000 米。

（2）部分中、低压蒸汽线与装置匹配和走向不合理。

（3）焦化大吹汽冲击低压蒸汽管网（用蓄热器解决）。

（4）生产加工能力的持续增长与相对固定的蒸汽系统不匹配。

（5）动力设备（透平、压缩机）的负荷与蒸汽系统的调节能力已接近极限。

（6）抽汽汽轮机的调节能力没有得到充分发挥。

方案研究的重点是突出寻找节汽途径和装置多发汽措施，建立蒸汽产耗新的优化布局，最终目标是停开 1 号电站燃油锅炉。实现以上措施后，年减耗燃料油约 10 万吨，平均原油加工成本降低近 10 元/吨，增效约 20%。

6.5.2 某热电厂扩容改造优化方案

某热电厂煤代油改造工程通过调研提出四套改造方案：

（1）原燃油锅炉产汽方案。

（2）德士古公司的汽、电联产技术方案。

（3）向电厂购汽、购电方案。

（4）新建燃煤、燃焦锅炉产汽、电方案。

应一步分析论证各方案，作更详细的技术可行性研究，为完成改造热电站工程作好前期准备。下面简述（2）、（4）方案。

1. 美国德士古公司的汽、电联产技术方案

以美国德士古公司提供的初步建设性工艺方案为基础。该项目由溶剂脱沥青、部分氧化（含制氢）、空分、汽电联产四部分组成。其第一部分为溶剂脱沥青，第二部分为空分，第三部分为氧化制氢，第四部分为汽、电联产。

部分氧化以装置外来的高硫焦和溶剂脱沥青后的脱油沥青为原料，利用空分来的氧气将原料氧化生产成合成气，然后利用一部分合成气制氢，余下的合成气用胺脱硫后进入汽电联产的燃气轮机发电，发电后的燃气尾气余热回收生产超高压蒸汽，进抽汽冷凝式汽轮机，并抽 4.1 兆帕蒸汽，以满足炼油改扩建工程对电、蒸汽、氮气、氧气、氢气的需要，同时排出的硫化氢气体进硫黄回收系统回收硫黄，解决环保问题。

德士古公司的汽电联产方案由 4 个装置联合生产。硬质沥青和石油焦综合利用，工艺流程比较长，相应的生产控制比较复杂。汽电联产所产的汽、电能满足年加工原油 1800 万吨/年的生产需要。项目总投资 20 多亿元。

德士古公司提供的技术方案，从技术角度看属国际领先；从经济方面看投资比较大，装置所排出的硫化氢气体需进硫黄回收系统回收硫黄，炼油厂现有的硫黄回收装置能力不

足，还需扩建硫黄回收装置，才可解决环保问题；在生产安全方面，工艺装置多，生产路线长，操作比较复杂，需增加生产管理的力量。

2. 新建烧煤、烧焦锅炉产汽、电方案

该方案初步拟定建设 220t/h 循环流化床锅炉两台，并建设 50MW 双抽汽轮机及发电机两套。

（1）由于该系统热电比超过 1:1，效率高，符合国家热电站建设规定，可以建立。

（2）单炉容量达 240 ~ 250 吨/小时，完全可满足生产对蒸汽的需求，但为符合安全生产要求，需建两台锅炉互为备用。

（3）循环流化床锅炉技术已由以热绝缘旋风分离器型式为主的进步到水汽冷却旋风分离器型式为主。目前，国外公司虽在国内多处安装专有技术的锅炉，但国内外的技术水平差别不大，出力、效率都比较理想，锅炉突出的问题是磨损和飞灰含碳量高。所谓磨损包括炉膛和局部受热面两大部分：炉膛应注意易磨损部位的防护，尾部普遍采用低烟速膜式省煤器防磨。目前已发明在汽水冷旋风分离器上增加一个下抽气的专利，可以减少飞灰量约 30%，尤其可减少直径 $\geq 40\mu m$ 的颗粒，因此尾部寿命可增大一倍，但此专利尚未实用。飞灰含碳为循环流化床低温燃烧的属性，可以靠提高床温改善。

（4）选用循环流化床锅炉将能解决石油气的燃烧和脱硫问题。用煤作燃料，即使在 680 吨/小时（200 兆瓦机组）的锅炉上使用，吨煤含硫增加近 1.1%；用石油作燃料，相当于节约燃煤 15 万吨/年，但又新增二氧化硫约 1.3 万吨/年，若不脱硫将带来严重的环境污染。采用循环流化床可脱硫 80% ~ 95%，相当于使用含硫为 0.3% ~ 0.4% 的煤。如果要利用固硫灰渣，石灰石按需 6 万吨/年计算，脱硫后减排二氧化硫约 1.8 万吨/年（蒸汽按 330 吨/小时计算）。

（5）选用循环流化床锅炉的灰渣问题。循环流化床的灰渣约占燃料灰粉的 25%、石灰石的 15%，由于灰渣的含碳量低，活性很好，既可用作非水泥的混合料，又可用作混凝土的掺和料，尤其作为后者的原料每吨净盈利可达 100 ~ 150 元。

湿煤是锅炉发生故障的主要原因，占事故原因的 70% 以上。大型锅炉必须有干燥措施，将水分降到 6% 以下，才能保证锅炉正常运行，为此建议采用蒸汽干燥。

综上所述，选用新建燃用煤焦的锅炉，必须考虑到既要保证设备的正常运转和满足调整设备运行负荷效率的要求，还要保证符合环保的要求，达到既经济又可靠的目的。

▶ 自学指导

学习重点

本章学习重点是：过程能量优化技术的基本概念、挟点技术合成换热网络的基本原则。

（1）过程能量优化技术的基本概念：过程能量综合技术是以能量系统为主线，研究能流与物流的最佳结合关系，用多种技术集成，实现最优技术条件的科学方法。该技术是过程工业科学技术与计算机技术相结合、研究更有效地利用能量和提高生产工艺水平的边缘科学。主要包括系统设计、系统操作和系统控制三个方面的内容。过程系统设计优化包括物料优化和能量优化两部分。

（2）挟点技术合成换热网络的基本原则：一是不通过挟点传递热量。二是挟点以上的热阱部分不适用冷公用工程。三是挟点以下的热源部分不适用热公用工程。为得到最小公用设施加热即冷却负荷（或达到最大的热回收）的设计结果，应当遵循上述三项基本原则（也称金规则）。挟点的方法包括物流匹配挟点设计法、最少换热设备数、消去试探法、总费用目标预优化等技术合成换热网络结构。

学习难点

本章的学习难点是：换热网络结构调整的途径及低温热利用。

（1）换热网络结构调整的途径。

调整换热网络结构对热源、热阱作调整的三条途径：一是利用环节的工艺改进；二是转换环节的功热联产（"多水平公用工程"）；三是回收环节的能量升级（"热机、热泵"）。

（2）低温热利用。

同级利用：直接或间接向温位更低的热阱供热。升级利用：用热泵技术向更高温位热阱供热；运用朗肯循环或两相透平技术产生动力。在能够找到适宜低温热阱的情况下，同级利用投资少，效益好。低温热利用系统的设计优化原则：一是热阱、热源需在企业及邻近区域系统内统筹考虑，可统一规划，分批、分期实施；二是源、阱匹配要运用换热网络优化设计技术，按热力学规则，考虑各种工程的辅助设施投资；三是同级利用与升级利用措施统筹考虑。同级利用热源、热阱之间的匹配，有直接换热和间接换热两种流程方案。后者是通过一个中间循环热媒（介质）换热（通常用脱氧软水）。

复习思考题

一、单项选择题（在备选答案中选择 1 个最佳答案，并把它的标号写在括号内）

1. 过程能量综合技术是利用用多种技术集成研究（　　）与物流的最佳结合关系。

A. 能流　　　　　　B. 电流　　　　　　C. 水流　　　　　　D. 产品

2. 工艺节能技术和设备节能技术与过程能量综合技术的根本区别是，过程能量综合技术具有（　　）。

A. 能量系统优化　　B. 新技术　　　　　C. 新设备　　　　　D. 新工艺

3. 在挟点技术中需要加热的工艺物流称为（　　）。

A. 热流　　　　　　B. 热容流　　　　　C. 冷流　　　　　　D. 焓流

4. 当通过挟点的热流量为零时表示(　　　)。

A. 热耗最大　　　　　B. 负荷最大　　　　　C. 热回收最大　　　　D. 能耗为零

5. 下列属于低温热升级使用的技术是(　　　)。

A. 锅炉　　　　　　　B. 发电机　　　　　　C. 热泵　　　　　　　D. 加热器

二、多项选择题（在备选答案中有 2~5 个是正确的，将其全部选出并将它们的标号写在括号内，错选或漏选均不给分）

1. 过程能量综合技术主要包括(　　　)。

A. 系统设计　　　　　B. 系统操作　　　　　C. 生产控制　　　　　D. 系统控制

E. 人员管理

2. 过程系统设计优化包括(　　　)。

A. 自动控制　　　　　B. 技术优化　　　　　C. 物料优化　　　　　D. 变频器使用

E. 能量优化

3. 下列属于能量升级利用的方式是(　　　)。

A. 热泵　　　　　　　B. 功回收技术　　　　C. 热—电—冷联供

D. 燃气轮机热能动力联产系统优化　　　　　E. 能量再生

三、简答题

1. 请简述过程能量优化项目的工作程序。

2. 请阐述单项节能技术和过程能量优化技术的关系。

第 7 章　照明系统节能

▶ 学习目标

1. 应知道、识记的内容

- 绿色照明的概念
- 光源选择的原则
- 光源的适用场所
- 照明灯具的概念
- 灯具光学特性的三项指标
- 整流器

2. 应理解、领会的内容

- 选择高效光源的效果[*]
- 充分利用天然光

3. 应掌握、应用的内容

- 合理选择照明光源的措施
- 照明灯具及整流器的选择
- 正确选择照度标准值
- 采用合理控制照明的方法[*]

▶ 自学时数

8~10 学时。

▶ 教师导学

　　绿色照明是节约能源、保护环境，有益于提高人们生产、工作、学习效率和生活质量，保护身心健康的照明。本章以照明的基本术语释义、照明方式、照明种类为出发点，对照明光源、照明灯具及其附属装置等内容及其合理选择进行了深入介绍，最后对照度值、照明功率密度值、照明控制方式、照明管理与监督等照明节能相关的知识及其内容进行了系统阐述。

本章的重点为：照度和照明功率密度值的定义、照明光源的分类。

本章的难点是：照明光源、照明灯具及其附属装置的合理选择，采用合理控制照明的方法[*]。

7.1 照明光源的类型及选择

人类一切活动都离不开照明，然而照明的能量主要来源于由电能转换的光能，而电能又来自石化燃料的燃烧。我国照明用电量约占全国总用电量的13%，随着经济发展和人们生活与环境的改善，照明用电需求逐年增长。我国自 20 世纪末开始实施"绿色照明工程"。所谓绿色照明，是节约能源、保护环境，有益于提高人们生产、工作、学习效率和生活质量，保护身心健康的照明；是实现高效、舒适、安全、经济、有益的环境并充分体现现代文明的照明。

7.1.1 光源选择依据

照明光源应按国家能效标准的规定加以选择，照明光源现行的国家能效标准有《普通照明用双端荧光灯能效限定值及能效等级》（GB 19043—2003）、《普通照明用自镇流荧光灯能效限定值及能效等级》（GB 19044—2003）、《单端荧光灯能效限定值及节能评价值》（GB 19415—2003）、《高压钠灯能效限定值及能效等级》（GB 19573—2004）、《金属卤化物灯能效限定值及能效等级》（GB 20054—2006）。

7.1.2 光源选择原则

光源选择的总原则是选用高光效、寿命长、显色性好的光源，虽价格较高，一次投资较大，但使用数量减少，运行维护费用降低，在技术经济上还是合理的。

选择电光源，首先要满足照明设施的使用要求，如所要求的照度、显色性、色温、启动、再启动时间等；其次要考虑使用环境的要求，如使用场所的温度、是否采用空调、供电电压波动情况等；最后根据所选用光源一次性投资费用以及运行费用，经综合技术经济分析比较后，确定选用何种光源为最佳。

各种光源的光效、显色指数、色温和平均寿命技术指标见表 7 - 1。

表 7 - 1　　　　　　　　　各种电光源的技术指标

光源种类	额定功率范围（W）	光效（ImAV）	显色指数（R_a）	色温（K）	平均寿命（h）
普通照明用白炽灯	10 ~ 1 500	7.3 ~ 25	95 ~ 99	2 400 ~ 2 900	1 000 ~ 2 000
卤钨灯	60 ~ 5 000	14 ~ 30	95 ~ 99	2 800 ~ 3 300	1 500 ~ 2 000

续表

光源种类	额定功率范围(W)	光效(ImAV)	显色指数(R_a)	色温(K)	平均寿命(h)
普通直管型荧光灯	4~200	60~70	60~72	全系列	6 000~8 000
稀土三基色荧光灯	28~32	93~104	80~98	全系列	12 000~15 000
紧凑型荧光灯	5~55	44~87	80~85	全系列	5 000~8 000
高压汞灯	50~1 000	32~55	35~40	3 300~4 300	5 000~10 000
金属卤化物灯	35~3 500	52~130	65~90	3 000/4 500/5 600	5 000~10 000
高压钠灯	35~1 000	64~140	23/60/85	1 950/2 200/2 500	12 000~24 000
高频无极灯	55~85	55~70	85	3 000~4 000	40 000~80 000

由表 7-1 可知，高压钠灯光效最高，主要用于道路照明；其次是金属卤化物灯，室内、外均可应用，一般低功率用于室内层高不太高的房间，而大功率应用于体育场馆以及建筑夜景照明等；荧光灯光效和金属卤化物灯光效大体水平相同，在荧光灯中尤以稀土三基色荧光灯光效最高；高压汞灯光效较低；而卤钨灯和白炽灯光效最低。

7.1.3　光源的适用场所

应根据使用场所、建筑性质、视觉要求、照明的数量和质量要求来选择光源。在照明设计时，主要考虑光源的光效、光色、寿命、启动性能、工作的可靠性、稳定性及价格因素。各种光源适用场所及其对灯性能的要求见表 7-2。

表 7-2　　　　　　　　　　各种电光源的适用场所

光源名称	适用场所	举例
白炽灯	(1) 照明开关频繁，要求瞬时启动或要避免频闪效应的场所； (2) 识别颜色要求较高或艺术需要的场所； (3) 局部照明、应急照明； (4) 需要调光的场所； (5) 需要防止电磁波干扰的场所。	住宅、旅馆、饭馆、美术馆、博物馆、剧场、办公室、层高较低及照度要求也较低的厂房、仓库及小型建筑等。
卤钨灯	(1) 照度要求较高，显色性要求较高，且无振动的场所； (2) 要求频闪效应小的场所； (3) 需要调光的场所。	剧场、体育馆、展览馆、大礼堂、装配车间、精密机械加工车间。
荧光灯	(1) 悬挂高度较低（如 6m 以下）要求照度又较高（如 1001x 以上）的场所； (2) 识别颜色要求较高的场所； (3) 在无天然采光或天然采光不足而人们需长期停留的场所。	住宅、旅馆、饭馆、商店、办公室、阅览室、学校、医院、层高较低但照度要求较高的厂房、理化计量室、精密产品装配、控制室等。
高压汞灯	(1) 照度要求较高，但对光色无特殊要求的场所； (2) 有振动的场所（自镇流式高压汞灯不适用）。	大中型厂房、仓库、动力站房、露天堆场及作业场地、厂区道路或城市一般道路等。

续表

光源名称	适用场所	举 例
金属卤化物灯	高大厂房,要求照度较高,且光色较好场所。	大型精密产品总装车间、体育馆或体育场等。
高压钠灯	(1) 高大厂房,照度要求较高,但对光色无特别要求的场所; (2) 有振动的场所; (3) 多烟尘场所。	铸钢车间、铸铁车间、冶金车间、机加工车间、露天工作场地、厂区或城市主要道路、广场或港口等。

7.1.4 合理选择光源的措施

1. 尽量减少白炽灯的使用量

白炽灯因其安装和使用方便,价格低廉,目前在国际及我国的生产量和使用量仍占照明光源的首位,但其光效低、能耗大、寿命短,应尽量减少其使用量。在一些场所应禁止使用白炽灯,无特殊需要不应采用100瓦以上的大功率白炽灯。如需采用,宜采用光效稍高些的双螺旋灯丝白炽灯(光效提高10%~15%)、充气白炽灯、涂反射层白炽灯或小功率的高效卤钨灯(光效比白炽灯提高1倍)。

2. 逐步减少高压汞灯的使用量

高压汞灯光效较低、显色性差,不是很节能的电光源,特别不应使用耗能高的自镇流高压汞灯。

3. 推广使用直管型细管径荧光灯和紧凑型荧光灯

荧光灯光效较高,寿命长,节约电能。目前应重点推广细管径T8(26毫米)荧光灯和各种形状的紧凑型荧光灯以代替粗管径T12(38毫米)荧光灯和白炽灯,有条件的,可采用更节约电能的T5(16毫米)荧光灯。

4. 积极推广高光效、寿命长的高压钠灯和金属卤化物灯

高压钠灯的光效可达120lm/W以上,寿命12000小时以上,而金属卤化物灯光效可达90lm/W以上,寿命10000小时。特别适用于工业厂房照明、道路照明以及大型公共建筑照明。

7.1.5 选择高效光源的效果 *

(1) 自镇流紧凑型荧光灯取代白炽灯在照度相同的条件下,自镇流紧凑型荧光灯取代白炽灯后的效果如表7-3所示。

表7-3   自整流紧凑型荧光灯取代白炽灯的效果

普通照明白炽灯(w)	由自整流紧凑型荧光灯取代(W)	节电效果(W)(节电率%)	电费节省(%)
100	25	75 (75)	75
60	16	44 (73)	73
40	10	30 (75)	75

（2）直管型荧光灯（细管径）取代直管型荧光灯（粗管径）的效果如表 7 - 4 所示。

表 7 - 4 　　　　　　　　　**细管径荧光灯取代粗管径荧光灯的效果**

灯管径	整流器种类	功率（W）	光通量（lm）	光效（lm/W）	替换方式	照度提高（%）	节电率或电费节省（%）
T12（38mm）	电感式	40	2 850	72	—	—	—
T8（26mm）三基色	电感式	36	3 350	93	T12—T8	17.54	10
T8（26mm）三基色	电子式	32	3 200	100	T12—T8	12.28	20
T5（16mm）	电子式	28	2 900	104	T12—T5	1.75	30

（3）高压钠灯和金属卤化物灯取代荧光高压汞灯的效果见表 7 - 5。

表 7 - 5 　　　　　　　**高压钠灯和金属卤化物灯取代高压汞灯的效果**

编号	灯种	功率（W）	光通量（lm）	光效（lm/W）	寿命（h）	显色指数（R_a）	替换方式	照度提高（%）	节电率或电费节省（%）
No.1	高压汞灯	400	22 000	55	15 000	40			
No.2	高压钠灯	250	22 000	88	24 000	65	No.1→No.2	0	37.5
No.3	金属卤化物灯	250	19 000	76	20 000	69	No.1→No.3	- 13.6	37.5
No.4	金属卤化物灯	400	35 000	87.5	20 000	69	No.1→No.4	37.1	0

7.2　照明灯具及其附属装置的选择

7.2.1　照明灯具

照明灯具是能透光、分配和改变光源光分布的器具，它包括除光源外所有用于固定和保护光源所需的全部零部件，以及与电源连接所需的线路附件。

灯具除具有机械和电气性能外，最重要的是光学性能，该性能对于节约能源有重要的影响。灯具的光学特性通常以光强分布（配光）、遮光角、灯具效率三项指标来表示。

1. 光强分布（配光）

任何灯具的配光曲线是不同的，用曲线或表格表示光源或灯具在空间各方向的发光强度值，称为光强分布或配光。借此，可以进行照度、亮度、利用系数、眩光等照明计算。对于室内照明灯具，通常以极坐标表示灯具的光强分布，连接灯具在空间各方向的发光强度的矢量端点，即形成光强分布曲线，也称配光曲线。

通常灯具的光强分布有两种类型：一种是光分布为轴对称灯具，点光源灯具的光强分布曲线在空间各个截面上都是相同的，故可用一个极坐标表示光强分布曲线，见图 7 - 1（a）；另一种是光分布为非轴对称灯具，如管形荧光灯灯具，其光强分布曲线在各截面上是不同的，通常取 2 ~ 3 个截面（即纵向、横向和 45°）的光强分布曲线表示，见图 7 - 1（b）。

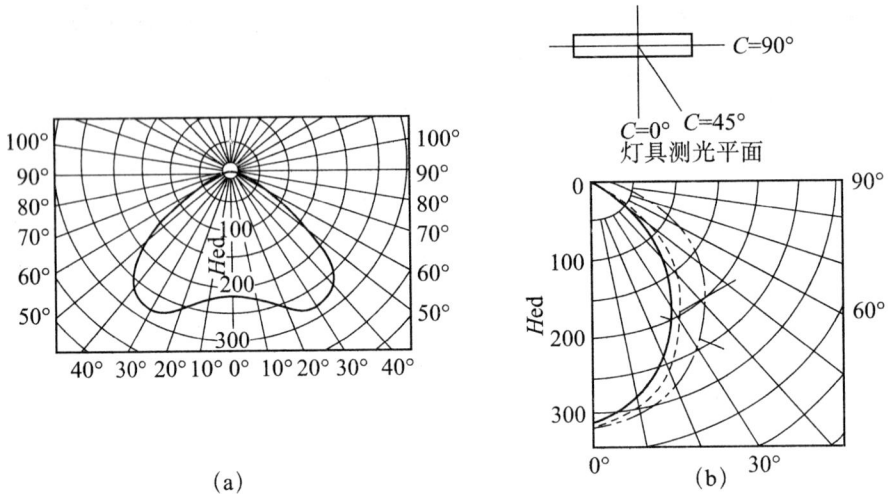

(a) 旋转轴对称灯具； (b) 长条形灯具

图7-1　灯具的配光曲线

为了比较各种灯具的光强分布特性，各个生产厂家和测试单位给出的光强分布曲线是灯具产生的光通量为1 000lm时的光强值。因此灯具的实际光强值是给出的配光曲线的光强值（测定值）乘以灯具的实际光通量值与1 000lm的比值。低矮的房间与高大的房间，采用的光分布是不同的。

2. 灯具的遮光角

灯具的遮光角是用来表示灯具防止眩光的范围，它是指灯罩边沿和发光体边沿的连线与水平所成的夹角γ（见图7-2）。灯具的遮光角用下式表示：

$$\tan\gamma = \frac{2h}{D+d} \qquad (7-7)$$

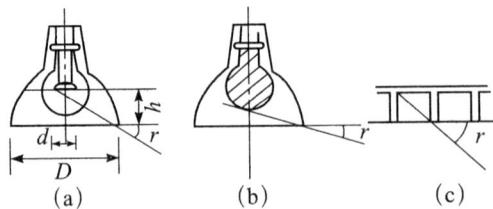

图7-2　各种照明器的遮光角

当人眼水平观看目标时，如果灯具与人眼的连线与水平的夹角小于遮光角时，则看不见高亮度的光源，如果灯具位置提高，与视线所形成的夹角大于遮光角时，虽可见光源，但眩光作用已经减小。

遮光角越大，虽防眩光效果好，但光的出射率变小，即灯具的亮度随之降低，造成能源的效率降低；反之，则可节约能源。如何解决两者之间的矛盾，是照明设计所应解决的问题。

3. 灯具效率

即在规定条件下，测得的灯具发出的总光通量占灯具内所有光源发出的总光通量的百分比，称为灯具效率。灯具效率永远是小于1的数值，灯具的效率越高，说明灯具发出的光通量越多，入射到被照面上的光通量也越多，被照面上的照度越高，越节约能源。

7.2.2 照明灯具的选择

1. 选择配光合理的灯具

选择合理的灯具配光可使光的利用率提高，达到最大节能的效果。灯具的配光应符合照明场所的功能和房间体形的要求，如在学校和办公室宜采用宽配光的灯具，在高大（高度6米以上）的工业厂房采用窄配光的深照型灯具，在不高的房间采用广照型或余弦型配光灯具。房间的体形特征用室空间比（RCR）来表示。如何根据RCR选择灯具配光形式如表7-6所示。

表7-6　　　　　　　　　　　　室空间比与灯具配光形式的选择

室空间比（RCR）	灯具最大允许距高比（L/H）	选择的灯具配光
1~3（宽而矮的房间）	1.5~2.5	宽配光
3~6（中等宽和高的房间）	0.8~1.5	中配光
6~10（窄而高的房间）	0.5~1.0	窄配光

2. 选择高效率灯

一般不同的灯具类型，其光效率是不同的。通常在满足眩光限制要求的条件下，应优先选用开启式直接型照明灯具，不宜采用带漫射透光罩的包合式灯具和装有格栅的灯具，前者的效率比后者的效率高20%~40%。从节能角度出发，室内灯具的效率不宜低于70%，要求反射罩具有高的反射比。目前我国尚无灯具的最低效率国家标准，北京市制定的《绿色照明工程技术规程》中规定了灯具效率。

目前荧光灯灯具效率和高强度气体放电灯灯具效率如表7-7和表7-8所示。

表7-7　　　　　　　　　　　　　　荧光灯灯具效率

灯具光输出口形式	敞开式	带格片格栅	带保护罩（玻璃或塑料）	
			光滑透明或带菱齿形	磨砂
灯具效率（%）	75	60	65	55

表7-8　　　　　　　　　　　　　　高强度气体放电灯

灯具光输出口形式	敞开式	带格栅或透光罩
灯具效率（%）	75	55

3. 选择光利用系数高的灯具

选择灯具所发出的光应尽可能多地射向工作面上，这表明灯具光的利用率高，亦即灯具的利用系数高，可节约电能。灯具的利用系数取决于灯具效率、配光形状、房间各表面的颜色装修和反射比以及房间的体形。一般情况下，灯具效率高，其利用系数也高；灯具的配光适应其房间体形（RCR），则其光的利用系数高。如宽而矮的房间（RCR 小），则应选择宽配光的灯具；如果房间的体形高而窄（RCR 大），则可选用窄配光的灯具。如果房间各表面采用浅色的装修，则其光利用系数也大，反之则小。

4. 选择高光通量维持率的灯具

灯具在使用过程中，由于灯具中的光源光通量随着光源点燃时间的增长而下降，同时灯具的反射由于受到尘土和污渍的污染，其反射比在下降，从而导致反射光通量的下降。这一切使灯具的效率降低，所消耗的能源量不变，但其发出的光通量较初始光通量减少，造成能源的浪费。

5. 尽可能选择不带光学附件的灯具

常用的灯具附件包括包合式的玻璃罩、格栅、有机玻璃板和棱镜等，这些附件对灯具起改变配光、减少眩光以及免受外部损伤等作用。这些部件使灯具的光输出下降，降低灯具光效率，在同样的照度水平条件下比无附件灯具的光输出下降很多，从而使用电量增加。例如面积为 $12m \times 27m = 324m^2$ 的办公室，高度为 2.5m，在照度均为 1000lx 下，采用三种不同的灯具情况下的所需灯具数量、所需电力和单位面积功率指标如表 7-9 所示。由此表可知，开启式荧光灯比乳白玻璃板式荧光灯少用电 40%。

表 7-9　　　　　　　某办公室所需灯具数量和用电比较

指　　标	开启式荧光灯	棱镜板式荧光灯	乳白玻璃板式荧光灯
灯具效率（%）	0.82	0.66	0.53
维护系数	0.75	0.70	0.70
所需灯具数量（盏）	85	113	140
所需电力（1w）	8.5	11.3	14.0
单位面积功率（w/m^2）	26.2	34.9	43.2

6. 采用空调和照明一体化灯具

现今的办公大楼均采用集中式的空调设备，大都在顶棚采用嵌入式荧光灯具照明，而荧光灯的能量只有 25% 变为可见光，用于办公室的照明，而 75% 以辐射的形式传向空间。如果采用空调与照明相结合的灯具，夏季通过灯具的空气将热量带到顶棚空间，用风机将60% 热空气排到室外，可以减少空调制冷量 20%，但从管道需补充新鲜空气，最后可以达到节约 10% 电能的效果。冬季，将灯产生的热量送到室内，可减少供热量。总之，可减少供暖和制冷设备的容量，减少用电量。此外，由于空调和照明一体化，可使天棚美观，照度和空气分布好，隔墙可灵活布置，由于环境温度适当，可使荧光灯的光输出增加，提高室内照度，减少镇流器的故障。

目前空调照明器的构造有以下两种类型：

（1）直接冷却式空调照明器。回风直接通过灯及镇流器，可以使灯具装置冷却，能有效地发挥照明和空调的特性。

（2）间接冷却式空调照明器。灯同风道分开，中间隔一层，可以使灯适当冷却，能很好地发挥空调和照明的特性。

7. 灯具的反射面采用计算机的辅助设计（CAD）

目前各大光源和灯具厂家以及设计公司，均开发出自己的灯具反射面设计软件，建立自己的灯具光度数据库，可以根据不同建筑物，采用不同的光源、灯具和照明灯具布置，进行优化设计，以选择最经济合理又能满足照明功能要求的节能设计。

7.2.3 镇流器

在荧光灯的点灯电路中，在电源和一只或几只荧光灯之间跨接的、用于平衡荧光灯负阻特性的具有正阻特性的装置或元件，称作镇流器。与荧光灯配套使用的镇流器有电感镇流器和电子镇流器两类。

1. 电感镇流器

电感镇流器的主要部分由电感线圈和硅钢片组成。电感线圈通电后产生磁场，磁力线流经硅钢片回路，为防止在灯启动和工作状态下电流过大，特将硅钢片回路制成非封闭状，而专门留有很小间隙，使磁场处于非饱和状态，从而起到稳定灯管电流的作用。

电感镇流器的内部结构：漆包钢线在硅钢片叠制或绕制成的铁芯上，硅钢片层与层之间相互绝缘，以减少铁芯涡流损耗。为了提高绝缘性能和热导率，降低噪声、线圈浸渍绝缘漆或灌注绝缘材料，整体固定于壳内或架子上。

电感镇流器的自身功率损耗主要由两部分组成。第一部分产生于铜绕组中的电阻，它所引起的功率损耗将随电感镇流器温度升高而增加。第二部分铁芯中的功率损耗则是由磁滞损耗、涡流损耗以及间隙边缘漏磁损耗所引起的。

电感镇流器可分为两类，一类为普通电感镇流器，另一类为节能型电感镇流器。以40/36 瓦荧光灯镇流器为例，普通电感镇流器自身功率损耗约占灯功率的20%；节能型电感镇流器自身功率损耗比普通电感镇流器低40%左右，即自身功率损耗约占灯功率的12%，因而它工作时温升低、噪声小、寿命长，属于安全可靠的节能型电感镇流器。普通型电感镇流器与节能型电感镇流器的损耗百分比如表 7-10 所示。

表 7-10 镇流器损耗百分比

灯功率（W）	镇流器损耗占灯功率百分比（%）		
	普通型	节能型	电子型
20 以下	40~50	20~30	<10
30	30~40	<15	<10
40	22~45	<12	<10
100	15~20	<11	<10

续表

灯功率（W）	镇流器损耗占灯功率百分比（%）		
	普通型	节能型	电子型
150	15～18	＜12	＜10
250	14～18	＜10	＜10
400	12～14	＜9	5～10
1 000 以上	10～11	＜8	5～10

2. 节能型电感镇流器

（1）荧光灯节能型电感镇流器。

荧光灯用节能型电感镇流器可按铁芯形式分为叠片式和卷绕式两类。如表 7 - 11 所示。

表 7 - 11　　　　　　　　荧光灯用节能型电感整流器的类别

类　别	特　　性
叠片式	减小铁芯磁通密度和洞导线直流电阻，镇流器自身功耗下降约 40%。
卷绕式	环形：镇流器磁路短，自身功耗小。 C 形：自身功耗高于环形，易于大批量生产。 O 形：自身功耗低于环形，可大批量生产，但工艺复杂，设备投资较大。

荧光灯用节能型电感镇流器按工作原理可分为带启动器的预热式和不带启动器的快速启动式及瞬时启动式。

预热式节能型电感镇流器的工作电路如图 7 - 3 所示。

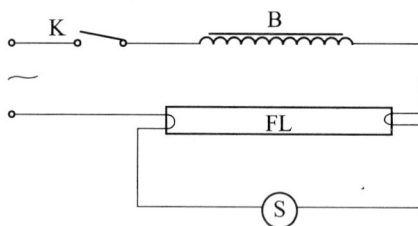

图 7 - 3　预热式节能型电感整流器的工作电路

B—节能型电感镇流器；FL—直管型荧光灯；S—启动器；K—电源开关

当接通电源时，220 伏的交流电通过镇流器 B 和灯管 FL 的灯丝加于启动器 S 两端，使启动器氖泡内气体电离，产生辉光放电。由于辉光放电的升温作用，使氖泡内膨胀系数不同的"U"形双金属片受热伸展，与氖泡内的"I"形静触点接触，启动器两端闭合短路，经过镇流器限流后的低压交流电加于灯管两端的灯丝上，灯丝开始预热。与此同时，启动器闭合后，辉光现象停止，"U"形双金属片温度逐渐降低，经数秒后触点断开，恢复到常开状态，切断灯丝供电电源。在启动器断电瞬间镇流器线圈通过的电流急剧减少，而镇流器本身产生的自感电动势突然增大，与电源电压叠加后作用于灯管两端。电极发射大量电子，灯管被点燃。由于镇流器的限流作用，通过灯管的电流稳定在额定电流范围之内，灯管两端的电压也稳定在工作电压范围之内。此时灯管两端的电压低于启动器的启动电压，启动器不能再启动，灯管完成了启动的全过程。

在整个荧光灯启动工作过程中，镇流器要经过 4 种工作状态：

①启动初始阶段启动器提供平稳的电源电压，使启动器启辉；

②启动器闭合后，给灯管灯丝提供启动电流，使灯丝预热；

③启动器断开时产生的高压使灯管启辉点燃；

④灯管启动成功后给灯管提供稳定的电源，以起到镇流作用，维持弧光放电的稳定，使灯管上的电压降至接近其额定值。

（2）高压气体放电灯节能型电感镇流器。

在高压钠灯的点灯电路中，高压钠灯和所有高强度气体放电灯一样呈弧光放电状态。镇流器是串接在电源和高压钠灯之间的、用于限制和稳定灯泡电流和功率的装置。电感镇流器的主要部分由电感线圈和硅钢片组成。电感线圈通电后产生磁场，磁力线流经硅钢片回路。为防止在灯启动和工作状态下电流过大，特将硅钢片回路制成非封闭状，专门留有间隙，使磁场处于非饱和状态，使感抗在较大范围内呈现线性，从而起到稳定灯管电流的作用。

以 400 瓦高压钠灯电感镇流器为例，普通电感镇流器自身功率损耗约为灯功率的 12%。节能型电感镇流器功耗比传统电感镇流器约低 30%，即自身功耗约占灯功率的 8%，因而它工作时温升低，噪声小，寿命长，属安全可靠型电感镇流器。

高压钠灯用节能型电感镇流器可按铁芯形式分为叠片式和卷绕式两类。如表 7 - 12 所示。

表 7 - 12　　　　　　　　　　　　高压钠灯用节能型电感镇流器的类别

类　别		特　　　性
叠片式		减小铁芯磁通密度和铜导线直流电阻，镇流器自身功耗下降约 30%。
卷绕式	环形：	镇流器磁路短，镇流器自身功耗下降大于 30% 以上。
	C 形：	自身功耗略高于环形，易于大批量生产，镇流器自身功耗下降大于 30%。
	O 形：	以上自身功耗低于环形，可大批量生产，但工艺复杂，设备投资较大。

3. 电子镇流器

电子镇流器是将工频 50 赫兹交流电变换为较高频率的交流电，并使一个或几个荧光灯正常启动和稳定工作的变换器。电子镇流器的核心是高频变换电路，电子镇流器组成方框图如图 7 - 4 所示。

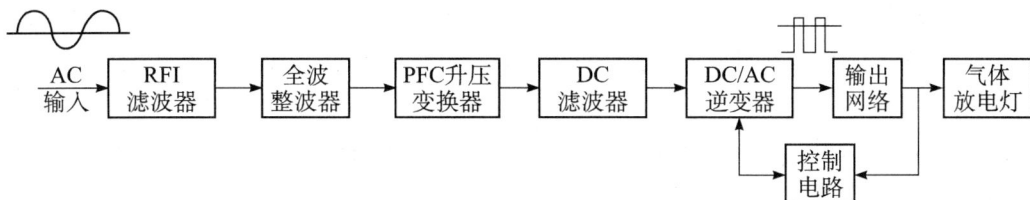

图 7 - 4　电子镇流器组成方框图

工频 50 赫兹交流电在整流之前，首先经过射频干扰（RFI）滤波器滤波。RFI 滤波器一般由电感（L）和电容（C）元件组成，用来阻止镇流器产生的高次谐波反馈到输入交流电网，以抑制对电网的污染和对电子设备的干扰，同时也可以防止来自电网的干扰侵入到电子镇流器。

高品质的电子镇流器，在其全桥整流器与滤波电解电容器之间，设置一级功率因数校正（PFC）升压型变换电路。其作用就是获得低电流谐波畸变，实现高功率因数。DC/AC 逆变器的功能是将直流电压变换成高频电压。高频变换部分的核心是功率开关元件，可作为开关使用的晶体管有双极型功率管、金属—氧化物—半导体场效应晶体管（MOS-FET）、静电感应晶体管（SIT）和绝缘栅双极型晶体管（IGBT）等。逆变电路的开关频率一般为 20～50 千赫兹，输出波形取决于电路结构的选择。DC/AC 逆变电路主要有半桥式逆变电路和推挽式逆变电路两种形式。高频电子镇流器的输出级电路通常采用 LC 串联谐振网络。灯的启动必须通过。LC 电路发生串联谐振，利用启动电容两端产生的高压脉冲将灯引燃。在灯启动之后，电感元件对灯起限流作用，由于电子镇流器开关频率达几十千赫兹，故电感只需很小体积即可胜任。

为使电子镇流器安全可靠地工作，还要设计辅助电路。有的从镇流器输出到 DC/AC 逆变电路引入反馈网络，通过控制电路以保证与高频产生器频率同步化。目前比较流行的异常状态保护电路，是将电子镇流器的输出信号采样，一旦出现灯开路或灯不能启动等异常状态，则通过控制电路使振荡器停振，关断高频变换器输出，从而实现保护功能。

7.2.4　镇流器的选择

1. 镇流器的选择依据

镇流器应按国家能效标准的规定加以选择，镇流器现行的国家能效标准有《管形荧光灯镇流器能效限定值及节能评价值》（GB 17896—1999）、《高压钠灯用镇流器能效限定值及节能评价值》（GB 19574—2004）、《金属卤化物灯用镇流器能效限定值及能效等级》（GB 20053—2006）。

2. 镇流器选择原则

（1）采用电子镇流器，使灯管在高频条件下工作，可提高灯管光效和降低镇流器的自身功耗，有利于节能，并且发光稳定，消除了频闪和噪声，有利于提高灯管的寿命。目前我国的自镇流荧光灯大部分采用电子镇流器。

（2）T8 直管型荧光灯应配用电子镇流器或节能型电感镇流器，不宜配用功耗大的普通电感镇流器，以提高光效；T5 直管型荧光灯（大于 14 瓦）应采用电子镇流器，因为电感镇流器不能保证启动 T5 灯管。

（3）根据有关资料，当采用高压钠灯和金属卤化物灯时，宜配用节能型电感镇流器，它比普通电感镇流器节能。对于功率小于或等于 150 瓦的高压钠灯和金属卤化物灯可配用电子镇流器，可以节能。但功率大于或等于 250 瓦时，使用电子镇流器不一定节能。其原因是电子镇流器经过交—直—交的逆变过程，从理论分析可知这种电路的最大效率只能达到95%，一般情况下只有90%，仅有5%~10%的能量要消耗在电子镇流器中，荧光灯在高频下工作，其自身光效可以提高20%，而高强度气体放电灯在高频下工作光效只能提高3%左右。

在我国实施绿色照明工程中，荧光灯镇流器推广应用电子镇流器和节能型电感镇流器，实践证明已取得显著的经济效益和社会效益。荧光灯用镇流器性能对比见表7-13。

表7-13　　　　　　　　　**36W荧光灯用镇流器性能对比表**

比较对象	普通电感镇流器	节能型电感镇流器	电子镇流器
自身功耗（W）	8~9	<5	3~5
系统光效	1	1	1.2
价格比	低	中	较高
重量	1	1.5左右	0.3左右
寿命（a）	15~20	15~20	5~10
可靠性	较好	好	较好
电磁干扰（EMI）或无线电干扰（RFI）	较小	较小	在允许范围内
灯光闪烁度	有	有	无
系统功率因数	0~0.6（未补偿）	0.4~0.6（未补偿）	0.9以上

7.3　照度标准值的选择

照度是照明的数量指标。照度标准值是在照明设计时选用的照度值，不能随意选用照度标准值，必须按照国家标准《建筑照明设计标准》（GB 50034—2004）规定的照度标准值分级选用。不能选用国家标准值分级中未规定的照度值。

7.3.1　正确选择照度标准值

《建筑照明设计标准》（GB 50034—2004）规定的照度值均为作业面或参考平面上的维持平均照度值。所谓作业面或参考平面，一般是指距地面0.75米的水平面，特定情况下是指桌面、台面、地面、展品面以及实际工作面等。工作面也可能是水平的、垂直的或倾斜的。

为使照明场所的实际照度在使用周期内不低于规定的维持平均照度，在照明计算时，应考虑随照明装置使用时间的延长，光源发出的光通量会逐渐减少以及灯具和房间各表面的污染加重而引起照明场所照度的降低。因此，在照明设计时，必须留出高于维持平均照度值的余量，这个余量就是考虑维护系数时的数值，用此系数值计入计算照度标准值公式中就是设计的初始照度，初始照度大于维持平均照度。我国标准的维护系数值是按光源光通量衰减到其平均寿命的 70% 和灯具每年擦拭次数为 2~3 次确定的。维护系数是小于 1 的系数。

考虑到照明设计的布灯需要、光源功率和光通量的变化非连续的实际情况，根据我国的情况规定了设计照度值与照度标准值比较可有 -10%~+10% 的偏差。此偏差只适用于装 10 个灯具以上的照明场所；当小于 10 个灯具时，允许适当超过此偏差。

我国的照度标准规定，可以根据照明要求的档次高低选择照度标准值。以一般的房间为例，档次要求高的可提高一级，档次要求低的可降低一级。这样选择照度标准值，区别对待，对照明节能十分有利。

凡符合下列条件之一时，参考平面或作业面的照度值应提高一级：

（1）当眼睛至识别对象的距离大于 500 毫米时；

（2）连续长时间紧张的视觉作业，对视觉器官有影响时；

（3）识别对象在活动面上，识别时间短促而辨认困难时；

（4）视觉作业对操作安全有特殊要求时；

（5）识别对象的反射比小或低对比时；

（6）当作业精度要求较高，且产生差错会造成很大损失时；

（7）工作人员年龄偏大，长时间持续的视觉工作时；

（8）建筑水准要求较高时。

凡符合下列条件之一时，参考面或作业面的照度值应降低一级：

（1）进行临时工作时；

（2）当工作精度和识别速度无关紧要时；

（3）当反射比或亮度对比特别高时；

（4）建筑水准较低时；

（5）能源比较紧张的地区。

7.3.2 工业建筑照明标准值

工业建筑一般照明标准值应符合表 7-14 的规定。

表 7-14　　　　　　　　　　　工业建筑一般照明标准值

房间或场所		参考平面及其高度	照度标准值（lx）	UGR	R_a	备 注
1. 通用房间或场所						
试验室	一般	0.75 米水平面	300	22	80	可另加局部照明
	精细	0.75 米水平面	500	19	80	可另加局部照明
检验	一般	0.75 米水平面	300	22	80	可另加局部照明
	精细，有颜色要求	0.75 米水平面	750	19	80	可另加局部照明

续表

房间或场所		参考平面及其高度	照度标准值（lx）	UGR	R_a	备　注
计量室，测量室		0.75m 水平面	500	19	80	可另加局部照明
变、配电站	配电装置室	0.75m 水平面	200	—	60	
	变压器室	地面	100	—	20	
电源设备室，发电机室		地面	200	25	60	
控制室	一般控制室	0.75m 水平面	300	22	80	
	主控制室	0.75m 水平面	500	19	80	
电话站、网络中心		0.75m 水平面	500	19	80	
计算机站		0.75m 水平面	500	19	80	防光幕反射
动力站	风机房、空调机房	地面	100	—	60	
	泵房	地面	100	—	60	
	冷冻站	地面	150	—	60	
	压缩空气站	地面	150	—	60	
	锅炉房、煤气站的操作层	地面	100	—	60	锅炉水位表照度不小于50lx
仓库	大件库（如钢坯、钢材、大成品、气瓶）	1.0m 水平面	50	—	20	
	一般件库	1.0m 水平面	100	—	60	
	精细件库（如工具、小零件）	1.0m 水平面	200	—	60	货架垂直照度不小于50lx
车辆加油站		地面	100	—	60	油表照度不小于50lx
2. 机、电工业						
机械加工	粗加工	0.75m 水平面	200	22	60	可另加局部照明
	一般加工公差≥0.1mm	0.75m 水平面	300	22	60	应另加局部照明
	精密加工公差<0.1mm	0.75m 水平面	500	19	60	应另加局部照明
机电、仪表装配	大件	0.75m 水平面	200	25	80	可另加局部照明
	一般件	0.75m 水平面	300	25	80	可另加局部照明
	精密	0.75m 水平面	500	22	80	应另加局部照明
	特精密	0.75m 水平面	750	19	80	应另加局部照明
电线、电缆制造		0.75m 水平面	300	25	60	

续表

房间或场所		参考平面及其高度	照度标准值（lx）	UGR	R_a	备　注
线圈绕制	大线圈	0.75 米水平面	300	25	80	
	中等线圈	0.75 米水平面	500	22	80	可另加局部照明
	精细线圈	0.75 米水平面	750	19	80	应另加局部照明
线圈浇注		0.75 米水平面	300	25	80	
焊接	一般	0.75 米水平面	200	—	60	
	精密	0.75 米水平面	300	—	60	
钣金		0.75 米水平面	300	—	60	
冲压、剪切		0.75 米水平面	300	—	60	
热处理		地面至 0.5 米水平面	200	—	20	
铸造	熔化、浇铸	地面至 0.5 米水平面	200	—	20	
	造型	地面至 0.5 米水平面	300	25	60	
精密铸造的制模、脱壳		地面至 0.5 米水平面	500	25	60	
锻工		地面至 0.5 米水平面	200	—	20	
电镀		0.75 米水平面	300	—	80	
喷漆	一般	0.75 米水平面	300	—	80	
	精细	0.75 米水平面	500	22	80	
酸洗、腐蚀、清洗		0.75 米水平面	300	—	80	
抛光	一般装饰性	0.75 米水平面	300	22	80	防频闪
	精细	0.75 米水平面	500	22	80	防频闪
复合材料加工、铺叠、装饰		0.75 米水平面	500	22	80	
机电修理	一般	0.75 米水平面	200	—	60	可另加局部照明
	精密	0.75 米水平面	300	22	60	可另加局部照明
3. 电子工业						
电子元器件		0.75 米水平面	500	19	80	应另加局部照明
电子零部件		0.75 米水平面	500	19	80	另加局部照明
电子材料		0.75 米水平面	300	22	80	应另加局部照明
酸、碱、药液及粉配制		0.75 米水平面	300	—	80	
4. 纺织、化纤工业						
纺织	选毛	0.75 米水平面	300	22	80	可另加局部照明
	清棉、和毛、梳毛	0.75 米水平面	150	22	80	
	前纺：梳棉、并条、粗纺	0.75 米水平面	200	22	80	
	纺纱	0.75 米水平面	300	22	80	
	织布	0.75 米水平面	300	22	80	

续表

房间或场所		参考平面及其高度	照度标准值 (lx)	UGR	R_a	备 注
织袜	穿综筘、缝纫、量呢、检验	0.75 米水平面	300	22	80	可另加局部照明
	修补、剪毛、染色、印花、裁剪、熨烫	0.75 米水平面	300	22	80	可另加局部照明
化纤	投料	0.75 米水平面	100	—	60	
	纺丝	0.75 米水平面	150	22	80	
	卷绕	0.75 米水平面	200	22	80	
	平衡间、中间贮存、干燥间、废丝间、油剂高位槽间	0.75 米水平面	75	—	60	
	集束间、后加工间、打包间、油剂调配间	0.75 米水平面	100	25	60	
	组件清洗间	0.75 米水平面	150	25	60	
	拉伸、变形、分级包装	0.75 米水平面	150	25	60	操作面可另加局部照明
	化验、检验	0.75 米水平面	200	22	80	可另加局部照明
5. 制药工业						
制药生产：配制、清洗、灭菌、超滤、制粒、压片、混匀、烘干、灌装、轧盖等		0.75 米水平面	300	22	80	
制药生产流转通道		地面	200	—	80	
6. 橡胶工业						
炼胶车间		0.75 米水平面	300	—	80	
压延压出工段		0.75 米水平面	300	—	80	
成型裁断工段		0.75 米水平面	300	22	80	
硫化工段		0.75 米水平面	300	—	80	
7. 电力工业						
火电厂锅炉房		地面	100	—	40	
发电机房		地面	200	—	60	
主控室		0.75 米水平面	500	19	80	
8. 钢铁工业						

房间或场所		参考平面及其高度	照度标准值（lx）	UGR	R_a	备 注
炼铁	炉顶平台、各层平台	平台面	30	—	40	
	出铁场、出铁机室	地面	100	—	40	
	卷扬机室、碾泥机室、煤气清洗配水室	地面	50	—	40	
炼钢及连铸	炼钢主厂房和平台	地面	150	—	40	
	连铸浇注平台、切割区、出坯区	地面	150	—	40	
	精整清理线	地面	200	25	60	
	钢坯台、轧机区	地面	150	—	40	
	加热炉周围	地面	50		20	
	重绕、横剪及纵剪机组	0.75 米水平面	150	25	40	
	打印、检查、精密分类、验收	0.75 米水平面	200	22	80	
9. 制浆造纸工业						
备料		0.75 米水平面	150	—	60	
蒸煮、选洗、漂白		0.75 米水平面	200	—	60	
打浆、纸机底部		0.75 米水平面	200	—	60	
纸机网部、压榨部、烘缸、压光、卷取、涂布		0.75 米水平面	300	—	60	
复卷、切纸		0.75 米水平面	300	25	60	
选纸		0.75 米水平面	500	22	60	
碱回收		0.75 米水平面	200	—	40	
10. 食品及饮料工业						
食品	糕点、糖果	0.75 米水平面	200	22	80	
	肉制品、乳制品	0.75 米水平面	300	22	80	
饮料		0.75 米水平面	300	22	80	
啤酒	糖化	0.75 米水平面	200	—	80	
	发酵	0.75 米水平面	150	—	80	
	包装	0.75 米水平面	150	25	80	

房间或场所		参考平面及其高度	照度标准值（lx）	UGR	R_a	备　注
11. 玻璃工业						
备料、退火、熔制		0.75 米水平面	150	—	60	
窑炉		地面	100	—	20	
12. 水泥工业						
主要生产车间（破碎、原料粉磨、烧成、水泥粉磨、包装）		地面	100	—	20	
储存		地面	75		40	
输送走廊		地面	30	—	20	
粗坯成型		0.75 米水平面	300	—	60	
13. 皮革工业						
原皮、水浴		0.75 米水平面	200		60	
轻鞣、整理、成品		0.75 米水平面	200	22	60	可另加局部照明
干燥		地面	100		20	
14. 卷烟工业						
制丝车间		0.75 米水平面	200	—	60	
卷烟、接过滤嘴、包装		0.75 米水平面	300	22	80	
15. 化学、石油工业						
厂区内经常操作的区域，如泵、压缩机、阀门、电操作柱等		操作位高度	100	—	20	
装置区现场控制和检测点，如指示仪表、液位计等		测控点高度	75	—	60	
人行通道、平台、设备顶部		地面或台面	30	—	20	
装卸站	装卸设备顶部和底部操作位	操作位高度	75	—	20	
	平台	平台	30	—	20	
16. 木业和家具制造						
一般机器加工		0.75 米水平面	200	22	60	防频闪
精细机器加工		0.75 米水平面	500	19	80	防频闪
锯木区		0.75 米水平面	300	25	60	防频闪
模型区	一般	0.75 米水平面	300	22	60	
	精细	0.75 米水平面	750	22	60	
胶合、组装		0.75 米水平面	300	25	60	
磨光、异形细木工		0.75 米水平面	750	22	80	

注：需增加局部照明的作业面，增加的局部照明照度值宜按该场所一般照明照度值的 1.0～3.0 倍选取。

7.4 照明节能

7.4.1 充分利用天然光

天然光是取之不尽、用之不竭、无污染的巨大洁净能源。充分利用天然光资源，改善建筑采光和照明环境，节约人工照明用电，是实施绿色照明工程的一项重要措施。

建筑利用天然光的方法不少，概括起来主要有被动式采光法和主动式采光法两类。

1. 被动式天然采光

被动式天然采光法是通过或利用不同类型的建筑窗户进行采光的方法。这种采光方法的采光量、光的分布及效能主要取决于采光窗的类型，使用这一采光方法的人则处于被动地位，故称被动采光法。

被动式天然采光方法主要取决于采光窗的种类，可归纳为侧窗和天窗两类。侧窗采光就是在房间一侧或两侧的墙上开窗采光。天窗采光又称顶部采光，它是在房间或大厅的顶部开窗，将天然光引入室内。这一采光方法在工业建筑、公共建筑如博展建筑和建筑的中庭采光应用较多。

2. 主动式天然采光

主动式采光法则是利用集光、传光和散光等设备与配套的控制系统将天然光传送到需要照明部位的采光法。这种采光方法完全由人控制，人处于主动地位，故称主动式采光法。

这种采光方法特别适用于无窗或地下建筑、建筑朝北房间以及识别有色物体或有防爆要求的房间。目前主动式天然采光方法主要有以下六类：

（1）镜面反射采光法。

所谓镜面反射采光法，就是利用平面或曲面镜的反射面，将阳光经一次或多次反射，将光线送到室内需要照明的部位。这类采光方法通常有两种做法：一是将平面或曲面反光镜和采光窗的遮阳设施结合为一体，既反光又遮阳；二是将平面或曲面反光镜安装在跟踪太阳的装置上，做成定日镜，经过它一次，或再经一次，也可能是二次反射，将光送到室内需采光的区域。

（2）利用导光管导光的采光法。

导光管也是一种远程传光系统，而且可以用来传输大的光通量。现在常用的导光管有两种，一种是有缝导光管，另一种是棱镜导光管。

有缝导光管的内表面涂以金属反射层，用以产生镜面反射。入射光线经管道不断地被反射，直到很远。沿管缝开有一条长的出光缝，反射的光就由此处光缝均匀透射出去。导光管的管壁可以由聚对苯二甲酸乙二酯等有机薄膜制成，也可以通过压制铝型材制成。前者是柔性的，后者是刚性的。

棱镜导光管，它是利用棱镜的全反射原理制成的。棱镜薄膜采用透明的有机玻璃或聚碳酸酯制成。薄膜一面是光滑的平面，另一面是均匀分布的纵向棱镜波纹。

（3）光纤导光采光法。

光纤导光采光法就是利用光纤将阳光传送到建筑室内需要采光部位的方法。光纤导光采光方法的构成如图 7-5 所示。

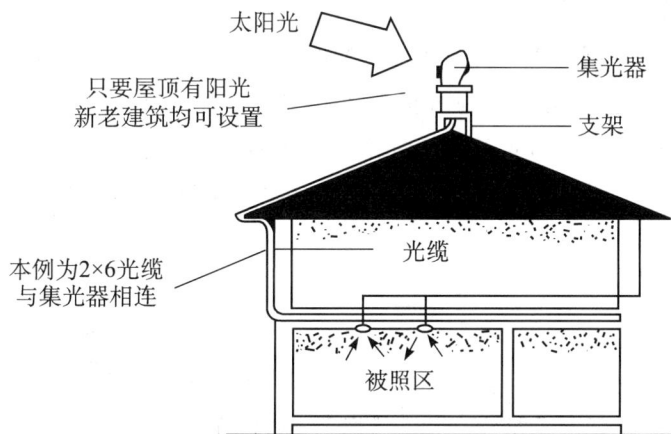

图 7-5　光纤导光采光方法构成

光纤导光采光的核心是导光纤维（简称光纤），在光学技术上又称光波导，是一种传导光的材料。这种材料是利用光的全反射原理拉制的光纤，它具有线径细（一般只有几十微米，一微米等于百万分之一米，比人的头发丝还要细）、重量轻、寿命长、可挠性好、抗电磁干扰、不怕水、耐化学腐蚀、光纤原料丰富、光纤生产能耗低，特种经光纤传导出的光线基本上无紫外和红外辐射线等一系列优点，可以在建筑照明与采光、工业照明、飞机与汽车照明以及景观装饰照明等许多领域中推广应用，成效十分显著。

（4）棱镜传光的采光方法。

棱镜传光采光的原理如图 7-6 所示。旋转两个平板棱镜可产生 4 次光的折射。受光面总是把直射光控制在垂直方面。这种控制机构的机理是当太阳方位角、高度角有变化时，使各平板棱镜在水平面上旋转。当太阳位置处于最低状态时，两块棱镜使用在同一方向上，使折射角的角度加大，光线射入量加多。另外，当太阳高度角变高时，有必要减少折射角度。在这种情况下，在各棱镜方向上给予适当的调节，也就是设定适当的旋转角度，使各棱镜的折射光被抵消一部分。当太阳高度最高时，把两个棱镜控制在相互相反的方向。

根据太阳位置的变化，给予两个平板棱镜以最佳

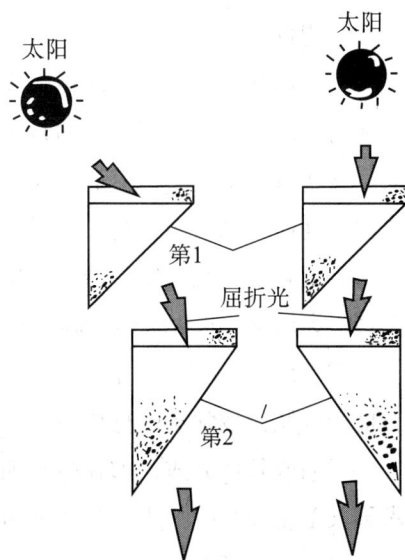

图 7-6　棱镜采光原理

旋转角，把太阳高度角 $10°\sim84°$ 范围内的直射阳光，在垂直方向加以控制。被采集的光线在配光板上进行漫射照射。为实现跟踪太阳的目的，对时间、纬度和经度数据的设定，弱光、运行和停止等操作是利用无线遥控装置器来进行的。还有驱动和控制用电源是由带太阳能电池所提供的蓄电池来供应，而不需要市电供电。

（5）光伏效应间接采光照明法。

光伏效应间接采光照明法（简称光伏采光照明法），就是利用太阳能电池的光电特性，先将光转化为电，而后将电再转化为光进行照明，而不是直接利用阳光采光的照明方法。

如图 7-7 所示，当阳光照射到由 p-n 结的半导体晶片（太阳能电池）上时，晶片中的正负离子则分别向 p 区和 n 区移动，并聚集形成两排壁垒分明的正负电极的现象。若在正与负两极分别焊接电线，而后与负载（光源）相连即可产生电流使负载发光，实现光→电→光的转换过程。

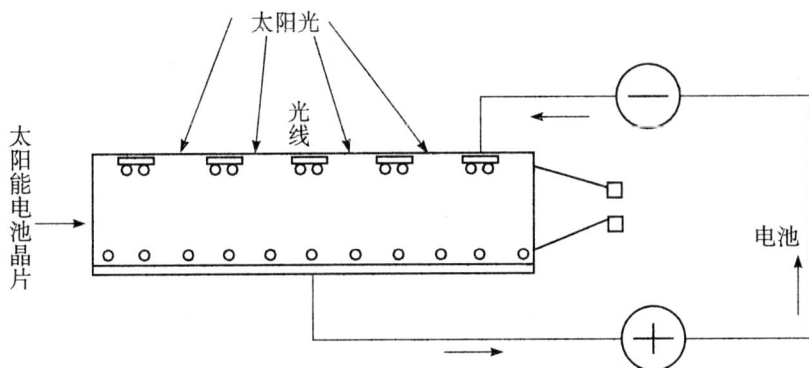

图 7-7　光伏效应的原理与过程

由于太阳能电池的能量转换效率较低，必须采取措施提高电池吸收阳光数量，并降低系统中能量的损耗。

①合理选择太阳能电池板的安装位置与角度。首先电池板必须朝向正南方，倾斜角应考虑与当地全年太阳辐射量的月平均值，并兼顾冬夏两季太阳辐射量的均衡性，以求最大限度地获取太阳能的辐射量。在室外照明使用时，电池受光面方向不应有楼房、树木、广告牌和其他挡光的构筑物等，以免降低电池的受光量。

②负载，也就是发光器件，应选择光效高的光源和相应电气附件，如节能荧光灯、金卤灯、高压钠灯或 LED 光源以及相应电气附件等。

③系统的元器件选择，应选用损耗低的控制元器件，如压降小的保护用开关、防反充二极管以及比较常用的分压电阻等。

④采取其他方式，如在电池前加聚光板或加跟踪装置，使电池板跟着太阳旋转等，以求最大限度地吸收太阳能辐射能量，提高系统的能源利用率。

（6）卫星反射镜采光法。

前四种采光法的采光量有限，而且只能解决建筑物部分房间白天的采光问题。因此人们于 20 世纪 60 年代提出利用卫星反射镜的采光法的设想，利用安装在高达 36000 千米的同步卫星上的反光镜，将阳光反射到地球需要采光或照明的地区。不仅在白天，而且夜晚也可利用这一技术采集阳光进行照明，即人们所说的人造"月亮"或称"不夜城计划"。

7.4.2 照明功率密度值

工业建筑照明功率密度值不应大于表 7 - 15 的规定。当房间或场所的照度值高于或低于本表规定的对应照度值时，其照明功率密度值应按比例提高或折减。

表 7 - 15　　　　　　　　　　　　工业建筑照明功率密度值

房间或场所		照明功率密度（W/m^2）		对应照度值（lx）
		现行值	目标值	
1. 通用房间或场所				
试验室	一般	11	9	300
	精细	18	15	500
检验	一般	11	9	300
	精细	27	23	750
计量室、测量室		18	15	500
变、配电站	配电装置室	8	7	200
	变压器室	5	4	100
电源设备室、发电机室		8	7	200
控制室	一般控制室	11	9	300
	主控制室	18	15	500
电话站、网络中心、计算机站		18	15	500
动力站	风机房、空调机房	5	4	100
	泵房	5	4	100
	冷冻站	8	7	150
动力站	压缩空气站	8	7	150
	锅炉房、煤气站的操作层	6	5	100
仓库	大件库（如钢坯、钢材、大成品、气瓶）	3	3	50
	一般件库	5	4	100
	精细件库（如工具、小零件）	8	7	200
车辆加油站		6	5	100
2. 机、电工业				
机械加工	粗加工	8	7	200
	一般加工（公差≥0.1mm）	12	11	300
	精密加工（公差<0.1mm）	19	17	500
机电、仪表装配	大件	8	7	200
	一般件	12	11	300
	精密	19	17	500
	特精密	27	24	750

续表

房间或场所		照明功率密度（W/m²）		对应照度值（lx）
		现行值	目标值	
电线、电缆制造		12	11	300
线圈绕制	大线圈	12	11	300
	中等线圈	19	17	500
	精细线圈	27	24	750
线圈浇注		12	11	300
焊接	一般	8	7	200
	精密	12	11	300
钣金		12	11	300
冲压、剪切		12	11	300
热处理		8	7	200
铸造	熔化、浇铸	9	8	200
	造型	13	12	300
精密铸造的制模、脱壳		19	17	500
锻工		9	8	200
电镀		13	12	300
喷漆	一般	15	14	300
	精细	25	23	500
酸洗、腐蚀、清洗		15	14	300
抛光	一般装饰性	13	12	300
	精细	20	15	500
复合材料加工、铺叠、装饰		19	17	500
机电修理	一般	8	7	200
	精密	12	11	300
3. 电子工业				
电子元器件		20	18	500
电子零部件		20	18	500
电子材料		12	10	300
酸、碱、药液及粉配制		14	12	300

注：房间或场所的室形指数值等于或小于1时，本表的照明功率密度值可增加20%。

7.4.3 采用合理照明控制方法 *

照明控制有单一功能的，有多种功能综合的，各种照明控制是建立在不同时间、不同条件下的光环境，以满足人们对照明的要求，而合理节约电能。

1. 分布式智能照明控制系统

分布式智能照明控制系统是以 PC 监控机和微处理器为核心，多种功能综合，具备智能特点的照明控制系统，用于酒店、餐厅、会堂、办公楼等。其功能如下：

（1）开灯软启动。防止电压突变对灯的冲击，有利于延长灯的寿命和节能。

（2）调光。对不同场所按不同需要调光，用调压方式平缓调节白炽灯光源的光输出，用调频控制带调光的电子镇流器以调节荧光灯的光通量。

（3）实施多场景预置。以满足不同区段照明亮度和气氛的变化，将多个场景存放在调光器的存储器中，按指令调用。

（4）按多种方式和要求开关灯：

①按设定程序；

②按预设时钟；

③按天文时钟，按所处地纬度自动调整，按每天日出、日落时间开关灯，适用于道路照明；

④合理利用天然光的照度补偿，以调节室内灯光；

⑤用红外跟踪检测、动静检测方式自动开关灯，用于个人办公室等；

⑥远控开关灯，通过键盘发指令操作。

（5）监测。测量各种参数，显示运行状态，发出信号和报警。

2. 智能照明调控装置

智能照明调控装置以微处理器和抽头变压器、固态开关等组成，具有多种功能的智能调控系统，主要用于道路、隧道、停车场、港口、机场等的照明。其功能如下：

（1）开灯软启动，调节平缓过渡。从 200 伏启动（保持 2.5 分钟），再平缓升压至 210~220 伏（经 10 分钟），可有效地延长灯的寿命。

（2）稳压。装置维持输出电压在 ±2% 范围内，有利节能、延长灯寿命、保持照度恒定和光色的稳定。用高压钠灯作城市道路照明，若按后半夜电压平均升高 8% 计算，灯功率增加 22%，后半夜年运行约 2 200 小时，则一只 400 瓦钠灯，稳压条件下可节电达 193.6 千瓦时。

（3）节能调压降功率运行。对于道路照明，后半夜车流、人流少，可以适当降低路面亮度时，定时自动平缓将电压降至 180~190 伏。当用高压钠灯，电压降至 187 伏时，光通降至 59%，灯功率降至 66%。一只 400 瓦钠灯，后半夜降功率运行 2 200 小时，年节电 299.2 千瓦时。

（4）智能控制灯光开关时间。对路灯按天文时间逐日自动调整开关灯时间。

3. 照明调控系统

照明调控系统由输出电源控制设备和系统输入装置组成。前者按控制指令控制各种照明负荷的开关和调光，对白炽灯用相位控制可控硅调光，对荧光灯用可调光电子镇流器进行调光；后者提供操作控制界面，选择场景，控制多个回路灯光亮度。

该系统主要用于酒店、餐厅、会议中心、多功能厅、舞厅、展览馆等场所，以节约能源，控制室内空间的色彩、明暗分布，创造多种光环境效果。

4. 照明节能调光器

照明节能调光器是一个自动稳压和调压装置，由电子控制器、自耦变压器、变速装置组成，适用于道路、广场、体育场馆、港口、机场、工厂、办公楼等场所。主要功能如下：

（1）开灯软启动。

（2）稳压。调光器的输出电压稳定到 ±1% 范围。

（3）节能调压。在允许降低照度的条件下，降低电压运行，对高压钠灯和金卤灯可降到 183 ~ 190 伏，荧光灯不低于 190 伏。

以上三项功能的节能效果和其他效果基本上与智能照明调控装置相同。

5. 照明节能电源

照明节能电源是由微电脑和自控装置、自动变换器组成。根据使用要求，可分档调节电压，降低电压 3% ~ 9%，通过调压可使三相电压保持平衡。另外，当电压过高时，可保持电压稳定在额定值以内。

6. 照明节能自动调光系统

照明节能自动调光系统适用于办公室、会议室、教室等场所，为了更好地利用天然光，节约电能，通过检测室内相关区段（如近窗）照度，调节可调光电子镇流器以降低近窗段荧光灯功率，保持室内照度近似恒定。

7. 节能调节型镇流器

为了节能，延长光源的寿命，有多种节能调光或稳定型镇流器，其功能如下：

（1）可调光电子镇流器。运用自动、远控或手动方式调节电子镇流器的控制电压，以降低灯功率，获得节能效果。可广泛用于各种室内外场所。

（2）恒功率型节能电感镇流器。当电压升高时，镇流器能自动保持灯功率的恒定，有很好的节能效果，提高灯寿命，稳定照度。

（3）双功率节能电感镇流器。用于道路照明的高压钠灯或金属卤化物灯，通过变更镇流器参数，可以在额定功率和降低功率两种状态下运行。降低功率到额定功率的 50% ~ 60%，用于后半夜需要降低光输出的条件下运行。

7.4.4 加强照明管理与监督

应该建立照明运行、维护和管理制度，包括以下内容：

（1）应有专业人员负责照明维修和安全检查，并作好维护记录，专职或兼职人员负责照明运行；

（2）应建立清洁光源、灯具的制度，根据标准规定的次数定期进行擦拭；

（3）宜按照光源的寿命或点亮时间，维持平均照度，定期更换光源；

（4）更换光源时，应采用与原设计或实际安装相同的光源，不得任意更换光源的主要性能参数；

（5）做到随手关灯，杜绝长明灯现象。

7.5 绿色照明工程实例

1. 北京市中小学校更换高效照明光源

2005 年北京市发展改革委、市教委联合开展在中小学校更换高效照明光源工作。市政府将此项工作列入直接关系群众生活方面拟办的重要实事之中。

据初步调查，北京中小学校教室照明条件较差，其中远郊区县的中小学校的教室照明条件更差，普遍存在着教室照明布局不合理、照度低、照明灯具老化等问题。

实施绿色照明工程，涉及北京市 18 个区县的 2 046 所中小学校。其改造方案是在不改变灯具的前提下，采用高效照明光源。以 T836 瓦细管径稀土三基色荧光灯替代 T1240 瓦粗管径荧光灯；以紧凑型荧光灯替代普通白炽灯。对更换前和更换后照明光源的教室照度变化情况进行监测，城八区中小学校更换高效照明光源后教室照度提高 65%，显色指数全部达到 85 以上。远郊区县中小学校更换高效照明光源后教室照度提高 64.5%，显色指数全部达到 85 以上。

北京市 2046 所中小学校共更换 151 万只高效照明光源，年可节电 1440 万千瓦时，年节约电费 821 万元，减排二氧化碳 14535 吨、二氧化硫 438 吨。

实施绿色照明工程达到提高照度和显色指数、改善教室照明环境、保护学生视力、节约能源、保护环境的目的，取得了良好的经济效益和社会效益。

2. 成都银河王朝大酒店更换高效照明光源

成都银河王朝大酒店是一家四星级标准的大型涉外酒店，共有 400 间标准客房、1 个 1200 平方米的大型宴会厅、4 个会议室、4 个餐厅，还有大堂及娱乐、商务场所。原照明光源采用 40 ~ 60 瓦白炽灯 9727 盏，还有其他规格的白炽灯、卤钨灯 741 盏，共用灯 10 468 盏。

（1）存在的主要问题。

①照明能耗高。

②光源寿命短。

③更换光源的工作量大。

④受光源发热影响进一步增加空调能耗。

⑤照度不够。

⑥光源舒适度差，有明显的眩光，舒适的环境受到影响。

⑦由于白炽灯和卤钨灯功率大、温升高，造成一定的火灾隐患。

⑧过大的电网电流引起线损增加，变压器负担过重。

（2）照明改造方案。

经过多次论证，决定在不改变原有灯具的基础上，以 7 ~ 11 瓦反射形、蘑菇形、球形紧凑型荧光灯为主改造客房、楼道和大堂；以 3W/2U、7W/2U、9W/2U、13W/2U、40W/4U 紧凑型荧光灯为主改造宴会厅、工作车间、娱乐等场所。光源颜色全部采用暖白光，即 2 700K 色温。

改造总用灯数量为 10468 盏，为 3~40W 多种规格的紧凑型荧光灯，总投资 35 万元。

（3）改造效果。

改造后大幅度降低了照明用电量和电费：

①年节约照明用电量 173 万千瓦时。

②年节省照明用电费 107 万元。

③空调耗能明显减少，年节约空调用电 14 万千瓦时。

④年节约照明维护费 3 万元。

⑤照度增加 10%，照明质量提高。

⑥紧凑型荧光灯质量好，寿命长，损坏率低，减少了更换次数，减轻了维护人员的劳动强度，节约了日常维护费用。

⑦紧凑型荧光灯优良的外形没有破坏原有的装饰效果。

⑧增加了酒店的用电安全性和可靠性。

通过 8 个月的使用及跟踪测试，成都银河王朝酒店在 4 个月内收回全部投资，为酒店带来了良好的社会效益和经济效益，综合照明质量大幅度提高。

▶ 自学指导

学习重点

本章学习重点是：照度和照明功率密度值的定义、照明光源的分类。

（1）照度的定义：照度是用以表示被照面上的光线强弱的光度指标，是被照面上的光通量密度。其定义为表面上一点的照度 E 是入射在包含该点的面元上的光通量 dΦ 除以该面元面积 dA 所得之商。

（2）照明功率密度值的定义：照明功率密度是评价建筑照明节能的指标，它是房间单位面积上的照明安装功率（包括光源、镇流器或变压器的功率）。

（3）照明光源的分类：照明光源包括热辐射光源、低强度气体放电光源、高强度气体放电光源和其他光源等。

热辐射光源包括普通白炽灯、卤钨灯等；低强度气体放电光源一般指荧光灯，荧光灯按其结构形式分为直管型荧光灯、异形管荧光灯、紧凑型荧光灯三大类；高强度气体放电光源包括高压汞灯、金属卤化物灯和高压钠灯等；其他光源还包括低压钠灯、无极荧光灯、微波硫灯和发光二极管等。

学习难点

本章的难点是：照明光源、照明灯具及其附属装置的合理选择，采用合理控制照明的方法*。

（1）照明光源的合理选择：尽量减少白炽灯的使用量；逐步减少高压汞灯的使用量；推广使用直管型细管径 T8 荧光灯和紧凑型荧光灯；积极推广高光效、寿命长的高压钠灯和金属卤化物灯。

（2）照明灯具的合理选择：选择配光合理的灯具；选择高效率灯；选择光利用系数高的灯具；选择高光通量维持率的灯具；尽可能选择不带光学附件的灯具；采用空调和照明一体化灯具；灯具的反射面采用计算机的辅助设计（CAD）。

（4）采用合理控制照明的方法*：各种照明控制是建立在不同时间、不同条件下的光环境，以满足人们对照明的要求，而合理节约电能。

采用分布式智能照明控制系统，指以 PC 监控机和微处理器为核心，多种功能综合，具备智能特点的照明控制系统；采用智能照明调控装置，指以微处理器和抽头变压器、固态开关等组成，具有多种功能的智能调控系统；采用照明调控系统，它由输出电源控制设备和系统输入装置组成，前者按控制指令控制各种照明负荷的开关和调光，对白炽灯用相位控制可控硅调光，对荧光灯用可调光电子镇流器进行调光，后者提供操作控制界面，选择场景，控制多个回路灯光亮度；采用照明节能调光器，它是一个自动稳压和调压装置，由电子控制器、自耦变压器、变速装置组成。

复习思考题

一、单项选择题（在备选答案中选择 1 个最佳答案，并把它的标号写在括号内）

1. 照明节能的评价指标是(　　)。

A. 照度　　　　　　　B. 光通量　　　　　C. 统一眩光值　　　D. 照明功率密度值

2. 下列光源光效最高的是(　　)。

A. 荧光灯　　　　　　B. 普通白炽灯　　　C. 金属卤化物灯　　D. 高压钠灯

3. 用来表示灯具防止炫光的范围指标是(　　)。

A. 配光　　　　　　　B. 灯具效率　　　　C. 遮光角　　　　　D. 照度

4. 适用于高大厂房、要求照度较高且光色较好场所的灯具是(　　)。

A. 高压钠灯　　　　　B. 金属卤化物灯　　C. 高压汞灯　　　　D. 荧光灯

二、多项选择题（在备选答案中有 2 ~ 5 个是正确的，将其全部选出并将它们的标号写在括号内，错选或漏选均不给分）

1. 下列属于合理选择光源的措施是(　　)。

A. 减少白炽灯的使用　　　　　　　　B. 使用高压钠灯和金属卤化物灯

C. 减少高压汞灯使用　　　　　　　　D. 使用 T12 日光灯

E. 使用节能型荧光灯

2. 灯具的光学特性指标包括(　　　)。

A. 光强分布（配光）　B. 遮光角　　　　　　　C. 光通量　　　　　　　D. 灯具效率

E. 遮光系数

三、简答题

1. 简述照度的定义。

2. 简述照明功率密度值的定义。

3. 简述照明灯具、镇流器的定义。

四、论述题

试论述合理的照明控制方式。

第8章 建筑节能技术

▶ 学习目标

1. 应知道、识记的内容
- 建筑节能的概念
- 建筑节能的策略*
- 建筑设计节能技术
- 建筑暖通空调系统的概念
- 建筑暖通空调节能方法的一般原则
- 储能技术的概念*

2. 应理解、领会的内容
- 墙体节能技术
- 屋顶与地板节能技术
- 窗体节能技术
- 暖通空调系统主要节能技术类型
- 蓄热材料*
- 蓄热方式*

▶ 自学时数

8~10 学时。

▶ 教师导学

建筑节能是指在建筑材料生产、房屋建筑施工及使用过程中，合理有效地利用能源，以便在满足同等需要及达到相同目的的条件下，尽可能降低能耗，以达到提高建筑舒适性和节省能源的目标。本章以建筑节能的概念、策略和标准为出发点，对建筑设计、围护结构、暖通空调系统等方面的节能技术原理及内容进行了深入介绍，最后对储能材料在建筑节能中的应用和建筑节能实例进行了系统阐述。

本章的重点为：建筑设计节能技术的类型及内容、建筑暖通空调系统的定义、蓄热方式的分类及其蓄热方式*。

本章的难点是：节能墙体材料及复合墙体节能技术、屋顶节能技术中应注意的问题、窗体节能技术、建筑暖通空调系统节能方法的原则及主要节能技术。

8.1 概述

8.1.1 建筑节能的概念

建筑节能从字面简单理解就是有关建筑的节能技术，而有关建筑的事项涉及建筑设计、建筑材料、建筑施工、建筑物日常运行等诸多问题，因此，建筑节能技术也必将涉及这些方面。人们在不同的时期，对建筑节能的理解和着重点也有所不同。自从 20 世纪 70 年代发生全球性石油危机以来，建筑节能的含义经历了三个不同的阶段。第一阶段是建筑中节约能源（Energy Saving in Building），也就是在房屋的建造过程中节约能源；第二阶段是建筑中保持能源（Energy Conservation in Building），也就是在建筑中减少能源的散失，如通过利用各种墙体保温材料，减少建筑物中能量的损失；第三阶段是建筑中提高能源利用率（Energy Efficiency in Building），即不是消极意义上的节约，而是积极意义上的提高能量利用效率，如在建筑能源使用中采用冷、热、电三联供技术，空调变频技术及节能光源照明技术。

就一般而言，建筑节能是指在建筑材料生产、房屋建筑施工及使用过程中，合理有效地利用能源，以便在满足同等需要及达到相同目的的条件下，尽可能降低能耗，以达到提高建筑舒适性和节省能源的目标。从建筑节能的一般性定义可知其包含三层主要含义：一是建筑节能涉及建筑物的整个生命周期过程，包含建筑的设计、建造、使用等过程；二是建筑节能的前提条件是在满足同等需要及达到相同目的的情况下，达到能源消耗的减少，也就是说，不能通过减弱建筑的舒适性来节能，如减少照明强度、缩短空调使用时间，这些都不是积极意义上的节能；三是建筑节能不能简单地认为是少用能，其核心是提高能源使用效率。

建筑节能是一项综合性的措施，它通过一定的技术手段获得使人得到舒适健康环境的同时，在建筑中提高能源利用价值，以有限资源和最小能源消费为代价获取最大经济和社会效应。建筑节能包括建筑物节能、建筑设备节能、建筑节能管理技术和建筑节能评价等技术，涉及建筑、设计、规划、施工、管理、环境等多专业领域，为达到最终节能目的，必须加强相关行业和专业的合作交流。

建筑节能是一项系统工程，必须在建筑物的整个生命周期中注重节能工作，它包括建筑材料的生产、运输及安装，建筑方案的设计，建筑物本身的建设，建筑物日常运行直至最后消亡的整个生命周期。建筑方案的设计及建筑物日常运行中的节能工作是互相联系和影响的，不能割裂开来，否则难以取得理想的节能效果。

8.1.2　建筑节能的策略 *

尽管节能工作的必要性和重要性已十分明显，但开展具体的建筑节能工作仍存在一定的难度。由于建筑节能涉及建筑的设计、施工、使用等多个阶段，而每个阶段的执行者、所有者或委托者都不相同，都站在各自的经济利益角度来考虑问题。因此，必须对建筑节能工作采用一定的策略，使其顺利地展开各项工作。主要可采取以下策略。

（1）在已有法律法规的基础上，进一步完善国家建筑节能法规体系。建筑节能有利于节约资源，改善环境，提高人民生活水平，涉及重大公众利益和国家可持续发展战略，必须由国家力量来强制实施。2007 年修订的《中华人民共和国节约能源法》对建筑节能作出了规定，要求建筑物提高保温隔热性能，减少采暖、制冷、照明的能耗。国家建设部门出台了一系列建筑节能方面的标准，其中主要有《民用建筑节能设计标准》、《夏热冬冷地区居住建筑节能设计标准》、《夏热冬暖地区居住建筑节能设计标准》、《公共建筑节能设计标准》等。根据地方建筑节能工作进展的需要，2004 年北京和天津还分别发布了节能率为 65% 的地方标准《居住建筑节能设计标准》。这些标准的发布和实施，意味着从北到南、从居住建筑到公共建筑，设计时都必须满足建筑节能标准规定的要求。以上法律法规的制定与实施，在推动各地建筑节能工作方面发挥了一定的作用，但由于建筑节能涉及建材、煤炭、电力、天然气、石油、轻工、家电等许多行业，存在着职能交叉问题，需由法律统一协调，才能规范建筑节能工作的发展。

（2）建立相应的权威协调管理机构来协调和监督建筑节能工作。建筑节能工作政策性强，涉及部门多，协调工作量大，应建立国家的协调管理和监督机构，把建筑节能工作纳入到国家宏观经济运行体制之中，协调各方利益和各部门关系，明确有关职责。健全建筑节能的执法机构，建立以政府监督考核为主，并与企事业单位自我考核相结合的建筑节能检查监测体系。加强建筑节能监管与执法力度，进一步规范监管行为，规定科学合理的节能审查、监督等工作程序和要点，依法监管并严格执法，将建筑节能专项检查制度化。尤其对大型公共建筑的建筑节能工作要加大监管力度，尽快完善政府投资工程的建设标准，把建筑节能作为一项重要的监管指标；建立和完善公共建筑特别是政府投资工程执行建设标准和节能强制性标准的监管机制；对新建政府办公建筑和大型公共建筑要进行强制的节能检测并对其能耗指标进行标识；建立针对政府办公建筑和大型公共建筑的能耗统计制度和能效审计制度。

（3）建立建筑节能政府奖励基金，制定建筑节能各种经济鼓励政策。新建建筑节能和既有建筑的节能改造数量庞大，此项工作的实施将大大扩大内需，拉动建筑、建材、电子仪表、化工、轻工行业的发展。对于既有建筑节能改造和供暖收费制度改革中，用户、产权单位、供热企业与国家的利益并不完全一致，由于经济负担重，住户的积极性不高，必须由中央财政、地方财政和单位、个人共同负担进行。可借鉴国外成功经验和模式，由财政单独安排建筑节能资金，专项用于既有建筑的节能改造、供暖收费制度的改革以及建筑节能政策的制定和技术调研、科研开发、试点示范等。建议国务院及地方各级政府制定相应的经济鼓励政策，通过减免税收、贴息贷款等方式，支持建筑节能的开发应用。加大对建筑节能相应技术和产品研究开发的支持力度，从科研和项目经费中拨出专款用于建筑节能工作，鼓励新能源如太阳能、天然气、地热能、风能、生物质能等的应用研究。

（4）建立国家建筑节能技术产品的评估认证制度。建筑节能技术与产品的专业性强，与建筑物安全性和长期使用寿命有关，但由于目前建筑节能技术水平低，性能还不完善，市场机制也很不规范，因此有必要借鉴国外成熟经验，建立国家建筑节能技术产品评估认证制，成立评估认证管理委员会和专家委员会，成立评估认证执行机构，建立推广和限制、淘汰公布制度和管理办法，规范建筑节能技术和产品市场，推动建筑节能技术和产品的创新。

（5）推进城市供热收费体制改革，将按户或按面积收费改成按热量计量收费，实施分户调控室温，达到节能的目的。由于实施按热量计费，各户节能的效益归自己所有，达到了经济学上效益最大化原则，可以大大提高用户的节能积极性，使其节能行为有长期的推动力。

（6）对既有建筑的节能改造工作应由易到难、逐步推进。我国大量的既有建筑，基本上没有采取节能措施，对于这些建筑的节能改造，不能操之过急，应根据不同情况，逐步推进。如一些冬季结露、夏天过热的建筑改造要求比较强烈，适合早日着手；一些宾馆、饭店、写字楼，原本耗能过多，能源开支负担沉重，可以结合几年一次的装修进行节能改造，这种办法改造费用较低；在组织供热体制改革，对既有采暖系统进行计量收费改造时，最适宜同时进行围护结构的改造；有些城市搞房屋加层、平屋顶改为坡屋顶，也适宜同时做屋顶保温、外墙外保温和更换节能窗等改造工作。节能改造工作结合其他需要做的改建、扩建工作进行，费用增加较少，可取得事半功倍的效果。

（7）认真做好建筑节能示范工程，使建筑节能的效果看得见，摸得着，激发建筑物设计者、建筑物施工者、建筑物使用者的节能热情。在示范工程取得的经验和成果的基础上，形成国家相关技术标准、应用的成套技术和配套政策法规，摸索出在国家政策法规引导下，依靠市场机制推进建筑节能技术规模化应用的机制和模式，并同步形成具有自主知识产权的建筑节能体系，推动建筑节能产业的发展。

（8）进一步加大建筑节能工作的宣传力度，提高对建筑节能工作重要性的认识，加强建筑节能的领导工作。通过各种形式的宣传在全社会营造一个良好的建筑节能氛围，提高全社会对建筑节能重要性的认识，开展对《民用建筑节能管理规定》的宣传、贯彻工作。

8.1.3 建筑节能的标准

建筑节能是一项综合性的任务，它涉及建材产业、建筑产业、建筑用能设备生产行业、建筑物物业管理部门等多个产业和部门。建筑节能的标准理应包括上述各方面的内容，既有技术上的节能标准，也有管理上的节能标准，还可制定工作上的节能标准，从而构建建筑节能标准体系。我国建筑节能标准化工作起步较晚。从 20 世纪 80 年代起，我国才颁布国家和行业建筑节能标准，与国外的先进水平相比，我国的法规与标准还不配套，至今尚无完整的建筑节能标准体系可言，已有的标准指标水准也比国际水平低，需要进一步补充完善，并随着技术的进步加以调整和修改。

目前，我国有关建筑节能的国家标准主要有：《公共建筑节能设计标准》（GB 50189—2005）；《建筑照明设计标准》（GB 50034—2004）；《采暖通风与空调调节设计规范》（GB 50019—2003）；《建筑给水排水设计规范》（GB 50015—2009）；《民用建筑热工设计规范》（GB 50176—1993）；《民用建筑设计通则》（GB 50352—2005）；《民用建筑太阳能热水系统应用技术规范》（GB 50364—2005）；《太阳能供热采暖工程技术规范》（GB 50495—2009）；《建筑节能工程施工质量验收规范》（GB 50411—2007）；《建筑采光设计标准》（GB/T 50033—2001）；《绿色建筑评价标准》（GB/T 50378—2006）；《建筑外窗气密性能分级及其检测方法》（GB/T 7107—2008）；《建筑外窗水密性能分级及其检测方法》（GB/T 7108—2002）；《建筑外窗空气隔声性能分级及其检测方法》（GB/T 8485—2002）；《建筑外门窗气密、水密、抗风压性能分级及检测方法》（GB/T 8484—2008）；《建筑外窗采光性能分级及其检测方法》（GB/T 11976—2002）；《节能建筑评价标准》（GB/T 50668—2011）等。

有关建筑节能的行业标准主要有：《民用建筑节能设计标准》（JGJ 26—2010）；《民用建筑电气设计规范》（JGJ 16—2008）；《夏热冬冷地区居住建筑节能设计标准》（JGJ 134—2010）；《夏热冬暖地区居住建筑节能设计标准》（JGJ 75—2003）；《公共建筑节能改造技术规范》（JGJ 176—2009）；《公共建筑节能检测标准》（JGJ/T 177—2009）；《居住建筑节能检测标准》（JGJ/T 132—2009）；《民用建筑能耗数据采集标准》（JGJ/T 154—2007）等。

许多地方也建立了有关建筑节能的地方标准，主要有：

北京：《居住建筑节能设计标准》（DBJ11 – 602—2006）。

福建：《居住建筑节能设计标准实施细则》（DBJ13 – 62—2004）。

上海：《电影院、影剧院合理用电管理标准》（DB31/T106—1993）；

　　　《冷库耗电考核标准》（DB31/T580～1995）；

　　　《整体式紧凑型荧光灯安全和性能要求》（DB31/177—1996）；

　　　《照明设备合理用电》（DB31/179—1996）；

　　　《蒸汽锅炉房安全、环保、经济运行管理标准》（DB31/176—1996）。

浙江：《公共建筑节能设计标准》（DB33/1038—2007）。

目前正在编制的标准和规范有《既有公共建筑节能改造技术规程》、《建筑能耗统计标准》、《建筑全生命周期可持续性影响评价标准》、《城镇供热系统评价标准》。

为了更好地开展建筑节能工作，不仅要建立完整的建筑节能标准体系，还要认真执行节能标准。做好执行节能标准，首先，要搞好教育培训，特别是对建筑和暖通空调设计师、房屋开发商和管理人员的培训，也要做好对广大群众的宣传。应该认真贯彻《民用建筑节能管理规定》。其次，地方建设行政管理部门应该采取积极态度，制定当地的管理办法，通过设计审查和竣工验收等环节实施行政强制，并编制地方的实施细则、通用图集等技术文件。最后，在具体工作中，应该区别对待，因地制宜，分步实施。要从大中城市开始，尤其是特大城市，经济技术实力雄厚，应该率先垂范，起到带头和辐射作用。

8.2 建筑设计节能技术

建筑工程设计是指设计一个建筑物或建筑群所要做的全部工作，一般包括建筑设计、结构设计、设备设计等几个方面的内容。

建筑设计又包括总体设计和个体设计两个方面，一般是由建筑师来完成。主要有以下两个方面的设计内容：

（1）建筑空间环境的组合设计。主要是通过建筑空间的限定、塑造和组合，综合解决建筑物的功能、技术、经济和美观等问题。它通过建筑总平面设计、建筑平面设计、建筑剖面设计、建筑造型与立面设计等来完成。

（2）建筑空间环境的构造设计。主要是针对建筑物的各构造组成部分，确定其材料及构造方式，来确定建筑物的功能、技术、经济和美观等问题。它包括对基础、墙体、楼地面、楼梯、屋顶、门窗等构配件进行详细的构造设计，也是建筑空间环境组合设计的继续和深入。结构设计主要是根据建筑设计选择切实可行的结构方案，进行结构计算及构件设计、结构布置及构造设计等。一般是由结构工程师来完成。设备设计主要包括给排水、电气照明、通讯、采暖、空调通风、动力等方面的设计，由有关的设备工程师配合建筑设计来完成。

所谓建筑设计节能技术，就是在设计阶段引入节能技术，使建筑物在以后的运行节能工作更好地开展。

1. 建筑格局朝向设计节能技术

在地理环境许可的前提下，做建筑物格局和朝向设计时应尽量让其坐落于坐北朝南的方向，即建筑物的轴线为东西走向，有利于冬暖夏凉。这样一方面降低了夏天制冷空调的能量消耗，另一方面也降低了冬天制暖能量的消耗，从而达到节能降耗的目的。当然，如果地理环境不允许，则应另外考虑。

图 8-1 是五种相同体积的建筑按不同的方式排列及其月辐射得热量图。由图可以看出，立方体 A 是冬季日辐射得热最少的建筑体形，南北走向的 D 是夏季得热最多的，这两种体形不利于建筑节能，因为 D 夏天得热量多，增加了空调的制冷量，而 A 冬季日辐射得热最少，增加了冬季供暖量。尽管 E、C 两种体形整体看是东西走向，全年日照射得

热量较为均衡，但长、宽、高比例失调不理想。五种建筑中，最好的是东西走向，坐北朝南，长、宽、高比例适宜的 B 型建筑，该建筑在冬季得热较多，在夏季得热为最少，有利于减少冬季的供暖量及夏天的制冷量，达到节能的目的。

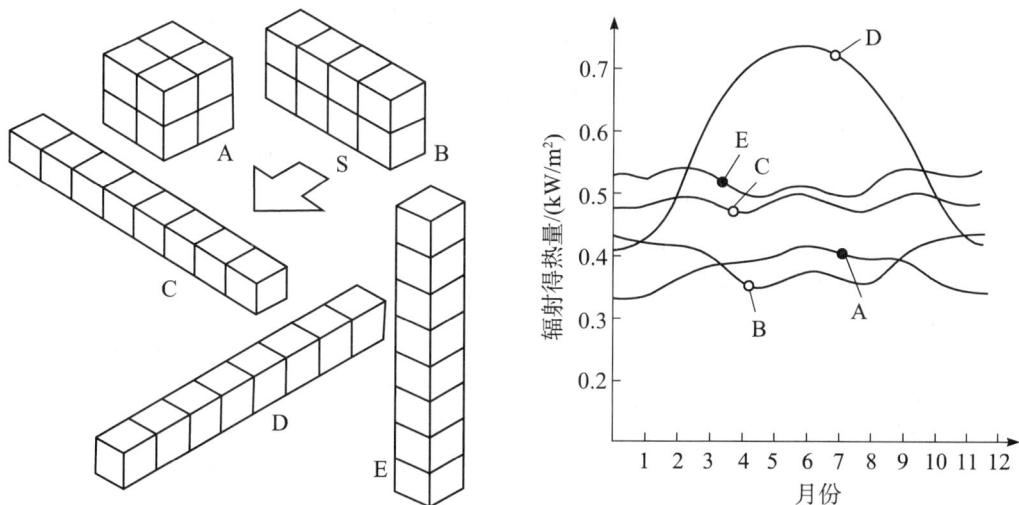

图 8-1 相同体积的建筑按不同的方式排列及其月辐射得热量图

2. 外形结构设计节能技术

除了建筑物整体格局朝向在设计规划阶段注意节能设计外，建筑物本身的外形结构设计中也要注意节能设计。建筑物外形结构设计主要涉及建筑物的体形系数、面积、长度、宽度、幢深、层高、层数等，这些外形结构的数据对建筑物制冷和采暖负荷有较大的影响。

建筑物的体形系数 β 是指建筑物与室外大气接触的外表面积 A（m^2）与其所包围的体积 V（m^3）的比值。外表面积中，不包括地面和不采暖楼梯间隔墙和户门的面积。在其他条件相同的情况下，建筑物耗热量指标随体形系数的增长而增长。研究表明，体形系数每增大 0.01，能耗指标大约增加 2.5%。从有利于节能角度出发，体形系数应尽可能小，一般宜控制在 0.30 及 0.30 以下。在相同体积的建筑中，以立方体的形体系数为最小。如图 8-2 所示，所有建筑的体积均为 1000m^3，其中立方体的体形系数为 0.5，其他形状的体形系数见表 8-1。

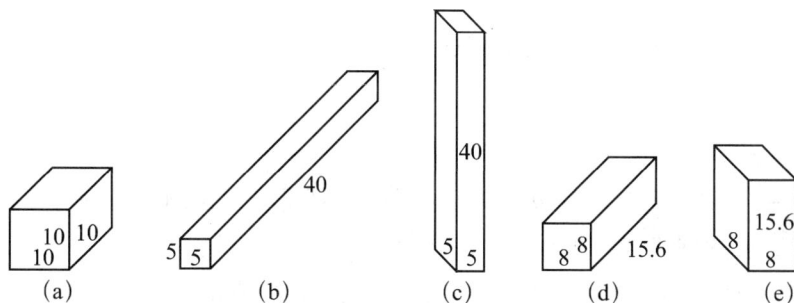

图 8-2 同体积建筑的五种不同的体形

表 8 – 1   同体积建筑不同的体形的体形系数

立体形状	接触表面积（m^2）	体积（m^3）	体形系数
（a）	500	1000	0.500
（b）	650	1000	0.650
（c）	825	1000	0.825
（d）	503	1000	0.503
（e）	564	1000	0.564

在体形系数受到客观条件限制时，尽量使建筑物外围护结构的平均有效传热系数大的面，其相应的面积相对较小；而平均有效传热系数小的面，其相应面积应相对较大。以便在限定的形体系数情况下，达到最佳的节能效果。

建筑幢深是指建筑物沿纵向轴线方向的总尺寸。对于单幢建筑物来说，当其层数相同、幢深不同时，随着幢深的加大，也就是建筑的长度增加，其形体系数变小，其传热耗热指标明显降低。下面通过具体的数学推导来说明建筑物长度增加时，其形体系数的改变情况，推导结果同样适用于建筑物宽度、高度等其他结构参数的改变。假设建筑物的高度为 h，宽度为 w，长度为 l，外立面没有凹凸，则其体形系数 β 的计算公式为：

$$\beta = \frac{A}{V} = \frac{wl + 2wh + 2wl}{whl} = \frac{1}{h} + \frac{2}{l} + \frac{2}{w} \tag{8-1}$$

由于只改变长度，楼高和楼宽不变，由式（8-1）可知，当幢深增加时，即长度 l 增加，体形系数 β 就减小，而体形系数减少有利于节能，所以在客观条件许可的情况下应尽量加大幢深以较少能量损耗。通过式（8-1）可知，增加建筑物的宽度、高度均可以减小体形系数，有利于节能工作。但高度增加，建筑成本将上升，需协调优化设计。总之，在建筑外形结构设计上，需在考虑实际建筑的地理位置基础上，结合节能技术，设计出能量消耗最小的最佳建筑体形，而不是一成不变的一种体形。

以目前一般的三房一厅 $100m^2$ 为一套计，若两套为一幢（一梯 2 户），层数为 9 层，层高为 3 米，建筑物宽为 10 米，长为 20 米，则其体形系数计算如下：

$$\beta_1 = \frac{1}{3 \times 9} + \frac{2}{20} + \frac{2}{10} = 0.337 \tag{8-2}$$

由式（8-2）的计算结果可知，其体形系数大于 0.3，没有达到建筑节能设计的控制目标。若改为 4 套为一幢，且是纵向排列时，则其体形系数计算如下：

$$\beta_2 = \frac{1}{3 \times 9} + \frac{2}{40} + \frac{2}{10} = 0.287 \tag{8-3}$$

由式（8-3）的计算结果可知，4 套为一幢，且是纵向排列时（一梯 2 户），其体形系数小于 0.3，已达到建筑节能设计的控制目标。

在实际建筑中，有时受环境约束，也有 8 套为一幢，且呈双套纵向排列（一梯 4 户），则其体形系数计算如下：

$$\beta_3 = \frac{1}{3 \times 9} + \frac{2}{80} + \frac{2}{20} = 0.162 \tag{8-4}$$

由式（8-4）的计算结果可知，8套为一幢，且呈双套纵向排列（一梯4户），其体形系数大大小于控制目标0.3，但由于是双套排列，会对某些房间的采光和通风带来问题，也会造成其他方面的能源消耗增加，如照明、通风换气。所以体形系数一味减少，也不是在建筑节能设计中所追求的目标。因为体形系数不只是影响建筑物外围护结构的传热损失，它还与建筑造型、平面布局、采光通风等紧密相关。体形系数过小，将制约建筑师的创造性，使建筑造型呆板，平面布局困难，甚至损害建筑功能。因此权衡利弊，兼顾不同类型的建筑造型，尽可能减少房间外围护结构的面积，使体形不要太复杂，凹凸面不要过多。

建筑节能设计中，除了控制体形系数并选择最低能耗的体形之外，还需要控制表面面积系数及选择适当的长宽比。所谓"表面面积系数"，就是建筑物其他外表面面积之和 A_1 与南墙面面积 A_2 之比，这一比值更能有效地反映建筑体形对太阳能利用的影响，其中地面面积按其30%计入其他外表面面积 A_1 中。建筑物的南墙面面积就是建筑物面向南面的外立面积，如图8-3中，南墙面面积就是正面朝向部分的面积，（a）建筑的南墙面面积为4，（b）建筑的南墙面面积为2，（c）建筑的南墙面面积为8。从获取更多的日照辐射、降低能耗的观点来看，表面面积系数应越小越好。图8-3中三种建筑的表面面积系数分别为4.3、11.6、2.15，依此数据得到如下结论：长轴为东西向的长方形体形最好，正方形次之，而长轴为南北向的长方形体形建筑的节能效果最差，也再次证明了建筑物朝向问题在建筑节能中的重要性。

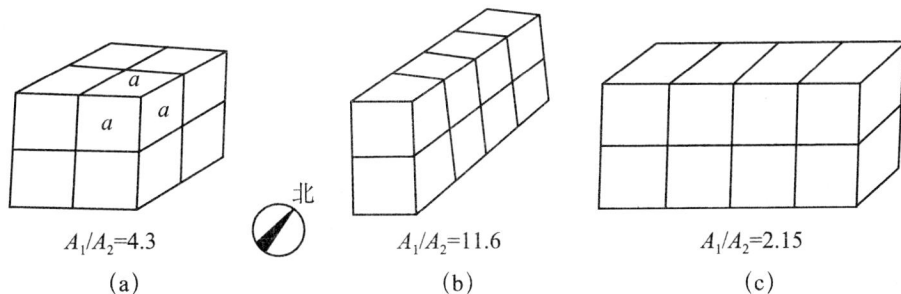

图8-3 三种不同体形及朝向建筑的表面面积系数

$A_1/A_2=4.3$ (a) $A_1/A_2=11.6$ (b) $A_1/A_2=2.15$ (c)

3. 热工参数优化设计节能技术

所谓建筑物热工参数，就是建筑物在制冷和供暖时的工作参数，它包括建筑物室外的热工参数、建筑物本体的热工参数、建筑物室内的热工参数。建筑物热工参数的改变，对建筑物的能源消耗有较大的影响。

建筑物室外的热工参数主要受气象控制，只能适应，无法改变。参数主要有室外的温度、湿度、日照、风速等。建筑物本体的热工参数可以认为可改变，如采用双层玻璃窗可减少窗户的传热系数，减少能量损耗；采用绝热墙体，可减少墙体的热损失达到节能的目的。由于建筑本体热工参数与选定建筑物的设计是紧密相连的，我国对不同地区的建筑热工设计提出了不同的要求，对建筑的体形系数、窗户设计、墙体、楼顶及地板等隔热性能均提出要求。具体的节能方法将在下一节围护结构节能技术中加以阐述。

室内热环境参数主要包括室内空气温度、空气湿度、气流速度和环境热辐射等。在满足生产要求和人体健康的基本要求的情况下，室内空气温度和湿度的取值，冬季取暖应尽量取低，夏季制冷应尽量升高。根据数据显示，在加热工况下，室内计算温度每降低1℃，能耗可减少5%～10%；在冷却工况下，室内计算温度每升高1℃，能耗可减少8%～10%。而且夏季过低、冬季过高的室内温度不仅会造成能源的浪费，也会给人体带来不适。比如，根据ISO7730规定，考虑经济节能等因素，我国长江流域住宅室内环境要达到一级，即舒适性标准，冬季取暖只要不低于18℃，夏季制冷不高于28℃即可（夏热冬冷地区住宅室内热环境质量控制）。所以在暖通设计计算当中，应该尽量根据当地具体情况，尽量按照"冬季取低，夏季取高"的原则来进行参数选择。

室内环境当中，新风量标准的取定也对降低空调系统的能耗有很重要的意义，但是一味地降低新风标准并不是解决问题的根本方法，在热工参数优化设计时，需要在舒适健康、经济环保和节约能源之间寻找到平衡点，这才是建筑节能的关键所在。

4. 其他节能设计

建筑设计环节除了在建筑整体朝向、外形结构、建筑材料选择、热工参数确定等方面注意节能外，还需要在建筑照明、用能设备选择等方面预先作出设计，并为以后的建筑节能改造在建筑物本体上预留一定的空间和位置。如采用节能照明技术，应考虑照明灯具的合理布局及以后的方便更换等问题。用能设备需要考虑建筑物将来的发展及其外界对其能量提供可能存在的问题，如对大型的公共建筑，考虑到将来的能源政策，可设计冷、热、电三联供系统为建筑物提供能量，也可考虑在外墙立面安装太阳能电池、在建筑物中设计安装风力发电系统及利用地热供热系统等。总之，一切有利于建筑节能的工作，都要在建筑设计阶段加以考虑，等建筑物建设完工后再考虑节能技术，有些技术基本上已没有实现的可能性，有些需要付出巨大的代价，得不偿失，没有实施的必要性。

8.3　建筑围护结构节能技术

建筑物的围护结构主要由窗体、墙体、楼顶、地面四大围护部件组成。这些围护部件热性能的好坏，对建筑物供暖或制冷的能源消耗有很大的影响，必须采取节能措施。

8.3.1　墙体节能技术

墙体是围护结构的重点。目前在建筑物墙体中可选择的新型墙体材料主要是新型砖材料、建筑砌块及新型保温节能墙板三大类。新型砖材料主要指各种空心砖，如煤矸石烧结空心砖、粉煤灰烧结空心砖、页岩烧结空心砖等，这些产品因具有一定的孔洞率，导热系数比传统的实心黏土砖低得多，如优质的空心砖导热系数为 0.35~0.40W/(m·K)，而实心黏土砖为 0.7W/(m·K)，因此，空心砖既保温又隔热，提高了环境的舒适感。特别是煤矸石和粉煤灰空心砖以工业废弃物为主要原料，节约了大量能源和土地资源。建筑砌块主要是加气混凝土砌块、轻骨料砌块、粉煤灰空心砌块等。这些砌块保温隔热性能优异，如加气混凝土导热系数只有 0.12~0.15W/(m·K)，仅为黏土砖的 1/5 左右；而且这类产品生产能耗低，效能明显，同时，这些产品利用工业废弃物生产，可节约土地资源，符合国家可持续发展的要求，被列入绿色建材范围。新型保温节能墙板主要有彩钢聚苯乙烯复合墙板、彩钢聚氨酯复合墙板、彩钢岩棉复合墙板、钢丝网架聚苯乙烯保温墙板、钢丝网架硬质岩棉夹芯复合板等，这类产品均为复合墙体材料，具有很好的保温隔热性，而且施工方便，近些年发展较快。

上述三类节能墙体材料都具有较好的保温隔热性，但随着建筑节能要求的逐步提高，单一砌筑的墙体结构导热系数将不能满足要求。为此，出现了外墙内保温、夹芯保温和外墙外保温等复合节能墙体。这类墙体主要是以多孔砖、砌块或现浇混凝土墙板为承重材料，与高效保温的聚苯板、玻璃棉板或岩棉板组成复合墙体。这些复合墙体保温隔热效果很好，完全能满足建筑节能的要求，其中以外墙外保温复合墙体节能效果最佳。

多孔砖是以黏土、煤矸石、页岩、粉煤灰为主要原料，经焙烧而成，孔多小而密，孔洞率在 25% 以上，用于承重墙体，是一种替代实心黏土砖的新型产品，具有节约土地资源和能源的功效，适用于多层住宅及相近的建筑工程。目前多孔砖主要有 KPl（P 型）多孔砖和模数（DM 型或 M 型）多孔砖两大类。KPl 多孔砖在使用上更接近普通砖，模数多孔砖在推进建筑产品规范化、提高效益等方面有更多的优势，工程设计可根据实际情况选用。图 8-4 是各种多孔砖结构示意图。

砌块的原材料是以水泥为胶结料，浮石、陶粒、煤渣、煤矸石等为粗骨料，加适量的掺和料、外加剂，用水搅拌经机械振动成型。图 8-5 是四种小型混凝土空心砌块结构示意图。

对于一般的居民采暖空调系统而言，通过采用节能墙体材料，可以在现有基础上节能 50%~80%。复合材料墙体的节能的关键问题就在于保温性能，其形式包括内保温复合外墙、外保温复合外墙以及夹芯保温复合外墙。对于最佳建筑节能墙体方式的选择，由于受到很多客观因素的影响，如材料、价格、施工技术、政策等方面的制约，目前尚无节能形式孰优孰劣的判断。目前普遍认为，外墙保温技术在使用同样规格、尺寸和性能的保温材料的前提下，比内保温的保温效果要好。但也有文献提出在非稳态传热的情况下，内保温体系比外保温体系节能。

墙体外保温是将保温隔热体系置于外墙外侧，使建筑达到保温的施工方法。由于结构层在系统的内侧，外界环境对墙体影响甚微，而其高值的蓄热性则能得到充分利用。当室内受到不稳定的热波作用（如室内温度上升或下降），结构层能够通过吸热或释放热量平

DM1-1
5.3kg
孔洞率29.5%
$\lambda < 0.6W/(m \cdot K)$

DM1-2
5.2kg
孔洞率30.5%
$\lambda < 0.6W/(m \cdot K)$

DM2-1
4.3kg
孔洞率27.4%
$\lambda < 0.6W/(m \cdot K)$

DM2-2
4.0kg
孔洞率32.3%
$\lambda < 0.6W/(m \cdot K)$

DM3-1
3.2kg
孔洞率28.1%
$\lambda < 0.6W/(m \cdot K)$

DM3-2
3.1kg
孔洞率28.6%
$\lambda < 0.6W/(m \cdot K)$

DM4-1
2.1kg
孔洞率24.5%
$\lambda < 0.6W/(m \cdot K)$

DM4-2
2.0kg
孔洞率28.5%
$\lambda < 0.6W/(m \cdot K)$

DMP
1.3kg

KP1-1
3.4kg
孔洞率25.1%
$\lambda < 0.6W/(m \cdot K)$

KP1-2
3.2kg
孔洞率29.1%
$\lambda < 0.6W/(m \cdot K)$

KP-P1
2.6kg
孔洞率25.7%
$\lambda < 0.6W/(m \cdot K)$

KP-P2
2.5kg
孔洞率27.7%
$\lambda < 0.6W/(m \cdot K)$

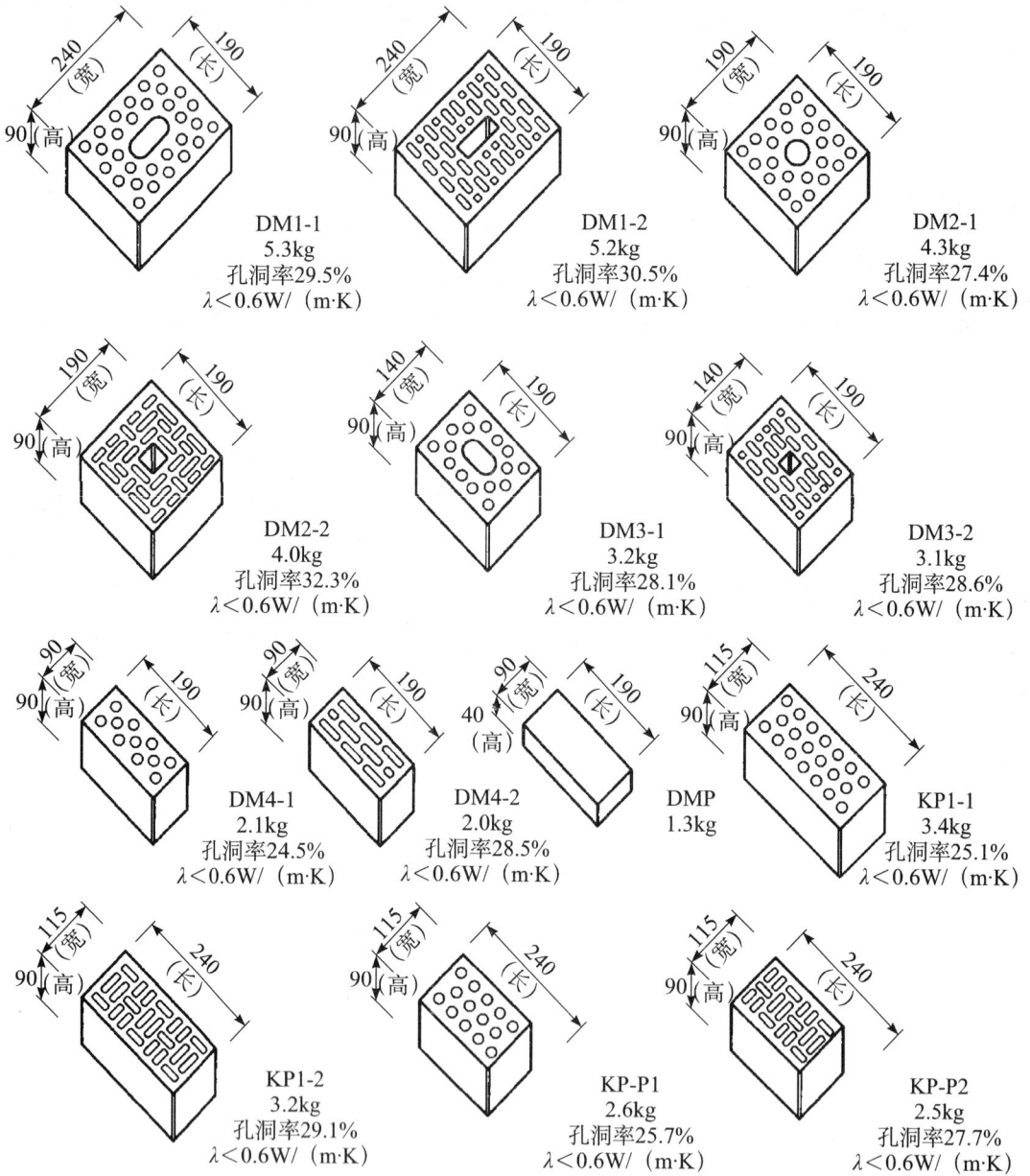

图 8-4　各种多孔砖结构示意图

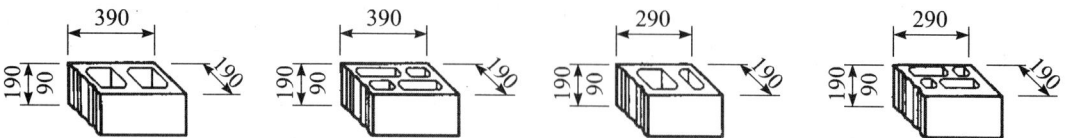

图 8-5　四种小型混凝土空心砌块结构示意图

衡温度，有利于室内温度保持稳定。保温层位于建筑物围护结构的外侧，避免或大大缓冲了外界温度变化导致结构变形而产生的应力及应力积聚，避免了雨雪冰冻、湿热干燥循环造成的结构破坏，大大减少了外界的有害气体和物质对结构的侵蚀，对主体结构起保护作用，从而可有效地提高主体结构的耐久性能。

墙体外保温目前市场主要有三大外保温体系：聚苯颗粒砂浆外墙保温隔热体系、聚苯板外墙保温隔热体系（又分为膨胀型聚苯乙烯板和挤塑型聚苯乙烯板两大类）、无溶剂硬泡聚氨酯现场无缝喷涂外墙保温隔热体系。另外还有用岩棉、泡沫玻璃等作保温材料的体系，但其所占的市场份额不大。这些方法只要构造和工艺得当，基本上都能够保证工程质量，并且已在许多城市建成了数百万平方米的优质外墙外保温工程，得到了建筑界的好评。图 8 - 6 是六种外保温墙体结构示意图。

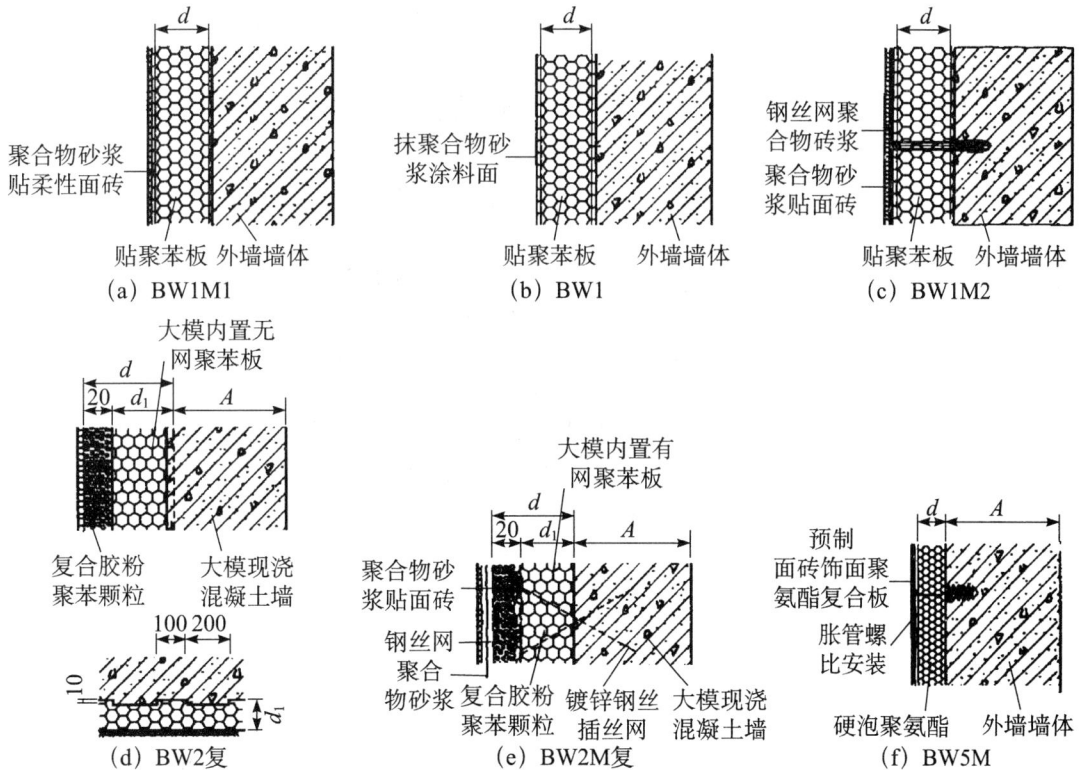

图 8 - 6 六种外保温墙体结构

采用墙体外保温与内保温相比，可增加建筑使用面积；在既有建筑节能改造时对原有住户生活的干扰少；在建筑物内部二次装修时对原有的外保温层造成破坏小。但采用墙体外保温技术，也存在一定的问题。一旦由于施工质量没有保证，引起外保温材料开裂、脱落或由此引起的安全事故，将带来很大的麻烦。同时，由于其在墙体的外侧，其修复工作也十分困难。

外墙内保温墙体是将保温隔热体系置于外墙内侧，使建筑达到保温的施工方法。图 8 - 7 是三种外墙内保温墙体结构。由于保温层在系统的内侧，尽管方便施工和维修，但相对于外保温而言，墙体的蓄热性能没有得到充分利用，目前该技术成熟，常见的有以下八种。

（1）增强粉刷石膏聚苯板内保温。在外墙内面用黏结石膏粘贴聚苯乙烯泡沫塑料板（以下简称聚苯板），抹粉刷石膏，中碱玻纤涂塑网格布，刮腻子。

（2）钢丝网架聚苯复合板内保温。钢丝网架聚苯复合板是由钢丝方格平网与聚苯板，通过斜插腹丝，不穿透聚苯板，与钢丝网焊接，使钢丝网、腹丝与聚苯板复合成一块整板。

（3）增强水泥聚苯复合板内保温。以聚苯板同耐碱玻璃纤维网格布及低碱水泥复合而成的保温板。

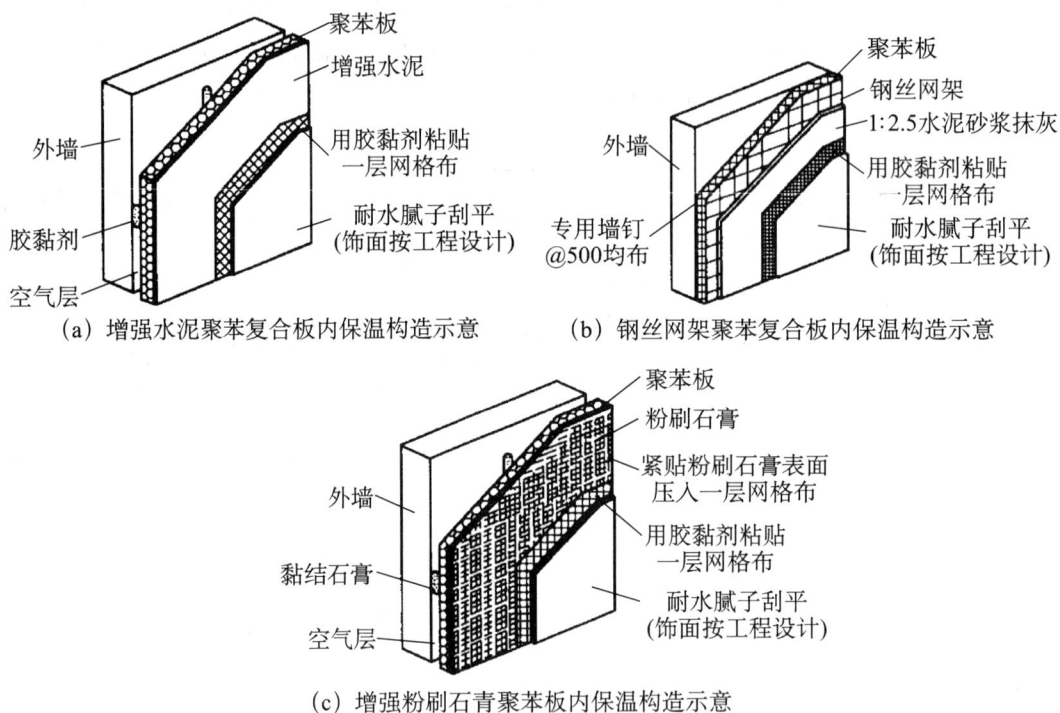

（a）增强水泥聚苯复合板内保温构造示意　（b）钢丝网架聚苯复合板内保温构造示意

（c）增强粉刷石青聚苯板内保温构造示意

图 8 - 7　三种外墙内保温墙体结构

（4）增强石膏聚苯复合板内保温。以聚苯板同中碱玻璃纤维涂塑网格布、建筑石膏（允许掺加不多于20%硅酸盐水泥）及膨胀珍珠岩一起复合而成的保温板。

（5）增强（聚合物）水泥聚苯复合板内保温。以耐碱玻璃纤维网格布、聚合物低碱砂浆同聚苯板复合而成的保温板。

（6）粉煤灰泡沫水泥聚苯复合板内保温，以低碱硫酸盐水泥粉煤灰配以其他辅料层，以自熄型聚苯板作芯层，复合而成的保温板。

（7）纸面石膏岩棉（玻璃棉）内保温。以纸面石膏板为面层，岩棉（玻璃棉）为保温层的外墙内保温构造。

（8）胶粉聚苯颗粒保温浆料外墙内保温技术采用工厂预制混合干拌分装生产工艺，将胶凝材料与聚苯颗粒轻骨料分袋包装，到施工现场将袋装胶粉与聚苯颗粒加水混合，搅拌成浆料。

8.3.2 屋顶与地板节能技术

1. 屋顶节能技术

在建筑物的外围护结构中屋顶占了很大的部分，所以加强屋顶节能是建筑节能当中的相当重要的一个环节。屋顶按其保温层所在位置分类，目前主要有单一保温屋顶、外保温屋顶、内保温屋顶和夹芯屋顶四种类型，目前绝大多数为外保温屋顶。屋顶若按保温层所用材料分类，可以分为加气混凝土保温屋顶、乳化沥青珍珠岩保温屋顶、憎水型珍珠岩保温屋顶、玻璃棉板保温屋顶、浮石砂保温屋顶、水泥聚苯板保温屋顶、聚苯板保温屋顶以及彩色钢板聚苯乙烯泡沫夹芯保温屋顶等。

2. 屋顶节能工作应注意的问题

（1）屋面保温层不宜选用吸水率较大的保温材料，以防止屋面湿作业时，保温层大量吸水，降低保温效果。如果选用了吸水率较高的保温材料，屋面上应设置排气孔以排除保温层内不易排出的水分。用加气混凝土块作保温层的屋面，每 $100m^2$ 左右应设置排气孔一个，如图 8-8 所示。

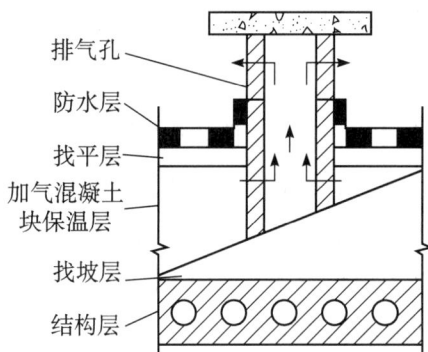

图 8-8　屋顶排气孔设置

（2）屋面保温层不宜选用堆密度较大、热导率较高的保温材料，以防止屋面质量、厚度过大。

（3）在确定具体屋面保温层时，应根据建筑物的使用要求、屋面的结构形式、环境气候条件、防水处理方法和施工条件等因素，经技术经济比较后确定。

屋顶与外界接触的面积较大，会产生冬冷夏热的问题。除了加强屋面保温效果之外，还可设置通风屋面和屋面洒水装置。屋面的保温设置和洒水通风屋面都应该根据屋面的具体情况来综合考虑，平顶屋面和尖顶屋面会有所不同。

国外对屋顶节能工作也非常重视，方法形式多样，如发达国家一般采用尖顶屋面，其最大优点是防水效果好，但造价比平顶屋面贵；有的采用铝箔波形纸保温隔热板作为隔热天棚，提高屋面的隔热性能，它是以波形纸板作为基层，铝箔作为复面层（贴在复面纸上）经加工而成，分三层铝箔波形纸板及五层铝箔波形纸板两种；有的采用屋顶现场发泡，喷涂聚氨酯涂层，它是一种双组分的保温防水涂层，由于现场发泡，从而代替了保温材料，保温层也就是防水层，两者为一个整体。一些发达国家研制太阳反射涂料来解决屋面的隔热问题，提出用热塑性树脂或热固性树脂和高折射率的透明无机材料制成的太阳热反射涂料喷涂屋面，该涂料对太阳光反射率达 75% 以上，热遮断率为 90% 左右。这种太阳热反射涂料用于建筑物的屋顶隔热处理，可解决屋面温度升高而造成室内环境恶劣和电能消耗过大的问题。

3. 地板节能技术

地板（指不直接接触土壤的地面）是楼层之间的分割构件，在保证强度、隔音及防开裂渗水的前提下，尽量减少传热及导热性能，可参考屋顶的节能方法加以实施。

8.3.3　窗体节能技术

现代楼层建筑窗体面积越来越大，建筑窗体在整个围护结构中占据相当比例，是整个建筑热交换的主要途径，其散热量占到整个建筑散热量的60%左右，同时又是室内光环境和内外交融的主要途径，因此玻璃幕墙作为建筑的主要围护结构，既是影响能耗的关键部位，又是影响室内舒适度的主要因素。随着玻璃加工技术的不断发展，可供选择的范围越来越大，但不管选择哪种玻璃都应把玻璃是否能有效控制太阳能和能隔热保温（即节省能源）放在重要位置来考虑。

对建筑物而言，环境中最大的热能是太阳辐射能，从节能的角度考虑，建筑玻璃应能控制太阳辐射和黑体辐射。照射到玻璃上的太阳辐射，一部分被玻璃吸收或反射，另一部分透过玻璃成为直接透过的能量。玻璃吸收的太阳能使其自身温度升高并通过与空气对流及向外辐射而散失。对远红外热辐射而言，玻璃不能直接透过，只能反射或吸收它，被吸收的热能最终将以对流的形式透过玻璃。

目前窗体面积大约为建筑面积的 1/4、围护结构面积的 1/6。单层玻璃外窗的能耗约占建筑物冬季采暖、夏季空调降温的50%以上。窗体对于室内负荷的影响主要是通过空气渗透、温差传热以及辐射热的途径。根据窗体的能耗来源，可以通过相应的有效措施来达到节能的目的。

（1）采用合理的窗墙面积比，控制建筑朝向。在兼顾一定的自然采光的基础之上，尽量减少窗墙面积比。根据模拟计算结果，窗墙比取值在30%～50%范围内时，年总耗能大致相同，当窗墙比超过50%之后，负荷将随窗墙比的增加明显升高。建筑朝向对于窗墙比的取值也有一定的影响。一般对于夏季炎热、太阳辐射强度大的地区，东西应尽量开小窗甚至不开窗；对于南面窗体则需要加强防太阳辐射，北面窗体则应提高保温性能。在国家节能标准对窗墙比的要求中，北向的窗墙比为 0.25，东西向的窗墙比为 0.30，南向的窗墙比为 0.35。

（2）加强窗体的隔热性能，增强热反射，合理选择窗玻璃及窗框。不同玻璃其光热性能是不同的，表 8-2 为五种常用玻璃的主要光热数据。

表 8 - 2　　　　　　　　　　　　　　五种常用玻璃的主要光热数据

玻璃名称	种类结构	透光率（%）	遮阳系数 SD	传热系数 K $[W/(m^2 \cdot K)]$
单片透明玻璃	6C	89	0.99	5.58
单片热反射玻璃	6CTS140	40	0.55	5.06
双层透明中空玻璃	6C + 12A + 6C	81	0.87	2.72
热反射镀膜中空玻璃	6CTS140 + 2A + 6C	37	0.44	2.54
低辐射中空玻璃	6CEB12 + 12A + 6C	39	0.31	1.66

注：6C 表示 6mm 透明玻璃；CTS140 是热反射镀膜玻璃型号；CEB12 是 Low—E 玻璃型号。

单片透明玻璃是目前一般建筑中应用最广的窗玻璃，尽管具有很好的透光率，但其传热系数相对较大，冷热的保持性能较差，建筑物能量损失大。

热反射玻璃是镀膜玻璃的一种，又称为阳光控制镀膜玻璃。随着玻璃镀膜制备技术的不断发展，其节能效果也在不断地提高。这种玻璃对阳光的反射和吸收都比透明玻璃高出很多，在南方炎热地区的夏季发挥着最大的节能效果。

双层中空玻璃有很好的热学性能，它提供一种"空气流动的密封"，即它可以让空气流动进行通风，但同时又具有良好的热绝缘性能。和传统窗户相比，双层中空玻璃幕墙能够减少 20% ~ 25% 的能耗。

低辐射玻璃（也称 Low-E 玻璃）能有效阻挡远红外热辐射性能，并可根据需要限制太阳直接辐射，是目前公认的理想窗玻璃材料之一。低辐射膜本质上是一种透明导电薄膜，对可见光有良好的透光性，对红外光有很高的反射性。从低辐射膜种类来看，目前主要分为两类：一种是以电介质/金属/电介质为主构成的多层复合膜；另一种是以掺杂宽禁带半导体（如 SnO_2、ZnO 等）为主的透明导电单层膜。

在大多数地区，采用低辐射玻璃和热反射玻璃进行保温节能，相对单层白玻璃而言，能够较多地降低能耗；在严寒地区隔热要求很高的建筑中，则可使用中空玻璃来进行隔热节能。

人们为了验证普通白玻璃和其他节能玻璃的具体性能，进行了实验模型比较研究，通过模型对比实验，研究普通白玻璃的能耗以及节能玻璃的节能情况。具体操作步骤如下。

①根据实验的实际情况选择适当的涂膜配方，配制出一定量的涂膜溶胶；

②制作热电偶并对其进行冷端温度补偿；

③制造玻璃模型房间，采集实验温度数据；

④对所得数据进行分析并计算涂膜玻璃的节能效率。

通过对实验数据进行分析处理可知，在接受同样条件的光照情况下，低辐射玻璃和热反射玻璃的温度都比白玻璃的温度高，并且不管是双层玻璃还是单层玻璃，低辐射玻璃和热反射玻璃房内的温度都比白玻璃房内的温度明显低。这说明，低辐射玻璃和热反射玻璃具有良好的太阳辐射吸收和反射能力，能把大部分的热量抵挡在房外。因此在南方炎热的夏季安装低辐射玻璃或热反射玻璃外窗能有效降低室内的温度，减少空调的负荷，从而达到了节能的目的。对于普通白玻璃，太阳光几乎能完全透过，并且白玻璃对太阳光的吸收能力差，导热性能不足。而对于中空玻璃，由于两玻璃间存在空气夹层，空气的导热系数低，因此双层中空白玻璃的保温隔热性能明显优异普通白玻璃。

我国中空玻璃门窗起步虽晚，但发展较快，尤其东部及东北、内蒙古一带普及应用率逐年提升。但在全国每年约2亿平方米的门窗使用量中所占的比例只有5%（全国大中城市平均水平），这与日益迅速增长的建筑能耗是极不相称的。

采用节能的中空玻璃窗必须配合使用节能型窗框才能取得更好的节能效果。目前国内市场上常见的有铝合金、塑钢两大类，玻璃钢窗框作为第五代产品也相继在北京、辽宁、河北、江苏、上海、西安等地上市，并已显示出其巨大的复合材料技术优势及市场前景。四种材料窗框的参数见表8-3。

表8-3   四种材料窗框的参数

类别指标	单位	PVC塑钢	铝合金	钢	玻璃钢
质量密度	$10^3 kg/m^3$	1.4	2.9	7.85	1.9
热膨胀系数	$10^{-6}/℃$	7.0	21.0	11.0	7.0
导热系数	W/m℃	0.43	203.5	46.5	0.30
拉伸强度	MPa	50.0	150.0	420.0	420.0
比强度	N·m/kg	36.0	53.0	53.0	221.0
使用寿命	年	10	45	10	50

具体到某一个特定的窗框时，由于生产批次的不同，数据可能会有一定偏差，但总的趋势是不变。由表8-3数据可知，铝合金及玻璃钢窗框的寿命较长，基本达到了一般建筑物的使用寿命，而PVC塑钢及钢窗框的使用寿命偏短。一般而言，坚固耐用、水密性气密性好、外观颜色多样、导热系数低、价格适中的窗框材料更易被市场所接受。

（3）增加窗体外遮阳，减少热辐射。实践证明，适当的外遮阳布置，会比内遮阳窗帘对减少日射得热更为有效。有的时候甚至可以减少日射热量的70%～80%。外遮阳可以依靠各种遮阳板、建筑物的遮挡、窗户侧檐、屋檐等发挥作用。对于夏热冬暖的地区，由于不需要考虑冬季采暖的需求，可以设置固定的外遮阳，比如利用遮阳板和阳台等建筑结构来适当减少夏季日射热量。而对于北方冬季需要考虑采暖的地区，则可以采用活动遮阳设备，像活动百叶外遮阳。北方地区在安装宽度在0.5～0.9m之间的外遮阳板之后，南向窗可减少太阳辐射80～110MJ/m^2。

（4）安设窗体密封条，减少能量渗漏。窗体密封是一种最直接的建筑节能措施，可节能15%以上。窗体密封除了减少冷热量（能量）渗漏，还可以改善居住和工作条件。在住宅里，冬天寒风通过窗缝隙吹入室内，会影响老人、小孩健康；而在工作场所，通风过度使人很不舒服，影响工作效率。此外，窗体密封还可以阻挡风沙、蚊蝇进入室内。将窗四周边缘的缝隙密封起来，相对于其他建筑节能技术而言是一件较为简单的事情，只要选择好适当的密封条，住户自己也可以动手安装。窗体密封条产品品种规格繁多，分别适用于不同场所。但从施工的角度看，一种是条带状产品，可直接安装固定；另一种是膏状产品，封装在小罐内，施工时用挤枪将密封膏挤注到门窗接缝处，待固化后即成密封条。

对于直接安装的窗体密封条产品，有的采用橡胶，有的采用塑料，有的则用化学纤维，但弹性和耐久性均佳。平开窗用挤压密封，如图 8 - 9 所示；推拉窗则用摩擦密封。有的是自粘性的，密封条本身一面带胶，可以自行粘固；有的则要另外用胶黏剂粘上；有的要用钉子或螺栓固定；有的则可镶嵌在窗框预留槽内，此种密封条往往用硬塑料或铝材挤压成固定夹片，在其夹缝中镶入软质材料如橡胶、软塑料或毛刷制成。

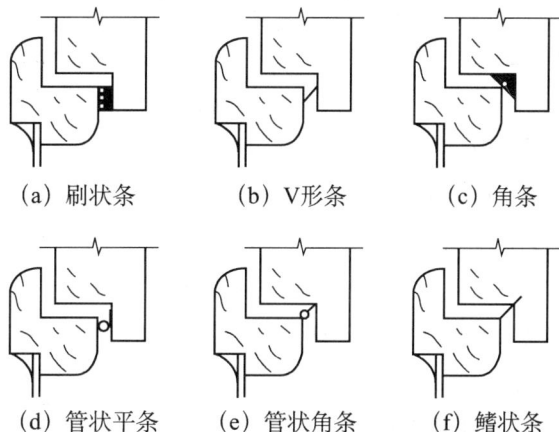

(a) 刷状条　　　(b) V 形条　　　(c) 角条

(d) 管状平条　　　(e) 管状角条　　　(f) 鳍状条

图 8 - 9　六种压缩性密封条形状及固定位置示意图

对于挤注窗体密封条，用挤枪挤注在窗框扇接缝处，关窗后挤压成型固化，即成窗体密封条。其尺寸厚薄正好与窗缝隙一致。由于我国大部分钢窗缝隙宽窄变化很大，此种密封条正好适应这种需要，造价又不高，十分实用。但要做好，需采用正确的施工方法。其施工要点：将钢窗框扇之间接缝认真清理好，做到干净、干燥；对钢窗接缝处的非黏结面，贴上单面胶带，其表面再刷上防粘硅油，防粘硅油必须注意刷满，黏结面处不得漏刷；将密封膏罐外口处切一斜口，安上挤枪，对准接缝受压面挤注密封膏，挤注密封膏必须做到厚薄宽窄符合密封要求，均匀一致；根据施工时温湿度情况，24 ~ 28 小时后可推开钢窗开启扇，对已成型的密封条外观不整齐部分，用刀进行修整，如局部挤注厚度不够，可以补充挤注；经最终修整后，除去防粘纸。

8.4　建筑暖通空调系统节能技术

暖通空调系统耗能占到建筑能耗 60% ~ 70%，占全国总能耗的 25% 以上。2005 年 7 月，国家建设主管部门颁布了新的《公共建筑节能设计标准》，从根本上对建筑总平面的布置和设计，建筑主朝向，建筑的体形系数、窗墙比例以及围护结构的热工性能规定了许多刚性指标。把重点放在了围护结构、暖通空调设备、照明设备等建筑的基础性设计内容上。

建筑暖通空调系统（HVAC 系统，Heating Ventilating and Air-Conditioning System，采暖

通风与空气调节系统）是建筑物当中对建筑物内的空气进行调节的由设备组成的系统，该系统通过空调及空调相关设备创造并保持能够满足人们需求和一定要求的室内环境。即：当室内得到热量或失去热量时，则从室内取出热量或向室内补充热量，使进出房间的热量相等，达到热平衡，从而保持室内一定温度；或使进出房间的湿量平衡，以保持室内一定湿度；或从室内排除污染空气，同时补入等量清洁空气（经过处理或不经处理的），达到空气平衡。进出房间的空气量、热量以及湿量总会自动地达到平衡。任何因素破坏这种平衡，必将导致室内状态（温度、湿度、污染物浓度、室内压力等）的变化，并将在新的状态下达到新的平衡。建筑暖通空调系统的直接目的就是在系统所希望的室内状态范围内实现热湿量和空气量的动态平衡。

建筑暖通空调的节能工作首先应将空调系统合理分区，尽可能根据温湿度要求、房间朝向、使用时间、洁净度等级划分为不同的空调分区系统。在此基础之上，在暖通空调系统中，节能方法的一般原则是：第一，加大冷热水和送风的温差，以减少水流量、送风量和输送动力；第二，降低风道和水管的流速，减少系统阻力；第三，采用热回收系统，回收建筑内多余的能量；第四，采用蓄冷蓄热系统储藏多余的能源；第五，采用全热交换器，减少新风冷、热负荷；第六，采用变风量、变水量空调系统，节约风机和水泵耗能；第七，采用能效比较高的空调设备和风机盘管。建筑暖通空调系统的主要节能技术有如下几种：

1. 中央空调余热回收技术

工作原理：在用户制冷机组上安装余热回收装置，回收制冷机组冷凝热量，在制冷的同时能免费提供生活热水。该技术是提升制冷机组综合能效的有效方法。

适用场所：宾馆、酒店、度假村、桑拿、医院等既需要制冷又需要热水的单位。

节能率：100%。

投资回收期：10~12个月。

2. 中央空调闭环变频节能技术

工作原理：对中央空调系统的制冷压缩机、循环水泵（包括冷却水泵和冷冻水泵）、散热风机（包括盘管风机、新风系统风机和冷却塔风机）外加闭环变频节能系统后，可大幅减少系统能量散失，延长机组使用寿命。

应用场所：中央空调系统。

节能率：25%~50%。

投资回收期：10~12个月。

3. 中央空调机组自动清洗技术

工作原理：该技术是由以色列专家发明的，用于自动清洗冷凝器管壁上的附着污染物，包括水垢、有机物、腐蚀、杂质等，从而最大限度地发挥冷凝器的热交换效果，达到节约能源的目的。

应用场所：中央空调冷凝器自动清洗，不用人工化学清洗。

节电率：10%~30%。

投资回收期：12 个月。

4. 热泵空调技术

工作原理：热泵机组以空气、自然水源、大地土壤为空调机组的制冷制热的载体。冬季借助热泵系统，通过消耗部分电能，采集空气、水源、地源中的低品位热能，供给室内取暖；夏季把室内的热量取出，释放到空气、水源、地源中，以达到夏季制冷的目的。该技术具有高效节能、一机多用的特点。

适用场所：凡需要同时制冷、供暖、提供生活热水的场所。

节能率：30% ~60%。

投资回收期：12 ~30 个月。

5. 冰蓄冷空调技术

工作原理：利用夜间廉价的谷段电力将建筑物所需的空调冷量部分或全部制备好，并以冰的形式储存起来，在白天用电高峰时将冰融化提供空调制冷的一种空调系统。该技术是转移用电负荷和平衡用电负荷的有效方法。

适用场所：有峰谷电价差的制冷场所，及大空间、大面积的体育馆、影剧院等短时间、大容量的制冷场所。

节能率：不节能，但只要峰谷电价比达到 3：1 以上时，可以大幅度降低空调运行费。

投资回收期：主要考虑转移用电负荷和平衡用电负荷的问题，投资回收期较长。

6. 变频调速技术

工作原理：通过实时检测系统运行参数（包括压力、流量、温度等），调整电动机的电源输入频率，改变电机的转速，控制电动机的输入功率，实现所供即所需。该技术能有效节能并能降低电机运行噪声，延长电机使用寿命，提高系统的自动化水平。

适用场所：负载变化频繁、对转速变化不敏感的用电场所，特别是风机、水泵类流量变化的场所。

节电率：20% ~60%。

投资回收期：8 ~15 个月。

上述建筑暖通空调系统节能目前已有大量工程实例，其实施难度不大。关键是具体场合的具体应用，即使是变频调速这类成熟的技术，在实施中，如果不能与现场条件很好地结合，也会存在不成功的风险。因此上述建筑暖通空调系统节能项目的成败很大程度上取决于节能技术的具体应用，没有一个固定的模式可言。

8.5 储能材料在建筑节能中的应用*

8.5.1 储能技术

储能技术就是采用适当的储能方式，利用特定的装置，将暂时不用或多余的能量通过一定的储能材料储存起来，需要时再直接或通过一定的转换方式利用。例如蓄电池就可以在电力低谷时，将电能通过蓄电池中的化学物质，转变成化学能储存起来，当电力高峰时，可将蓄电池中的化学能转变成电能利用。又如蓄能水库，在电力低谷时，利用电能，通过水泵将水抽到高海拔位置的水库，将电能转变成水的势能储存起来，在电力高峰时，通过水力发电机组，将水的势能转变成电能。在建筑节能技术中，建筑物的围护材料也可以作为储能材料，可储存热能或冷能，提高建筑物的热稳定性，或利用晚上电力低谷时的电力制冰，等到白天利用冰制冷，从而削减电力峰值，实现间接节能的目的。储能技术在建筑节能中的应用，主要是利用蓄热技术，也就是说储存的能量是热能（当然也可以是冷能），通过一定的材料或装置将热能或冷能储存起来，在需要时再加以利用。

8.5.2　蓄热材料

蓄热材料就是一种能够把过程余热、废热及太阳能吸收并储存起来，在需要时再把它释放出来的物质。它的种类很多，从材料的化学组成来看，可分为无机及有机材料（包括高分子类）两类；从相变的方式来看，可分为固—液相变、液—气相变、固—固相变等蓄热材料；从储热方式来看，可分为显热、潜热及反应储热三种蓄热材料；从储热的温度范围来看，可分为高温与低温等蓄热材料；从应用方面分，有建筑蓄热材料、热泵蓄热材料、航天蓄热材料、电力蓄热材料。而相变蓄热材料一般由多组分构成，包括主储热剂、相变点调整剂、防过冷剂、防相分离剂、相变促进剂等组分。图 8 - 10 是蓄热材料的分类示意图。

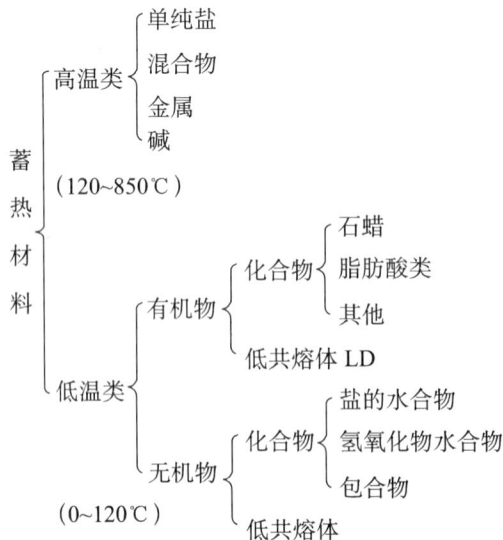

图 8 - 10　蓄热材料分类示意图

目前国内外应用于建筑节能领域的相变蓄热材料主要包括结晶水合盐类无机相变材

料，以及石蜡、羧酸、酯、多元醇和高分子聚合物等有机相变材料。结晶水合盐类无机相变材料具有熔化热大、热导率高、相变时体积变化小等优点，但具有腐蚀性、相变过程中存在过冷和相分离的缺点；而有机类相变材料具有合适的相变温度、较高的相变潜热，且无毒、无腐蚀性，但其热导率较低，相变过程中传热性能差。近年来，国内外主要研究了石蜡烃、脂肪酸、多元醇类等有机相变材料在建筑节能中的应用。正烷烃的熔点接近人体舒适温度，其相变潜热大，但正烷烃价格较高，且掺入建筑材料中会在材料表面结霜；脂肪酸价格较低，相变潜热小，单独使用时需要很大量才能达到调温效果；多元醇是具有固定相变温度和相变潜热的固—固相变材料，但其价格高。用于建筑材料中的常见相变材料的相变温度和相变潜热见图 8 – 11。

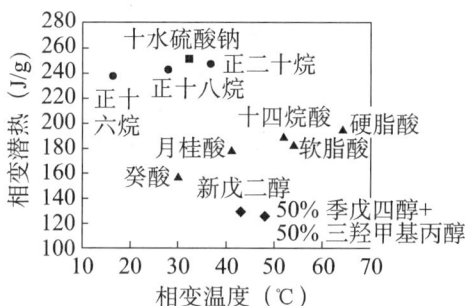

图 8 – 11　常用建筑相变材料相变温度和相变潜热图

8.5.3　蓄热方式

蓄热的方式主要有三种，即显热蓄热、潜热蓄热和化学反应热蓄热。

1. 显热蓄热

显热蓄热就是将暂时不用的热能或电能（电能可转化为热能）用来加热蓄热介质，使其温度升高、内能增加，从而将热能蓄存起来的方法。显热式蓄热原理十分简单，实际使用也最普遍。利用显热蓄热时，蓄热材料在储存和释放热能时，材料自身只是发生温度的变化，而不发生其他任何变化。这种蓄热方式简单、成本低，但在释放能量时，其温度发生连续变化，不能维持在一定的温度下释放所有能量，无法达到控制温度的目的，并且该类材料储能密度低，从而使相应的装置体积庞大，因此它在工业上的应用价值不是很高。常用的显热蓄热介质有水、水蒸气、沙子、石块等。显热蓄热主要用来储存温度较低的热能，液态水和岩石等常被用作这种系统的储热物质。显热储存技术产生的温度较低（一般小于150℃），通常只用于取暖。显热储存系统规模较小，比较分散，对环境产生的影响不大，大部分小型系统利用一个绝缘的热水箱，把它放在设备房或埋在地下。为使蓄热器具有较高的容积蓄热密度，则要求蓄热介质有高的比热容和密度。蓄热介质水的比热容大约是石块比热容的4.8倍，而石块的密度只是水的2.5~3.5倍，因此，水的蓄热容积密度要比石块的大。石块的优点是不像水那样有漏损和腐蚀等问题。显热蓄热技术一般通过蓄热水箱、石块床、液固组合式等蓄热器来达到蓄热的目的，其中石块床通常和太阳能空气加热或余热废气系统联合使用，石块床既是蓄热器，又是换热器。分层好的石块床，在蓄热过程中，自石块床流出的气流之温度接近床底的温度；在取热过程中，当气流离开石块床时具有与石块床顶部大致相同的温度。由于通过石块床的有效导热较小，且不存在对流渗混，故与液体蓄热系统相比，石块蓄热床可保持很好的温度分层。图 8 - 12 是石块床蓄热取热示意图。

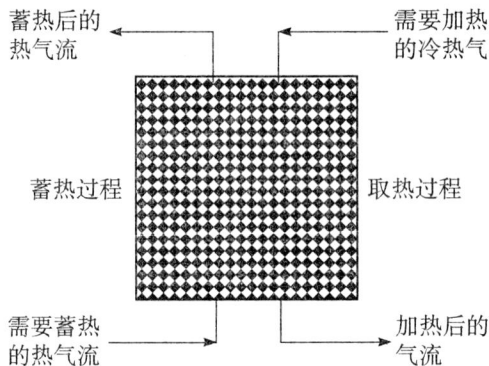

图 8 - 12　石块床蓄热取热示意图

2. 潜热蓄热

当物质由固态转为液态、由液态转为气态或由固态直接转为气态（升华）时，将吸收相变热，而进行逆过程时则将释放相变热，这就是潜热式蓄热运用的基本原理。潜热储存是系统中的一种物质被加热，然后熔化、蒸发或者在一定的恒温条件下产生其他某种状态变化，这种材料不仅能量密度较高，而且所用装置简单、体积小、设计灵活、使用方便且易于管理。它还有一个很大的优点是可以控制体系的温度，因为潜热蓄热物质在相变储能和释放过程中，温度变化较小，近似恒温。

利用固液相变潜热蓄热的蓄热介质常称为相变材料（Phase Change Material）。当相变材料温度达到熔点时，吸收热量作为熔化潜能将相变材料熔化，从而达到蓄热的目的。当需要热量时，可以利用某种流体（气体或液体）流经相变材料，由于流体的温度低于相变材料的熔点，相变材料从液态变为固态，放出当时吸收的相变潜热，达到供热的目的，这就是相变材料整个工作的一个循环过程。相变材料在工作中，不断地经历如此过程。与显热蓄热系统相比，相变潜热蓄热具有获取或释放热能温度恒温定、能通量高、装置小等优点。

潜热蓄热材料的选择应根据具体的蓄热温度，选用不同的潜热蓄热材料。对于用于废热回收、太阳能储存以及供暖和空调系统的低温潜热蓄热系统，主要采用无机水合盐类和石蜡及脂肪酸等有机物。无机水合盐类多为硫酸盐、磷酸盐、碳酸盐等的水合盐，熔点低、熔化潜热大、价格便宜。但是，这些物质经过多次吸热/放热循环之后，出现固液分离、过冷、老化变质等不利现象，故需添加增稠剂、过冷控制剂、熔点调节剂等稳定性物质。一些常见的蓄热水合盐类有 $CaCl_2 \cdot 6H_2O$、$Na_2CO_3 \cdot 10H_2O$、$Na_2SO_4 \cdot 10H_2O$、$Ca(NO_3)_2 \cdot 4H_2O + Al(NO_3)_3 \cdot 9H_2O$ 等。石蜡、脂肪酸以及此类化合物的低共熔体在熔化时吸收大量的热，虽然低于水合盐，但它们不产生固液分层，能自成核，无过冷，对容器几乎无腐蚀，因而也得到广泛应用。表 8 - 4 给出了九种共熔混合物相变材料的物性参数。

表 8 - 4   九种相变材料物性参数

材料名称	组成〔%（mol）〕	熔点温度（℃）	熔点时的密度（kg·m⁻³）	相变潜热（kJ·kg⁻¹）
$Na_2CO_3 \cdot Na_2O \cdot NaOH$	6.5 : 7.4 : 85.1	288.3	1881.4	236.1
$NaNO_3 \cdot NaOH$	27 : 73	240	1829	244.3
$NaNO_3 \cdot KNO_3$	54 : 46	222.2	1960	117.5
$NaNO_3 \cdot NaOH$	70 : 30	247.5	1910.3	158.2
$NaCl \cdot NaNO_3 \cdot Na_2SO_4$	8.4 : 86.3 : 5.3	286.5	1936.3	177.7
$NaBr \cdot NaOH$	22.3 : 77.7	261	2019.5	161.9
$LiNO_3$	100	254	1782	380.8
$Ba(NO_3)_2 \cdot LiNO_2$	2.6 : 97.4	253	2133	366.4
$Ca(NO_3)_2 \cdot LiCl$	40.85 : 59.15	269.7	1868	167.5

3. 化学反应热蓄热

热化学方法蓄热是利用可逆化学反应的反应热来进行储能的，例如正反应吸热，热被储存起来，逆反应放热，则热被释放出来。这种方式的储能密度虽然较大，但是技术复杂并且使用不便，目前仅在太阳能领域受到重视，离实际应用尚较远。这种系统与潜热系统同样具有恒温吸热与放热的优点。热化学蓄热方法大体可分为化学反应蓄热、浓度差蓄热和化学结构变化蓄热三类。化学反应蓄热是指利用可逆化学热化学反应将生产中暂时不用或无法直接利用的余热，转变为化学能收集、储存；在需用时，可使反应逆向进行，即能将储存的能量放出，使化学能转变为热能而加以利用。浓度差蓄热是利用酸碱盐溶液在浓度发生变化时会产生热量的原理来储存热量的蓄热方法，典型的是利用硫酸浓度差循环的太阳能集热系统，利用太阳能浓缩硫，加水稀释即可得到 120～140℃ 的温度。浓度差蓄热多采用吸收式蓄热系统，也叫化学热泵技术。化学结构变化蓄热指利用物质化学结构的变化而吸热/放热的原理来蓄放热的蓄热方法。目前，化学储能技术尚未达到商业应用要求，仅在实验室内进行研究，许多技术和经济上的问题还有待解决。

以上三种类型的蓄热方式中，潜热蓄热方式最具有实际发展前途，也是目前应用最多和最重要的储热方式。

8.5.4　蓄热材料的建筑节能应用

通过向普通建筑物材料中加入相变材料，可以制成具有较高热容的轻质相变储能建筑材料，如相变石膏板、相变混凝土等。利用相变储能复合材料构筑建筑围护结构，可以降低室内温度波动，提高舒适度，使建筑供暖或空调不用或者少用能量；可以减小所需空气处理设备的容量，同时可以使空调或供暖系统利用夜间廉价的电力运行，降低空调或供暖系统的运行费用；可以有效地降低单位热能的储存费用，且容易通过选择基体材料、封装技术提高复合材料的耐久性。

相变材料根据相变温度不同，在建筑节能方面主要有三种用途。低温相变材料用来蓄冷；室温相变材料可以用来增加房屋的热惰性，降低房屋的温度波动，从而降低空调负荷，达到建筑节能；50~60℃相变材料可以用在太阳能应用领域，如可以用作被动太阳能房的蓄热墙或者蓄热地板，还可以用作主动太阳能房中的蓄热器，与集热器、换热器等一起构成太阳能利用系统。相变材料在其本身发生相变的过程中，可以吸收环境的热（冷）量，并在需要时向环境放出热（冷）量，从而达到控制周围环境温度的目的。把相变材料与建筑围护结构结合，制成相变蓄能围护结构，可用于建筑物室内温度的调控。相变蓄能围护结构可以大大增加围护结构的蓄热作用，使建筑物室内和室外之间的热流波动幅度被减弱、作用时间被延迟，从而提高建筑物的温度自调节能力和改善室内环境，达到节能和舒适的目的。图 8-13 为使用相变蓄热围护结构和未使用相变蓄热维护结构在相同外界温度情况下，室内温度波动的比较图，从图中看出，当室外温度相同时，使用相变蓄能围护结构的室内温度有明显降低。

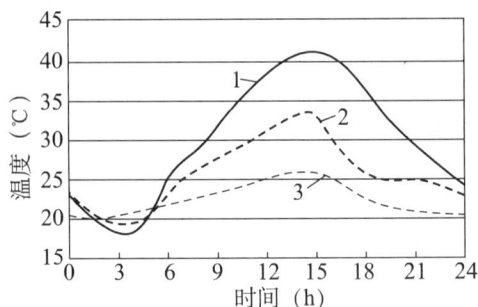

图 8-13　相变蓄热围护结构对室内外温度波动的衰减和延迟的示意图
1—室外气温；2—室内气温（未使用相变蓄能围护结构）；3—室内气温（使用相变蓄能围护结构）

德国 Fisher 博士开发了利用沸石储热系统调节热网峰谷负荷的供暖系统，其原理如图 8-14 所示。图 8-14（a）为沸石放热过程，当含有水蒸气的空气通过干燥的沸石时，水蒸气被沸石吸附，放出吸附热，使通过沸石床的空气温度提高，该升温后的气体可直接或间接用于建筑供暖。图 8-14（b）为沸石吸热脱附过程，也称再生过程。高温低湿空气进入沸石床，将沸石吸附的水分脱附，同时将空气的温度降低。图 8-15 是沸石储热床热网调峰系统工作模式。这一系统已在实际建筑中应用，建筑供暖面积为 $1625m^2$，热负荷（环境温度 -16℃时）为 96kW，热源为热网供热系统，采用 7t 沸石，加热功率为 130kW，充热温度为 130~180℃。

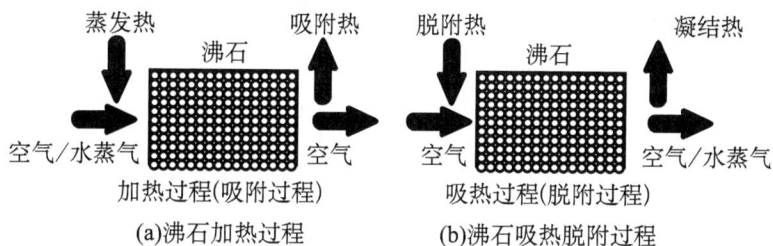

图 8-14 沸石蓄热放热工作原理示意图

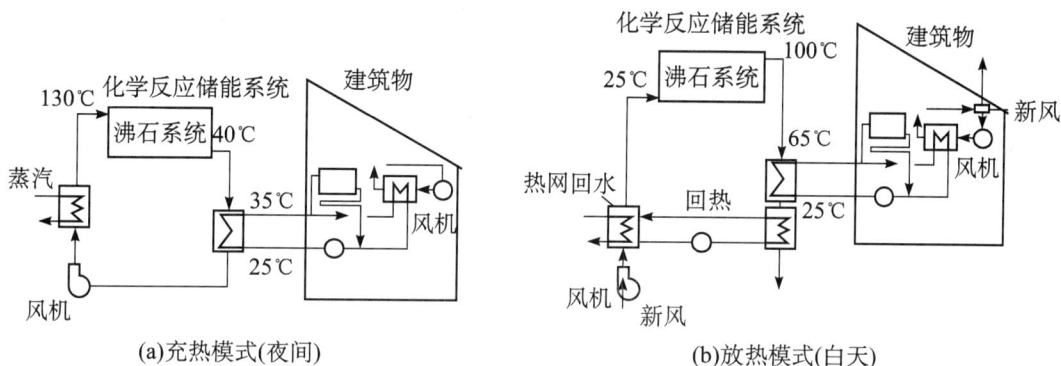

图 8-15 沸石储热床热网调峰系统工作模式

8.6 建筑节能实例

1. 工程背景

本工程是集播映、录音、会议及办公性质为一体的多功能综合性电视中心建筑，共有 12 层，建筑面积 18900 平方米，全部需要安装空调。由于该建筑物本身的特性，窗户所占比例较大，选用不同的窗体，对空调负荷有较大影响。但不同的窗体，其投资也不同，故窗体的节能措施需和空调负荷投资、运转费用结合起来综合考虑，否则难以确定优劣。

2. 节能方案分析

根据工程背景介绍，拟对窗体进行三种不同材料的比较，表 8-5 是三种不同窗体在窗体方面的投资。

表 8-5 三类不同方案窗体投资

外窗材料	单片普通白玻璃 （方案一）	中空白玻璃 （方案二）	镀膜中空玻璃 （方案三）
玻璃单价（元/m²）	75	150	400
外窗总投资（元）	354375	708750	1890000

如果只看窗体投资，似乎采用单片普通白玻璃最经济，但单片普通白玻璃的隔热性能

没有其他两种玻璃好，对室内冷负荷需求不同。表 8-6 是采用上述三种不同窗体玻璃时室内达到相同制冷温度时的所需冷负荷。

表 8-6 　　　　　　　　　　三类不同方案室内所需冷负荷

外窗材料	单片普通白玻璃（方案一）	中空白玻璃（方案二）	镀膜中空玻璃（方案三）
末端冷负荷总量（kW·h）	3400	3060	2575
冷负荷减少率（%）	0	10	24.25

从表 8-6 来看，如果只考虑单纯的节能效果，镀膜中空玻璃的方案为最佳方案，但其一次性用于窗体的投资也增加，需继续结合制冷设备投资及运行费用进行全面考虑。

根据电视中心的建筑结构，以水冷空调为空调系统设计方案，分别对三类围护窗体结构的方案所需要的制冷设备进行了设备选型，并得出表 8-7 制冷设备投资表。结合制冷设备的投资，得到表 8-8 三类方案总投资及年运行费用比较数据。

表 8-7 　　　　　　　　　　三类不同方案制冷设备投资表

单位：万元

设备投资	方案一	方案二	方案三
冷水机组初投资	129.0	120.0	100.0
冷却塔初投资	11.4	10.8	10.5
冷却水泵初投资	4.0	3.6	3.2
冷冻水系统初投资	3.2	2.8	2.4
空气处理机组初投资	20.0	16.0	16.0
风机盘管初投资	37.5	35.0	27.8
工程安装调试费用	180.0	180.0	150.0
总　计	385.1	368.2	310.0

表 8-8 　　　　　　　　　　三类方案总投资及年运行费用比较

单位：万元

费　用	方案一	方案二	方案三
窗体总投资	35.44	70.88	189.00
空调系统总投资	385.1	368.2	310.0
方案总体投资	420.54	439.08	499.00
制冷系统年运行费用	77.55	72.28	64.25

假设三个方案的折旧率均为 10%，按静态计算，三个方案的年总费用分别为 119.6 万元、116.19 万元、114.15 万元，则第三个方案为最佳方案，相对于方案一而言，需增加总投资 78.46 万元，但每年的实际运行费用可节省 13.3 万元，静态投资期为 5.9 年，应在所有设备的使用寿命以内。另外需要指出的是，由于价格的波动，方案的优劣随时会发生变化，如果镀膜中空玻璃价格超过了 800 元/平方米，则静态投资期为 20.2 年，已超过了设备使用年限，则不具备投资价值。同理，通过镀膜中空玻璃与中空白玻璃的价格差额超过了 400 元/平方米，则方案三的年均投资费用就高过方案二的年均投资费用，则方案

二变成为最佳窗体选择方案。由于近年科学生产技术的迅速提高，窗体制造成本的下降直接影响到窗体市场售价的下降，镀膜中空玻璃则成为目前物美价廉的选择，但是近年随着节能玻璃市场的回暖，玻璃价格一路攀高，所以在进行方案选择的时候需要考虑市场行情变化这一因素。

▶ 自学指导

学习重点

本章学习重点：建筑设计节能技术的类型及内容、建筑暖通空调系统的定义、蓄热方式的分类及其蓄热方式*。

（1）建筑设计节能技术的类型及内容：

①建筑格局朝向设计节能技术：在地理环境许可的前提下，在建筑物格局和朝向设计时应尽量让其坐落于坐北朝南的方向，即建筑物的轴线为东西走向，有利于冬暖夏凉。这样一方面降低了夏天制冷空调的能量消耗，另一方面也降低了冬天制暖能量的消耗，从而达到节能降耗的目的。当然，如果地理环境不允许，则应另外考虑。

②外形结构设计节能技术：建筑物外形结构设计主要涉及建筑物的体形系数、面积、长度、宽度、幢深、层高、层数等，这些外形结构的数据对建筑物制冷和采暖负荷有较大的影响。

③热工参数优化设计节能技术：所谓建筑物热工参数，就是建筑物在制冷和供暖时的工作参数，它包括建筑物室外的热工参数、建筑物本体的热工参数、建筑物室内的热工参数。建筑物热工参数的改变，对建筑物的能源消耗有较大的影响。

④其他节能设计：指在建筑照明、用能设备选择等方面预先作出设计，并为以后的建筑节能改造在建筑物本体上预留一定的空间和位置。如采用节能照明技术，应考虑照明灯具的合理布局及以后的方便更换等问题。用能设备需要考虑建筑物将来的发展及其外界对其能量提供可能存在的问题，如对大型的公共建筑，考虑到将来的能源政策，可设计冷、热、电三联供系统为建筑物提供能量，也可考虑在外墙立面安装太阳能电池、在建筑物中设计安装风力发电系统及利用地热供热系统等。

（2）建筑暖通空调系统的定义：建筑暖通空调系统（HVAC 系统，Heating Ventilating and Air-Conditioning System，采暖通风与空气调节系统）是建筑物当中对建筑物内的空气进行调节的由设备组成的系统，该系统通过空调及空调相关设备创造并保持能够满足人们需求和一定要求的室内环境。即：当室内得到热量或失去热量时，则从室内取出热量或向室外补充热量，使进出房间的热量相等，即达到热平衡，从而保持室内一定温度；或使进出房间的湿量平衡，以保持室内一定湿度；或从室内排除污染空气，同时补入等量清洁空气（经过处理或不经处理的），即达到空气平衡。进出房间的空气量、热量以及湿量总会自动地达到平衡。任何因素破坏这种平衡，必将导致室内状态（温度、湿度、污染物浓度、室内压力等）的变化，并将在新的状态下达到新的平衡。建筑暖通空调系统的直接目的就是在系统所希望的室内状态范围内实现热湿量和空气量的动态平衡。

（3）蓄热方式的分类及其原理：蓄热的方式主要有三种，即显热蓄热、潜热蓄热和化学反应热蓄热。显热蓄热就是将暂时不用的热能或电能（电能可转化为热能）用来加热蓄热介质，使其温度升高、内能增加，从而将热能蓄存起来的方法。潜热式蓄热运用的基本原理是当物质由固态转为液态、由液态转为气态或由固态直接转为气态（升华）时，将吸收相变热，而进行逆过程时则将释放相变热。化学反应热蓄热是利用可逆化学反应的反应热来进行储能的蓄能方法，例如正反应吸热，热被储存起来，逆反应放热，则热被释放出来。

学习难点

本章的难点是：节能墙体材料及复合墙体节能技术、屋顶节能技术中应注意的问题、窗体节能技术、建筑暖通空调系统节能方法的原则及主要节能技术。

（1）节能墙体材料的类型：目前在建筑物墙体中可选择的新型墙体材料主要是新型砖材料、建筑砌块及新型保温节能墙板三大类。

（2）复合墙体节能技术：主要指外墙内保温、夹芯保温和外墙外保温等复合节能墙体。这类墙体主要是以多孔砖、砌块或现浇混凝土墙板为承重材料，与高效保温的聚苯板、玻璃棉板或岩棉板组成复合墙体。这些复合墙体保温隔热效果很好，完全能满足建筑节能的要求，其中以外墙外保温复合墙体节能效果最佳。

（3）屋顶节能技术中注意的问题：

①屋面保温层不宜选用吸水率较大的保温材料，以防止屋面湿作业时，保温层大量吸水，降低保温效果。如果选用了吸水率较高的保温材料，屋面上应设置排气孔以排除保温层内不易排出的水分。

②屋面保温层不宜选用堆密度较大、热导率较高的保温材料，以防止屋面质量、厚度过大。

③在确定具体屋面保温层时，应根据建筑物的使用要求、屋面的结构形式、环境气候条防水处理方法和施工条件等因素，经技术经济比较后确定。

（4）窗体节能技术：

①采用合理的窗墙面积比，控制建筑朝向。在兼顾一定的自然采光的基础之上，尽量减少窗墙面积比。

②加强窗体的隔热性能，增强热反射，合理选择窗玻璃及窗框。

③增加窗体外遮阳，减少热辐射。

④安设窗体密封条，减少能量渗漏。

（5）建筑暖通空调系统节能方法的原则：建筑暖通空调的节能工作首先应将空调系统合理分区，尽可能根据温湿度要求、房间朝向、使用时间、洁净度等级划分为不同的空调分区系统。在此基础之上，在暖通空调系统中，合理运用如下节能方法：①加大冷热水和送风的温差，以减少水流量、送风量和输送动力；②降低风道和水管的流速，减少系统阻力；③采用热回收系统，回收建筑内多余的能量；④采用蓄冷蓄热系统储藏多余的能源；⑤采用全热交换器，减少新风冷、热负荷；⑥采用变风量、变水量空调系统，节约风机和水泵耗能；⑦采用能效比较高的空调器和风机盘管。

（6）建筑暖通空调系统的主要节能技术类型：

①中央空调余热回收技术；②中央空调闭环变频节能技术；③中央空调机组自动清洗技术；④热泵空调技术；⑤冰蓄冷空调技术；⑥变频调速技术。

复习思考题

一、单项选择题（在备选答案中选择 1 个最佳答案，并把它的标号写在括号内）

1. 在相同体积的建筑中，下列体形系数最小的是(　　)。

A. 立方体　　　　　　　　　　　B. 长方体

C. 椭圆体　　　　　　　　　　　D. 球体

2. 从节能角度出发，建筑体形系数应尽可能小，一般宜控制在(　　)及以下。

A. 0.5　　　　　　　　　　　　B. 0.4

C. 0.3　　　　　　　　　　　　D. 0.2

3. 围护结构节能的重点是(　　)。

A. 窗体　　　　　　　　　　　　B. 墙体

C. 楼顶　　　　　　　　　　　　D. 地面

二、多项选择题（在备选答案中有 2～5 个是正确的，将其全部选出并将它们的标号写在括号内，错选或漏选均不给分）

1. 建筑物的围护结构的围护部件包括(　　)。

A. 窗体　　　　　　　　　　　　B. 墙体

C. 楼顶　　　　　　　　　　　　D. 地面

E. 楼梯

2. 下列属于保温节能玻璃材料的是(　　)。

A. 低辐射玻璃　　　　　　　　　B. 热反射玻璃

C. 单层白玻璃　　　　　　　　　D. 双层中空玻璃

E. 低辐射中空玻璃

3. 目前国内外应用于建筑节能领域的相变蓄热材料主要包括(　　)。

A. 结晶水合盐类　　　　　　　　B. 羧酸

C. 高分子聚合物　　　　　　　　D. 石蜡

E. 多元醇

4. 蓄热的方式包括(　　)。

A. 显热蓄热   B. 电能蓄热

C. 潜热蓄热   D. 化学反应热蓄热

E. 物理反应蓄热

三、简答题

1. 简述建筑节能的定义。

2. 简述储能技术的定义。

3. 简述建筑暖通空调系统的定义。

四、论述题

1. 论述建筑设计节能技术的类型及内容。

2. 论述建筑暖通空调系统的主要节能技术及其原理。

第9章 交通节能

▶ 学习目标

1. 应知道、识记的内容
- 公路运输节能的类型
- 水路运输节能的类型
- 电力机车节能技术的类型

2. 应理解、领会的内容
- 交通节能的意义
- 交通节能的内容
- 公路运输节能的内容
- 水路运输节能的内容
- 节能坡技术概念及设计遵循的原则*
- 交通节能重点工程建设类别*

▶ 自学时数

6~8学时。

▶ 教师导学

交通运输业如何减轻对能源的依赖，成为在高油价时代面临的必然挑战。面对这个挑战，交通运输业必须全方位实施节能策略，降低运输成本，减轻对能源的依赖程度。本章以交通节能的工作现状、工作内容为出发点，对公路运输节能、水路运输节能及铁路运输节能技术等相关技术原理和内容进行了深入阐述，最后对交通节能重点工程建设进行了介绍。

本章的重点为：公路运输技术性节能、水路运输技术性节能。

本章的难点是：节能坡技术概念及设计遵循原则。

9.1　概述

交通运输是国民经济的动脉，是我国经济腾飞的基础。无论是原材料的运输、产品的输出还是人才的快速方便流动都和交通运输密切相关，因此，建立强大高效的海、陆、空立体交通运输网络是我国国民经济持续稳定发展的需要，也是在 21 世纪中叶全面实现小康社会的保障。随着交通运输网络的不断发展和完善，为维持该网络高速运转，消耗在交通工具（汽车、火车、船舶、飞机）运转、交通节点（站、场）建设、交通线路（公路、铁路、航线）开辟以及交通指挥系统的能源越来越多，尤其是交通工具运转所消耗的能源目前基本上都是石油产品——汽油、柴油、航空煤油。据资料介绍，目前我国交通能耗占全社会终端能源总消费量的 16.3%。其中用能以油气为主，几乎全部汽油、60% 的柴油和80% 的煤油被各类交通工具所消耗。而我国石油对外依存度逐年提高，对外依存度已近55%。严峻的能源形势要求高度重视交通节能降耗，以保障国家能源安全。

9.1.1　交通节能的意义

交通行业是我国用能增长最快的领域之一。伴随着我国工业化和城市化进程的加快，各种运输方式承担的客货运输量大幅增长。2000 年我国旅客周转量 12261 亿人千米，2005年增至 17457 亿人千米，年均增速 7.3%，2010 年更是达到 27894 亿人千米。与客运相比，货物运输发展势头更为迅猛，2005 年货物运输量达到 80257 亿吨公里，5 年间平均年增速12.6%，2010 年更是达到 137329 亿吨千米。交通行业是资源占用型和能源消耗型行业，随着我国客货运输量的增长，交通运输业能源消耗的规模逐年上升，能源消耗的增速高于全社会能源消耗的增速，交通运输业成为用能增长最快的行业之一。

交通耗油量大增引发了一个更为严峻的问题，即由于油价的上涨导致运输业运营成本上升。燃油消耗在运输业的运营成本中占近 20%，而交通运输产业的一个特殊性在于它与绝大多数产业的生存发展密切相关。当油价攀升导致交通运输业成本上升时，将使第二产业中依赖长途运输解决原材料和市场问题的加工制造业受到较大影响，如冶金、建材、化工、食品、造纸、纺织等；同时，对某些城市服务业如出租车服务业、旅游业、物流配送服务业等，将产生非常显著的影响，引起其运营成本提高和效益下降。油价上涨引起交通运输成本的上升最终将转嫁到消费者身上。交通运输业如何减轻对能源的依赖，成为在高油价时代面临的必然挑战。面对这个挑战，交通运输业必须全方位实施节能策略，降低运输成本，减轻对能源的依赖程度。

据资料介绍，2011 全国汽车保有量超过 1 亿辆，按每辆汽车平均每年耗油 2 吨计算，需要 2 亿吨汽车用油，交通将成为用能大户。交通消耗的化石能源都是不可再生能源，而根据目前已探明的石油总量仅可开采几十年。因此，在交通领域大力推广各种节能技术，提高再生能源在交通用油中的比例，未雨绸缪为未来的发展提供保障，也是全人类为了未来的生存必须关注的问题。

9.1.2 交通节能现状

交通节能是一项复杂的系统工程，影响因素众多，总体上可以归纳为结构性因素、技术性因素和管理性因素三类。近年来，交通行业在结构性节能、技术性节能和管理性节能等方面成效显著，也面临一些突出问题。

1. 结构性节能方面

通过加强战略规划及政策引导，加快推进交通运输结构调整，交通基础设施结构、车船运力结构和企业组织结构明显改善，大大提升了交通系统整体节能水平。但是，交通发展中长期积累的结构性矛盾尚未根本解决，粗放型发展方式尚未根本转变，主要体现在：一是综合运输结构不尽合理，特别是内河航运节能环保的比较优势尚未充分发挥，综合运输枢纽建设滞后，不同运输方式之间缺乏有效衔接，综合运输整体优势和组合效率尚未充分显现。二是基础设施网络化程度还比较低，国省干线已成为突出的薄弱环节，局部路段交通拥挤，绕行等不合理运输现象时有发生；内河高等级航道偏少，部分沿海港口集疏运通道不畅、进出港航道能力不足，码头泊位大型化、专业化和现代化水平还有待提升，影响了水路运输和港口生产节能的规模化、集约化效应。三是运输装备结构不尽合理，普通货运车船运力供给过剩，大型化、专业化、系列化车船比重不高，老旧车船比重偏高，技术状况差，汽车甩挂运输发展滞后。四是交通能源消费过度依赖石油，替代能源、可再生能源比重有待提升。

2. 技术性节能方面

通过切实加强交通节能科技进步与创新，积极推进应用现代化运输装备，开展了推荐车型、客运车辆等级评定和内河船型标准化工作，组织了全国重点在用车船节能产品（技术）推优工作，节能技术基础有所增强；大力推进交通行业信息化和智能化建设，加快了现代信息技术和组织管理技术的集成应用，运输生产效率和行业节能水平持续提高。但是，交通节能科技支撑与服务能力亟待加强，主要体现在：一是节能科技研发投入不足，创新激励机制不够完善，节能环保型运载工具、替代燃料等一些重大共性和关键技术研究开发不够；二是缺乏鼓励节能技术、产品推广的配套激励政策和机制，节能技术、产品的推广应用进展缓慢；三是行业信息化水平还有待进一步提升，现代信息技术应用推广还比较滞后，公众出行和货物交易信息服务能力还有待增强；四是交通节能技术服务体系尚未建立，节能技术产品和服务市场还有待进一步规范。

3. 管理性节能方面

切实注重加强运输组织管理、节能监督管理，实现管理挖潜增效，以体制改革为保障，强化交通市场监管，促进运输市场体系的完善，不断提升交通系统运行效率和运输组织管理水平；初步形成了交通行业节能法规标准体系，初步建立了行业能源管理机构和能源利用监测服务体系，节约能源的制度环境不断改善，组织保障有所增强。但是，交通运输生产效率和节能监督管理能力还亟待提升，主要体现在：一是行业节能意识有待增强、理念有待提升，节能政策法规和标准规范体系不完善，体制机制性障碍尚未根本消除；二是运输市场发展滞后，组织方式总体还比较粗放，企业经营集约化与规模化水平低，公路运输组织化程度低，空驶率居高不下，运输效率不高；三是节能统计监测等基础性工作薄弱，节能绩效评价考核体系尚未建立；四是交通节能监管能力和水平亟待提升，相关产业政策不配套，节能长效机制尚未形成。

9.1.3　交通节能内容

交通节能工作涉及交通、交通站场、交通线路、交通调度各个方面，是一个复杂的系统工程。光有先进的交通工具，没有与之配套的交通站场、交通线路、交通调度等子系统，交通节能工作收效甚微；同样，尽管有先进的交通站场、交通线路，但交通工具不节能，交通调度不先进，整个交通系统存在较大的隐性浪费，交通节能的效果也大打折扣。

交通节能包括陆路的汽车节能、火车节能，水路的内河船舶节能、远洋船舶节能，航空的飞机客运与货运节能。不同的交通工具，通过不同的交通路径及站场，为不同的需要提供各种交通运输服务。它们各自的能耗效率是不同的，不能简单地类比。因此，不同交通工具在进行节能工作时需充分考虑各自的特点。表 9-1 是我国不同运输方式能耗效率比较。

表 9-1　　　　　　　　　不同运输方式能耗效率比较

内　　　容	1980 年	1985 年	1990 年	1992 年	1993 年	1994 年	1995 年	1996 年
铁路机车综合耗油	15.18	11.44	8.35	7.72	7.34	5.99	5.99	5.53
汽车运输耗油	87	77	71	71.3	73.4	75.5	75.5	75.5
民航飞机耗油	662	510	496	465	420	420	420	420
内河运输耗油	12.28	7.5	7	6.6	6.5	7.45	7.4	7.3
海洋运输耗油	4.71	4.64	4.47	4.47	4.51	4.51	4.48	4.45

注：各种油耗单位为 kg/（1000t·km）。

由表 9-1 的数据可知，单位重量、单位距离运输耗油最小的为海洋运输，耗油最多的为民航飞机耗油。但两者的时间效率是不一样的，一般海洋运输的周期较长，而航空运输的周期较短，两者不能全面替代。因此，在时间要求不是很高的场合，尽量选择能耗效率高的运输方式，如果时间要求较高，则只能以时间要求选择运输方式。因此，各种交通运输方式都需要进行节能工作，而不是因为某种运输方式能耗效率较低而不开展节能工作。我国颁布的《节能中长期专项规划》对交通运输节能工作的各个方面提出了如下要求：对公路运输，要求加速淘汰高耗能的老旧汽车；加快发展柴油车、大吨位车和专业车；推广厢式货车，发展集装箱等专业运输车辆；改善道路质量；加快运输企业集约化进程，优化运输组织结构；减少单车单放空驶现象，提高运输效率等。对新增机动车，要求制定和实施机动车燃油经济性标准并实施车辆燃油税等相关制度，促进汽车制造企业改进技术，降低油耗，提高燃油经济性，引导消费者购买低油耗汽车。对于城市交通，要求合理规划交通运输发展模式，加快发展轨道交通等公共交通，提高综合交通运输系统效率。在大城市建立以道路交通为主，轨道交通为辅，私人机动交通为补充，合理发展自行车交通的城市交通模式；中小城市主要以道路公共交通和私人交通为主要发展方向。对于铁路运输，要求加快发展电气化铁路，实现铁路运输以电代油；开发交—直—交高效电力机车；推广电气化铁路牵引功率因数补偿技术和其他节电措施，提高用电效率。内燃机车采用高效柴油添加剂和各种节油技术和装置；严格机车用油收发计算机集中管理；发展机车向客车供电技术，推广使用客车电源，逐步减少和取消柴油发电车，加强运输组织管理，优化机车操纵，降低铁路运输燃油消耗。对于航空运输，要求采用节油机型，加强管理，提高载运率、客座率和运输周转能力，提高燃油效率，降低油耗。对水上运输，要求制定船舶技术标准，加速淘汰老旧船舶；采用新船型和先进动力系统；发展大宗散货专业化运输和多式联运等现代运输组织方式；优化船舶运力结构，提高船舶平均载重吨位等。对农业、渔业机械，要求淘汰落后机械；采用先进柴油机节油技术，降低柴油机燃油消耗；推广少耕免耕法、联合作业等先进的机械化农艺技术；在固定作业场地更多地使用电动机；开发水能、风能、太阳能等可再生能源在农业机械上的应用。通过淘汰落后渔船，提高利用效率，降低渔业油耗。

建设好我国铁路、公路、水路（包括海洋和内河）、航空及管道运输体系，是交通运输节能工作系统工程中的一个基础环节，也是一个重要的环节。因为，没有先进的交通运输体系，先进的交通工具就无法使用，交通节能工作也无从展开。在交通节能工作的基础环节建设方面，要强调交通运输的系统性、规划的前瞻性和基础设施的先导性对交通节能的战略意义，充分发挥铁路、公路、水运、民航和管道等运输的比较优势，合理配置运输资源，提高交通运输能耗的整体效率。各种运输方式发展要充分利用市场和政府两种调控机制，强化科技在交通中的应用，提高运输组织水平，最大限度减少无效运输，避免交通能耗中的隐性浪费。

9.2 公路运输节能

9.2.1 结构性节能

公路运输结构性节能包括优化基础设施结构、优化车辆运力结构和优化车辆能源消费结构三个方面。

1. 优化基础设施结构

加强公路网络化建设。加快国家高速公路网、农村公路建设，强化连接线、断头路等薄弱环节，发挥公路网络效益，提高路网通行能力和效率；优化公路站场布局，建设以公路运输枢纽为龙头、一般性汽车客货运站（点）为辅助，布局合理、结构优化、与其他运输方式有效衔接的公路站场服务体系。

全面提升路网技术等级和路面等级。加快高等级公路建设，加大国省干线公路扩容升级改造力度。加快未铺装路面改造，提高路网路面铺装率，强化公路路面养护，全面改善路面状况。

2. 优化车辆运力结构

加快调整、优化公路运输运力结构。加速淘汰高耗能的老旧车辆，引导营运车辆向大型化、专业化方向发展。加快发展适合高速公路、干线公路的大吨位多轴重型车辆、汽车列车，以及短途集散用的轻型低耗货车，推广厢式货车，发展集装箱等专业运输车辆，加快形成以小型车和大型车为主体、中型车为补充的车辆运力结构。

3. 优化车辆能源消费结构

大力推进运输车辆的柴油化进程。鼓励和引导运输经营者购买和使用柴油汽车，提高柴油在车用燃油消耗中的比重。

积极推进车用替代能源的应用。因地制宜推广汽车利用天然气、醇类燃料、煤层气、合成燃料和生物柴油等替代燃料和石油替代技术。

9.2.2 技术性节能

1. 车辆节能技术

汽车是我国城市交通的主要工具，随着我国城市化进程的不断深入，全国汽车的保有量不断增加，截至 2011 年，我国汽车保有量已超过 1 亿辆。但是，我国机动车燃油经济性水平比欧洲低 25%，比日本低 20%，比美国整体水平低 10%；载货汽车百吨公里油耗 7.6 升，比国外先进水平高 1 倍以上。按每辆汽车平均年耗油 2 吨计算，如果全国汽车燃油经济性水平平均提高 5%，则一年可以节约油 500 万吨，这是相当可观的数字，说明汽车节能潜力巨大。

影响汽车燃油经济性水平的高低跟汽车本身的性能、道路状况、交通流量、交通调度等主要因素有关。因此对于汽车节能工作需从提高汽车本身性能，改善城市道路状况，提高交通指挥疏导能力，大力调整现有城市交通方式结构等方面展开工作。

汽车本体节能技术包括以下几个方面：

（1）汽车发动机节能技术。汽车依靠发动机发出动力，通过传动装置推动汽车前进。发动机是汽车的核心部件，其工作性能的好坏直接影响汽车整体的性能。发动机的工作性能主要包括动力性、经济性、运转性和可靠性等几个方面，其中动力性、经济性与节能密切相关。

为了更好地分析和理解发动机的节能技术，先介绍几个重要的指标或参数。

①指示效率 η_i。燃料在发动机燃烧放出的热量，使燃气的温度和压力提高，体积膨胀，从而推动活塞做功。气体膨胀推动活塞在单位时间内所做的功称为指示功率 P_i。指示

效率是推动活塞所做功的有效热量与发动机内燃料燃烧的总热量之比,它表明了发动机内热量转变为功的使用程度,一般用 η_i 表示。

$$\eta_i = \frac{\text{推动活塞做功的有效热量}}{\text{燃料总热量}} \times 100\% = \frac{P_i}{B\lambda} \times 100\% \qquad (9-1)$$

式中　B——发动机在单位时间内的燃油消耗量,可通过试验测定,kg/h;

　　　P_i——发动机指示功率,kW;

　　　λ——燃用燃料的热值,kJ/kg。

发动机指示效率越高,发动机工作的越完善,热量损失越少,发动机指示功率也越高。一般四行程的汽油发动机指示效率仅为 25% ~ 35%,通过排气、散热、漏气等形式损失 65% ~ 75% 的热量。所以提高发动机的指示效率是汽车节能的源头,它涉及热力转换的过程。

②有效功率 P_e。发动机的指示功率并不能全部作为发动机的输出功率,有部分功率要消耗在发动机本身的摩擦损失上。有效功率是发动机经飞轮输出的功率,是发动机机械效率和指示功率的两者乘积,用 P_e 表示。

$$P_e = P_i \eta_m = \frac{K_1 i V_h \eta_v \eta_i \eta_m n}{30\tau\alpha} \qquad (9-2)$$

$$\text{或 } P_e = B\lambda\eta_i\eta_m \qquad (9-3)$$

式中　i——发动机的汽缸数;

　　　V_h——每个汽缸的工作容积,L;

　　　τ——完成一个工作循环的冲程数;

　　　K_1——系数;

　　　η_v——发动机的充气效率;

　　　η_i——发动机的指示热效率;

　　　η_m——发动机的机械效率;

　　　n——曲轴转速,r/min;

　　　a——混合气的过量空气系数。

③机械效率 η_m。机械效率是发动机有效功率和指示功率之比,它反映了发动机机械性能的好坏程度。汽油发动机的机械效率为 70% ~ 90%,说明发动机的功由活塞经曲轴转到飞轮时,摩擦损失达 10% ~ 30%。其计算公式如下:

$$\eta_m = \frac{P_e}{P_i} \times 100\% \qquad (9-4)$$

④燃油消耗率 b_e。发动机每发出 1kW 的有效功率,在 1h 内所消耗的燃油的质量,即为燃油消耗率,用 b_e 表示,单位为 kg/(kW·h)。显然,燃油消耗率越低,发动机的经济性越好。燃油消耗率可按下列公式计算:

$$b_e = \frac{B}{P_e} \qquad (9-5)$$

⑤传动效率η_t。发动机所发出的有效功率，经过传动装置传到驱动轮时，由于摩擦的存在，又有一部分有效功率损失，所以驱动轮获得的功率又小于有效功率。为表明有效功率的利用程度，可用传动效率 η_t 来表示。

$$\eta_t = \frac{P_d}{P_e} \times 100\% \qquad (9-6)$$

车辆的传动效率为80%～95%之间，有5%～20%的有效功消耗在传动装置中。

根据以上几个数据，经过分析可知，燃料所放出的热量最后只有16%～30%转化为驱动功率，其实这部分驱动功率还不能全部用来有效驱动，还有很大的一部分是无效驱动。发动机的节能工作主要就是将燃料的化学能最大限度地转化为驱动功率，至于将驱动功率最大限度转化为有效驱动功率则是汽车整体及行驶过程的节能工作。

为了将燃料的化学能转化为汽车的驱动功率，可从燃料的充分燃烧、改善热力循环系统、减少活塞及发动机内的其余摩擦、减少泵气损失等方面展开工作。发动机节能的几个主要途径为：

①提高充气效率。充气效率是指在发动机进气行程时，实际进入汽缸内的新鲜气体（空气或可燃混合气）的质量 m_1 与在进气行程进口状态下充满汽缸工作容积的气体质量 m_0 之比。在同样大小的汽缸容积 V_h 下，提高充气效率可使进入汽缸的实际空气量增多。当保持混合气浓度一定时，允许进入汽缸的燃料量就增加，在同样燃烧条件下，发动机发出的功率增大。另一种情况，当燃料供给量一定，提高η_v，使混合气的浓度变稀，即过量空气系数 a 适当加大，使燃料在发动机内充分燃烧，提高燃料能量转化为驱动功率的百分率。要提高充气效率η_v，应从改进气门配气机构、凸轮外形、配气相位及减少进排气管道流动阻力等内燃机的换气过程方面着手。

②提高发动机的机械效率。这是不言而喻的问题，因为机械效率提高了，在相同的指示功率下，发动机的有效功率就提高了。而机械效率的提高就是减少发动机的各种摩擦损失，试验研究表明，当减少总摩擦损失的17%～21%时，可以提高整机经济性3%～7%。发动机的机械损失主要由机械摩擦损失、附件消耗损失和泵气损失三部分组成。减少发动机机械摩擦损失主要应从以下几个方面展开工作：一是降低活塞、活塞环、连杆等往复运动机件的质量；二是减少滑动部件的滑动速度及高面压比，例如减小曲轴轴径尺寸，缩短轴承宽度等；三是减少润滑油的搅拌阻力并改良润滑油；四是合理选择摩擦零件的材料，优化材料配对，提高摩擦表面加工精度。

③提高发动机循环热效率。发动机循环热效率越高，汽车的燃油经济性越高，越利于汽车节能。提高热效率主要通过提高压缩比，尽量使燃料在上止点附近燃烧完毕，采用稀混合气等方法。

④提高发动机的压缩比。发动机的压缩比是指压缩前汽缸内的最大容积与压缩后汽缸内的最小容积的比值。它表示汽缸内新鲜气体压缩后，容积缩小的倍数。这个倍数越大，则压缩比越大。发动机的热效率是随压缩比的提高而提高的。这是由于随着压缩比的提高，汽缸内混合气压缩终了时的温度和压力也随着升高，改善了燃烧条件，减少了不完全燃烧和传热损失；同时由于被燃烧气体膨胀充分，燃料燃烧产生的热量能够得到充分的利用；压缩比的提高，也有利于燃烧稀混合气。因此，同升量的发动机，选择较大的压缩比，不仅能获得较大的热效率，而且燃料的使用也愈加经济。单从提高发动机的指示负荷的角度来看，发动机压缩比愈大愈好。但实际上又不可能任意增大压缩比。如果压缩比过大，不但燃料超耗，还会引起不良后果。对于汽油发动机，如果在汽油辛烷值一定的条件下，压缩比过大，就会产生爆燃；对于柴油发动机，如果压缩比过大，会使零件的负荷过大，加速零件磨损并降低机械效率，燃料的消耗率也会提高。压缩比选择的过大或过小，对发动机工作都极为不利。

⑤采用可变压缩比发动机。可变压缩比的发动机其压缩比可以根据负荷的情况加以改变，在部分负荷时压缩比就可以高些，这样既可防止爆燃，又可以节约大约 20% 的燃油。如果压缩比能随着海拔的变化而变化，就可以满足不同海拔对发动机压缩比的不同要求。要改变发动机压缩比，一种办法是改变活塞行程；另一种办法是改变燃烧室容积，而且要随时可大可小，能满足工况变化的要求。要实现这一要求，其难度是十分大的，需根据需要加以实施。

根据以上几个途径，目前已经开发应用的发动机节能技术主要有发动机稀燃技术、汽油机的燃油电子喷射技术、分层燃烧技术、闭缸节油技术、电磁阀驱动系统技术、E - GAS电子节气门技术、废气涡轮增压技术、强制怠速节油器技术、磁化节油净化器技术等多种节能技术。随着科学的不断发展，发动机的节能技术也会随之不断提高，为汽车的全面节能提供基础。

例如，废气涡轮增压节能技术是对新鲜空气进行预压缩，这个过程称为增压。增压后进入燃烧室内的新鲜空气量增多，这意味着可以燃烧更多的燃料，从而可以提高发动机功率。增压是发动机提高功率最有效的方法之一。所谓涡轮增压，就是利用发动机排气驱动的涡轮机拖动压气机，来提高发动机进气压力，增加进气量的一种技术，又称废气涡轮增压技术。它是目前世界上最成熟、应用最广泛的一项涡轮增压技术，一般增压压力可达 180 ~ 200kPa，最高甚至达到 300kPa。柴油机采用涡轮增压技术，不仅可提高功率30% ~ 100%，还可以减少单位功率质量，缩小外形尺寸，节约原材料，降低燃油消耗。由于涡轮增压发动机燃烧比较完全，排烟浓度降低，废气中 CO 和 HC 含量明显减少，NO_x 含量也较少，从而减少了对环境的污染。此外，由于燃烧压力升高率降低，发动机工作较柔和，噪声比较小。涡轮增压技术在节约能源、降低噪声和防止大气污染等方面能发挥较大的作用。

（2）开发代用燃料发动机。石油资源日益枯竭，开发利用其他能源的发动机已是各国感兴趣的研究课题。目前包括我国在内的很多国家在开发应用替代燃料的技术研发上，取得了很大进展。车用替代燃料包括天然气、氢气、甲醇、乙醇、其他醇类、生物柴油、电力等。采用代用燃料发动机不仅是石油资源日益枯竭的需要，也是应对环境污染、减少温室气体排放的需要，具有综合的社会和环境效益，所以在开发代用燃料发动机时，应注意结合国情，综合考虑替代燃料从获取到使用，甚至相关设备、器具回收处理全过程的碳排放问题。

（3）汽车整身节能技术。影响汽车燃油经济性的因素除汽车发动机外，还有许多方面，如汽车传动系统、汽车行驶阻力、汽车整备质量等。

①改进传动系统。提高传动系统的效率对燃油经济性的作用大约有10%。发动机的有效功率必须通过传动系统转变成驱动功率，提高驱动效率的主要途径有以下几个方面。一是采用节油自动离合器。所谓的"自动"离合器，是在借正常操纵前加力手柄驱动前桥的过程中，实现半轴与轮自动离合的，并未另增设其他操纵机构，又没有改变原操作方法，还不给驾驶员增添任何麻烦，靠机械式的联动，完成离合作用。采用自动离合器可以实现节油、消除机件空转、延长其使用寿命、减少行车阻力、增加汽车的滑行能力等目的。二是采用机械多挡变速器传动系的挡位越多，汽车在运行过程中越有可能选用合适的速比，使发动机处于最经济的工作状况，以提高汽车的燃油经济性。一般的轿车手动变速器基本上采用5挡，大型货车有的采用7挡，由专职驾驶员驾驶的重型汽车和牵引车，变速器的挡位多达10～16个。但挡位数过多会使变速器结构大为复杂，同时操纵机构也过于繁琐，从而使变速器操作不便，选挡困难。具体选用多少挡位，要结合车辆的实际用途，片面追求多挡位，并不能达到节能的目的。三是采用无级变速器。无级变速器的挡数是无限的，它为发动机在任何条件下都工作在最经济工况下提供了可能，如无级变速器始终能维持较高的机械效率，则汽车的燃油经济性将显著提高。

②降低汽车行驶阻力。汽车在水平道路上等速行驶时，必须克服来自地面的滚动阻力和来自空气的空气阻力；当汽车在坡道上爬坡行驶时，还必须克服坡道阻力；汽车在加速行驶时，还需要克服加速阻力。上述诸阻力中，滚动阻力和空气阻力在任何行驶条件下均会产生，因此汽车经常需要消耗功率来克服这些阻力。所以，减小汽车行驶中的滚动阻力和空气阻力，对节约油料、提高汽车的燃油经济性很有意义。

汽车行驶时，发动机克服空气阻力所消耗的功率与车速的三次方成正比。随着我国高等级公路的发展，汽车的行驶速度将大大提高，通过减小汽车空气阻力来降低汽车的燃料消耗也是一种非常行之有效的措施。汽车的空气阻力主要为形状阻力，它与汽车车身的形状有着密切的关系。降低货运汽车空气阻力的主要方法是车厢采用箱式，再在车厢上安装导流罩、阻风板等。试验表明，如以普通长头货车的空气阻力系数为100%，则车厢加盖篷布后空气阻力降为73%，车厢改为箱式后空气阻力降为60%，如果再安装导流罩空气阻力则降为43%。对于汽车驾驶员，不要在轿车顶上安装行李架，高速行驶时不要打开车窗等都是降低空气阻力的有效措施。

汽车的滚动阻力与路面状况、行驶车速、轮胎结构以及传动系统、润滑油料等都有关系。路面状况、行驶车速都跟客观情况和驾驶情况有关，和汽车本身无关。从汽车本身来看，要减少汽车滚动阻力主要通过合适的轮胎并充至合适的气压。轮胎的充气压力对滚动阻力系数 f 影响很大，气压降低时，滚动阻力系数 f 迅速增大。在各种结构的轮胎中，子午胎是目前公认的滚动阻力系数较小的轮胎。由于子午胎的胎体柔软，胎冠的刚度大，滚动阻力小，使剩余功加大，试验资料表明，子午胎的耐磨性与普通斜交胎相比提高 30% ~ 70%，轮胎的滚动阻力下降 20% ~ 30%，汽车的燃油消耗降低 5% ~ 8%。

③减少车身重量。节约能源首先是提高汽车的燃油经济性，而降低车辆重量是其中重要的措施之一。汽车越重，驱动汽车所需要的功率就越大，消耗能量也就越多，因此，汽车轻量化对节约能源具有重要的作用。大量试验和数据表明，在风阻和滚动阻力不变的情况下，其质量每减轻 100kg，汽车每百公里耗油便会减少 0.6 ~ 0.7L。因此，利用铝或其他轻型材料来减轻汽车重量，同样可达到节省燃料的目的。近 20 多年来，汽车轻化技术有了很大的发展。日本丰田、本田等汽车公司研制出的轻量化汽车，其重量只有原来汽车重量的 1/3。汽车轻量化技术主要是广泛发展与应用轻质高强材料，同时优化汽车及其零部件结构，取消多余的零部件、多余的尺寸等。目前奥迪、丰田、福特等公司都在制造铝车身，形成了车身铝化的趋势。对于一些较大的汽车零部件如发动机已开始使用镁压铸件，以减轻车身自身重量。戴姆勒—克莱斯勒公司研制了一款 CCV 复合材料概念车，它采用一种几乎全塑的车身外壳，重量轻；材料中含有玻璃增强纤维，加强了刚度和硬度，技术性能完全达到性能要求。还有一种用在发动机上的工程陶瓷，它具有良好的综合性能，高温强度高、耐磨性强、隔热性好、密度比低、弹性好，因此用它代替金属材料，可大幅度提高热机效率，降低能源消耗，从而达到汽车轻量化的效果。

2. 智能交通技术及最短距离运输

（1）智能交通系统的定义及结构。

智能交通系统（ITS，Intelligent Transportation System）就是将先进的信息技术、数据通讯传输技术、电子控制技术、传感器技术以及计算机处理技术等有效地综合运用于整个交通运输体系，从而建立起的一种在大范围内、全方位发挥作用的实时、准确、高效的交通综合管理系统，该系统是为了解决交通拥堵产生的社会、经济和生态系统等方面的问题而发展起来的，其主要目标是为了提高交通管理部门的管理水平、提高整个路网的通行能力、降低交通系统对能源的消耗和对环境的负面影响。ITS 通过对交通的诱导，减少拥堵，同时通过导航系统为出行者提供最佳路线，减少出行者在道路上的停留时间，从而既节约了燃料，也减轻了对环境的污染。

智能交通系统的体系结构如图 9-1 所示。

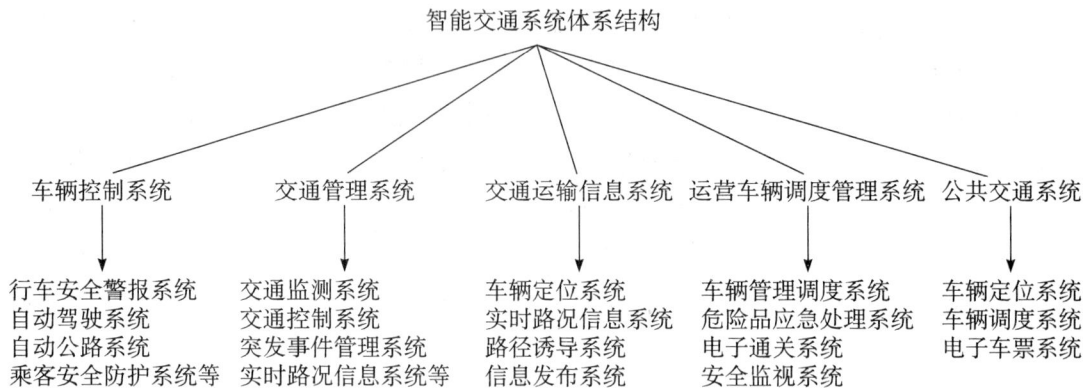

图 9 - 1 智能交通系统的体系结构

（2）最优路径问题。

智能交通系统中的一个核心问题是最优路径的选择。最优路径是求两点间的最短可达距离，是一种综合道路状况、车流量等信息的道路信息分析系统，它不是数学公式中的简单距离，即直线距离。所以，应该采用考虑很多复杂信息的距离函数来表示距离，现在选 A、B 两点，给出如下所示的函数：

$$d_{AB} = f(x_1, x_2, x_3, \cdots) \qquad (9-19)$$

式中 x_1——简单距离因子，表示道路的直接长度；

x_2——路面状况因子；

x_3——通行状况因子。

显然这种距离函数是一种综合性的道路通行状况指标，能真正满足用户进行多种分析和决策的需要。两个地理位置 A、B 之间的道路状况如图 9 - 2 所示，从 A 到 B 共有 7 条路线段，每条线段的距离权值即距离函数值已标在上面。要从 A 到 B 有四种路线方案可供选择，分别是 A - D - B、A - C - B、A - D - E - B、A - E - B。从中找出权值之和最少的路线方案就是一个最优路径问题。为了解决这个问题，不仅要测量出每条路线段的长度，而且要了解每条路线段的路面状况和人、车流量所导致的通行状况等，然后用上述的某种距离函数来定性地标示每条路线段的通行指标。

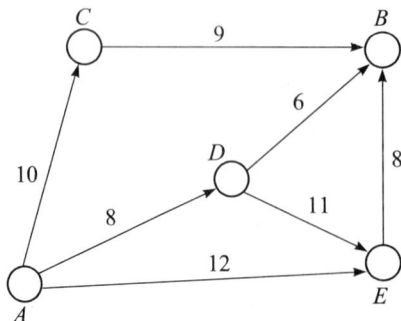

图 9 - 2 A、B 两点间道路分段图

解决最优路径问题的关键在于如何具体定义距离函数模型。人们采用图中的加权有向图的方法，并利用邻接矩阵和迭代算法的思想生成一种通用的最优路径求解算法，该算法步骤如下：

①构造初始邻接矩阵 $R = S_{ij}$，S_{ij} 为顶点 i 到顶点 j 的权。如果 i 和 j 之间不存在弧段或者是负向，或者是 $i = j$，则令 $S_{ij} = +\infty$。

②构造初始中间顶点矩阵 $V = V_{ij}$，V_{ij} 为顶点 i 到顶点 j 的前点序号。

③开始迭代计算（迭代的次数等于顶点的个数 n）。迭代时首先考虑顶点 P_1 是不是 $P_1 - P_i$（$i, j = 2, 3, \cdots, n$）的中间顶点，方法是将 S_{ij} 和 $S_{i1} + S_{j1}$ 比较，如果前者大于后者，则在下一个邻接矩阵中用后者取代前者，并且将中间顶点矩阵中相应的 V_{ij} 换成 1，如果前者小于后者，则不作任何改变；如果前者等于后者，则有两种结果：一种是如同前者大于后者的情况，而另一种如同前者小于后者的情况。这样就得到下一个邻接矩阵 D_1 和中间顶点矩阵 V_1，开始下一代迭代，直到考虑完所有的顶点为止，得到矩阵 D_n 和 V_n。

④查找 $P_i - P_j$ 的最短路径。如果 V_n 中 $V_{ij} = i$，则最短路径为 $P_i - P_j$；如果不相等，则设 $V_{ij} = k$，最短路径为 $P_i - P_k - P_j$。然后如果 $V_{ij} = i$，则表示 i 和 k 之间没有中间顶点；如果 $V_{kj} = k$，则表示 k 和 j 之间没有中间顶点，否则可确定中间点 k，直到找出所有的中间顶点为止。这样便可求出 $P_i - P_j$ 的最优路径。

设图 9 - 2 的顶点 A、C、D、E、B 的序号依次为 1 ~ 5，各线段权值已标图上，可得初始邻接矩阵 R、初始中间顶点矩阵 V 为：

$$
R = \begin{pmatrix} +\infty & 10 & 8 & 12 & +\infty \\ +\infty & +\infty & +\infty & +\infty & 9 \\ +\infty & +\infty & +\infty & 11 & 6 \\ +\infty & +\infty & +\infty & +\infty & 8 \\ +\infty & +\infty & +\infty & +\infty & +\infty \end{pmatrix}, \quad V = \begin{pmatrix} 11111 \\ 22222 \\ 33333 \\ 44444 \\ 55555 \end{pmatrix}
$$

按照上述原理经过五次迭代得到的最后结果为：

$$
R_5 = \begin{pmatrix} +\infty & 10 & 8 & 12 & 14 \\ +\infty & +\infty & +\infty & +\infty & 9 \\ +\infty & +\infty & +\infty & 11 & 6 \\ +\infty & +\infty & +\infty & +\infty & 8 \\ +\infty & +\infty & +\infty & +\infty & +\infty \end{pmatrix}, \quad V = \begin{pmatrix} 11113 \\ 22222 \\ 33333 \\ 44444 \\ 55555 \end{pmatrix}
$$

这样就可找出各个点对之间的最短路径。在本例中，由矩阵 D_5 中的 $S_{15} = 14$，可知 1 - 5，即 A - B 的最优路径权值为 14，再依次查找中间顶点可得最优路径为 1 - 3 - 5。即最优路线方案为 A - D - B。

9.2.3 管理性节能

1. 提高公路货运组织化水平

（1）优化运输组织和管理。

引导运输企业规模化发展，充分运用现代交通管理技术，加强货运组织和运力调配，有效整合社会零散运力，实现货运发展的网络化、集约化、有序化和高效化。有效利用回程运力，降低车辆空驶率，提高货运实载率，降低能耗水平。

（2）大力发展先进运输组织方式。

逐步培育一批网络辐射广、企业实力强、质量信誉优的运输组织主体，加快发展提供仓储、包装、运输等全过程一体化的第三方物流，以及提供完整物流解决方案的第四方物流。大力推进拖挂和甩挂运输发展，充分发挥其车辆周转快、运输效率高和节能减排效果好的优势。

2. 提升公路客运组织管理水平

加强客运运力调控，大力推进客运班线公司化改造，提高公路客运企业集约化水平；推广滚动发班等先进客运运输组织模式，提高客运实载率。

完善公共客运服务体系，加快构建由快速客运、干线客运、农村客运、旅游客运组成的多层次客运网络服务体系，全面提升客运服务品质，积极引导私人交通转向公共交通，降低全社会的能源消耗水平。

3. 提高汽车驾驶员节能素质

汽车行驶过程中，驾驶员的驾驶技术、驾驶习惯、节能意识等与汽车的耗油量有很大的关系。如果能够改进驾驶过程中不科学、不规范的动作，可收到立竿见影和稳定的节油效果。汽车驾驶节能工作主要可以从以下几个方面进行。

（1）发动机启动与节能。根据发动机温度和大气温度的不同，发动机启动分为常温启动、冷车启动和热启动。当大气温度或发动机温度高于5℃时，启动发动机比较容易，一般不需要采取辅助措施，这种情况称为常温启动；当气温或发动机温度低于5℃时称为冷启动；发动机温度在40℃以上时的启动，称为热启动。

常温启动发动机时，要注意化油器充满汽油，尽量做到启动发动机一次成功，如果三次仍不能启动，应进行检查，排除故障。每次启动发动机不得超过5秒，连续使用每次应间隔10秒。启动后以低速运转，并尽快转入怠速状态。

冬天冷启动发动机时，应预热发动机，可将90℃以上热水注入发动机水套，并将放水阀打开，直至流出水温达到30～40℃，将放水阀关闭，待发动机水套的水温与汽缸体的温度逐渐趋于一致后再启动。

热车启动发动机时，要求踩加速踏板轻一些，做到发动机一次启动成功，启动后立即进入怠速运转。

（2）汽车起步加速与节能。汽车水温40℃以上时才起步。经科学试验证明，40℃以下水温的车辆起步行驶，会增加 6% 油耗。冬季汽车起步行驶在 10 千米以内，车速不能超过每小时 40 千米，根据当地不同气温可适当延长低挡行驶时间。一般情况下，气温 0 ~ 5℃ 以内的各挡行驶时间为：二挡 50 秒左右，三挡和四挡为 35 秒左右；气温 −20℃ 左右时，二挡 1 ~ 2 分钟，三挡 3 ~ 4 分钟，四挡 5 ~ 6 分钟，待水温和各式润滑油温度升高后再进入正常车速。

行车起步需要较大的扭矩，而发动机所提供的扭矩远远不能直接满足需要。这就要通过变速器的减速增加扭矩作用，加大车辆的驱动扭矩。在起步的挡位中，一般使用二挡起步最节油。做到起步用低挡，加速要缓慢。冬季车辆预热时间不宜过长，预热至正常工作温度后逐渐加速，以能启动为原则。不可猛加速开快车。尽量避免不必要的怠速，怠速运转每分钟比重新启动一次发动机所耗燃油还要多。也不宜突然停止发动机的运转或启动发动机，突然加速比平稳加速多燃油近 1/3。

（3）合理选择挡位与节能。汽车在行驶过程中，由于道路及交通流量等状况的改变需要更换变速器的挡位，如何选择挡位及换挡的时机和汽车的耗油量有直接关系。从节油的角度要求，换挡动作要准确、迅速、及时，不要拖泥带水，要避免动作过慢而车速下降过多。不要把油门加得很大、发动机转速很高时再慢慢换挡，而应在油门开度不大、发动机转速不高的情况下迅速换挡。一般应低挡起步，不应超速加大油门，车速比较高时应及时换入高一级的挡位，但不要在高挡位低速行驶。因为低挡高速与高挡低速同样费油，应根据车速及时调整行车挡位。换挡要适宜，以发动机动力能平稳运转为标准，不能拖挡太久或提前改换低速挡。车辆接近坡道时宜渐渐加速，但开始上坡就不宜加速，否则也会增加燃油消耗。

（4）合理选择运行速度与节能。不同的车型在不同的挡位中一般会有一个经济车速，在该经济车速下运行汽车的燃油经济性最佳，也就是说每行 100 千米所消耗的油量最小。汽车存在经济车速是由于汽车行驶过程中所消耗的燃油不仅取决于发动机的单位燃油消耗，还取决于汽车克服行驶阻力所需要的功率。当车速较低时，虽然克服行驶过程阻力所需要的功率较小，但发动机负荷低而比油耗上升，导致油耗增加；当车速较高时，发动机负荷高而比油耗下降，但克服行驶过程阻力所需要的功率增加致油耗增大。克服行驶过程阻力所增加的油耗超过了发动机比油耗的下降作用，汽车总的油耗也会增加。所以，汽车较低和较高车速行驶时都会增加油耗，只有在中间某个速度行驶时，油耗最低，一般称这个速度为经济车速。但是经济车速往往偏低，为了兼顾效率及其他原因，在长途驾驶中，驾驶员应尽量采取略高于经济车速的车速。当然对于救急物资及有时间限制的已变质物资的运送，时间是第一要素，此时不必考虑经济车速问题，一般只要在道路、安全有保证的前提下，全速前进，以最短的时间抵达目的地。对于有些物资尽管在运输途中不会变质，但考虑到生产率的问题以及快速到货带来的其他方面的收益，是否采用省油的经济车速需要进行全面的经济分析，才能确定最后选用何种车速。就目前的实际情况而言，一般采用比经济车速略大的每小时 70 ~ 90 千米车速行驶。

（5）安全滑行与节能。汽车在行驶过程中，不用发动机的动力，依靠汽车本身的动能（惯性）或下坡的势能继续行驶称为滑行。汽车在滑行时，发动机处于怠速运转或不运转，只消耗很少的油或不消耗油。所以滑行是汽车重要的节油措施，经验丰富的驾驶员可使行驶过程中的滑行里程占总行程的30%～40%。汽车的滑行一般有加速滑行、减速滑行和下坡滑行。汽车滑行具有以下优点：一是耗油减少，有利于节油和环境保护；二是车辆振动小，噪声低，使驾驶员和乘员感到舒适；三是减少了发动机、传动系统、悬挂系统、制动系统和轮胎的磨损，延长其使用寿命；四是预定点的停车，可通过滑行代替制动或停车，减少事故发生。

（6）合理选择行车温度与节能。汽车的行车温度包括发动机温度、机油温度、发动机罩内空气温度等。这些温度直接影响行车燃料的消耗。发动机温度过高或过低不仅导致油耗增加，还会引起发动机磨损加剧。发动机的温度一般通过发动机水套的水温及发动机罩内空气温度来调整，行车中要保持发动机水套水温80～90℃，发动机罩内空气温度30～40℃，冬季发动机罩内空气温度要求保持在20～30℃范围内。在驾驶过程中，应注意调节百叶窗的开度，控制行车温度在合理范围内。

（7）其他节能措施。尽量让汽车平稳行驶，避免停车和重新起步，避免频繁加速和随意减速。要选择技术状况较好的路面行驶，因为在松软等不良路面上行驶车辆，油耗可增加10%～30%。行驶中尽量少使用制动器，情况处理要有预见性。控制紧急制动，因为车辆制动后重新加速将十分耗油。长途行驶，应早上路，以避开交通高峰时段影响正常行驶。

经常检查并保持轮胎的标准气压。轮胎气压过低，将增加轮胎胎面与路面阻力，增加燃油消耗。载货汽车装载货物时应注意减少货物迎风面或加导流罩；如无必要，车辆在行驶过程中不要打开车窗；尽量少使用车内空调系统，天气不是很闷热时可开窗通风。

对车辆发动机应每年至少做一次预防性保养，因为发动机长久失调会多耗费燃油。进行日常维护。按生产厂家提供的保养计划检查燃油系统、空气滤清器、变速器、转向系、制动系、皮带、空调、减震器、前轮定位及其他易磨损和破碎的零件。选用合适的润滑机油。好机油可延长发动机寿命，降低油耗和尾气排放。定期检查机油和按时更换机油。

总之，汽车的节能工作涉及许多方面，图9－3是对汽车节能工作的一个总结。对于汽车节能工作，除了汽车本身的技术与结构节能、汽车正确使用与维护之外，还需要改善公路路况、提高协调指挥能力、引入智能交通系统（ITS），大力推行公交优先，在城市交通中，大力发展轨道交通、快速公交系统（BRT），国家政策鼓励和扶持节能型汽车的生产和使用，在税费上予以优惠。

公路运输通过结构优化、技术进步和强化管理等途径实现节能的潜力巨大，不同的节能措施获得的节能效果见表9－2。从表中看出，每一种措施都可得到不同程度的节能效果，如智能交通技术、混合动力系统技术的应用节能效果甚至能达到50%。

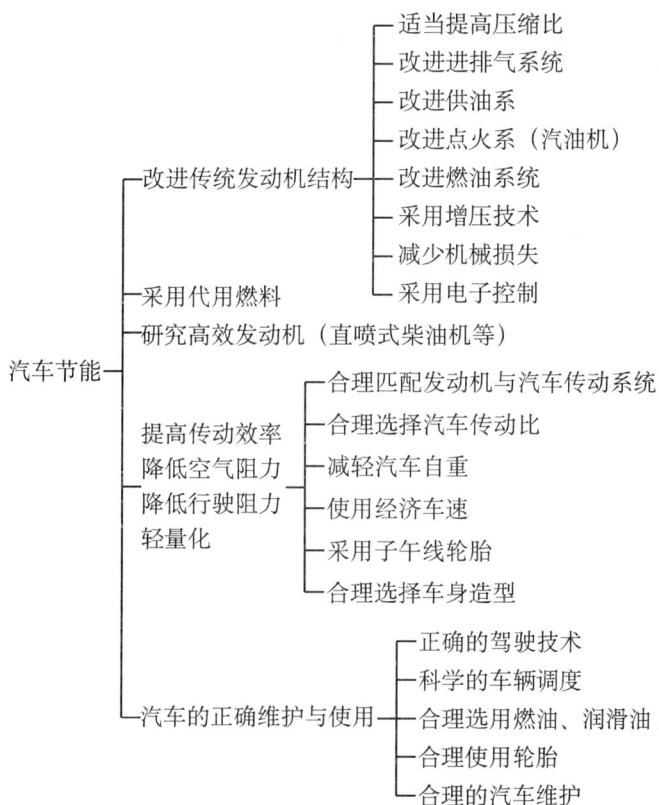

图 9-3　汽车节能工作内容

表 9-2　　　　　　　　　　　　公路运输节能措施及潜力

类别	主要节能措施	节能效果参考值（%）
结构性节能	载货车辆平均吨位提高 1 吨	6
	开展拖挂甩挂运输	30
	采用柴油机车辆（相对汽油车）	15
	提高公路技术等级	15 ~ 41
	提高路面等级（油路相对于砂石、土路）	10 ~ 15
技术性节能	应用智能交通技术	25 ~ 50
	推广应用混合动力系统	10 ~ 50
	减轻车身自重 10%	8
	发动机提高 1 个单位的压缩比	7
	子午线轮胎代替普通斜交胎	5 ~ 10
	高速车辆安装导流板	4 ~ 10
	安装风扇离合器	4 ~ 6
管理性节能	提高车辆里程利用率 1% ~ 5%	3 ~ 15
	缓解道路交通拥挤	7 ~ 10
	严格执行车辆维修保养制度	5 ~ 30
	提高驾驶员驾驶水平	7 ~ 25
	实施营运车辆准入退出机制	5 ~ 10

9.3 水路运输节能

水路运输是所有运输形式中能源利用效率最高的一种运输方式，我国水路运输与先进国家相比还存在差距。2010 年，我国水路运输燃油单耗水平基本达到发达国家 2000 年的水平，其中远洋和沿海运输接近或达到同期国际水平，其中海洋运输千吨公里燃油单耗，沿海运输由 4.8 千克降到 4.4 千克，远洋运输由 4.44 千克降到 4.06 千克。尽管船运是能源效率最高的运输形式，但燃油成本占航运企业成本的 20%～40%，面对近几年来油价的连续大幅上扬，导致航运企业运输成本大幅增加，油价持续飙升已越来越成为各家航运企业难以承受的成本之痛，面对高油价的冲击，尽管船运公司可以采取加收燃油附加费、集中采购、期货市场套期保值交易等手段来应对，但是航运企业立足自身、采取综合措施降低油耗、走节能降耗之路才是航运企业面对高油价的唯一出路。船舶节能工作也主要需从结构性节能、技术节能和运营管理节能三方面展开。

9.3.1 结构性节能

水路运输结构性节能主要包括提升航道技术等级、优化船舶运力结构和优化船舶能源消费结构。

1. 提升航道技术等级

大力开发利用水网地区水运资源，加快推进内河水运主通道建设，全面提高航道等级和改善航道条件，提高航道标准和通航保证率。加快形成以高等级航道为主体的干支直达、通江达海、结构合理的内河航道网。

2. 优化船舶运力结构

加快海运船舶运力结构调整。优化船队的吨位结构，推动海运船舶向大型化、专业化方向发展，重点发展大型集装箱运输船、原油运输船、散货运输船以及液化天然气船等，加快建成规模适当、结构合理、具有较强国际竞争力的海运船队。

大力推进内河船舶运力结构调整。发展与航道技术标准相适应的大型化、标准化船舶，积极发展商品汽车、散装水泥等特种货物运输船舶，加快淘汰挂桨机船等技术落后、能耗高、污染大的老旧船舶与落后船型。积极引导运输企业和船户组建专业化内河运输船队，发展顶推船队，提高船舶吨位，发展规模化运输，降低燃料消耗。

3. 优化船舶能源消费结构

研发推广新型船用替代燃料，适度在船舶上推广应用太阳能、燃料电池、生物质柴油、液化天然气（LNG）、液化石油气（LPG）等清洁能源，推广使用岸电、风力驱动技术。

9.3.2 技术性节能

船舶是船运企业的工具，船运企业的技术节能主要就是船舶的技术节能。目前船舶节能已成为世界造船界和航运界研究的重要课题，它关系到节约燃料资源和费用、环境保护以及船舶运营经济效益等问题。船舶节能的关键是节能船型的优化设计，船、机、桨、舵的最佳匹配，动力装置及其配套设备的优化选择。在满足船舶使用条件下，优化船体型线设计与船型使船舶阻力最小，选配耗油量小的船主机使总体协调匹配，以达到船、机、桨、舵的最佳匹配，从而提高船舶的推进效率，减少耗油量，降低减少运营费用。

1. 优化船型设计主要可以开发设计的节能船型

（1）小水线面双体船型。此种船型的船体由上、下体组成。上体为主船体，下体为辅船体，由支柱连接，将主船体绝大部分容积抬出水面。该船型具有兴波阻力及波浪干扰力作用小的特点，在高速航行时快速性、航向稳定性及耐波性均好，适应波浪中航行。由于该船型有利于布置低转速大直径螺旋桨，其桨轴浸沉深度大，可使螺旋桨处于较均匀有利的水流场下工作，从而提高船的推进效率。目前，国外已有此类型的巡逻艇、海上作业船、水文调查船以及载客渡船等。

（2）双尾船型。双尾船型（含双尾鳍）是指船的整个尾型而言，该船的特征是船的后体由 2 个片体和 1 个纵流型的中间拱形隧道组成。由于 2 个尾片体细长，可使纵流隧道平顺，以利于船尾部分的纵剖流线设计均匀平缓，可改善波形干扰。同时，还可增加船尾压浪长度，以改善船后体压力分布，减少尾流分离现象，从而大幅度降低兴波阻力和旋涡阻力，使剩余阻力大大下降。该船型有利于安装低转速大直径螺旋桨，可大大提高螺旋桨敞水效率，也易于船、机、桨匹配和优配。该船型在国外早有研究，国内也已实际应用到长江流域航线的客轮上，实际航运证明，双尾型船航行性好，兴波小，速度快，操纵灵活，可节省主机功率 25% 以上。

（3）蜗尾船型。该船的船体尾部由轴套包板和扭曲的船底板形成，绕着螺旋桨轴旋转的螺旋形成蜗槽道。蜗尾船型的实船有平头蜗尾船与尖头蜗尾船两种。平头蜗尾船的船首为平头，船首底部与水线平面的夹角约为 6°。蜗尾的作用主要有三个方面：一是消减尾浪，使尾流平顺，减少船尾兴波高度以达到降阻；二是蜗尾可回收螺旋桨尾流中的旋转能，产生反桨效应，从而可使紊乱的尾流协调成向后喷射的直流，以抵消螺旋桨激起的水流旋转所诱导的涡流，减少螺旋桨尾流旋转能量的损失，以达到回收螺旋桨尾流的旋转能、提高船舶推进效率的目的；三是蜗尾有助于消减船尾振动，因为船尾处的螺旋桨轴中心线与蜗尾中心线重合，使轴向伴流和周向伴流的分布较均匀，从而使消耗在螺旋桨尾流中的能量大大减少，也使水动力作用在船体所引起的扰动和作用在船体上的机械振动显著减少，起到消减尾振效果。实用证明，蜗尾船型具有兴波小、推进效率高、激振小等十分明显的多功能节能优点。据实船测试，其航速与一般同排水量和同机型船相比，可提高航速 27% 左右，节能 12% 以上，适应于客船、旅游船、军船（蜗尾登陆舰）。

（4）球尾船型。该船型的特征是在船体满吃水线处的尾部区设一个尾端形体。它是根据流体力学原理，利用球尾产生与船尾尾波相反等幅的波，以降低兴波高度。设计球尾的主要参数是尾球体长度、横剖面的大小与形状以及球心位置等，一般宜选择在桨轴中心线上，可根据船模试验优选其球尾尺度与形状。球尾的主要作用有两个：一是消波压浪，船尾波的起波点后移，导致尾波扩散面大大减少，从而减少能量损失，以降低船舶阻力；二是可改善尾流，起整流作用，以提高船舶的推进效率，与此同时还可减小螺旋桨的激振力，有利于降振。该船型一般可节省主机功率 7% ~ 9%。

（5）球鼻首船型。该船型的特征是在船头设有球鼻首。球鼻首形式有水滴形、瓜子形、椭圆形及小流鼻式等。球鼻首的主要参数如球鼻长度、宽度、横剖面的大小与形状、球鼻浸深深度等，可根据具体的设计船型、傅汝德数以及吃水等因素确定。球鼻首引起的波与船体的船首波可以相互抵消，以改善船首进流段区的水流状态，实现降低兴波阻力的目的。球鼻首还可增加船舶浮力，可作为压载水舱调节船的纵倾。在大型货船和油船上采用球鼻首，可降低总阻力 8% ~ 11%；在中高速船上可降低总阻力约 6%。

（6）浅吃水肥大型船型。该船型的特征是吃水浅，船体横截面相对较大，载货位大。它是受航道和港口泊位吃水限制而设计的一种船舶，其主要特点：一是载重量较常规型船增加 20% ~ 30%，计吨位愈大，则载重效果愈佳；二是综合经济效益高。该船型具有成本低、相对投资成本少、营运航线多、可通航道多、营运在航率高等优势，广泛应用于矿砂船、煤炭运输船、油轮、化学液体船以及船队运输途中的补给船等。

2. 优化船、机、桨、舵组合匹配

船、机、桨、舵最佳组合匹配涉及船型和船的主要参数、动力装置和螺旋桨的选配以及舵设等诸多技术问题。通过优化船、机、桨、舵组合匹配，以使船舶在航行中的总阻力最小，所需主机功率最恰当地达到船身效率和螺旋桨效率最高，船舶推进效率最佳。

理论上讲，理想的船舶推进效率趋近于 1，而一般的实船仅能达到 42% ~ 72%，这意味着 28% ~ 58% 的能量消耗在推进装置系统及其工况运行中和波能干扰影响中。能量损失一般有三方面的原因：一是由于船体在水中运动，受水流黏性影响及波能干扰导致能量损失，其值占 10% ~ 18%；二是船的推进传动机构运转中的能量损失，其值达 10% ~ 22%；三是由于螺旋桨叶端处存在横向绕流引起的激烈的端涡流能量损失和螺旋桨后面旋转尾流损失，这两者的损失随推力载荷系数的增加而增大，占 8% ~ 18%。推进效率是影响船舶航速的主要因素，提高推进效率的措施有以下几个方面：

（1）采用内旋桨；

（2）采用高效螺旋桨—PBCF 装置；

（3）采用船舶助推轮装置；

（4）设计低转速大直径螺旋桨；

（5）采用舵附推力鳍装置；

（6）采用自动操舵装置；

（7）优选螺旋桨叶梢与船壳相对最佳位置。

3. 优选动力装置及其配套设备

优选动力装置是船舶节能技术的最重要措施之一，其主要措施如下：

（1）开发新型高效发动机；

（2）开发新型燃油添加剂；

（3）利用主机废气节能技术；

（4）采用电子喷油系统装置；

（5）采用排气扩压管节能技术；

（6）采用轴带发电机节能技术；

（7）优化机舱布置及改善主机进气环境。

9.3.3 管理性节能

1. 水路运输组织管理

（1）加强水路运输组织管理。

引导航运企业优化结构，加快培育规模大、信誉好、国际竞争力强的海运企业和一流的全球物流经营人，大力推进内河航运的公司化改造，促进航运企业向规模化、集约化方向发展。发展大宗散货专业化运输、多式联运等现代运输组织方式，鼓励发展海峡、海湾和陆岛客货混装运输及商品车辆集装多元化运输方式，推进江海直达运输，全面提升船舶营运组织效率和节能水平。

（2）提高船舶载重量利用率。

加强货物集散地规划及建设，完善航运物流系统，优化航运发展规划与组织管理。充分运用信息化、网络化技术，合理组织货源，保持货流平衡，提高船舶载重量利用率。

2. 船舶营运节能管理

（1）船舶管理节能工作。

管理工作具有很大的弹性，同一种工作，粗放化管理与精益管理所产生的效果大相径庭。船舶节能管理工作也是如此，主要应做好以下几项工作：

①宣传教育强化全员的节能意识，让每位员工、每个岗位都深刻感受到燃油成本带来的压力，形成部门之间的联动、船岸之间的联动。

②完善规章制度，使节能工作有章可循、有标可参。可以在充分调研的基础上，结合船岸实际，对陆地机关、船舶一线都制定相应的节能管理办法和奖惩措施并纳入体系文件，使节约、节能工作有章可循、有标可参，最大程度减少不正常消耗现象的发生；可以根据各船船况和航线特点制定船舶燃油消耗定额制度，对超额船舶实施跟踪监控和技术指导，确保船舶燃油消耗控制在定额标准范围之内；建立节能责任制度，让职能部门、船舶和航线调度都有节能指标，使节能工作每个环节都有专人负责。

③建立科学的奖惩机制，激发员工节能的主动性、积极性和创造性。对船舶节能工作要有奖有罚，精神鼓励和物质刺激并举，对节能工作的考核既要有具体指标，也要有科学的考核手段。

④优化工作流程，实现对油料的采购、用油、退油的全程监控。对船舶油料的过程监控首先是把好油料的采购关，采购人员要与调度密切联系，掌握船舶的准确动态及船上各种油料的存量和合理消耗量，在确保油料质量的前提下，努力确保在油价最便宜的港口加油。

（2）船舶营运节能工作。

船舶是一个流动性很强的运输工具，如何在营运过程中节能，是船舶节能的又一个方向。做好船舶营运节能工作，主要可以在以下几个方面展开：

①尽量使用经济航速。一般来说，航速的变化与主机功率及燃油消耗量呈三次方关系。也就是说若航速减慢 20%，则燃油消耗可减少 49% 左右，是一个相当惊人的数据，即使减慢 10%，燃油消耗也可减少 27% 左右。尽管刻意减速，不符合市场要求，且船舶使用率降低，但众多航运企业还是在船期允许的条件下尽量选择最经济的航速。为了保证经济航速，船舶调度部门要综合考虑班期、港口装卸效率、港口拥挤情况和航次装货量，科学调度船舶，保证船舶到港即靠，尽量减少船舶到港等泊时间，把时间留给船舶开经济航速；船舶本身要根据气象条件和潮、流等因素，灵活使用航速，在保证班期条件下，全程或部分航程使用经济航速。

②合理利用自然条件。风、潮、流、涌等许多自然现象对船舶航行都有着重要影响。远洋航行的船舶可以合理利用洋流，减速航行。长江航行的非班轮船舶可以探索和利用潮汐法航行，下行船应避开涨潮，利用落潮时顺流而下；上行船在平潮或涨潮时发航，乘整潮、遇落潮时，抛锚等下次涨潮后再起锚续航。如果多次利用涨潮航行，上行船就可将逆流航行变为顺流航行。夏季，远洋和近海航行船舶还要尤其关注台风情况，合理避风，尽量减少迎风、顶风航行。

③提高货物对流系数。做好货物的双向平衡，减少船舶单向空载率，这种因素对班轮的影响尤为明显。提高货物对流系数，要根据航线货源特点，投入不同的揽货力量，尽量保证货流的相对平衡。同时利用联盟关系互租舱位，减少运力密集投入也可以有效节能。在揽货过程中要合理揽取冷藏货，冷藏货需要消耗船上能量，根据船上发电机的功率，科学装载冷藏货对船舶节能很有讲究。如果船上开一台辅机，满负荷时能满足 15 个冷箱用电，那么当装载第 16 个、第 17 个冷箱时，不得不开启第二台辅机，从经济学角度出发，第 16 个、第 17 个冷藏箱完全可以不装，因为两个冷箱的全部运费可能也抵不了一台辅机所耗燃油的费用。

④不断优化航线。在航行中，特别是远洋航行，航线的优劣对提高经济效益有重大的影响。科学、经济的航线，可以有效降低燃油成本。在布局航线时，要统筹考虑航道特点、所投船舶的适航能力、海洋水文、气象条件、货流情况等，尽可能优化运输路线，缩

短航距。船舶在保证安全、遵循航道规则的前提下尽可能提高行船技术，走经济航线，减少不必要绕航。

（3）港口、码头等基础设施及其他节能工作。

对于船舶节能，除了船舶本身技术节能及营运管理节能外，还需要做好港口、码头等基础设施及其他方面的工作，如：

①加大航道整治力度，逐步提高内河航道等级，打通江海限制口，形成支干直达和江海直达运输网络。

②优化港口布局结构，发展大型专业化码头，重点建设集装箱干线港，相应发展支线港和喂给港。

③逐步更新港口装卸装备和工艺，杜绝能耗大、效率低的装卸设备进入港口行业。

据调研，目前我国交通水运行业要实现节能降耗急需解决八大问题，分别是：节能管理机制不协调、不健全；运力结构调整缺乏适应市场经济体制的激励政策和手段；节能基础工作薄弱；固定资产投资体制不利于节能降耗；能耗增长源头控制尚不完善；现代化综合物流体系急需建设；基础设施建设需加大力度；节能信息服务需要加强。

针对交通水运行业这八大难题，首先，要从建立、健全水运行业节能管理体系，强化行业管理着手，理顺交通部能源管理部门与地方能源管理部门的关系，建议国家能源管理部门赋予交通部能源管理部门行业管理的权力，在此基础上，建立、健全交通各级能源管理机构，并制定相应的规章、政策，形成管理顺畅、机制严密、考核到位的节能管理体系。

其次，要研究并实施适应市场经济体制的激励政策和手段，如减免税费等，利用经济手段这一无形之手，加快内河船型标准化进程，促进运力结构调整，同时引导水运行业积极主动采用节能新技术、新产品。

此外，交通水运行业要加快实现节能降耗，还要从下面几点入手：投入资金，加强节能基础工作，加强交通水运行业节能降耗基础性、前瞻性、战略性研究，尽快构建交通水运行业能源标准体系，制定实施交通水运行业能耗统计标准、能耗限额标准；严格执行固定资产投资项目节能评估制度，设立行业能效准入门槛，从源头把握住港口节能关，有效控制装卸工艺落后、能耗高的港口建设项目，新建船舶及二手船的节能审查制度也应逐步加以推行；加大基础设施建设力度，加强水运资源综合利用，合理规划，加大内河航道整治力度，全面改善航道等级结构，形成以高等级航道为主体的层次分明、干支相通、通江达海的航道体系，促进内河水运发展；加快水运行业节能技术服务中心重新布点建设的步伐，投入资金、重点扶持，尽快形成网络，充分发挥其桥梁、纽带作用；加大宣传，树立典型。

水路运输通过结构优化、技术进步和强化管理等途径实现节能的潜力巨大，各种具体节能措施的效果见表 9-3。通过这些措施可以获得 2% 至近 30% 的节能率。

表 9 - 3 　　　　　　　　　　水路运输节能措施及潜力

类别	主要节能措施	节能效果参考值（%）
结构性节能	内河船队运力结构调整	28～29
	船型结构优化	20
	海运船队运力结构调整	7
技术性节能	优化新船型及其主尺度线型	8～15
	优选低转速大直径螺旋桨	10～15
	应用节能型柴油机	12～15
	应用主机废气余热回收利用技术	5～8
	采用防污漆	6～7
	优选机舱自动化控制操作	4～6
	优化电子喷油控制装置	3～5
	采用新型燃油添加剂	3～4
	优化设计，减轻船舶自重量	2～3
	采用轴带发电机	2～3
	采用节油减烟器	2～3
管理性节能	船舶经济航速航行	20 左右
	提高船舶载重量利用率	17～20
	采用精确气象导航技术优化航线	6～8
	优选最佳船舶纵倾航行状态	4～7
	加强船舶维修保养	3～5

9.4　铁路运输节能

　　轨道交通主要是利用固定轨道进行交通运输的一种形式，主要有地面轨道交通、地下轨道交通、高架轨道交通，地面轨道交通和地下轨道交通更为常用。其中地面轨道交通一般是指目前公认的铁路运输交通，而地下轨道交通一般是用于城市客运的地下铁路，简称地铁。无论是地面轨道交通还是地下轨道交通，有时通称铁路交通，铁道运输每人千米的能源消耗量约是小汽车的 1/6，飞机的 1/4，另外，CO_2 的排放量约为小汽车的 1/9，飞机的 1/6。铁路运输和公路运输相比具有以下优点：轮/轨间的滚动摩擦阻力小；电气化铁路的电能转换效率高；利用专用轨道（客、货），可实现稳定运行等。但是，随着铁路运输量的不断扩大，铁路运输部门已成为国民经济中耗能最大的单位之一，其节能研究有重要意义。

9.4.1　电力机车节能技术

　　目前，地下铁路已全面使用电力机车，地面铁路也已全面推广使用电力机车，所以，研究电力机车的节能技术，显得十分必要。电力机车的节能技术可从以下几个方面展开。

　　（1）降低机车运行阻力。

　　机车（含其所挂的车厢，以下均同）在轨道上的运行阻力 R 由两部分组成，分别是机械阻力和空气阻力。其计算公式如下：

$$R = (a + bu) m + (cF + dLS) u^2 \qquad (9-7)$$

式中，u 为机车速度；m 为机车质量；F 为车辆截面积；L 为机车长度；S 为车辆截面周长；a、b、c、d 为常数。式（9-7）右边的第一部分是机械阻力，与列车质量成正比，可以通过车辆轻型化及降低轮/轨间滚动摩擦阻力以及轴承等的摩擦阻力来降低机械阻力。第二部分是空气阻力，与速度的平方成正比，能够通过缩小车辆截面、改进头车形状、使车体表面平滑化等。改进空气动力学特性，降低空气阻力。运行中的列车，除了上坡道（要克服坡道阻力）及加、减速运行所必需的力外，还要克服运行阻力，因此，如能降低运行阻力，则能以较小的力运行，达到降低能耗的目的。

（2）减轻车辆质量。

减轻车辆质量可明显降低运行阻力中的机械阻力，并可降低上坡道阻力；同时，因为加、减速时用较小的力即可获得所需的加、减速度，所以能减小车辆的拉力、制动力。另外，减轻车辆质量对于降低动能的效果也很大。由于动能与速度的平方及质量成正比，所以，减轻车辆质量能抑制随高速化而增大的制动吸收能。例如，速度从每小时 200 千米提高到 260 千米，动能增加 70% 左右，但是，如果质量降低 35%，则动能仅增加 10% 左右，其节能效果十分显著。

（3）采用再生制动系统。

再生制动系统可将制动时产生的动能转变为电能返回接触网。如能有效利用这种电能，则可实现电力系统总体节能。

（4）改善功率因数。

采用先进的 PWM 逆变器控制功率因数，可使受电弓处的功率因数为 1，而以往的晶闸管连续相位控制的直流电动机驱动方式的功率因数为 0.8 左右，所以，受电弓处的电流大约可降低 20%，输电损耗减少，利于节能，虽然效果并不是很明显，但能在车辆高速化后输出增加时抑制电力设备容量的增大，减少设备投资，达到间接节能的目的。

（5）降低机器损耗。

提高机车驱动系统的电气设备效率，减少了从牵引变压器的输入到牵引电动机输出的电力损耗，达到节能的目的。由于地面设备的尺寸及质量受制约比车上小，所以，考虑与总体效率提高相结合，车上机器设备（主要是电气设备）必须设置在电动车组的车地板下，虽然体积与质量受制约大，丧失一些机器设备的效率，但通过设备的小型和轻型化，也可取得总体的节能效果。

9.4.2　机车操纵节能技术

铁路运输相对于公路运输而言，驾驶操作的自由度有所下降，因为其运行的轨迹是固定的。一般情况下没有选择的余地，只有在从 A 点驾驶到 B 点之间存在最优操纵问题，当然在整体调配上也可采取一些节能措施，主要可开展以下工作：

（1）不断改善运输组织工作，合理调配机车，充分利用运输能力，尽量避免和减少单机开行和信号机外停车。实行长交路，节约使用机车。

（2）提高货物列车重量，扩大旅客列车编组。发展直达运输和集装箱运输。

（3）推广机车操纵先进经验，不断提高机车操纵水平。

在一定的牵引机车、车辆、线路等硬件环境下和既定的运行图、列车编组计划等运营管理状况下，改进机车的操纵方法以实现列车的节能运行，是一条经济有效且直接可行的节能途径。20 世纪 80 年代以来，澳大利亚、德国、匈牙利、丹麦、英国、日本、美国等许多国家在列车节能操纵方面进行研究和试验，总结节能的列车操纵方式，并应用微机技术研制开发列车优化操纵的微机指导系统、微机控制系统、操纵模拟系统等。列车优化操纵的节能效果一般为 5% ~ 15%。对于平道或坡度变化很小的线路，理论证明存在最优的操纵序列为"最大加速、匀速运行、惰行、最大制动"，也就是说，刚出站时就以最大加速度，加速前进，达到限速时，就匀速前进，快要进站时就不再施加任何牵引力，让机车滑行，进站时，施加最大制动，列车速度减为零，其理论优化运行示意图见图 9 - 4。

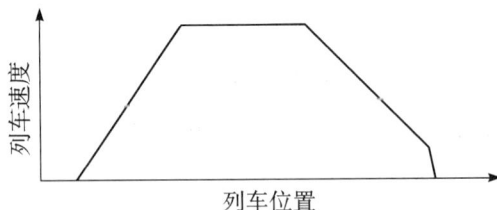

图 9 - 4　理论最优操作示意图

9.4.3　节能坡技术*

轨道交通中的地下铁路——城市轨道交通每天都在消耗大量的能源，节约运行能耗对降低城市轨道交通运营成本、提高经济效益具有十分重要的现实意义。为降低能耗，人们采取了许多节能措施，如车辆轻量化（如采用铝合金车体）、节能线路设计、采用移动闭塞列车控制系统等。除此之外，考虑到地下轨道交通的特殊性，还可以实施在地面轨道交通中一般不易实施的节能坡技术。

所谓节能坡，就是在地下轨道交通的两站之间，车辆从 A 站静止出发，到 B 站停止，其所消耗能量最小的坡度。通过建立二维控制模型及求解分析，人们得出节能坡的基本形式都是凹形的，即使在具有高程约束和列车运行速度约束的情况下，其节能坡的形式仍然是凹形的。研究表明，凹形纵断面与其他类型纵断面相比较约减少列车运行能耗 10% 左右。图 9 - 5 是节能坡基本形式。

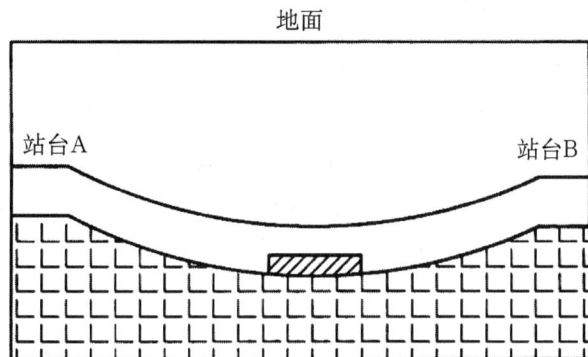

图 9 - 5 节能坡基本形式

节能坡由最大下坡道、过渡坡道和最大上坡道组成。而列车运行在节能坡上的最优控制策略为最大力牵引运行、恒速运行、惰力运行和制动运行组成，这和在基本无坡度的平面上最优操纵策略相同。节能坡的设计使用应遵循以下几个原则：

（1）轨道交通的列车再生制动功能，不能代替节能坡。

（2）轨道交通凡有条件的区间，都应设计成节能坡，即遵循"高站位，低区间"的设计原则，列车从车站启动后，借助下坡的势能增加列车加速度，缩短列车牵引时间，从而达到节能的目的；列车进站停车时，借助上坡阻力，降低列车速度，缩短制动时间，减少制动发热，节约能量消耗。

（3）节能坡的使用必须与施工方法相结合。如地下线车站结构采用明挖法施工，区间隧道结构采用盾构法或暗挖法施工时，可采用节能坡设计。如果区间结构也采用明挖法施工，节能坡将加大区间线路埋深，增加工程投资，则不宜设计为节能坡形式。

（4）节能坡应尽量符合列车运行规律。车站一般位于纵断面的高处，区间位于纵断面的低处，节能坡道应尽量靠近车站，竖曲线头宜贴近乘降站台端部，以发挥最大节能效果。

（5）节能坡的应用必须结合工程实际，必须与区间线路沿线的地形、地质、地物和桩基等的实际情况相结合。如果区间有控制性障碍物，需要根据障碍物的特征设计节能坡。

9.5 交通节能重点工程建设 *

1. 节能驾驶工程

大力倡导节能驾驶，总结和推广汽车和船舶节能驾驶操作与管理经验、技术，组织编写汽车驾驶员和船员节能驾驶操作手册和培训教材，将节能意识和技能作为汽车驾驶员和船员从业资格和资质考核和认定的重要考核内容和依据。强化运输企业加大节能驾驶教育培训力度，推广车船驾驶培训采用模拟装置和技术，逐步建立一支节能意识强、驾驶技能好、业务素质高的汽车驾驶员和船员队伍。

2. 甩挂运输节能试点工程

将加快发展甩挂运输作为调整公路运输运力结构、提高货运实载率的突破口，在全国范围内筛选典型省份和典型公路运输企业在适当地区和线路上组织开展公路甩挂运输示范和试点工作。在试点的基础上，研究提出关于推进公路甩挂运输发展的指导意见、实施方案，带动和促进甩挂运输在全国范围内得到快速发展，构建甩挂运输发展长效机制，提高公路货运业运输生产效率和能源利用水平。

3. 内河船型标准化工程

完善并实施内河船型标准化的经济激励政策和相关法律、行政配套措施。加大资金投入，继续加强标准船型研发、现有船型比选以及落后船型淘汰等工作，加快推进长江、京杭运河、西江等内河船型标准化工作，促进内河船舶运力结构的优化，提升内河航运竞争力，促进内河航运节能环保比较优势的充分发挥。

4. 高速公路不停车收费工程

大力推进高速公路不停车收费与服务系统建设，增加高速公路信息发布平台和手段，积极引导车流，提高行车效率。有条件的区域，积极推进相邻省份甚至更大范围的高速公路联网不停车收费，减少收费过程中由于车辆低速、怠速行驶造成的能源浪费。

5. 交通公众出行信息服务系统建设工程

加快建立和完善覆盖不同层次客户群体需求的公路水路交通公众出行信息服务系统，将道路与航道实时信息通过多种媒介和渠道提供给广大出行者。加快推进与民航、铁路、城市交通等相关出行信息系统的联网运行，为建立全国统一的公众出行交通信息服务系统奠定基础。引导公众选择最佳出行时机和最优出行线路，减少无效运输、不合理运输和交通拥堵等带来的能源浪费。

6. 节能型港口建设工程

对全国所有沿海港口和主要内河港口全面开展节能型港口创建活动，并进行评比考核和认证工作。大力推进港口码头节能设计，优化装卸工艺、设备选型、配套工程等的设计，使系统各环节能力匹配，提高效率。加大对现有港口的技术改造力度，加快现有集装箱码头轮胎式集装箱门式起重机的"油改电"技术改造工作，逐步更新改造高耗能、低效率的老旧设备，提高装备的整体技术水平，提高作业效率，减少港口生产能耗水平。

▶ 自学指导

学习重点

本章的重点为：公路运输技术性节能、水路运输技术性节能。

（1）公路运输技术性节能包括以下几个方面：①汽车发动机节能技术；②开发代用燃料发动机；③汽车整身节能技术；④采用智能交通技术及最短距离运输的技术。

（2）水路运输技术性节能：船舶节能的关键是节能船型的优化设计，船、机、桨、舵的最佳匹配，动力装置及其配套设备的优化选择。在满足船舶使用条件下，优化船体型线设计与船型使船舶阻力最小，选配耗油量小的船主机使总体协调匹配，以达到船、机、桨、舵的最佳匹配，从而提高船舶的推进效率，减少耗油量，降低减少运营费用。

①优化船型设计主要可以开发设计以下节能船型：小水线面双体船型；双尾船型；蜗尾船型；球尾船型；球鼻首船型；浅吃水肥大型船型。

②优化船、机、桨、舵组合匹配。船、机、桨、舵最佳组合匹配涉及船型和船的主要参数、动力装置和螺旋桨的选配以及舵设等诸多技术问题。通过优化船、机、桨、舵组合匹配，以使船舶在航行中的总阻力最小，所需主机功率最恰当地达到船身效率和螺旋桨效率最高，船舶推进效率最佳。

③优选动力装置及其配套设备。优选动力装置是船舶节能技术的最重要措施之一，其主要措施如下：开发新型高效发动机；开发新型燃油添加剂；利用主机废气节能技术；采用电子喷油系统装置；采用排气扩压管节能技术；采用轴带发电机节能技术；优化机舱布置及改善主机进气环境。

学习难点

本章的难点是：节能坡技术概念及设计遵循原则、交通节能重点工程建设类别。

（1）节能坡技术：所谓节能坡，就是在地下轨道交通的两站之间，车辆从 A 站静止出发，到 B 站停止，其所消耗能量最小的坡度。

节能坡的设计使用应遵循以下几个原则：①轨道交通的列车再生制动功能，不能代替节能坡；②轨道交通凡有条件的区间，都应设计成节能坡，即遵循"高站位，低区间"的设计原则；③节能坡的使用必须与施工方法相结合；④节能坡应尽量符合列车运行规律；⑤节能坡的应用必须结合工程实际，必须与区间线路沿线的地形、地质、地物和桩基等的实际情况相结合。如果区间有控制性障碍物，需要根据障碍物的特征设计节能坡。

（2）交通节能重点工程建设类别如下：①节能驾驶工程；②甩挂运输节能试点工程；③内河船型标准化工程；④高速公路不停车收费工程；⑤交通公众出行信息服务系统建设工程；⑥节能型港口建设工程。

复习思考题

一、单项选择题（在备选答案中选择 1 个最佳答案，并把它的标号写在括号内）

1. 单位重量、单位距离运输耗油最小的运输方式是(　　)。

A. 铁路机车运输　　　　　　　　　　B. 汽车运输

C. 内河运输　　　　　　　　　　　　D. 海洋运输

2. 汽车行驶时，发动机克服空气阻力所消耗的功率与车速的(　　)成正比。

A. 一次方　　　　　　　　　　　　　B. 二次方

C. 三次方   D. 四次方

3. 下列影响船舶航速的主要因素是(　　)。

A. 船身效率   B. 螺旋桨效率

C. 推进效率   D. 发动机效率

二、多项选择题（在备选答案中有 2~5 个是正确的，将其全部选出并将它们的标号写在括号内，错选或漏选均不给分）

1. 发动机重要的指标或参数包括(　　)。

A. 指示效率   B. 有效功率   C. 机械效率

D. 传动效率   E. 燃油效耗率

2. 公路运输节能的类型有(　　)。

A. 结构性节能   B. 技术性节能   C. 汽车维护

D. 道路改造   E. 管理性节能

三、简答题

1. 简述智能交通系统的定义。

2. 简述节能坡的定义。

四、论述题

1. 论述公路运输技术性节能措施。

2. 论述水路运输管理性节能措施。

附录一

国家重点节能技术推广目录

国家重点节能技术推广目录（第一批）

序号	节能技术名称	适用范围	主要技术内容	技术条件	典型项目投资额	预计"十一五"期间推广比例	节能量		节能潜力
							单位节能量	项目节能量	
1	煤矿低浓度瓦斯发电技术	煤炭行业矿井抽采瓦斯发电	以矿井抽采的低浓度瓦斯为燃料，通过低浓度瓦斯发电机组进行过氧燃烧发电	2 500~4 000 kW	1 200万~2 000万元	30%以上	400 t标煤/台年	2 000~3 000 t标煤/年	到2010年瓦斯气利用量达到20亿立方米，相当于节约195万t标准煤
2	矸石电厂低温真空供热技术	煤炭行业矿山民用及办公建筑采暖	将汽轮发电机正常凝汽温度由40℃提高至80℃，通过热交换形成55℃~60℃的循环水，从而实现低真空供热	3 MW汽轮发电机组	2×3 MW机组1 170万元	20%	每台机组节能量为2 113 t标煤/120天采暖期	4 226 t标煤/120天采暖期	年节240 000 t标煤以上
3	选煤厂高效低能耗脱水设备	煤炭行业大中型选煤厂	用隔膜压滤机代替过滤机分离煤泥中的水，节省电力	选煤厂的脱水设备	300万元	我国有2 000多台真空过滤机和圆盘真空过滤机需要更新换代	2.5 kWh/t原煤	1 700万kWh	年节5亿kWh以上
4	汽轮机通流部分现代化改造	电力行业各种容量（50~600 MW）和形式（纯凝、空冷、抽汽、空冷）的汽轮机	采用先进的汽轮机三维叶场设计，结合四维精确设计对汽轮机通流部分及汽封系统进行优化改造	200 MW及以上的各种汽轮机组	1×300 MW机组3 850万元	应进行改造机组的80%	供电煤耗下降15~20 g/kWh	供电煤耗下降20 g/kWh；额定工况发电热耗率下降7 926 kJ/kWh；各缸效率较改造前有较大幅度的提高	现役300~600 MW汽轮机组在今后相当长的时期内是我国火力发电的主力机组，目前效率偏低、机组供电煤耗率偏高，通过提高通流部分改造提高经济性是一种重要手段

续表

序号	节能技术名称	适用范围	主要技术内容	技术条件	典型项目投资额	预计"十一五"期间推广比例	节能量		节能潜力
							单位节能量	项目节能量	
5	汽轮机汽封改造	电力行业火电厂汽轮机	在机组并网带初始负荷，主蒸汽压力达到一定值时，克服汽封内的弹簧力，使汽封关闭，使运行中汽封漏汽量减少，提高汽轮机的缸效率	125～600 MW 汽轮机	6台300 MW机组3 000万元（每台机组500万元）	采用叶顶汽封、蜂窝式汽封和接触式汽封等技术进行改造，均为推荐采用技术，可解决现存在汽封问题机组的60%以上	高压缸效率可提高2%～3%，中压缸效率可提高1%～2%	全厂6台机组年节约标煤2万t	根据不同的汽轮机结构，在关键部位，采用弹性可调汽封结构，均有利于改善和提高机组性能，并获得明显经济效果
6	燃煤锅炉气化微油点火技术	电力行业适用于干燥无灰基挥发分含量高于18%的贫煤、烟煤、褐煤的锅炉	利用压缩空气的高速射流将燃料油直接击碎，雾化成超细微油的等离子燃烧，进行燃烧，燃烧产生的热量对燃料加热	135～600 MW 机组	1台300 MW 250万元	30%～40%	节油在80%以上，烟煤节油率在95%以上	节油量为700 t/年	按2004年国内发电及供热用油量计算，若燃煤锅炉有1/3采用此技术，每年可节油200万t，节约80亿元
7	燃煤锅炉等离子煤粉点火技术	电力行业煤粉锅炉	等离子发生器是利用空气做等离子体的载体，用直流电的方法制造接触引弧方法功率达150 kW的等离子体，同时采用磁压缩及等离子体输送至需要进行点火的部位，完成持续长时间的点火和隐燃	机组容量包括50、100、125、135、150、200、330和600 MW各等级的机组锅炉	2×600机组1 000万元	应采用此类点火装置90%	某600MW机组节油80%	2×600MW机组年节燃油980 t	采用等离子点火装置可以节约点火的燃料成本，特别是调峰调频机组节油效果也十分明显
8	凝汽器螺旋纽带除垢装置技术	电力行业火力发电机组	螺旋纽带除垢装置具有自动除垢和强化换热作用，在凝汽器内安装后节约煤、节水，减少污染物排放	凝汽器冷却水系统正常条件	200 MW机组投资约600万元	25%～40%（五年）	减少发电煤耗3～8 g/kWh，节水10%	200 MW机组以上700台，年节煤4 000吨标煤以上，节210万吨	全国200MW机组以上700台，年节煤210万吨，节水1.264亿吨

续表

序号	节能技术名称	适用范围	主要技术内容	技术条件	典型项目投资额	预计"十一五"期间推广比例	节能量		节能潜力
							单位节能量	项目节能量	
9	干式 TRT 技术（高炉炉顶余压余热发电）	钢铁行业高炉高炉炉顶余压发电	利用高炉炉顶煤气的余热导入透平膨胀机驱动发电机发电	400 m³ 以上高炉（国家重点支持 1 000 m³ 以上高炉）	2 000 万~1.5 亿元	TRT 达到 100%，干式 TRT 达到 60%	50 kWh/t 铁	2 000 万 kWh~1.6 亿 kWh	40 亿 kWh
10	（高压）干熄焦技术（余热利用）	钢铁行业 钢铁生产企业焦化工序	惰性气体将吸收红焦的热量传给干熄焦余热锅炉产生蒸汽而发电和供热	熄焦能力 2×140 t/h 及以上	约 2 亿元	10%~20%	75 kWh/t 焦	年发电量为 1.5 亿 kWh/年	30 亿 kWh
11	钢铁行业烧结余热发电技术	钢铁行业	利用钢铁行业的低温（200℃~400℃）废烟气产生蒸汽发电	200℃~400℃ 的低温烟气	1.7 亿元	10%~20%	12 kWh/t 烧结	年发电量为 1.4 亿 kWh/年	12 亿 kWh
12	转炉煤气高效回收利用技术	钢铁行业	采用电除尘净化转炉运转时的热烟气，并回收煤气，进行热压块后又回到转炉中，作为转炉的冷却剂。转炉烟气除尘处理、煤气回收及可以部分或全部补偿转炉炼钢过程中的能耗	大、中、小型转炉	1 亿元	我国现有大型转炉企业 19 家，中型转炉企业 42 家，预计到 2010 年将有一半企业应用该技术	9.1 kWh/t 钢	年节电 1 200 多万 kWh	500 万吨标煤
13	蓄热式燃烧技术	钢铁行业	高温空气燃烧技术对烟气余热把回收及 NO_x 减排等技术有机地结合起来，达到节能减排的目的	通过蓄热系统对空气（煤气）预热，使进气温度提高到 1 000℃ 以上，实现高效燃烧	3 200 万元	2006—2010 年每年可改造 40 座加热炉，到 2010 年改造 200 座加热炉	热回收率达 80%，可节能 30% 以上	年节约 30 489.48 吨标煤	到 2010 年改造 200 座加热炉，实现节能约 500 万吨标准煤

续表

序号	节能技术名称	适用范围	主要技术内容	技术条件	典型项目投资额	预计"十一五"期间推广比例	节能量		节能潜力
							单位节能量	项目节能量	
14	低热值高炉煤气燃气—蒸汽联合循环发电	钢铁行业企业自发电	合理、高效、无污染地利用钢铁厂剩余的低热值高炉煤气发电和供热	150 MW 发电机组	56 200 万元	10%左右	1 kW/m³ 高炉煤气	9.4 亿 kWh/年	20 亿 kWh
15	炼焦煤调湿风选技术	焦化厂备煤系统	采用流化床技术,利用焦炉烟道气,对炼焦煤料水分进行调整,并按其粒度和密度的不同进行选择粉碎。达到提高焦炭质量、降低炼焦热耗和能量、减排等目的	焦炉烟道气利用流化床技术,风动选择粉碎技术,煤调湿技术	120 万～150 万吨/年规模焦化厂,6 000 万元	30%	326 MJ/t	100 万吨焦化厂 434.7×10⁶ MJ/年(14.84×10³ 吨标准煤/年)	34 267.8×10⁶ MJ/年(1 169.5×10³ 吨标准煤/年)
16	能源管理中心技术	钢铁行业大型企业(联合企业)	在钢铁生产全过程中对各类能源介质进行全面监视,分析并及时对调度预测,系统运行进行能源平衡预测,系统运行优化、专家数据和反馈,实现能源系统的集中管理控制	有遥测、遥控的全套仪表,自动控制装置以及大量的电缆供应系统,能源供应系统及所有用能设备必须配备有效的一次和二次检测装置,需要大量功能齐全的信号传输设施及计算机处理和集中控制中心	6 000 万～1 亿元	在未来5～8年内,选择10家条件成熟的大中型企业建设能源中心	吨钢综合能耗每年平均降低1.6%	每年节能约8.8万吨标煤。每年约折合人民币5 000万元	年节能1%即为6.5万吨标准煤

续表

序号	节能技术名称	适用范围	主要技术内容	技术条件	典型项目投资额	预计"十一五"期间推广比例	节能量		节能潜力
							单位节能量	项目节能量	
17	大型铝电解系列不停电（全电流）技术及成套装置	有色金属行业所有电解铝企业，小容量单台设备也适合全电解铜企业	采用大电流分流及大电流通、断技术控制电解槽过程，完成电流转移移动态下电解槽在全电流状态下电流回路的切换，实现不停电大修	25万t 320 kA 电解槽铝电合一系列	500万~800万元	100%	降低吨铝直流电耗40 kWh以上，减少自备电厂重油消耗3 000 t以上	年节电1 000万kWh以上	节电8亿~15亿kWh，减少自备电厂重油消耗量5万~15万t
18	大型高效充气机械搅拌式浮选机	有色金属、钢铁、非金属等资源开发行业	采用高比转数后倾叶片叶轮，循环量大，压头低，可显著降低选机的功率强度；采用低阻尼直悬式定子，定子悬空区域大，降低了运转功耗	大、中型选矿厂	1 000万~2 000万元	大、中型企业达80%以上	功耗降低15%~20%	年节电1 000万kWh以上	节电2亿kWh以上
19	冶炼烟气余热回收一余热发电技术	有色金属、钢铁、水泥等行业	利用强制循环制冷收冶炼烟气余热，实现冶炼热电联产，最大限度提高余热蒸汽利用效率	大、中型冶炼厂	1 000万~5 000万元	大、中型企业可达85%以上	降低吨铜（或其他金属）能耗310 kg	根据冶金炉的容量而定，如铜熔炼，回收能量2~3 t汽/t粗铜	年回收45万t标煤
20	氧气底吹熔炼技术	有色金属行业年产粗铅8万~12万t企业	采用氧气底吹熔炼技术取代铝烧结工艺，实现自热熔炼，冶炼强度大大提高，显著节省能耗	大中型冶炼企业	1.8亿元	目前在建及在设计的有10家	吨铅生产能耗降低150 Kg标煤	年节1.2万t标煤	年节19.5万t标煤

续表

序号	节能技术名称	适用范围	主要技术内容	技术条件	典型项目投资额	预计"十一五"期间推广比例	节能量		节能潜力
							单位节能量	项目节能量	
21	矿热炉节能技术	有色金属行业、铁合金、电石等高耗能行业	(1) 矿热炉低压动态无功补偿技术通过补偿在低压交流侧无功补偿和静止无功功率发生器（SVG）的作用，有效降低无功功率和谐波电流的流转路径和交换幅值，并同时减小三相功率不平衡，解决低的电耗高、效率低的问题	6 300 kVA 及以上大中型矿热炉	150万～350万元	预计30%左右	按冶炼75硅铁计算，270～720 kWh/t	按25 000 kVA矿热炉计算540万～1 440万kWh	50亿kWh左右*
			(2) 组合式电极系统采用导电元件与电极平面直接接触方式，改变了铜瓦与电极的弧面接触，导电元件安装精度高；导电方式的转变，电极压放系统采用液压卡钳、直接卡筋片上，结构简单，体积小	要求大中型矿热炉，电极壳制作，安装精度高；导电元件与电极壳筋片之间紧密接触并能滑动	6 3C0 kVA矿热炉160万元；12 500 kVA矿热炉250万元；25 000 kVA矿热炉310万元	预计30%左右	按冶炼75硅铁计算400～800 kWh	按25 000 kVA矿热炉计算800万～1 600万kWh	50亿kWh左右
22	水泥窑纯低温余热发电技术	建材行业 大中型水泥窑余热的回收利用	利用水泥窑低于350℃废气的余热生产0.8～2.5 MPa的低压蒸汽，推动汽轮机做功发电	大中型新型干法水泥生产线	5 600万元	40%	32～40 kWh/t·cl余热发电能力	年节22 000 t标煤	年节300万t标煤
23	玻璃熔窑余热发电技术	建材行业 浮法玻璃熔窑	将玻璃熔窑排放的余热转换为电能	浮法玻璃熔窑	5 000万元	每年推广5条线，"十一五"末达12%	节能8%	年（7 200小时）发电4 000万kWh	年发电1.44亿kWh

* 节能潜力按照目前6 300 kVA以上铁合金产能计算，不包括电石产能。

续表

序号	节能技术名称	适用范围	主要技术内容	技术条件	典型项目投资额	预计"十一五"期间推广比例	节能量 单位节能量	节能量 项目节能量	节能量 节能潜力
24	全氧燃烧技术	建材行业玻璃纤维和玻璃窑炉	以纯氧代替空气,经过调压后,以一定的流量送入窑炉,与燃料进行燃烧	6万t玻璃纤维池窑	1000万元(纯氧系统)	"十一五"末达到10条线	节能50%	1000万标方天然气/年	12000万标方天然气/年
25	辊压机粉磨系统	建材行业水泥生产线	采用高压挤压料层粉碎原理,配以适当的打散分级装置,明显降低能耗	水泥生产线	2000万元	80%	同比采用球磨机,节电30%以上(约8~10kWh/t水泥)	年节电1600万kWh	年节电8亿kWh
26	立式磨装备及技术	建材行业水泥、冶金等的物料粉磨领域	采用料床粉磨原理,有效提高粉磨效率,减少过粉磨现象,降低能耗	粉磨领域	1800万元	50%	比球磨系统节电30%	年节电840万kWh	年节电5亿kWh
27	富氧燃烧技术	建材行业工业窑炉*	用富氧代替空气助燃,可改善产品质量,降低能耗,减少污染	500t/d浮法窑	100万元	每年推广10条线,"十一五"达25%	节能3%~5%	年节约1000t重油	每年推广10条线,"十一五"末约4万t重油
28	油田机械用放空天然气回收液化工程	石油行业带伴生气的油气油田	用制冷设备将油田伴生天然气液化回收	大中型油田	1.025亿元	20%~50%	油田伴生气和原油产量之比各地区差别较大	65000t标煤/年	适合绝大部分带伴生气的油田

* 有关数据以浮法玻璃熔窑为例。

续表

序号	节能技术名称	适用范围	主要技术内容	技术条件	典型项目投资额	预计"十一五"期间推广比例	节能量		节能潜力
							单位节能量	项目节能量	
29	裂解炉空气预热节能技术	石化行业石化裂解炉	充分利用装置余热资源加热裂解炉的助燃空气，达到节能目的	4万t/年乙烯生产能力	38万元	90%	12 kg标油/t乙烯	480 t标油/年	8万t标油/年
30	新型变换气制碱技术	化工行业联合制碱企业	采用低温循环制碱理论实现系统废液零排放，改三塔为单塔制碱节约能源	15万~30万t/年制碱项目	1.5亿元	50%	2 000~7 000 MJ/t碱	6亿~21亿 MJ/年	适合所有变换气制碱企业
31	氨合成回路分子筛节能技术	化工行业大中型合成氨装置	增设分子筛干燥器脱除合成气中的 H_2O, CO_2, CO 降低分离氨的冷量	采用离心式合成压缩机的装置	1 729万元	40%	32 kg标煤/t氨	9 500 t标煤/年	120万t标煤/年
32	大中型硫酸生产装置低温位热能回收技术	化工行业大中型硫黄、硫铁矿制酸装置	采用HRS吸收塔直接将冷凝热及稀释热吸收转化成蒸汽供生产使用	20万~40万t/年硫酸生产装置	800万美元	占大型装置71%	0.5 t蒸汽/t酸	10万~20万t蒸汽/年	1 500万t蒸汽/年
33	密闭环保节能型电石生产装置	化工行业大型电石生产企业	提高炉料比电阻，高电石炉自然功率因数，达到节约电能的目的	10万t/年电石生产装置	10 300万元	30%	0.3 t标煤/t电石	3万t标煤/年	300万t标煤/年
34	合成氨节能改造综合技术	化工行业中小型氮肥装置	通过对原装置进行改造，实现能量的梯级利用，并采用先进成熟、适用的综合技术降低能耗	10万t/年合成氨企业	3 000万~6 000万元	50%（估计值，各家氮肥生产企业的具体生产情况不一样，所需要采取的技术数量也不完全相同）	200~400 kWh/t氨	2 000~4 000 kWh/年	80亿kWh/年

续表

序号	节能技术名称	适用范围	主要技术内容	技术条件	典型项目投资额	预计"十一五"期间推广比例	节能量		节能潜力
							单位节能量	项目节能量	
35	燃煤催化燃烧节能技术	化工行业各种工业用燃煤锅炉	通过提高炉内燃煤燃烧速率,使燃烧更充分,达到节能目的;优化燃煤颗粒的表面性能,促进煤中灰分与硫氧化物反应,达到脱硫硫化物的目的;有效减少燃煤锅炉焦垢的生成并带除焦,改善燃烧器工作状况	2.5~5 L/h 喷雾计量系统	2万元	50%(估计值)	锅炉作为通用供热装置,用于大量种类的产品生产。一般节煤率为8%~15%	节煤率8%~15%(35~130 t/h 循环硫化床锅炉、煤粉炉),二氧化硫减排率25%左右	适合于所有循环硫化床、煤粉炉、链条炉等各种工业锅炉
36	塑料动态成型加工节能技术	轻工行业 主要应用于塑料制品加工领域	将振动力场引入塑料塑化成型加工全过程,变传统塑料纯剪切稳态塑化输运为塑化动态剪切动振动剪切塑化输运机理,达到缩短热机械历程,降低能耗,提高质量的目的	改造传统塑料加工设备为塑料动态加工设备	2 600 台改造费用 2 080 万元	30%	每加工1 kg塑料薄膜可节电0.35度电;每加工1 kg注塑制品可节电0.3 kWh	2 600 台改造后的塑料加工设备,年节电16 275 万kWh	节电20.63亿 kWh
37	高浓度糖醇废水沼气发电技术	轻工行业 淀粉糖生产企业及生产过程中产生大量有机废水的行业	淀粉糖生产过程中产生的有机废水在进行厌氧处理过程中产生大量沼气,利用沼气发电,同时燃气发电机组产生的余热可以带动余热锅炉热水或蒸汽,组成热电冷三联供系统	500 kW 的燃气发电机组	8×500 kW 机组总投资为4 200万元(沼气发电部分为1 387万元)	<40%	每除去1 Kg COD 可产生0.35 m³ 甲烷,发电0.58 kWh	年创经济效益1 504万元,年节约燃煤1.2万t,减排2.5万tCO₂	发电2.4亿 kWh/年
38	高效节能玻璃窑炉技术	轻工行业 适合日用玻璃行业	蓄热室由多通道蓄热室改进;玻璃窑炉生产线改造;采用池底鼓泡技术;余热回收利用	年产23万t玻璃窑炉生产线改造后达到年产26万t	2 500万元	30%	90公斤标煤/吨产品	约2万t标煤	30万t标煤

续表

序号	节能技术名称	适用范围	主要技术内容	技术条件	典型项目投资额	预计"十一五"期间推广比例	节能量 单位节能量	节能量 项目节能量	节能潜力
39	锅炉烟道气饱充技术	轻工行业精炼糖厂、甘蔗糖厂和甜菜糖厂	利用锅炉烟气中的 CO_2 与糖汁中的石灰反应生成 $CaCO_3$ 沉淀吸附非糖分，代替石灰窑煅烧石灰石	6 500 t 甘蔗糖厂	150万元	计划推广30%	每榨季（120天）节约800 t标煤/年	每年节约标煤800 t	总节约340万 t 标煤
40	管束干燥机废汽回收综合利用技术	轻工行业玉米淀粉衍生企业	将淀粉副产品烘干过程中产生的大量废汽，用于玉米浆浓缩生产	年产15万 t 玉米淀粉	350万元	>40%	日节蒸汽80 t（折合标煤10.3 t）	年约蒸汽24 000 t（折合标煤3 090 t）	总节约蒸汽280万 t，折合标煤36万 t
41	棉纺企业智能空调系统节能技术	纺织行业大中型棉纺织企业的风机水泵系统	用计算机模糊控制理论研发的智能节能软件对电器的运行效率出线性出控制，结合各类检测设备，使系统合理运行	10万锭产能规模棉纺企业	600万元以内	15%（约1 000万锭产能，全行业产能约在6 000万锭以上）	节电174 kWh/t纱，3 kWh/百米	460万 kWh/年	4.6亿 kWh
42	染整企业节能集热技术	纺织行业棉印染、针织染整、毛织染整、麻织染整等各类染整企业	染整企业建筑设计风格有利于企业利用太阳能对工艺用水进行升温，从而减少各类染整企业对蒸汽的依赖	各类染整企业	1 400万元	丝印染行业推广10%（该行业丝绸2005年丝绸产能77.7亿米）。如果推广到其他行业效果将更为显著	节标煤13 kg/百米丝织品（2 400万米年生产能力）	每年节3 133吨标煤	约10万吨标煤
43	高温高压气流染色技术	纺织行业染整企业	染液以雾化状在气液混合室内与被染织物完成上染过程，并且自由循环流动引被染织物进行循环运动	年产8 000吨针织物染整加工	2 000万元	30%	节汽2.7 t/t布、节水81.2 t/t布	节约蒸汽50%～60%，节水50%以上	全国现有设备30 000多台，按每年2%的比例淘汰，年可节约蒸汽23万吨、节水1 200万吨

续表

序号	节能技术名称	适用范围	主要技术内容	技术条件	典型项目投资额	预计"十一五"期间推广比例	节能量 单位节能量	节能量 项目节能量	节能潜力
44	变频器调速节能技术	通用技术，电力、市政供水、冶金、化工、石油、采矿、煤炭、造纸、建材等。产品电压等级包括3 kV、6 kV、10 kV以及油田专用潜油电泵使用的1 600～2 400 V产品	对电动机有矢量、磁场、直接转矩控制；有滑模变结构、模型参考自适应技术，有模糊控制、神经元网络、专家系统和各种各样的自优化、自诊断技术等	低压变频器：电压范围为交流1 kV以下输入侧变频为50 Hz或60 Hz，负载侧频率达600 Hz；高压变频器：电压范围为交流1～35 kV输入侧频率50 Hz或60 Hz，负载侧频率达600 Hz	中压变频调速装置用于抽水泵站一台价格约60万元人民币，用户一般可在10～14个月内收回投资	随着国产大功率节能系统产品的开发及市场条件逐步趋于成熟，行业推广比例达30%左右	变频调速机术的主要功能就是提高电机效率，减少网络冲击，降低电损耗	中压高性能变频调速装置节能可达40%左右	国内急需节能调速改造的风机、水泵机械用的电动机总装机容量约4 000万kw，按年平均运行4 000小时，节电率20%～25%计算，节电潜力为年320亿～400亿kWh。急需进行节能调速的电动机，节电总数为年500亿k·Wh
			矿山提升机变频调速节电技术（仅用于高高压）；采用变频器调速控制提升过程，减少起动电阻，避免通电线圈耗电	矿井上下高低压提升机	45万	50%以上	24万 kWh/年	24万 kWh/年	年节3.92亿kWh以上
45	锅炉水处理防腐阻垢节能技术	通用技术，工业、采暖锅炉以及中央空调，工业冷却循环水处理	采用向循环水系统投加防腐阻垢剂的技术，除去系统原有老垢老锈，在锅炉壁表面形成保护膜，阻止氧化腐蚀，有效防止人为失水	适宜所有工业、采暖锅炉以及中央空调，工业冷却循环水的水质处理	在供热采暖系统每10万 m² 年投资约2万元；工业锅炉5 000元·锅炉/年；中央空调和工业冷却循环水系40元·kW⁻¹·a⁻¹	60% 推广应用达到15亿平方米；在中央空调和工业冷却循环水系统可覆盖全国约10%的单位	平均每平方米每供暖面积每采暖年度节煤≥5 kg；节电≥20%；盐≥20%；在50%～90%，中央空调和工业冷却循环水系统节能≥20%，节水1～3倍，减排1～3倍	一个采暖年度节煤2 000吨，减少节电用盐70吨，节中央空调和工业冷却废水约30%除氧可耗热蒸汽600吨	目前全国工业及供暖锅炉54万台，且以每年1万台的速度增长。本技术可达到节能20%～30%，减少锅炉废水污染排放90%以上

续表

序号	节能技术名称	适用范围	主要技术内容	技术条件	典型项目投资额	预计"十一五"期间推广比例	节能量 单位节能量	项目节能量	节能潜力
46	聚氨酯硬泡体用于墙体保温配套技术	建筑行业建筑墙体整体保温	通过在建筑物墙体上整体喷涂导热系数低的聚氨酯硬泡体,降低建筑物使用能耗	建筑面积100万平方米	200万元	30%	厚50 mm聚氨酯保温层相当于:80 mmEPS、90 mm矿棉、100 mm软木、280 mm木板、760 mm混凝土的节能量	以北京地区为例:每年100万平方米聚氨酯硬泡(厚30 mm)保温体系相当于节约4.55万吨标煤,30万kWh电力,1.5万吨水泥,0.56亿块普砖,减少40万块混凝土排放0.546万吨灰渣、59.1吨烟尘、0.132万吨二氧化碳和二氧化硫	全国每年新增房屋面积约20亿平方米,保守计算按5亿平方米使用聚氨酯保温;全国还有400亿平方米旧建筑需要保温改造,如10%采用聚氨酯就是数十亿平方米。这些数据证明,推广聚氨酯保温节能潜力巨大
47	热泵节能技术	建筑行业建筑物的采暖供冷	利用地下浅层地热,可供热又可制冷的高效节能系统	地源热泵新建办公、宿舍楼配套	1 000万元	10%以上	45 kWh/平方米·年	310万kWh/年	91亿kWh/年
			热泵技术是利用地下浅层水源和地表水源中的低位热能,实现低位热能向高位热能转移的一种技术	水源热泵	11 080.47万元	浅水源热泵技术在建筑中规模化应用的示范城市1个,海水源热泵技术在建筑中规模化应用的示范城市1个	再生水热泵比常规空调系统节能25%以上,比分体家用空调(即空气源热泵)节能40%以上	每年替代标煤8 000余吨	水源热泵技术的建筑累计400万平方米

续表

序号	节能技术名称	适用范围	主要技术内容	技术条件	典型项目投资额	预计"十一五"期间推广比例	节能量			节能潜力
							单位节能量	项目节能量		
48	中央空调智能控制技术	通用技术空调制冷系统	用人工智能模糊控制方式传替统的静态控制方式,实现动态控制,达到节能目的	中央空调制冷系统	226 万元	30%	20%	节电量 187 万 kWh/年		139 亿 kWh/年
49	外动颚匀摆颚式破碎机	通用技术广泛应用于有色、冶金、化工、建材、水利等领域的矿石或岩石破碎	通过外动颚技术、负悬挂机构、大偏心距、串级破碎机构等结构,实现破碎比和高生产能力、降低功耗,大破碎比高生产能力,降低能耗	矿岩石破碎系统	160 万～350 万元	10%～15%	功耗降低 47%～55%	年节电 110 万 kWh		节电 8.5 亿 kWh
50	高效双盘磨浆机	通用技术适合造纸行业、化纤行业、化学浆、机械浆、废纸浆等浆种的连续打浆工序	应用高效传动装置、配用高性能长寿命造纸打浆盘和先进的自动控制系统,实现恒功率或恒能耗控制	30 万 t 高档涂布白板纸项目	180 万元	75%	170 万 kWh/年·台	510 万 kWh/年		节电 4.59 亿 kWh

国家重点节能技术推广目录（第二批）

序号	节能技术名称	适用范围	主要技术内容	典型项目				目前推广比例	该技术在行业能推广到的比例	预计2015年	
				技术条件	投资额	单位节能量	项目节能量			总投入（万元）	节能能力（万tce）
1	煤炭储运减损抑尘技术	煤炭等行业粉料运输及露天堆放	通过喷洒减损抑尘剂，使煤炭或粉状物料表面形成固化层，以达到降低损耗、防治扬尘的目的	煤炭运输量1 000万t/a以上	300万元	70 t煤炭/万t煤炭运输量	50 000 tce/a	14%左右（铁路煤炭运输部分）	>50%（铁路煤炭运输）20%~30%（公路煤炭运输）	35 000	500
2	电除尘器节能高效控制技术	电力、冶金、建材等行业电除尘器改造	通过采用优化控制的高频脉冲供电波形，提高设备的电能利用效率，大幅度降低设备运行电耗，减少粉尘污染物排放，达到节能减排目的	1台300MW发电机组用大型电除尘器	270万元	电除尘器节电70%以上	1 400 tce/a	<1%	25%	90 000	50
3	纯凝汽轮机组改造实现热电联产技术	电力行业125~600MW纯凝汽轮机组	纯凝汽轮机组的导汽管打孔抽汽，实现热电联产	2台200MW三缸三排汽纯凝机组，抽汽参数可调	1 600万元	改造后每供1GJ热节能28 kgce	14 000 tce/a（按1个采暖期供热500 000 GJ）	<10%	20%	160 000	400
4	电站锅炉空气预热器柔性接触式密封技术	电力行业火力发电锅炉空气预热器	采用柔性金属密封件，直接与空预器的密封板进行接触，提高除尘效率	2台1 000MW火力发电机组，采用回转式空气预热器	600万元	漏风率减少2%	15 700 tce/a	<5%	20%	37 500	80
5	锅炉智能吹灰优化与在线预警系统技术	电力、钢铁、化工等行业工业锅炉	在锅炉各受热面污染在线监测的基础上，实现系统开环运行操作指导与闭环质监测控制相结合的智能吹灰运行模式，从而减少吹灰蒸汽用量，降低排烟温度，提高锅炉效率	电厂大型锅炉机组	150万~200万元	降低发电煤耗0.5~1.5 g/kWh	5 000~15 000 tce/a	8%左右	30%	67 500	350

续表

序号	节能技术名称	适用范围	主要技术内容	典型项目					预计 2015 年		
				技术条件	投资额	单位节能量	项目节能量	目前推广比例	该技术在行业能推广到的比例	总投入（万元）	节能能力（万 tce）
6	电站锅炉用邻机蒸汽加热启动技术	电力行业	采用蒸汽替代燃油和燃煤对锅炉进行整体预加热，使锅炉在点火时已处于一个"热炉、热风"的热环境，从而大大降低燃油点火强度，大幅缩短燃油时间，使锅炉启动耗油量下降一个数量级	2 × 1 000 MW 直流锅炉的冷态启动	200 万元	启动用油量节省 90%	调试阶段：约 13 000 tce 商业运行阶段：2 600 tce/a	<2%	10%	8 000	10
7	脱硫岛烟气余热回收及风机运行优化技术	电力行业	取消脱硫系统传统的 GGH，通过在吸收塔前加装烟气冷却器，利用烟气热量加热机组给水；在两台并联的增压风机基础上增加一条增压风机旁路烟道，通过优化增压风机的运行方式，实现在低负荷工况下以单引风机运行代替"双引风机＋双增压风机"运行	2 × 1 000 MW 机组石灰石－石膏湿法烟气脱硫系统	4 370 万元	供电煤耗下降 2.71 g/kWh	29 000 tce/a	<2%	10%	150 000	90
8	高炉鼓风除湿节能技术	钢铁行业	采用冷凝方式将空气降温，使之低于露点除去饱和水，降低炼铁焦比	空气含湿量高的季节或区域	3 000 万元（2 台高炉鼓风机组改造）	6～10 kgce/t Fe	14 000 tce/a	<5%	10%	150 000	75

续表

序号	节能技术名称	适用范围	主要技术内容	典型项目				目前推广比例	预计 2015 年		
				技术条件	投资额	单位节能量	项目节能量		该技术在行业能推广到的比例	总投入（万元）	节能能力（万 tce）
9	铝电解槽新型阴极结构及焙烧启动与焙烧控制技术	有色金属行业铝企业	（1）通过改变现行铝电解槽的阴极和内衬结构,提高阴极铝液面的保温性能,降低电解槽电压;实现节能 （2）采用二段焙烧技术,提高焙烧质量,缩短焙烧周期,使电解槽快速转入正常生产	适用于 160 kA 及以上电解系列实现技术升级改造	依铝电解系列槽阴极和流强度不同而有所差异,吨铝改造投资 2 000～3 000 元	500 ～ 800 kWh/T－Al	（1）10 万 t 电解铝厂,20 000 tce/a 以上 （2）20 万 t 电解铝厂,40 000 tce/a 以上 （3）50 万 t 电解铝厂,80 000 tce/a	3% 左右	>50%	2 500 000	210
10	流态化焙烧高效节能炉窑技术	有色金属等行业的焙烧工序	通过优化炉体结构设计,优化施工,烘炉,初投运等技术,实现节能,减排,降耗,高产的焙烧目标	（1）适用于国内 30～145 m² 流态化焙烧炉 （2）适用于新建窑炉和大修窑炉工程 （3）整体窑炉技术推广应用	40 万 t Al₂O₃（1 400 t/d）气态悬浮焙烧炉改造,480 万元	Al（OH）₃ 稀相流态化焙烧 TAO 能耗降低 25%～30%,约 38 kgce;吨精锌节能 10%,约 200 kgce	焙烧环节 15 000 tce/a	<10%	30%（氧化铝企业） 20%（有色重、贵金属流态化焙烧企业）	12 000	40
11	精滤工艺全自动自清洁节能过滤技术	有色金属行业、化工行业的精滤工序	利用高位槽与过滤机壳体的液位差,高效自清洁反冲卸饼,滤后精液反向清洗滤布,水耗为零,并有效降低蒸发工序工作负荷	有色金属生产工艺中的清洁体精滤操作单元,年产 80 万 t 氧化铝规模	2 000 万元	2 160 tce/台·年	26 000 tce/a	已推广 200 余台	25%（约 1 500 万 t 氧化铝产能）	37 000	45

续表

序号	节能技术名称	适用范围	主要技术内容	典型项目 技术条件	投资额	单位节能量	项目节能量	目前推广比例	预计2015年 该技术在行业能推广到的比例	总投入(万元)	节能能力(万tce)
12	先进煤气化工化节能技术	化工行业煤制合成气	粉煤加压气化技术	采用常压固定床固歇式气化技术	18 000万元(气化岛)	0.22 tce/t 合成氨	44 000 tce/a	已推广 8套	30%(共推广1 800万t总氨能力规模)	1 600 000	390
			非熔渣—熔渣水煤浆分级气化技术	气化技术,20万t的煤制合成气能力化工企业	16 000万元(气化岛)	0.22 tce/t 合成氨	44 000 tce/a	已推广 8套			
			多喷嘴对置式水煤浆气化技术		18 500万元(气化岛)	0.22 tce/t 合成氨	44 000 tce/a	已推广 35套			
13	新型高效节能膜极距离子膜电解技术	化工行业氯碱生产	通过减小极间距达到降低电耗的目的,关键技术为电解槽设计制造和电极制造技术	20万t/a 隔膜法烧碱装置(电解工艺部分)	13 000万元	0.23 tce/t 碱	46 000 tce/a	<1%	50%(指替代隔膜法烧碱装置,共推广400万t/a规模)	260 000	90
14	全预混燃气节能燃烧技术	通用于工业燃烧加热工序	通过将燃料与空气在燃烧室喷嘴前进行完全混合,提高燃烧效率。同时采用自动化预混控制技术,保证混合比例精确,同时保证工作安全,不会产生回火现象	7万t/a 大钢法固体烧碱生产企业	500万元	25 m³ 天然气/t 碱	2 100 tce/a	<1%	50%(仅按化工烧碱企业测算)	12 000	6
15	稳流行进式水泥熟料冷却技术	建材行业水泥熟料生产	通过自动调节冷却风量,步进式冷却方式,对高温颗粒物料进行冷却的技术,主要用于对热熟料进行冷却和输送	5 500 t/d 水泥新型干法生产线	1 000万元	节电 1.5 kWh/t 熟料 节能 约5.27 kJ/kg 熟料	5 330 tce/a	2%左右	42%~45%	170 000	90
16	四通道喷煤燃烧节能技术	建材、冶金、有色行业回转窑	大速差、大推力燃烧技术,四通道,周向均匀分布的小孔结构,周向均匀分布的旋流制风和高速制流风技术	5 500 t/d 水泥生产线	60万元	21 kJ/kg 熟料	1 218 tce/a	1%	25%~30%	18 000	35

续表

序号	节能技术名称	适用范围	主要技术内容	典型项目			目前推广比例	预计 2015 年		
				技术条件	投资额	单位节能量	项目节能量		该技术在行业能推广到的比例	总投入（万元）	节能能力（万 tce）

序号	节能技术名称	适用范围	主要技术内容	技术条件	投资额	单位节能量	项目节能量	目前推广比例	该技术在行业能推广到的比例	总投入（万元）	节能能力（万 tce）
17	高效节能选粉磨技术	建材行业水泥粉磨生产线、化工行业干法粉磨制备以及工业废渣综合利用	利用空气动力学原理，采用目前最先进的第三代笼型转子高效选粉技术，对分选物料进行充分分散和多次分选，达到高精度、高效率分选	5 000 t/d 熟料生产线配套 200 万 t/a 水泥粉磨生产线闭路粉磨系统（2－φ4.2×13 米球磨机）	200 万元	系统电耗降低 5 kWh/t 水泥	3 500 tce/a	35%左右	75%	50 000	160
18	频谱谐波时效技术	机械行业	采用频谱谐波方式取代残时时效方式消除金属工件残余应力，减少热能损耗	铸造、锻造、焊接等时效工艺	400 万元	改造后能耗为 1 kWh/t 铸件	9 310 tce/a	<6%	15%	57 000	130
19	动态谐波抑制及无功补偿综合节能技术	煤炭、电力、钢铁、有色金属、石油、化工、建材、机械、纺织等行业	针对负载需要，动态抑制各次谐波，补偿无功功率，使得电源侧电流谐波含量降低，调节用户三相不平衡，提高用户的电能质量，降低线路损耗	谐波治理和无功补偿装置（1 600 kVar）	160 万元	每补偿 1 kVar 节能 394 kWh/a	255 tce/a	1%	15%	30 000	5
20	控制气氛渗氮工艺节能技术	机械行业热处理工艺	采用硅酸铝纤维炉衬，减少蓄热量，缩短升温时间；调节气氛，降低渗氮能耗；改进冷却系统，加快冷却速度，提高工效	装机容量 800 kW，年氮化处理量约 1.2 万 t	500 万元	蓄热节电 52%，保温节电 10%，升温节电 20%，催渗节电 30%	284 tce/a	5%左右	50%	150 000	25

续表

序号	节能技术名称	适用范围	主要技术内容	典型项目				目前推广比例	预计2015年		
				技术条件	投资额	单位节能量	项目节能量		该技术在行业能推广到的比例	总投入（万元）	节能能力（万tce）
21	螺杆膨胀动力驱动节能技术	工业低品位余热热资源回收利用	利用工业中的蒸汽、热水、热液汽液两相流体等动力源，将热能转换为动力，驱动发电机发电或直接驱动机械设备	蒸汽压力0.1～3.5 MPa；蒸汽温度<300℃；热水温度>60℃；烟气温度>150℃	5 000～10 000元/kW	350 gce/kWh	相应于100～1 500 kW/台的动力机功率，节能250～3 750 tce/a	<1%（仅按钢铁、石化行业测算）	80%（仅按钢铁、石化行业测算）	375 000	200
22	大型高参数板壳式换热热技术	石化行业	在重整、芳烃、乙烯等装置中、高温反应出料与低温反应进料在进料换热器中换热，从而达到回收大量反应热及节能的目的。与管壳式换热器相比，具有传热效率高、占地面积小、污垢系数低等优点	设计压力≤32 MPa；操作压差≤1.6 MPa；操作温度≤550℃；单台面积50～10 000 m²	1 150万元（换热面积5 000 m²的板壳式换热器）	节油2 036 t/a	2 900 tce/a	<2%	40%	300 000	75
23	高效节能电动机用铸铜转子技术	通用于30 kW以下中小型电动机系统	以铸铜转子代替目前广泛使用的铸铝转子，降低电动机损耗，提高效率，提高电动机寿命	改造100台各种规格电动机	30万元	1 837 kWh/台·年	64 tce/a	<1%	10%（按100万台铸铜转子测算）	50 000	65
24	稀土永磁盘式无铁芯电机技术	通用于小型电动机及发电机系统	因不使用硅钢片作定子铁芯材料，消除了传统永磁电机无法克服的磁阻尼及铁损问题，可降低驱动功率，减少铁损发热，降低电机运行温升，提高永磁电机的效率和可靠性	用稀土永磁盘式无铁芯电机替代传统电动机	1 500元/kW	0.259 2 tce/kW·a	63 250 tce/a（25万kW）	<1%	5%（125万kW）	180 000	30

续表

序号	节能技术名称	适用范围	主要技术内容	技术条件	典型项目			目前推广比例	预计2015年		
					投资额	单位节能量	项目节能量		该技术在行业能推广到的比例	总投入（万元）	节能能力（万tce）
25	汽车混合动力技术	汽车行业混合动力汽车	再生制动能量回收技术；消除急速工况技术；高效率混合动力专用发动机技术；整车集成和整车整车控制策略优化配技术等	100辆混合动力系列车	单台混合动力汽车平均增加投资5万元	0.71 tce/车·年	71 tce/a	<1%	20%（按2015年乘用车产量测算）	15 000 000 （300万辆）	210
26	纯电动汽车动力总成系统技术	汽车行业纯电动汽车	通过高效电驱动系统取代传统内燃机动力系统，有车载储能元件提供能量，从电网补充电能，取代汽油、柴油。关键技术为电驱动技术，动力电池技术以及动力系统集成与匹配技术	5万辆纯电动汽车	单台纯电动汽车平均增加投资10万元	1.43 tce/台·年（替代燃油）	71 500 tce/a	<1%	10%（按2015年乘用车产量测算）	15 000 000 （150万辆）	210（替代燃油）
27	温拌沥青在道路建设与养护工程中的应用技术	交通行业沥青路面的建设和养护	通过在沥青混合料的拌合过程中加入温拌添加剂等技术手段降低沥青结合料的黏度，从而实现沥青混合料在较低温度（110℃~130℃）下进行拌和并压实，实现节能并减少有害气体排放	应用干沥青混合料搅拌设备	20万元	减少约20%加热燃料损耗	2.4 kgce/t 沥青混合料	3%（主要在北京、上海）	60%	5 000	35
28	基于吸收式换热的热电联产集中供热技术	供热行业	(1)设置于热力站的吸收式换热机组代替常规水换热器，降低一次网回水温度。(2)在热电厂首站内设置电厂余热回收的汽水换热器，提高换热效率，增大热网扩容能力	20万m²的集中供热系统	450万元	103 tce/万m²·a	2 056 tce/a	一个示范项目	20%（新增供暖面积）	45 000	20

续表

序号	节能技术名称	适用范围	主要技术内容	典型项目				目前推广比例	预计 2015 年		
				技术条件	投资额	单位节能量	项目节能量		该技术在行业能推广到的比例	总投入（万元）	节能能力（万 tce）
29	供热系统智能控制节能改造技术	供热行业	(1) 智能温控平衡技术 (2) 智能变频技术 (3) 无线传感技术，该技术为智能变频和能效分析提供了基础 (4) EAOC 技术，确保了系统实现管理上的节能	14 万 m² 的集中供热系统	90 万元	10 W/m²	800 tce/年·套	<1%	10%（新增供暖面积）	7 000	6
30	夹芯复合型轻质建筑结构体系节能技术	建筑行业新建建筑（六层及六层以下）	集结构与保温干一体的新型剪力墙结构体系的	年产 60 万 m² 复合轻型网架板，可建设 100 万 m² 节能型住宅	4 800 万元	10 kgce/m²a	10 000 tce/a	<1%	1%	240 000	100
31	炭黑生产过程余热利用和尾气发电（供热）技术	化工行业炭黑生产	使用专用尾气燃烧器（新）和尾气锅炉燃烧尾气产生的蒸汽发电，所产电力回用炭黑装置，达到节能目的	6 000 kW 炭黑尾气发电装置	2 900 万元	2 660 kJ/N·m³	16 800 tce/a	15% 左右	50%	102 000	85
32	谷氨酸生产过程中蒸汽余热梯度利用技术	轻工、化工等行业	(1) 采用高热蒸汽冷凝水替代蒸汽为溴化锂制冷机组提供动力 (2) 改造结晶罐加热系统，增大加热面积，充分利用蒸汽余热 (3) 利用冷凝水热能替代蒸汽烘干谷氨酸钠 (4) 淀粉乳二次液化闪蒸余热再利用	年产 8 万 t 味精	4 300 万元	0.53 tce/t 味精	42 400 tce/a	<8%	80%	80 000	80

续表

序号	节能技术名称	适用范围	主要技术内容	典型项目				目前推广比例	预计 2015 年		
				技术条件	投资额	单位节能量	项目节能量		该技术在行业能推广到的比例	总投入（万元）	节能能力（万 tce）
33	聚酯化纤酯化工艺余热制冷技术	纺织行业化纤生产	利用化纤行业酯化工艺中产生的多组分酯化蒸汽作为驱动热源,通过余热制冷技术取冷水,满足抽丝生产工艺制冷需求	年产 30 万 t 涤纶短纤	300 万元	节蒸汽 24 000 t/a	3 000 tce/a	<2%	60%	120 000	120
34	乏汽与凝结水闭式全热能回收技术	使用蒸汽进行间接加热的热交换系统	将凝结水密闭在封闭管道中,采用电动离心泵加压或高压蒸汽加压并输送至二次换热设备/锅炉,其中包含汽水分离,自力增压,自动感应,数字控制等多项技术。将乏汽换热进行回收利用。将凝结水后按凝结水进行回收利用,节水节能	压力不大于 2.0 MPa;回收凝结水温度不高于 170℃	800 万元（6 套凝结水回收装置）	16.13 kgce/t 凝结水	13 000 tce	10% 左右（仅按石化、化工行业测算）	50%（仅按石化、化工行业测算）	290 000	90
35	纳米陶瓷粒微孔绝热节能材料涂层技术	通用于油气储存设备、运输设备、生产设备等	纳米陶瓷多孔复合加热技术,附加水性防腐性能设计,水性环保涂料施工艺,超长耐老化及使用年限,具有耐高温性能及防静电设计等	超过 8 万 m² 储罐及设施绝热改造	233 元/m²	0.056 tce/m²·a	4 484 tce/a	<2%	40%（仅按油气储罐测算）	40 000	10

国家重点节能技术推广目录（第三批）

序号	节能技术名称	适用范围	主要技术内容	典型项目					目前推广比例（%）	预计 2015 年		
				适用的技术条件	项目建设规模	投资额	项目节能量	单位节能量		该技术在行业能推广到的比例（%）	总投入*（万元）	节能能力（万 tce/a）
1	矿井乏风和排水热能综合利用技术	煤炭行业煤矿中央列式通风系统	选用水源热泵机组取代传统燃煤锅炉以充分利用地热。冬季，利用水处理设施提供的20℃左右的矿井排水和乏风作为热能介质，通过热泵机组提取矿井水中蕴涵的热量，提供45℃~55℃的高温热水为井口供暖。夏季，利用高温同样水源通过水源热泵机组制冷，通过整体降低进风流的温度来解决矿井高温热害问题	煤炭的矿井排水和乏风的平均温度≥15℃	项目供热量（制冷量）为 4 200 kW	750 万元	1 000 tce/a	0.24 tce/kW·a	<10	30	400 000	55
2	新型高效煤粉锅炉系统技术	煤炭行业供暖或生产用蒸汽、民用供暖	新型高效煤粉锅炉房系统采用煤粉集中制备，精密供粉，空气分级燃烧，炉内脱硫，锅壳（或水管）式锅炉高效换热，高效布袋除尘，烟气脱硫和全过程自动控制等先进技术，实现了燃煤锅炉的高效运行和洁净排放	区域锅炉房供暖改造、工业锅炉改造	供热面积 29 万 m² 的煤粉锅炉房系统改造	870 万元	2 550 tce/150 天采暖期	0.02 tce/蒸吨	<1	10	2 000 000	500
3	汽轮机组运行优化技术	电力行业火电厂或核电厂汽轮机组	通过先进的诊断及在线控制技术，分析火电厂热力系统的设备性能及运行指标，达到最优运行状态；减少系统泄露，达到优化运行参数，优化系统运行；提高机组启停的自动控制水平，简化操作程序，缩短启停时间，提高启停运行的安全性，实现节能降耗	火电厂热力系统改造及运行系统优化	300 MW 机组	400 万元	7 500 tce/a 机	平均供电煤耗下降 5 gce/kWh	<10	30	100 000	210

* 总投入指 2011—2015 年期间，推广率达到预计比例时，投入的资金总量（下同）。

续表

序号	节能技术名称	适用范围	主要技术内容	典型项目					目前推广比例（%）	预计 2015 年		
				适用的技术条件	项目建设规模	投资额	项目节能量	单位节能量		该技术在行业能推广到的比例（%）	总投入*（万元）	节能能力（万tce/a）
4	火电厂烟气综合优化系统余热深度回收技术	电力行业燃煤火电机组	在除尘器之后的烟道中布置烟气冷却器，降低排烟温度。回收的烟气余热用于加热低压给水以提高主凝结水温度，或者加热冷空气以提高锅炉进风温度。从而减少汽轮机的抽汽量，提高回热系统发电出力，降低发电煤耗，提高机组运行的经济性，节约能源	排烟温度较高的火电机组	300~1 000 MW 机组	640 万元	3 990 tce/a	发电煤耗降低 2 gce/kWh	< 1	50	720 000	320
5	火电厂凝汽器真空保持节能系统技术	电力行业火力发电机组	通过替代汽轮机凝汽器传统的清洗方法，包括胶球清洗装置，彻底解决凝汽器污垢问题，长期保持凝汽器冷却管清洁，改善端差和真空度，降低汽轮机煤耗和冷却水泵能耗	各种规格的火力发电机组冷凝式凝汽器	2×300 MW 发电机组	1 000 万元	12 000 tce/a	平均发电煤耗降低 4 gce/kWh	<1	20	133 000	200
6	高压变频调速技术	电力、钢铁、化工、水泥等行业	高压变频调速技术采用单元串联多电平技术或者 IGBT 元件直接串联高压变频等技术。实现变频调速系统的高输出功率（功率因数>0.95），同时消除对电网谐波的污染。对中高压、大功率风机、水泵的节电降耗作用明显，平均节电率在 30%以上	电力、钢铁、化工等行业的高压电机、风机的变频调速改造	1 000 kW/6 kV 风机高压变频器改造	280 万元	1 160 tce/a	0.086 kgce/kW	15	50	384 000	300
7	电炉烟气余热回收利用系统技术	钢铁行业电炉炼钢	烟气全燃法，采用余热锅炉技术最大限度回收烟气余热生产蒸汽	50 t 以上的电炉	50 t 电炉烟气余热利用系统	1 286 万元	5 600 tce/a	12.4 kgce/t 钢	<1	30	80 000	35

续表

序号	节能技术名称	适用范围	主要技术内容	典型项目					目前推广比例(%)	预计2015年		
				适用的技术条件	项目建设规模	投资额	项目节能量	单位节能量		该技术在行业能推广到的比例(%)	总投入*(万元)	节能能力(万tce/a)
8	矿热炉烟气余热利用技术	钢铁行业硅系铁合金、化工电石行业	结合矿热炉生产运行情况,进行合理的矿热炉热封闭导出工艺改造,使矿热炉整体烟气无组织排放现状进一步改善;结合矿热炉现有除尘条件,使矿热炉烟气余热在有效利用的同时,保证进行矿热炉主工艺的正常运行;解决了矿热炉主工艺中粉尘附着余热锅炉热交换器管壁的清除问题,提高余热利用效率	硅铁类铁合金矿炉余热热利用	16台14 000 kVA矿热炉配套安装8台13 t余热锅炉及24 MW余热发电机组及配套设施	17 100万元	67 200 tce/a	960 kWh/t铁合金	30	60	1 100 000	105
9	铝闪速熔炼技术	有色金属行业冶炼	实现低铝杂料的高效利用和自用率大幅提高;提高利用效率和热能利用率,实现节能降耗	铝冶炼	10万吨粗铝/年闪速炉改造	6 000万元	10 200 tce/a	0.102 tce/t粗铝(与粗铝2009年综合能耗0.332 tce相比)	<3	30	38 400	15
10	氧气侧吹熔池熔炼技术	有色金属行业冶炼	集物料干燥和熔炼于一身,熔炼强度大,可充分利用原料自身的化学反应热,产生的烟气通过余热锅炉回收余热后进行发电,有效降低了能耗	铝、铜、镍等金属冶炼	15万t/a铜熔池改造	7 500万元	15 000 tce/a	0.150 tce/t电铜(与2009年电铜综合能耗0.336 tce/t相比)	8	15	29 500	30
11	油田采油污水余热综合利用技术	石油、化工行业	利用油田伴生气或者原油作为驱动热源,采用热泵式热技术,回收采油污水中的热量,制取中温热水,用于外输原油加热器和输油管道伴热,或采用余热供暖,降低综合燃料消耗	油气田开采	2×2 910 kW采油污水余热综合利用系统	800万元	2 257 tce/a·台	0.76 tce/kW·a	<1	30	127 000	35

续表

序号	节能技术名称	适用范围	主要技术内容	典型项目					目前推广比例（%）	预计 2015 年		
				适用的技术条件	项目建设规模	投资额	项目节能量	单位节能量		该技术在行业能推广到的比例（%）	总投入*（万元）	节能能力（万 tce/a）
12	换热设备超声波在线防垢技术	石化行业换热设备	超声脉冲振荡波在热交换器管、板壁传播，在金属属面、板壁和附近的液态之间产生效应，破坏污垢的附着条件，防止换热设备在运行过程中结垢，提高换热设备传热能力，降低达到同样工艺要求所需热耗的目的	800 万吨常减压装置	在 21 台脱前原油、脱后原油和初底油换热设备上应用超声波防垢技术	985 万元	7 272 tce/a	0.67 kgce/t 原油（仅常减压装置部分）	<1	40	76 000	55
13	氯化氢合成余热利用技术	石化行业现有或新建氯碱企业的氯化氢或盐酸合成炉新建或改造	将氯化氢合成的热能利用率提高到 70%，副产蒸汽压力可在 0.2～1.4 MPa 间任意可调，可并入大中、低压蒸汽网使用，使热能得到充分利用	氯化氢制备	副产蒸汽氯化氢合成炉一套，日产氯化氢 140 t，副产 1.2 MPa 蒸汽 84 t	400 万元	3 780 tce/a	0.09 tce/t – HCl	<1	70	50 680	35
14	水溶液全循环尿素生产工艺技术	化工行业氮肥生产行业	由液相逆流式尿素合成，两次加热、降膜逆流换热式氨冷－蒸发冷凝分解、三段吸收－蒸发式氨冷补充，利用解吸水解低水碳比的尿素回收－利用解吸水解回收的尿素中压分解中压压力分解回收，回收中压分解热的尿素一段蒸发，高效安全的尾气净氨等关键技术集成	采用水溶液全循环生产的尿素装置	年产 30 万 t 尿素装置	15 400 万元	21 000 tce/a	70.3 kgce/t 尿素	1	30	97 500	70
15	Low – E 节能玻璃技术	建材行业	在普通浮法玻璃生产线锡槽的末端或者退火窑前端增加一套 Low – E 镀膜设施，在浮法玻璃生产线上实现在线 CVD 或者 PCVD 镀膜生产	浮法玻璃熔窑	15 万 m² Low – E 节能玻璃	1 200 万元	4 180 tce/a	27.86 kgce/m²·a	2	10	264 000	95

续表

序号	节能技术名称	适用范围	主要技术内容	典型项目						预计2015年		
				适用的技术条件	项目建设规模	投资额	项目节能量	单位节能量	目前推广比例(%)	该技术能在行业能推广到的比例(%)	总投入*(万元)	节能能力(万tce/a)
16	烧结多孔砌块及泡沫塞发苯乙烯烧结空心砌块节能技术	建材行业	利用固体废弃物煤矸石及荒山页岩为原料，不需要内掺煤和外投煤，生产环节耗能低，利用烧结多孔砌块或内填聚苯乙烯材料的新型建材替代建筑物外墙保温，实现了非承重墙隔热节能的效果	建筑物非承重墙部位使用	年产6000万块标砖规模	5000万元	3000 tce/a	500 kgce/万块标砖	<1	10	200 000	50
17	节能型合成树脂成型饰幕墙装饰系统节能技术	建材行业 建筑墙体装饰	以合成树脂为主要黏结材料，与颜料、体质颜料及各种助剂，配制成腻子以及各种涂料，分层施涂在建筑物墙体上，形成具有幕墙外观的建筑装饰层，替代传统外墙铝塑板幕墙，节约生产成本，施工和使用能耗	建筑外墙	墙体面积5万 m²	500万元	2900 tce/a	58.01 kgce/m²	3	10	225 000	130
18	预混式二次燃烧节能技术	建材行业 工业窑炉	改进燃烧器结构，优化陶瓷窑燃烧系统，控制空燃比；提高火焰温度15%~20%，改善高温窑内温度场分布的均匀性；延长火焰在炉膛中的停留时间；采用二次空气补燃，提高火焰梯度的燃烧强度；调节烟气的喷嘴射程	采用较清洁的燃气，敷风式燃烧工业窑炉	对14条辊道窑进行预混式二次燃烧节能技术改造	600万元	5300 tce/a	15.7 kgce/t 陶瓷	<1	20	30 000	45
19	机械式蒸汽再压缩节能技术	轻工行业 生化或化工行业废水或物料的浓缩	利用高能效蒸汽压缩机压缩蒸发系统产生的二次蒸汽，提高二次蒸汽的焓，致提高热能源循环使用，从而不需要新鲜蒸汽，依靠蒸汽自循环来实现蒸发浓缩的目的	单效或多效蒸发浓缩系统	年产10000 t木糖项目，其中2台18 t/h和1台10 t/h的机械式蒸发器	1150万元	11 000 tce/a (与四效蒸发器相比)	1.1 tce/t 木糖	6	20	330 000	145

续表

序号	节能技术名称	适用范围	主要技术内容	适用的技术条件	项目建设规模	投资额	项目节能量	单位节能量	目前推广比例(%)	该技术在行业能推广到的比例(%)	预计2015年	
					典型项目						总投入*(万万元)	节能能力(万tce/a)
20	聚能燃气灶技术	轻工行业燃气灶具产品,工业燃烧加热工序	采用金属蜂窝体燃烧技术、催化燃烧技术、聚能护围结构技术,多层隔热技术等提高燃烧热效率的燃烧炉具	台式燃气灶、民用取暖产品,工业采暖等	16 768台聚能型炉灶	3 320万元	1 400 tce/a	0.23 kgce/台·天	2	20	2 100 000	120
21	高强度气体放电灯用大功率电子镇流器新技术	轻工行业 适用于高压钠灯、金卤灯照明用电子镇流器	用电子镇流器取代高压钠灯及金卤素灯上使用的电感镇流器,提高用电效率,使低压变高频,达到节能的效果	大功率电感镇流器的照明设备	3 000个高强度气体放电灯用电子镇流器	600万元	406 tce/a	135 kgce/台·年	2	10	1 000 000	125
22	新型生物反应器和高效节能生物发酵技术	轻工行业 发酵和化工等行业	(1)发酵用压缩空气的一级冷却采用风冷技术,被加热的空气作为烘干发酵菌渣的加热剂 (2)增加发酵罐高度,拌代搅拌机械搅拌的反应器,可去掉搅拌发酵罐的内冷却管外盘管,可以提高冷却时间。发酵罐的内节约电能。利用二次补气发酵技术提高发酵效率,改善低氧环境,缩短发酵时间降低单罐能耗	生物反应器及发酵过程的节能改造	年产300 t阿维菌素产系统	7 196万元	28 621 tce/a	95 tce/t阿维素	12	60	160 000	120
23	直燃式快速烘房技术	机械行业 瓷器坯件烘干	气体燃料的燃烧产能与循环热风混合作为干燥介质,直接烘干坯件	以天然气为燃料	40间100 m³烘房	1 100万元	920 tce/a	0.437 kgce/kg水	3(电瓷行业)	30	100 000	15

续表

序号	节能技术名称	适用范围	主要技术内容	典型项目						预计 2015 年		
				适用的技术条件	项目建设规模	投资额	项目节能量	单位节能量	目前推广比例（%）	该技术在行业能推广到的比例（%）	总投入*（万元）	节能能力（万tce/a）
24	塑料注射成型伺服驱动与控制技术	机械行业注塑机行业合模力 400～80 000 kN 注塑机	应用同伺服电机驱动定量泵及控制技术，精确、快速地控制伺服电机的转速和扭矩，实现液压系统压力和流量双闭环控制，使伺服电机运行功率与负载需求达到大幅节能效果	注塑机专用交流同服系统	50 台注塑机	2 500 万元	2 310 tce/a	155.4 kgce/台·天	10	30	100 000	35
25	电子膨胀阀变频节能技术	机械行业家用空调、商用空调、冷冻及冷藏设备	在空调以及冷冻、冷藏设备上使用电子膨胀阀，采用变频技术提高设备节能	可变频控制的压缩机	600 万套/a	7 500 万元	260 000 tce/a	43.3 kgce/台	20	50	20 000	85
26	工业冷却塔用混流式水轮机技术	机械行业、冶金、化工、轻纺等使用工业冷却塔的行业	充分利用循环冷却水系统存在的重力势能，通过水轮机带动风机进行冷却，可以替代传统冷却水系统。在循环冷却水系统存在 9～10m 落差的条件下，可用水轮机完全取代传统的风机电机	存在落差的循环冷却水系统	2 座 4 000 t/h 流量冷却塔	240 万元	1 108 tce/a	400 tce/台·年	<1	10	700 000	240
27	缸内汽油直喷发动机技术	汽车行业	缸内汽油直喷发动机兼有柴油机热效率高和汽油机升功率大的特点，与传统进气道喷射发动机具有相比，缸内汽油直喷碳氢排放低，充气效率高，燃油经济性好，瞬时控制反应快，起动快，空燃比控制更精确等优势	轿车生产整车搭载	20 万台缸内汽油直喷发动机生产线	71 000 万元	128 000 tce/a	0.64 tce/（车·年）	5	20	6 000 000	255

续表

序号	节能技术名称	适用范围	主要技术内容	典型项目					目前推广比例(%)	该技术在行业能推广到的比例(%)	预计2015年	
				适用的技术条件	项目建设规模	投资额	项目节能量	单位节能量			总投入*(万元)	节能能力(万tce/a)
28	沥青路面冷再生技术在路面大中修工程中的应用技术	交通行业各等级公路沥青路面大中修养护工程	对沥青路面进行冷铣刨、和筛分，掺入一定数量的新集料、再生结合料、活性填料（水泥、石灰等）、水（新材料掺配比例一般在30%以内），经过常温拌和、常温摊铺、常温碾压等工序，实现旧沥青路面再生的技术	高速公路大中修养护工程	90公里高速公路大修	100万元	780 tce/a	8.6 tce/km	<1	80（公路大修）	53 000	40
29	轮胎式集装箱门式起重机"油改电"节能技术	交通行业集装箱堆场装卸集装箱装卸的码口或物流企业	集装箱堆场装卸采用轮胎式集装箱门式起重机作业，用柴油发电机组供电，能耗较大，且排放大量废气、噪声，对环境产生一定的影响。改造后，利用市电作为动力，降低了能耗和运营成本，环境质量得到改善	配备轮胎式集装箱门式起重机高架滑触线供电方式"油改电"改造	60台轮胎式集装箱门式起重机高架滑触线供电方式"油改电"改造	4 000万元	1 687 tce/a	0.459 kgce/操作TEU	10	75	300 000	20
30	温湿度独立调节系统	建筑行业公共建筑、住宅建筑等建筑的采暖供冷系统节能	温湿度独立调节空调系统采用温湿度独立的系统，两套独立的系统，分别控制节室内空气的温度与湿度	新建或改造民用建筑项目配套	3.55万 m² 住宅室内空调系统	350万元	320 tce/a	3.5 kgce/m²·a	<1	5	2 000 000	175

国家重点节能技术推广目录(第四批)

序号	节能技术名称	适用范围	主要技术内容	典型项目					目前推广比例(%)	预计2015年		
				适用的技术条件	项目建设规模	投资额(万元)	项目节能量(tce/a)	单位节能量		该技术在行业内的推广比例(%)	总投入*(万元)	节能能力(万tce/a)
1	综采工作面高效充填化矸石开采及充填技术	煤炭行业井工综采井开采的矿井	采用自压式矸石充填机,以矸石充填巷道或采空区,替换出"三下"压煤,从而提高煤炭资源回采率和煤矸石的综合利用率,实现节能	拥有煤矸石充填采空区,采空面矸石区及"三下压煤"等区域	年产150万吨的生产矿井单位建立多工作面矸石运输系统,优化矸石辅助运输系统	4 076	128 000	0.71吨标准煤/吨矸石(按以矸换煤)	<1	10	128 000	420
2	配电网全网无功优化及无功协调控制技术	电力行业县级供电企业配电网电压及无功协调控制及综合治理	全网电压无功监测,可以对变电站、线路、配变客户端电压无功远程实时监测。全网电压无功协调控制,可实现变电站、线路、配变电压客户端监测;电压无功调相邻协调控制。既可满足本地无功需求,又能减少无功在电网中的流动,最大限度降低网损	已建设调度自动化系统;建设线路、配变电压无功调控设备监测;建设客户端电压监测;电压无功调控设备具备遥测、遥控功能	一座35 kV变电站及两条10 kV配电线路改造	50	84(年供电量约2亿kWh)	平均综合线损率降低0.8%	<1	16	50 000	24

*注:总投入者2011—2015年期间,推广率达到预计比例时,投入的资金总量(下同)。

续表

序号	节能技术名称	适用范围	主要技术内容	典型项目				单位节能量	目前推广比例（%）	预计2015年		
				适用的技术条件	项目建设规模	投资额（万元）	项目节能量（tce/a）			该技术在行业内的推广比例（%）	总投入*（万元）	节能能力（万tce/a）
3	新型节能导线应用技术	电力行业 110 kV及以上架空输电线路	（1）钢芯高导电率硬铝绞线：通过细晶强化和颗粒强化减少微观缺陷对导电率的影响，提高导电率（2）铝合金绞线：通过铝基体的合金化的配方及热处理的控制，延伸率上得到明显提高	新建或技术改造的架空输电线路工程	新建500 kV双回输电线路工程，4 × JL/G1A – 630/45 导线，全长 27 公里，输送容量 2 100 MW	与普通钢芯铝绞线相比投资额增加 390	487.6	18.07 tce/（km·a）	<1	20	900 000（与普通钢芯铝绞线相比增加的投资额）	36
4	超临界超超临界发电机组引风机小汽轮机驱动技术	电力行业 火电厂	采取将引风机与脱硫增压风机合并，并采用小汽轮机驱动方式，替代原有的电动机驱动机，可以大幅降低厂用电率	燃煤发电厂大容量引风机	600 MW及1 000 MW火力发电机组	3 350	4 829	0.87 gce/kWh	<1	20	450 000	24
5	非稳态余热回收及饱和蒸汽发电技术	钢铁、有色金属、石化等行业生产过程中产生的不稳定余热资源回收	非稳态余热经高温除尘，将其后进入余热锅炉，将其热量传递给循环工质，循环工质吸收热量后变为蒸汽进入储热器，将非稳态的工况转化为稳态。稳态蒸汽进入汽机内除湿再饱和蒸汽后进入汽轮机进行发电	适用对于电炉或转炉等尾部烟气的流量和温度周期性变化的余热资源的回收	装机4 500 kW的转炉饱和汽余热电站	3 500	11 500	—	5	20（仅按在钢铁转炉和铜冶炼炉的应用进行估算）	100 000	57

续表

序号	节能技术名称	适用范围	主要技术内容	典型项目				目前推广比例（%）	该技术在行业内的推广比例（%）	预计2015年	
				适用的技术条件	项目建设规模	投资额（万元）	项目节能量（tce/a）	单位节能量			总投入*（万元）	节能能力（万tce/a）

序号	节能技术名称	适用范围	主要技术内容	适用的技术条件	项目建设规模	投资额（万元）	项目节能量（tce/a）	单位节能量	目前推广比例（%）	该技术在行业内的推广比例（%）	总投入*（万元）	节能能力（万tce/a）
6	加热炉黑体技术强化辐射节能技术	钢铁行业各种加热炉	将一定数量高辐射系数（0.95以上）的黑体元件，安装在轧钢加热炉内炉顶和侧端，增加辐射面积，增加有效辐射，提高加热质量，降低燃料消耗	炉膛温度600℃以上的板坯轧钢加热炉加热炉窑	150万t中厚板轧钢加热炉	350	9 817	6.54 kgce/t	5	20	90 000	80
7	煤气化多联产燃气轮机发电技术	化工行业煤化工领域	回收甲醇生产过程排放的池放气中的氢气，作为燃气轮机的燃料进行发电，燃烧后排出的高温烟气进入余热锅炉产生中低压蒸汽，用于生产工艺，实现节能	采用燃料为煤气和放空尾气（热值2 400千卡，属于中低热值）进行发电	燃气轮机装机规模76 MW	120 000	138 200	31.9 kgce/t甲醇	<5	20	120 000	140
8	新型导电铜瓦把持器电石炉节能技术	电石行业	采用新型导电铜瓦把持器技术，有效保证电石炉高效、安全、短网低能耗运行。关键把持器技术包括导电铜瓦把持技术、短网结构设计技术、直燃式回转气烧石灰窑和隧道烘干窑尾气利用技术	密闭式电石炉改造	2台21 000 kVA，年产9万吨电石	12 000	32 670	113.4 kg/t电石（与国家电石单位产品能耗限定值相比）	1	5	200 000	17

续表

序号	节能技术名称	适用范围	主要技术内容	典型项目					目前推广比例（%）	该技术在行业内的推广比例（%）	预计2015年	
				适用的技术条件	项目建设规模	投资额（万元）	项目节能量（tce/a）	单位节能量			总投入*（万元）	节能能力（万tce/a）
9	新型吸收式热交换器技术	石化行业	利用石油化工生产过程中产生的低品位废热源作为驱动热源，通过吸收式热变换器技术将一部分热量转化成高品位热源加以利用，另一部分热源回收加以更低温位排至大气环境中	石油化工生产过程中的废热80℃~200℃	5 MW	610	1 669	蒸汽27 300 t/a	<5	10	7 000	10
10	膨胀玻化微珠保温砂浆制备及应用技术	建材、铸造、陶瓷、石油化工以及农业、交通、国防、军事、航空航天等诸多领域	以玻化微珠为保卫功能组分，配以水泥，可再生散裂胶粉、抗裂纤维及憎水剂等材料制成单料成外外墙分砂浆，作为建筑物内外墙保温材料，具有优异的保温隔热和防火特性	具有节能保温，防火要求的建筑	9.8万m²旧有建筑物综合节能改造中的1 600 m²外墙保温节能改造	13	18.4	与岩棉相比，膨胀玻化微珠保温砂浆的生产过程节能14.19 kgce/m³。使用过程可节能15%~30%	<1	10	82 5000	105
11	高固气比水泥悬浮预热分解技术	建材行业水泥熟料煅烧领域并可拓展应用到干粉体的换热与反应过程	(1) 采用高固气比预热技术，大幅提高气固换热效率，提升余热利用水平；(2) 采用外循环式高固气比分解炉技术，实现小体积，低温分解窑目炉内碳酸盐的高分解率且内热稳定性大幅提高，SO_2和NOx等有害气体的排放量大幅降低	(1) 改造现有新型干法水泥煅烧系统；(2) 新建水泥熟料烧成系统	2 500 t/d水泥熟料生产线	3 500	19 500	14.3 kgce/t.cl	<1	5	550 000	90

续表

序号	节能技术名称	适用范围	主要技术内容	适用的技术条件	典型项目				目前推广比例（%）	预计 2015 年		
					项目建设规模	投资额（万元）	项目节能量（tce/a）	单位节能量		该技术在行业内的推广比例（%）	总投入*（万元）	节能能力（万 tce/a）
12	铅蓄电池高效低能耗板板制造技术	轻工行业启动型、密封式、动力型动力型蓄电池以及卷绕式、超级铅蓄电池	采用铅带连铸连轧，扩展式板栅与冲孔（网）式板栅相结合的新型金属板栅冷加工技术，可完全阻断铅蓄电池生产中可能产生的铅烟排放，同时大大地降低能耗和铅耗	采用铅带连铸连轧/连续冲网。其中摩托车电池铅带宽 110 mm，汽车电池带宽 160 mm	摩托车电池生产线 25 万 kVAh 和汽车电池生产线 50 万 kVAh	2 100	1 527	降低单位电池产量能耗 0.3 kWh/kVAh	2	25	250 000	46
13	高红外发射率多孔陶瓷节能燃烧器技术	轻工行业各种燃气灶具和燃烧器领域	使用高红外发射率多孔陶瓷板替代传统的铜等高耗能稀缺金属材料，并采用完全预混无焰燃烧技术，实现了产品制造、使用和废弃全流程的环保节能和低排放	民用与商用室内燃气灶、取暖、烧烤产品，工业加热采暖、干燥烘烤设备等	改造 480 台民用燃气灶	26.4	61.3	64 kgce/台·年	3	城镇推广 30%，农村地区推广 20%	60 000	135
14	高效放电回馈式电池化成技术	轻工行业锂离子电池、镍氢电池、铝电池、铅酸蓄电池生产过程中的电池板成品成品电池的化成和成品电池的充放电补充电	蓄电池放电电能回馈到局部直流母线，放电能通过局部母线互连，对其他充电设备提供电能。当蓄电池放电到公用线时的电能大于其他用电设备所需电能时，多余电能通过内部电网逆变，逆变电能对公司内部公用电器以绿色逆变多余电能通过内部电网逆变，逆变电能以符合国家标准的方式返回电网	具有一定规模的蓄电池制造企业	日产 2 万只蓄电池生产线	1 286	1 500	节电率 18%	<1	30	120 000	180

续表

序号	节能技术名称	适用范围	主要技术内容	典型项目					目前推广比例（%）	预计2015年		
				适用的技术条件	项目建设规模	投资额（万元）	项目节能量（tce/a）	单位节能量		该技术在行业内的推广比例（%）	总投入*（万元）	节能能力（万tce/a）
15	合成纤维熔纺长丝环吹冷却技术	纺织行业化纤	针对合成纤维熔纺长丝（特别是涤纶超细且长丝）冷却过程，采用独立的外环吹风方法对丝条进行冷却，替代单侧吹风，减少单丝冷却风量70%以上，显著降低了冷却环节能耗	单丝纤度为dpf=0.3	年产10 000 t涤纶长丝POY	1 000	1 050	105 kgce/t丝	10	40	50 000	11
16	曲叶型系列离心风机技术	建材（水泥）、电力（火电）、钢铁、有色金属、化工等行业	采用等减速设计方法将曲叶叶片设计为等减速曲线型；改变气流流向由轴向到径向进风口端调整曲线，提高风机效率，节能效果较好	主要用于干法水泥生产线中的转炉风机、水泥磨风机、煤粉通风机等	4 500 t/d水泥窑生产线使用的窑尾风机、煤粉磨风机、水泥磨通风机、水泥磨尾风机	248	968	风机效率提高4.5%	1	20	11 000	80
17	自密封旋转式管道补偿节能技术	通用机械工业热网管道	(1)利用旋转补偿方式使补偿距离扩大10倍，延长米大大缩短，降低能量损耗；(2)高温高压新型端面的自密封型式及新型端面密封材料，最高动态使用压力可达30 MPa，减少了补偿器的使用数量；(3)消除高温高压管道轴向应力，降低了工程造价；(4)可使管道实现无应力连接，提高设备的安全性	动力蒸汽管道（$P \leq 10$ MPa，$TN \leq 550℃$，长度L=580米）	动力蒸汽管道（9.8 MPa，550℃，长558 m，12Cr1MoV，φ426×36）	140	1 350	可降低管道热损5%（与传统管道补偿方式相比）	2	20	240 000	140

续表

序号	节能技术名称	适用范围	主要技术内容	典型项目					目前推广比例（%）	预计 2015 年		
				适用的技术条件	项目建设规模	投资额（万元）	项目节能量（tce/a）	单位节能量		该技术在行业内的推广比例（%）	总投入*（万元）	节能能力（万tce/a）
18	动态冰蓄冷技术	建筑行业各种中央空调系统及工艺工程冷系统	采用制冷剂直接与水进行热交换，使水结成絮状冰晶；同时，生成和溶化过程不需二次热交换，由此大大提高了空调的能效。冰浆中的孔隙远大于固态冰，且与回水直接接进行热交换，负荷响应性能好。总体移峰填谷能力优于传统冰蓄冷技术	中央空调	制冷机组额定功率 600 RT，蓄冷量 3 600 RTh，蓄冰槽 360 m³ 供冷面积 20 000 m²	255	转移峰时电量 86 万 kWh	平均转移峰时电量 41 000 kWh/套·年	<1	5	2 340 000	全年转移峰时电量 52 亿 kWh，减少电厂装机容量 1 180 万 kW
19	中央空调清洗全自动清洗节能系统技术	建筑行业各种建筑楼宇及工业厂房	采用纯物理方法，运用特殊球每天全自动清洗中央空调冷凝器 36 次，使中央空调冷凝器始终处于无任何结垢、清洁的状态，杜绝人工化学水处理方法的使用。系统全自动运行，其自身不耗电，具有较好的节能减排效果	中央空调及水载式热交换器	2 台 450 冷吨，2 台 500 冷吨，2 台 1 100 冷吨中央空调节能技术改造	100	546	平均每冷吨节约电耗 15% 以上	<1	5	320 000	200

续表

序号	节能技术名称	适用范围	主要技术内容	典型项目					目前推广比例（%）	预计 2015 年		
				适用的技术条件	项目建设规模	投资额（万元）	项目节能量（tce/a）	单位节能量		该技术在行业内的推广比例（%）	总投入*（万元）	节能能力（万 tce/a）
20	新型轮胎式集装箱装卸起重机节能技术	交通行业、港口、中转站装卸集装箱或集装箱等货件节能技术	（1）采用"四卷筒"组合驱动技术，实现整机重量的轻型化；（2）通过电力驱动，满足电动性 RTG 机动性要求；（3）电动 RTG 采用变频调速、可编程控制器和现场总线控制组成电力驱动控制系统，实现调速控制一体化。通过各项技术的组合实现节能降耗的目的	无条件限制，适用条件同通用轮胎式集装箱门式起重机	8 台轮胎式集装箱门式起重机	2 322	1 606	0.33 kgce/TEU	2	20	60 000	10
21	热管/蒸汽压缩复合制冷技术	通信、IT、金融等行业基站、信息中心机房等	在同一设备载体上实现分离式热管技术和蒸汽压缩式制冷技术的复合，优势互补，最大限度地利用室外自然冷源，从而达到节能的目的	全年或全年绝大部分时间需要制冷的建筑空间	总制冷量为 608 kW 的机房制冷系统	300	379	年平均节电率 35%	<1	20	250 000	30
22	过程能耗管控系统技术	建材、机械、交通等行业大型用能单位电、气、水等能源使用过程	电、水、气等能源实时测量并进行多点同步实现对用户生产过程主要设备的同步精确实时测量，用能源过程进行实时监测，分析并鉴别消除无效能耗，调整低能效行为，以实现用能效率的持续改善	规模以上用能单位电、气、水等能源使用过程	年产 20 万 TEU 的集装箱工厂用电系统及压缩空气系统的全负载用能过程管控	800	3 990	生产能耗平均降低约 8%	<1	20	900 000	260

附录二

高等教育自学考试能源管理专业
能源管理师职业能力水平证书考试

《节能技术》
考试大纲

高等教育自学考试能源管理专业
能源管理师职业能力水平证书考试　系列教材编委会　制定

目　录

I. 能力考核要求

一、课程性质

《节能技术》课程是高等教育自学考试能源管理专业（专科、独立本科段）和能源管理师职业能力水平证书考试的专业核心课程之一。

本课程全面系统介绍了节能基础知识、用热系统及设备的节能技术、余热利用技术、用电系统及设备的节能技术、过程能量综合技术、建筑节能技术和交通节能技术等。本课程第 1 章主要介绍节能技术的基础知识；第 2 章、第 3 章主要介绍工业锅炉、窑炉以及余热利用的节能技术原理及应用；第 4 章、第 5 章主要介绍供电系统和电动机系统节能技术的原理及应用；第 6 章介绍过程能量综合技术；第 7 章主要介绍照明系统的节能技术；第 8 章、第 9 章主要介绍建筑及交通领域的节能技术。本课程的重点难点在考核要求中具体规定。

二、课程目标

通过本课程的学习，可以帮助考生掌握常见节能技术的基本原理、供用热系统的节能技术、供配电系统及用电设备的节能技术、过程能量综合技术、照明节能技术、建筑节能技术及交通节能技术基本知识、基本理论和基本应用，使学员能应用这些知识和技能解决实际问题。学习该课程之后，考生应当能够：了解节能技术的基本概念；掌握节能技术的基本知识和基本技能，并运用所学基本知识和技能解决节能问题，同时将上述内容与能源管理领域的最新实践联系起来。

Ⅱ．能力目标与实施要求

一、课程能力目标

本课程的三项考核目标为：

1）识记。指对具体知识和抽象知识的辨认，表现为记忆、识别、列表、定义、陈述、概括等能力。

2）领会。指对知识的初步理解，表现为具有将所学的知识能够转换、解释、区分、推断等能力。

3）应用（综合）。指运用恰当的理论知识、技能等解决问题，表现为论述、澄清、举例说明、计算、描述、解答现象等能力。

下表为三个考核目标的权重：

考核目标		
识记	领会	应用
30%	40%	30%

二、课程考核形式

考试要求：本课程考试采用闭卷考试方式，考试时间为 150 分钟，试卷总分为 100 分，60 分为及格，考试时可以携带无存储功能的计算器。

考试范围：本大纲考试内容所规定的知识点及知识点下的知识细目。

考试题型：课程考试命题的主要题型一般有：单项选择题（四选一）、多项选择题（五选多）、简答题、论述题、计算题、讨论分析题等。在命题工作中必须按照本课程大纲中规定的题型命题，考试试卷使用的题型不能超出大纲规定的范围。

三、课程学习安排

本课程按照 9 个章节安排课程学习内容。专科为 5 学分，建议总自学时间为 80 学时；独立本科段为 6 学分，建议总自学时间为 112 学时。具体各章节学时分配见下表：

章 节	名 称	自学时间（学时）	
		专科	独立本科段
第 1 章	节能基础知识	10	12
第 2 章	工业锅炉及窑炉节能	12	16
第 3 章	余热利用技术	14	18
第 4 章	供电系统节能	10	12
第 5 章	电动机系统节能	12	14
第 6 章	过程能量综合技术	—	12
第 7 章	照明系统节能	8	10
第 8 章	建筑节能技术	8	10
第 9 章	交通节能	6	8
合 计		80	112

Ⅲ．考试内容与考核标准

课程考核内容中标"★"的部分为独立本科段（二级证书）增加的考核内容，未标"★"的部分为专科（一级证书）和本科段（二级证书）共同的考核内容。

第1章　节能基础知识

所在节	考试标准		适用范围
	要求	内　　　容	
1.1 节能的定义及必要性	识记	节能的定义	
	领会	节能的必要性	
1.2 节能的内容及有关概念	识记	节能的内容	
		节能的有关概念	
	领会	从不同的角度理解节能的内容	
1.3 节能的层次及准则	识记	节能工作的四个层次	
		节能的准则	
1.4 节能的方法及措施	识记	节能方法和措施的类型	
	领会	不同节能方法的内容及区别	
1.5 能源及能源效率	识记	能源效率的概念	
		能源强度和能源消费弹性系数的概念及内容	★
	应用	能源消费弹性系数计算	★
1.6 节能诊断	领会	节能诊断的基本步骤	★
		节能监测的定义及内容	
1.7 节能量与节能率	识记	节能量和节能率的含义	
	应用	节能量及节能率的计算	
		产品结构调整的节能量计算	★

第2章　工业锅炉及窑炉节能

所在节	考试标准		适用范围
	要求	内　容	
2.2 工业锅炉的节能诊断	领会	工业锅炉节能诊断	
2.3 燃烧系统改造技术	识记	链条锅炉燃烧系统改造技术类型	
	领会	分层燃烧的工作原理及效果	
		炉拱和配风	★
	应用	分层燃烧技术的常见故障及解决方法	★
2.4 锅炉运行自动控制技术	识记	锅炉运行自动控制技术类型	
	领会	锅炉运行自动控制技术内容	
2.5 辅机改造节能技术	识记	锅炉辅机改造节能技术类型	
	领会	锅炉辅机改造节能技术内容	
2.6 选择锅炉机组节能改造方案	识记	方案选择的基本原则和程序	
	领会	锅炉烟气余热回收	
	应用	燃烧系统方案的选择	
		控制方式的选择	
		辅机系统匹配和辅机选型	★
2.7 工业窑炉节能技术	识记	工业窑炉的热平衡测试概念	
		工业窑炉节能技术类型	
	领会	不同工业窑炉节能技术的内容	
		流化床热处理炉技术的特点	★
	应用	高温空气燃烧技术和富氧燃烧技术的应用	
2.8 工业锅炉及窑炉节能改造实例	应用	加热炉强化辐射黑体技术	★

第3章　余热利用技术

所在节	考试标准		适用范围
	要求	内　容	
3.1 概述	识记	余热资源的概念	
		余热资源的分类	
		余热利用的原则	
	领会	余热利用应注意的问题	
3.2 蒸汽回收利用	识记	蒸汽回收利用的方式	
	领会	蒸汽回收原理	
3.3 凝结水回收利用	识记	蒸汽疏水器必需具有的能力和性质	
		蒸汽疏水器的分类	
		冷凝水回收系统类型及最佳回收利用方式	
	领会	按防汽蚀原理分类，凝结水回收装置类型	
	应用	凝结水回收技术的选择	
3.4 常压二次蒸汽回收利用	识记	常压二次蒸汽主要汽源类型	★
3.5 热泵技术及应用	识记	热泵的概念及技术特点	
	领会	压缩式热泵、吸收式热泵的原理及构成	
	应用	热泵 COP 值的计算	
		热泵在节能领域的应用	★
3.6 热管技术及应用	识记	热管的概念及组成	
	领会	热管原理	
	应用	热管在工业领域应用	
3.7 板式换热器的应用	识记	板式换热器的概念及特点	★
	领会	板式换热器选型时应注意的问题	★

第4章　供电系统节能

所在节	考试标准		适用范围
	要求	内　容	
4.1 供电系统组成	识记	供电损耗的组成、线损率的概念	
		线损类型	

续表

所在节	考试标准		适用范围
	要求	内　　容	
4.2 功率因数对供电系统的影响	识记	功率因数的基本概念	
	领会	功率因数对供电系统的影响	
	应用	功率因数的计算	
4.3 降低变压器损耗的技术措施	识记	降低变压器损耗技术措施的类型	
	应用	合理控制变压器的运行台数	
4.4 降低线路损耗的技术措施	识记	降低线路损耗技术措施的类型	
	领会	对电网进行升压改造，减少变电容量	
		提高运行电压及功率因数	
		合理调整日负荷	
4.5 电力品质改善	识记	电力品质恶化的典型表现	
		改善电力品质的措施	
	领会	谐波超标的危害性	★
		无功补偿的分类	
		无功补偿的节能原理	
	应用	提高自然功率因数的措施	
		供电系统谐波治理	★

第 5 章　电动机系统节能

所在节	考试标准		适用范围
	要求	内　　容	
5.1 异步电动机损耗及效率	识记	电动机系统节能的概念	
		异步电动机损耗的类型	
		异步电动机效率的计算	
5.2 异步电动机降低损耗提高效率的措施	识记	异步电动机不同损耗对应的降低措施	
5.3 异步电动机的合理使用	应用	异步电动机功率、电压等级及负载特性的选择	

续表

所在节	考试标准		适用范围
	要求	内　容	
5.4 异步电动机轻载调压节能技术	领会	轻载调压节能技术的原理和方法	★
5.5 异步电动机调速系统节能技术	识记	异步电动机调速方式	
		异步电动机调速应用的领域	
	领会	异步电动机转动原理、转差率和机械特性	
		异步电动机调速方式及比较	
5.6 异步电动机变频调速技术	领会	变频调速系统中变频器的选择	
		变频调速系统中电动机的选择	★
		风机、水泵电动机变频调速与节能的关系、节能原理及技术要求和应用条件	
	应用	变频调速的节能应用	
5.7 高效异步电动机	领会	我国异步电动机能效等级	
		高效电机的适用范围	★

第6章　过程能量综合技术

所在节	考试标准		适用范围
	要求	内　容	
6.1 概述	识记	过程能量综合（优化）技术的概念	★
	领会	过程能量优化技术对节能的意义	★
6.2 过程能量优化工作程序	领会	实施过程能量优化的工作程序	★
6.3 过程系统挟点技术分析方法及应用	识记	基本概念	★
	领会	复合线	★
		挟点的原则	★
6.4 过程能量系统综合（优化）技术应用	识记	能量升级利用的技术类型	★
	应用	换热网络结构调整的途径及低温热利用	★

第7章 照明系统节能

所在节	考试标准		适用范围
	要求	内　容	
7.1 照明光源的类型及选择	识记	绿色照明的概念	
		光源选择的原则	
		光源的适用场所	
	领会	选择高效光源的效果	★
	应用	合理选择光源的措施	
7.2 照明灯具及其附属装置的选择	识记	照明灯具的概念	
		灯具光学特性的三项指标	
		镇流器	
	应用	照明灯具及整流器的选择	
7.3 照度标准值的选择	应用	正确选择照度标准值	
7.4 照明节能	领会	充分利用天然光	
	应用	采用合理控制照明的方法	★

第8章 建筑节能技术

所在节	考试标准		适用范围
	要求	内　容	
8.1 概述	识记	建筑节能的概念	
		建筑节能的策略	★
8.2 建筑设计节能技术	识记	建筑设计节能技术	
8.3 建筑围护结构节能技术	领会	墙体节能技术	
		屋顶与地板节能技术	
		窗体节能技术	
8.4 建筑暖通空调系统节能技术	识记	建筑暖通空调系统的概念	
		建筑暖通空调节能方法的一般原则	
	领会	暖通空调系统主要节能技术类型	

所在节	考试标准		适用范围
	要求	内　容	
8.5 储能材料在建筑节能中的应用	识记	储能技术的概念	★
	领会	蓄热材料	★
		蓄热方式	★

第9章　交通节能

所在节	考试标准		适用范围
	要求	内　容	
9.1 概述	识记	交通节能意义	
		交通节能内容	
9.2 公路运输节能	识记	公路运输节能的类型	
	领会	公路运输节能的内容	
9.3 水路运输节能	识记	水路运输节能的类型	
	领会	水路运输节能的内容	
9.4 铁路运输节能	识记	电力机车节能技术类型	
	领会	节能坡技术概念及设计遵循原则	★
9.5 交通节能重点工程建设	领会	交通节能重点工程建设类别	★

Ⅳ．题型示例

第一部分：题型示例

一、单项选择题（在每小题给出的四个选项中，只有一项符合题目要求，把所选项的字母填在括号内。）

1. 下面（　　）不属于节能工作的方法和措施。

A. 管理节能方法

B. 技术节能方法

C. 新能源建设

D. 产业结构调整节能方法

2. 分层给煤燃烧，是将煤仓中溜下来的原煤经过转动的辊筒疏松后，落到筛板上，形成的给煤层次是（　　）。

A. 上大下小

B. 下大上小

C. 都可以

D. 细煤

二、多项选择题（在备选答案中有 2～5 个是正确的，将其全部选出并将它们的标号写在括号内，错选、漏选和不选均不得分。）

1. 下面属于物理能源效率的是（　　）。

A. 单位产品能耗

B. 人均能耗

C. 单位面积能耗

D. 单位产值能耗

E. GDP 能耗

2. 炉拱按其所处位置的不同可分为前拱、后拱和中拱三类。其中后拱的主要作用是（　　）。

A. 创造燃料引燃所需的高温环境

B. 提高燃烧区的温度

C. 强化燃烧

D. 提高燃烬区的温度

E. 促进燃料燃烬

三、简答题

1. 按照节能工作的难易程度，简述节能工作的四个层次。

2. 简述按来源划分的余热资源类型。

四、论述题

论述热泵技术有哪些特点。

五、计算题

某变电所安装两台相同型号为 S11—1000/10 的变压器，ΔP_0 为 1.15kW，ΔP_k 为 10.3kW，I_0 为 1%（空载电流占额定电流的百分率），$U_K = 4.5\%$（短路电压占定电压的百分率），$K_q = 0.1$，计算变压器空载无功损耗、额定负载时的无功损耗和两台变压器经济运行的临界负荷。

第二部分：评分参考

一、单项选择题

答案：1. C　2. B

二、多项选择题

答案：1. ABC　2. BCDE

三、简答题

1. 答：按照节能工作的难易程度，节能工作可分为以下四个层次。（1）不使用能源。这是一个最简单易行的节能工作，如不开车外出，不用空调。（2）降低能源的使用量。这是一个比较可行的节能方法，例如通过降低驾车的速度来减少汽油的消耗。（3）通过技术手段提高能源使用效率。这一层次的节能工作属于目前正在采用的真正意义上的节能工作，通过各种技术手段，在不改变生产、生活质量的前提下，减少能源的消耗。（4）通过调整经济和社会结构提高能源利用效率。这是最高层次的节能工作，主要通过调整产业结构、产品结构和社会的能源消费结构，淘汰落后技术和设备，加快发展以服务业为主要代表的第三产业和以信息技术为主要代表的高新技术产业，用高新技术和先进适用技术改造传统产业，促进产业结构优化和升级换代，提高产业的整体技术装备水平。

2. 答：余热资源按来源不同可划分为如下六类。（1）高温烟气的余热；（2）高温产品和炉渣的余热；（3）冷却介质的余热；（4）可燃废气、废液和废料的余热；（5）废汽、废水余热；（6）化学反应余热。

四、论述题

答：热泵是一种将低温物体中的热能传递至高温物体中的一种装置。

热泵技术的第一个特点在于它能长期地、大规模地利用江河湖海、城市污水、工业污水、土壤或空气中的低温热能。众所周知，从用透镜聚光取火到太阳热水器，都是将低温热能提升为高温热能的方法，但是它们在地面上无法昼夜全天候来运行。热泵技术突破了这种局限，可以把我们生产和生活中以及自然界通常弃之不用的低温热能提升为高温热能利用起来。显然，有了高温热源，如同一台锅炉，用途广泛，可以实现供热、制冷或其他工业用途，所以热泵的应用遍及各个行业和领域。

热泵技术的第二个特点在于它是目前世界上最节省一次能源（如煤、石油、天然气等）的供热系统。它能用少量不可再生的能源（如电能）将大量的低温热能升为高温热能。例如，电热采暖消耗 1kW·h 的电，最多只能提供 1kW·h 的热；而一般设计施工好的热泵系统，消耗 1kW·h 的电，就可提供 4kW·h 的热。又如同样提供 10kW·h 的热，采用电阻式采暖，就需消耗 34kW·h 的一次能源（其中包括 24kW·h 的发电与输配电损失）；采用高效率的燃油、燃气锅炉采暖，如不计算管道的热损耗，还需消耗 29.1kW·h 的一次能源；而采用电热泵采暖只需消耗 2.7kW·h 的电能，再加上发电与输配电损失 3.3kW·h，总计只消耗 6kW·h 的一次能源。热泵技术所消耗的一次能源仅是前两种供热方式的 1/5 或近 1/6。

热泵技术的第三个特点在于它在一定条件下可以逆向使用，既可供热，也可用以制冷，而不必搞两套设备的投资。

评卷要求：

（1）回答三个特点为满分。

（2）如果在答案要点中有合乎道理的新见解，可算作回答一个要点。

五、计算题

解：

变压器的空载无功损耗近似等于：

$$\Delta Q_0 \approx I_0 \cdot S_N = 1000kvar \times 0.01 = 10kvar$$

变压器额定负荷时无功损耗近似为：

$$\Delta Q_N \approx U_K \cdot S_N = 1000var \times 0.045 = 45kvar$$

取 $K_q = 0.1$，两台变压器经济运行的临界负荷为：

$$S_{cr} = S_N \sqrt{2 \times \frac{\Delta P_0 + K_q \Delta Q_0}{\Delta P_k + K_q \Delta Q_N}} = 1000kVA \times \sqrt{2 \times \frac{1.15 + 0.1 \times 10}{10.3 + 0.1 \times 45}} = 551KVA$$

当负荷 S 小于 551kVA 时，宜采取一台变压器运行；当负荷 S 大于 551kVA 时，宜采取两台变压器运行。

评卷要求：

计算出变压器的空载无功损耗得 3 分；

计算出变压器额定负荷时的无功损耗得 3 分；

计算出变压器经济运行的临界负荷得 4 分。

参 考 文 献

[1] 方利国. 节能技术应用与评价 [M]. 北京：化学工业出版社，2008.

[2] 贾振航，姚伟，高红. 企业节能技术 [M]. 北京：化学工业出版社，2006.

[3] 姜子刚. 节能技术 [M]. 北京：中国标准出版社，2010.

[4] 北京市发展和改革委员会. 节能技术篇 [M]. 北京：中国环境科学出版社，2008.

[5] 徐跃华. 化工装置节能技术与实例分析 [M]. 北京：中国石化出版社，2009.

[6] 邹珺. 电机与拖动 [M]. 北京：中国电力出版社，2011.

[7] 史培甫. 工业锅炉节能减排应用技术 [M]. 北京：化学工业出版社，2009.

[8] 王学涛，曹玉春，兰泽全. 工业窑炉节能技术 [M]. 北京：化学工业出版社，2007.

[9] 薛志风. 公共建筑节能 [M]. 北京：中国建筑工业出版社，2007.

[10] 张少军，杜金成. 交流调速原理及应用 [M]. 北京：中国电力出版社，2003.

[11] 苏文成，金子康，等. 无功补偿与电力技术 [M]. 北京：机械工业出版社，1989.

[12] 田利新. 能源经济系统分析 [M]. 北京：社会科学文献出版社，2005.

[13] 冯宵. 化工节能原理与技术 [M]. 北京：化学工业出版社，2004.

[14] 高维平. 换热网络优化节能技术 [M]. 北京：中国石化出版社，2004.

[15] 黄素逸. 能源与节能技术 [M]. 北京：中国电力出版社，2004.

[16] 李军等. 测量技术及仪表（第二版）[M]. 北京：中国轻工业出版社，2000.

[17] 陈绍炳. 热工过程自动控制原理 [M]. 南京：东南大学出版社，2003.

[18] 张军，孟祥睿，马新灵. 低品位热能利用技术 [M]. 北京：化学工业出版社，2011.

[19] 钱颂文. 换热器设计手册 [M]. 北京：化工工业出版社.

[20] 路春美. 循环流化床锅炉设备与运行 [M]. 北京：中国电力出版社，2008.

[21] 龙敏贤，刘铁军. 能源管理工程 [M]. 广州：华南理工大学出版社，2000.

[22] 中国化工节能技术协会. 化工节能技术手册 [M]. 北京：化学工业出版社，2006.

后　记

　　能源管理师职业能力水平证书（CNEM）系列教材终于和广大考生见面了，它凝结着专家团队每位成员多年的心血，承担着培养成千上万能源管理专业人才的重任。

　　回忆这两年多的历程感慨万千！那是 2009 年的夏天，我和 40 年前就相识但又分别多年的故友偶然相遇，谈起这些年各自的境遇，问及我在中国交通运输协会职业教育考试服务中心工作，并与教育部考试中心合作高等教育自学考试物流管理专业和采购与供应管理专业两个双证书（学历证书＋职业资格证书）项目，深受考生青睐，培训规模达到 20 多万人时，故友兴趣盎然，介绍自己在国家发展和改革委员会做培训工作，现正在全国很多省市开办能源管理方面的培训班，十分火爆，原因是近几年能源管理专业人才需求量越来越大，而这方面的人才十分短缺，培训市场前景很好。基于上述原因，我们达成共识，并比照物流和采购两个项目的模式，申请开考能源管理专业和能源管理师证书项目，把学历教育和职业教育相结合，培养能源管理人才，满足社会需求、企业需求。

　　2009 年 8 月 26 日，我们在清华大学召开了首次专家论证会，探讨能源管理培训项目的必要性和可行性。大家一致认为：首先，国家高度重视节能减排工作，《中华人民共和国节约能源法》已将资源节约列为基本国策，并作为约束性指标纳入国民经济和社会发展规划，同时作为政府和企业政绩和业绩考核的重要指标，明确要求企业设立能源管理部门和岗位。当前，能源管理专业人才短缺的矛盾十分突出，急需加强这方面的人才培养。其次，现在已经有了一支多年从事能源管理方法研究，又具有实践经验，且长期从事对政府和企业的能源管理负责人及专业人员培训工作的专家团队，在国内有较大影响力。组建由能源管理专家、清华大学教授孟昭利为组长的专家组，建立符合我国国情的高水平能源管理培训体系，是搞好项目的重要保证。最后，中国交通运输协会与国家考试机构强强联合，把高等教育自学考试与职业资格证书有机结合起来的人才培养新模式，已经接受了实践检验，取得了显著的成效，受到广大考生的认可和欢迎，为开考能源管理项目打下了坚实的基础。

　　2009 年 12 月 3 日，我们召开全体专家会议具体论证能源管理培训体系的科学性和实用性，正式启动能源管理项目培训教材的编写工作。此后又多次召开专题研讨会不断充实、完善培训体系的构架和细节工作。

　　我们在与北京自考办进行多次认真协商的基础上，于 2010 年 9 月 1 日正式递交了申请开考能源管理专业及能源管理师职业能力水平证书的报告。2010 年 10 月 15 日，市自考办组织召开专家论证会，会议一致同意开考能源管理专业。2011 年 6 月 28 日，北京教育考试院、中国交通运输协会联合发布《关于开考高等教育自学考试能源管理专业（专科、独立本科段）和能源管理师职业能力水平证书考试的通知》（京考自考［2011］20 号）。

对于此事有人质疑："你们中国交通运输协会推出能源管理师职业能力水平证书的依据是什么？"我的回答是："依据《中华人民共和国节约能源法》。《节能法》把工业、建筑、交通运输三大重点领域列为节能减排的重中之重。《节能法》规定：'国家鼓励行业协会在行业节能规划、节能标准的制定和实施、节能技术推广、能源消费统计、节能宣传培训和信息咨询等方面发挥作用。'国务院 2011 年 8 月 31 日通过的〈'十二五'节能减排综合性工作方案〉再次明确规定，'动员全社会参与节能减排。把节能减排纳入社会主义核心价值观宣传教育体系以及基础教育、高等教育、职业教育体系'。节能减排作为基本国策是全社会的责任，也是协会的重要任务。"

关于证书的权威性问题。我认为，能源管理师职业能力水平证书的权威性取决于它的实用性和适用性。据调查了解，目前，我国尚未建立统一的能源管理人才专业培训体系和标准，特别是把能源管理职业资格证书与学历证书有机结合在一起纳入高等教育体系，在国内尚属首次。该证书体系的特点：一是专家队伍具有很高的权威性。我们组建了一个由多年从事能源管理方面研究，富有实践经验，且长期从事对政府和企业的能源管理负责人及专业人员的培训工作，并在国内有较大影响力的专家教授组成的专家小组，负责制定能源管理培训体系，负责编写教材、考试大纲及命题工作。二是培训体系的系统性。专家组在总结近几年国内能源管理培训经验的基础上，吸收欧美和日本等能源管理先进国家的能源管理师培训体系的先进经验，结合中国国情和能源管理相关标准设立的一个认证培训体系，该体系设置的七门证书课程涵盖了能源管理的核心要素，是目前我国唯一比较全面、系统的认证培训体系。三是培训体系的实用性。该体系的设计注重从企业的实际出发，认真总结多年来企业在能源管理方法的经验和教训，纠正了一些在能源管理中多年沿用的传统计算方法中存在的问题，提出了适合现代企业能源管理特点、在企业实际应用中被证明是行之有效的新方法。该体系从理论到实践（案例）进行充分论证，突出实践性，既能满足专业人士工作的需要，也适合在校生学习，有效地解决理论脱离实际的问题。四是培训体系的持久性。加强能源管理，推进节能减排是一项长期的战略任务。在能源管理培训上不能急功近利，急于求成，必须注重实际效果。对推动节能减排工作有实质性的帮助，经得起实践的检验，从而保证能源管理培训体系的持久性。目前国内推出的能源管理师的培训多是以短期培训为主，而我们开展的能源管理学习、培训体系其特点是，学历证书＋职业资格证书的双证模式，能够保证学员进行系统学习和实践，且还要经过国家正式考试，从而能够确保学习质量和实践能力，从根本上弥补了短期培训中存在的局限性。

能源管理专业及能源管理师职业能力水平证书学习、培训项目具有良好的发展前景。一是煤炭、石油等不可再生能源消费的持续增长与资源短缺的矛盾越来越尖锐。二是我国经济社会快速发展已经成为世界能源消费大国，因此必须坚定不移地把加强能源管理、推进节能减排作为一项基本国策来抓。三是《节能法》明确规定政府和企业要设立能源管理部门及节能职责岗位。据专家调查分析，目前我国能源管理人才的需求量在数十万人，能源管理专业人才紧缺的矛盾十分突出。同时，由于能源管理涉及到各个行业，重点是工业、建筑、交通运输等领域，能源管理方面的人才不仅企业需要，政府管理机构需要，节能减排服务的第三方机构如节能服务公司、节能量审核机构、工程咨询公司等机构急需这方面的人才，这样就为能源管理专业学员提供了施展专业才能的广阔舞台。

能源管理师职业能力水平证书系列教材出版发行得到了国家能源局、国家发展和改革委员会能源研究所、人力资源与社会保障部、中国交通运输协会等有关单位领导的关心与支持。同时，中国市场出版社的领导和编校人员为本系列教材的出版给予很大的帮助，付出了辛勤的劳动，在此一并表示衷心的感谢！

由于能源管理专业和能源管理师的培训在我国刚刚起步，尚处在探索阶段，需在实践中不断地加以改进和完善。我们热忱欢迎各行各业的专家及业内人士给予指导、帮助和指正。

中国交通运输协会职业教育考试服务中心副主任

高军

2012 年 1 月于北京